电气控制柜设计·制作·维修技能丛书

电气控制柜设计制作
——结构与工艺篇

任清晨　主编

電子工業出版社

Publishing House of Electronics Industry

北京·BEIJING

内 容 简 介

"电气控制柜设计·制作·维修技能丛书"一共 3 册，全面介绍了电气控制柜电路设计、制作工艺及维护、维修的全过程。

本书是丛书的第二分册，重点讲解电气控制柜的结构设计、工艺设计与制作工艺。首先介绍电气结构设计规范、电气布置图绘制；接着讲解机柜设计的要求、影响机柜结构设计的因素，机柜的结构设计、工艺设计和机柜的加工工艺；然后讲解机柜的装配与安装、零部件的安装、印制板上元器件的安装；最后讲解接线图、导线和电缆选择、配线工艺设计、导线加工及连接工艺。

本书内容丰富，注重实践，并将电气控制柜设计制作的相关国家标准、工艺规范融入各章节中，适合电气控制设备生产企业的设计人员及各行业中电气设备的使用、维护技术人员参考阅读，也可作为相关职业技术培训机构的教材。

未经许可，不得以任何方式复制或抄袭本书之部分或全部内容。
版权所有，侵权必究。

图书在版编目（CIP）数据

电气控制柜设计制作. 结构与工艺篇/任清晨主编. —北京：电子工业出版社，2014.10
（电气控制柜设计·制作·维修技能丛书）
ISBN 978-7-121-24341-7

Ⅰ.①电… Ⅱ.①任… Ⅲ.①电气控制装置－结构设计②电气控制装置－生产工艺 Ⅳ.①TM921.5

中国版本图书馆 CIP 数据核字（2014）第 213900 号

策划编辑：陈韦凯
责任编辑：底　波
印　　刷：北京虎彩文化传播有限公司
装　　订：北京虎彩文化传播有限公司
出版发行：电子工业出版社
　　　　　北京市海淀区万寿路 173 信箱　邮编 100036
开　　本：787×1 092　1/16　印张：25.25　字数：646.4 千字
版　　次：2014 年 10 月第 1 版
印　　次：2024 年 11 月第 25 次印刷
定　　价：54.00 元

凡所购买电子工业出版社图书有缺损问题，请向购买书店调换。若书店售缺，请与本社发行部联系，联系及邮购电话：(010) 88254888，88258888。
质量投诉请发邮件至 zlts@phei.com.cn，盗版侵权举报请发邮件至 dbqq@phei.com.cn。
本书咨询联系方式：chenwk@phei.com.cn，（010）88254441。

前　言

　　电是一种绿色环保型二次能源，电的使用使科学技术得到了飞速的发展，同时使人类的生产力和生活品质得到了极大的提高。现今的世界上如果没有电，人类的生产、生活将会一团糟，情况将难以想象。为了更好地利用电能，人类一天也没有停止过对其特性及其应用技术的研究，全世界所有的全科大学、工科院校和职业技能培训机构几乎毫无例外地都开设了电气专业的课程。虽然电可以造福人类，但是在使用电能的同时，电能也给使用者带来了极大的危害和潜在的风险。利用机柜作为电气控制装置的外壳进行安全防护，就构成了电气控制柜。

　　电气控制设备是人类利用电能为自身服务的工具和桥梁。人类从利用电能的第一天起就从未停止过对电气控制设备的研究，电气控制设备及其性能日臻完善。电气控制设备遍及我们生产、生活的各个角落和各行各业。电气控制柜的设计和制作工艺技术水平直接影响人类利用电能为自身服务的水平和质量。因此，提高电气控制柜的设计制作人员及欲加入电气控制设备制造、使用行业人员的技术工艺水平，具有十分重要的意义。

　　"电气控制柜设计·制作·维修技能丛书"以很自然的方式，将前人的电气控制柜制作经验及相关国家标准和工艺规范的具体内容融入各章节中，拥有本书可以省去查阅相关国家标准和各种手册的大量时间，一书在手即可解决电气控制柜制作中的几乎全部问题。本丛书以国家标准为主线，避开行业问题及与生产无关的纯理论问题，重点介绍各行各业均适用的电气控制柜设计制作的实用生产技术和职业技能。对于电气控制设备生产企业的从业人员和电气控制设备使用企业的维护修理人员，本丛书是一套工具书；对于大专院校和职业技术院校电气专业的在校学生，本丛书是一套教辅参考书，可以有效地提高毕业生的工作能力和就业竞争力；对于职业技术培训机构和自学成才者，本丛书是不可多得的教材。

　　"电气控制柜设计·制作·维修技能丛书"由三个分册组成：第一分册《电气控制柜设计制作——电路篇》，第二分册《电气控制柜设计制作——结构与工艺篇》，第三分册《电气控制柜设计制作——调试与维修篇》，三个分册构成一个比较完整的体系。本书是丛书的第二分册，首先介绍电气结构设计规范、电气布置图绘制；接着讲解机柜设计的要求、影响机柜结构设计的因素、机柜的结构设计、工艺设计和加工工艺；然后讲解机柜的装配与安装、零部件的安装、印制板上元器件的安装；最后讲解接线图、导线和电缆选择、配线工艺设计、导线加工及连接工艺。学习本丛书前，最好先学习一些机械基础知识、电工电子技术基础知识和液压基础知识，这样会收到事半功倍的学习效果。

　　本书由任清晨主编，魏俊萍、王维征、刘胜军、任江鹏、李宏宇、曹广平、赵丽也参与了部分书稿的编写工作。在编写过程中，编者查阅了大量的相关国家标准和出版物，并且阅读了互联网上的相关文章，这些出版物和文章为本书的编写提供了大量的素材，在此向这些文章的作者表示衷心的感谢。本书内容经过中国科学院电工所科诺伟业公司武鑫博士、天威保变风电公司鲁志平总工程师审阅，在此向二位专家表示衷心的感谢。

编　者

目 录

第1章 电气布置图 (1)
1.1 电气元件布置图设计 (1)
1.1.1 控制柜总体配置设计的方法 (1)
1.1.1.1 确定电气控制装置的结构形式 (1)
1.1.1.2 机柜尺寸的初步确定 (2)
1.1.1.3 电气元件布置图的绘制原则 (4)
1.1.1.4 总体配置设计方法 (5)
1.1.2 电子元件布置图 (7)
1.1.2.1 影响印制线路组件结构布局设计的因素 (7)
1.1.2.2 印制电路板设计的基本原则要求 (8)
1.1.2.3 插件机机插板设计要求 (15)
1.1.2.4 表面贴装印制板的设计要求 (18)
1.2 电气结构设计规范 (20)
1.2.1 开关器件和元件安装设计 (20)
1.2.1.1 一般要求 (20)
1.2.1.2 位置和安装 (20)
1.2.1.3 介电性能设计 (22)
1.2.1.4 固定式部件 (27)
1.2.1.5 可移式部件和抽出式部件 (27)
1.2.2 操作面板上的控制器件 (28)
1.2.2.1 总则 (28)
1.2.2.2 按钮 (29)
1.2.2.3 指示灯和显示器 (30)
1.2.2.4 光标按钮 (31)
1.2.2.5 旋动控制器件 (31)
1.2.2.6 启动器件 (32)
1.2.2.7 急停器件 (32)
1.2.2.8 紧急断开器件 (32)
1.2.2.9 使能控制器件 (33)
1.2.3 电动机及有关设备、附件和照明、标志和代号 (33)
1.2.3.1 电动机及有关设备 (33)
1.2.3.2 附件和照明 (34)
1.2.3.3 标记、警告标志和项目代号 (35)
1.2.3.4 标志 (37)
1.2.4 抗干扰对元器件布置的要求 (37)
1.2.4.1 柜内布局要求 (37)
1.2.4.2 弱电单元的布局原则 (38)
1.3 电气布置图绘制 (38)
1.3.1 电气布置图的绘制原则 (38)
1.3.1.1 电气布置图采用机械制图画法规则绘制 (38)
1.3.1.2 电气安装布置图应包括的内容 (38)
1.3.1.3 电气元件在布置图中画法规则 (39)
1.3.1.4 电气布置图的布局方法 (39)
1.3.1.5 电气布置图的布局要求 (40)
1.3.2 电气布置图的绘制 (43)
1.3.2.1 电气布置图的绘制工具 (43)
1.3.2.2 电子元件布置图的绘制工具 (44)
1.3.2.3 电气布置图的绘制步骤 (50)
1.3.3 计算机模拟装配 (51)
1.3.3.1 计算机模拟装配的定义 (51)
1.3.3.2 计算机模拟装配的方法 (52)
1.3.3.3 计算机模拟装配的用途 (52)
1.3.3.4 可以进行模拟装配的主流三维CAD软件 (52)
1.3.3.5 辅助模型 (53)
1.4 电气布置图绘制图例 (53)

第2章 机柜设计 (54)
2.1 影响机柜结构设计的因素 (54)
2.1.1 机柜的结构及基本类型 (54)
2.1.1.1 机柜的基本结构模式 (54)
2.1.1.2 机柜的典型结构组成 (56)
2.1.1.3 机柜的分类 (57)

- 2.1.2 标准机柜与非标准机柜 (61)
  - 2.1.2.1 优先采用标准化设计 (61)
  - 2.1.2.2 标准机柜的选择要求 (62)
  - 2.1.2.3 非标准机柜的结构设计 (65)
- 2.1.3 机柜材料对柜体结构设计的影响 (66)
  - 2.1.3.1 机柜材料的机械性能决定机柜机械强度 (66)
  - 2.1.3.2 材料的机械性能决定机柜零部件的工艺 (67)
- 2.1.4 机械加工工艺水平对柜体结构设计的影响 (67)
- 2.1.5 电气系统对结构设计的影响 (69)
- 2.1.6 影响机柜设计的其他因素 (71)
  - 2.1.6.1 环境条件对柜体结构设计的影响 (71)
  - 2.1.6.2 维修操作便利性及运输安装对机柜结构设计的影响 (71)
  - 2.1.6.3 机械规范对柜体结构设计的影响 (72)
- 2.1.7 机柜结构图的绘制 (72)
  - 2.1.7.1 机柜结构设计的一般步骤 (72)
  - 2.1.7.2 机柜图的内容 (73)
  - 2.1.7.3 机柜图的绘制方法 (74)
- 2.2 机柜设计的要求 (77)
  - 2.2.1 机柜的结构设计要求 (77)
    - 2.2.1.1 功能要求 (77)
    - 2.2.1.2 工艺要求 (81)
    - 2.2.1.3 装配要求 (83)
    - 2.2.1.4 成本要求 (84)
    - 2.2.1.5 其他要求 (85)
  - 2.2.2 影响结构尺寸的因素 (85)
    - 2.2.2.1 结构尺寸的要求 (85)
    - 2.2.2.2 机柜结构的电气性能要求 (88)
  - 2.2.3 控制设备外壳的防护等级 (88)
    - 2.2.3.1 电气控制设备常见故障 (89)
    - 2.2.3.2 电柜的防护等级 (89)
    - 2.2.3.3 污染等级 (91)
    - 2.2.3.4 机柜的防护等级要求及确定原则 (91)
    - 2.2.3.5 机柜常用的防护等级 (92)
  - 2.2.4 机柜的材料 (93)
    - 2.2.4.1 绿色环保设计 (93)
    - 2.2.4.2 机柜材料选择的一般要求 (94)
    - 2.2.4.3 材料耐非正常热和火的要求 (94)
    - 2.2.4.4 材料的验证试验要求 (94)
- 2.3 机柜的结构设计 (95)
  - 2.3.1 机柜结构的机械设计 (95)
    - 2.3.1.1 机柜结构的机械强度要求 (95)
    - 2.3.1.2 机柜活动部件的设计要求 (95)
    - 2.3.1.3 用柜体做防护的结构设计要求 (96)
    - 2.3.1.4 机柜接地的结构设计要求 (100)
  - 2.3.2 机柜安全防护设计 (101)
    - 2.3.2.1 安全稳定性设计 (101)
    - 2.3.2.2 温升 (102)
    - 2.3.2.3 电气联锁 (102)
    - 2.3.2.4 抽出式部件的隔离距离 (103)
    - 2.3.2.5 隔室 (103)
    - 2.3.2.6 电柜、门和通孔 (104)
  - 2.3.3 控制柜外观与造型设计要求 (104)
    - 2.3.3.1 控制柜的造型设计 (104)
    - 2.3.3.2 控制柜的表面涂覆 (104)
    - 2.3.3.3 特殊要求 (105)
  - 2.3.4 便利性设计 (105)
    - 2.3.4.1 检修便利性结构设计要求 (105)
    - 2.3.4.2 控制柜的搬运结构设计 (106)
  - 2.3.5 改善控制柜工作条件的措施 (106)
    - 2.3.5.1 考虑大气湿度所采取的设计 (106)
    - 2.3.5.2 冷却降温 (107)
- 2.4 机柜钣金加工的工艺设计 (109)
  - 2.4.1 机柜制作材料的工艺性 (109)
    - 2.4.1.1 机柜常用钢板 (110)
    - 2.4.1.2 铝和铝合金板 (111)
    - 2.4.1.3 常用板材的性能比较 (111)
  - 2.4.2 下料方法的选择 (111)
    - 2.4.2.1 常用下料方法 (112)
    - 2.4.2.2 剪床下料工艺设计 (112)
  - 2.4.3 冲裁加工工艺设计 (113)

2.4.3.1　工艺方案的比较 …………（113）
2.4.3.2　冲裁件的工艺性 …………（114）
2.4.3.3　冲裁件的加工精度 ………（116）
2.4.3.4　提高零件强度的工艺设计 …（118）
2.4.3.5　用数控冲床加工板材的厚度
　　　　　加工范围 …………………（119）
2.4.3.6　常用的三种落料和冲孔方法
　　　　　的对比选择 ………………（120）
2.4.4　折弯工艺设计 ……………………（120）
2.4.4.1　折弯件的工艺性要求 ……（121）
2.4.4.2　弯曲件的精度 ……………（127）
2.4.4.3　弯边圆角展开尺寸 ………（129）
2.5　连接与表面处理的工艺设计 …………（130）
2.5.1　机柜零部件连接工艺设计 ………（130）
2.5.1.1　焊接 ………………………（130）
2.5.1.2　螺纹连接 …………………（135）
2.5.1.3　铆接 ………………………（139）
2.5.2　表面处理的工艺设计 ……………（143）
2.5.2.1　机柜金属表面处理方式的
　　　　　选择 ………………………（144）
2.5.2.2　喷塑与喷漆工艺的比较 …（145）

第3章　机柜的制作 （148）

3.1　机柜的加工 ……………………………（148）
3.1.1　机柜的机械加工 …………………（148）
3.1.1.1　机柜机械加工的技术
　　　　　要求 ………………………（148）
3.1.1.2　审核图纸 …………………（149）
3.1.1.3　机柜加工过程的控制 ……（149）
3.1.2　机柜的制造工艺方法 ……………（149）
3.1.2.1　机柜型材的加工与设备 …（149）
3.1.2.2　框架类零部件的加工方法 …（151）
3.1.2.3　覆板、门板、面板类零部件
　　　　　的加工方法 ………………（151）
3.1.3　机柜生产的工艺装备 ……………（151）
3.1.3.1　单件生产 …………………（152）
3.1.3.2　批量生产 …………………（152）
3.1.3.3　大批量生产 ………………（154）
3.1.4　机柜生产设备的选择 ……………（156）
3.1.4.1　冲剪设备 …………………（156）
3.1.4.2　折弯设备 …………………（163）

3.2　机柜的加工工艺 ………………………（168）
3.2.1　下料工艺 …………………………（168）
3.2.1.1　手工划线 …………………（168）
3.2.1.2　手工下料操作工艺 ………（169）
3.2.1.3　板材剪切下料工艺 ………（170）
3.2.1.4　型材下料工艺 ……………（171）
3.2.2　孔的加工工艺 ……………………（173）
3.2.2.1　钻孔操作工艺 ……………（173）
3.2.2.2　扩孔、铰孔与攻丝 ………（174）
3.2.2.3　开孔工艺 …………………（175）
3.2.2.4　手动冲孔工艺 ……………（176）
3.2.2.5　机械冲孔工艺 ……………（177）
3.2.3　钢板折弯 …………………………（179）
3.2.3.1　钢板折弯工艺 ……………（179）
3.2.3.2　模具的调整 ………………（181）
3.2.3.3　折弯加工常见的问题及其
　　　　　解决方法 …………………（183）
3.2.4　连接加工工艺 ……………………（185）
3.2.4.1　通用电焊工艺 ……………（185）
3.2.4.2　工艺参数选择 ……………（188）
3.2.4.3　箱体结构焊接工艺 ………（191）
3.2.4.4　焊接缺陷与防止方法 ……（192）
3.3　机柜加工设备的使用与维护 …………（193）
3.3.1　机柜生产设备的使用 ……………（193）
3.3.1.1　数控剪床操作规程 ………（193）
3.3.1.2　数控冲床操作规程 ………（196）
3.3.1.3　数控折弯机操作规程 ……（199）
3.3.2　数控设备的保养与维护 …………（202）
3.3.2.1　维修保养的安全要求 ……（202）
3.3.2.2　数控设备维护与保养的
　　　　　内容 ………………………（202）
3.3.2.3　数控设备的测试与调整 …（205）
3.4　机柜的表面处理 ………………………（205）
3.4.1　机柜表面处理概述 ………………（205）
3.4.1.1　表面处理的主要作用 ……（205）
3.4.1.2　表面处理工艺方法 ………（206）
3.4.1.3　表面处理典型工艺过程 …（209）
3.4.2　机柜表面的机械处理 ……………（210）
3.4.2.1　表面机械加工常识 ………（210）
3.4.2.2　抛光 …………………………（211）

3.4.2.3 网纹表面加工	(211)	
3.4.2.4 毛面表面加工	(212)	
3.4.2.5 蚀刻表面加工	(212)	
3.4.3 表面前处理	(212)	
3.4.3.1 表面前处理的方法	(212)	
3.4.3.2 表面前处理的工艺	(213)	
3.4.3.3 表面前处理后的保管期	(217)	
3.5 电化学处理与涂覆	(218)	
3.5.1 电化学表面处理	(218)	
3.5.1.1 电镀概述	(218)	
3.5.1.2 镀锌知识	(219)	
3.5.1.3 冷镀锌	(220)	
3.5.1.4 热镀锌	(223)	
3.5.1.5 镀后处理	(225)	
3.5.1.6 铝及铝合金机柜表面处理方法	(228)	
3.5.2 涂覆	(228)	
3.5.2.1 涂覆概述	(228)	
3.5.2.2 金属表面喷漆	(229)	
3.5.2.3 喷塑	(231)	
3.5.2.4 喷涂设备	(233)	
3.5.2.5 电泳涂装	(234)	

第4章 装配与安装 (239)
4.1 机柜的装配与安装 (239)
4.1.1 机柜装配 (239)
4.1.1.1 柜体装配安全操作规程 (239)
4.1.1.2 机柜装配的技术要求 (239)
4.1.1.3 机柜装配工艺流程 (239)
4.1.1.4 柜体装配的工艺 (240)
4.1.1.5 柜体接地工艺 (242)
4.1.1.6 柜体的标记、标识与丝网印制 (243)
4.1.1.7 机柜装配后的工序质量检查 (244)
4.1.2 机柜上零部件的安装 (245)
4.1.2.1 安装顺序 (245)
4.1.2.2 柜体内框架的安装 (245)
4.1.2.3 柜体内元器件的安装 (246)
4.1.2.4 电气安装板上元器件的安装 (246)
4.1.2.5 线槽、导轨及端子排的安装 (248)
4.2 零部件的安装 (250)
4.2.1 零部件安装的准备工作 (250)
4.2.1.1 图纸和资料的准备 (250)
4.2.1.2 测量仪表和工具的准备 (250)
4.2.1.3 安装作业条件 (251)
4.2.1.4 常用材料、电气元件的准备 (251)
4.2.1.5 安全生产注意事项 (251)
4.2.2 零部件安装前的检查 (252)
4.2.2.1 机柜零部件检查 (252)
4.2.2.2 电气设备开箱检查 (253)
4.2.3 零部件安装的技术要求 (255)
4.2.3.1 电气元件的安装应符合产品使用说明书的安装要求 (255)
4.2.3.2 发热元件的安装要求 (256)
4.2.3.3 电气元件的安装应考虑设备的接线、使用及维护的方便性 (256)
4.2.3.4 电气间隙及爬电距离 (257)
4.2.3.5 常用低压电气元件的飞弧距离 (257)
4.2.3.6 电气元件安装在可动部件上的要求 (258)
4.2.3.7 电气元件的紧固 (258)
4.2.3.8 元器件及产品的铭牌、标志牌、标字框等的安装 (259)
4.2.4 安装质量检查 (259)
4.2.4.1 安装质量检查方法 (259)
4.2.4.2 安装质量检查的内容及要求 (259)
4.2.4.3 安装质量检验评定标准 (260)
4.2.4.4 低压电器绝缘电阻的测量 (260)
4.2.4.5 元器件安装完毕转交接线工序时,应提交的技术资料和文件 (261)
4.3 印制板上元器件的安装 (261)
4.3.1 电子元器件的筛选与检测 (261)
4.3.2 电子元器件的插装与贴装 (262)
4.3.2.1 元器件的插装方法 (262)

4.3.2.2 通孔插装 PCB 元件的定位
　　　　与安放技巧…………………… (264)
4.3.2.3 元器件的贴装方法……………… (264)
4.3.2.4 贴片工艺常见问题及分析……… (265)
4.3.2.5 自动插件机和贴片机的维护
　　　　与保养要求…………………… (268)
4.3.3 各类元器件安装注意事项………… (269)
4.3.3.1 电容器的安装…………………… (269)
4.3.3.2 二极管的安装…………………… (270)
4.3.3.3 晶体三极管的安装……………… (270)
4.3.3.4 集成电路的安装………………… (271)
4.3.3.5 光耦合器的安装………………… (272)
4.3.3.6 印制电路板继电器的安装……… (273)
4.3.3.7 其他元器件的安装……………… (274)
4.4 印制板的装联………………………………… (274)
4.4.1 印制板组件装联技术要求………… (274)
4.4.1.1 一般要求………………………… (274)
4.4.1.2 安装要求………………………… (275)
4.4.1.3 连接要求………………………… (275)
4.4.1.4 PCB 的装联工艺流程…………… (275)
4.4.1.5 装联质量检验…………………… (276)
4.4.2 印制电路板的焊接………………… (277)
4.4.2.1 手工焊接的工艺要素…………… (277)
4.4.2.2 浸焊的工艺要素………………… (277)
4.4.2.3 波峰焊的工艺要素……………… (278)
4.4.2.4 回流焊的工艺要素……………… (279)
4.4.3 清洗与涂层………………………… (281)
4.4.3.1 清洗……………………………… (281)
4.4.3.2 涂层……………………………… (283)
4.5 低压电器的安装……………………………… (284)
4.5.1 断路器安装………………………… (284)
4.5.1.1 低压断路器的安装方式………… (284)
4.5.1.2 框架式断路器的安装…………… (284)
4.5.1.3 塑壳空气断路器的安装………… (285)
4.5.1.4 刀开关、刀熔开关的安装……… (286)
4.5.2 熔断器安装………………………… (287)
4.5.3 接触器的安装……………………… (288)
4.5.3.1 交流接触器安装前的检查……… (288)
4.5.3.2 交流接触器安装要求…………… (289)
4.5.4 继电器的安装……………………… (289)

4.5.4.1 继电器的安装位置……………… (289)
4.5.4.2 继电器的安装方向……………… (289)
4.5.4.3 继电器的安装要点……………… (290)
4.5.4.4 插座用继电器安装……………… (290)
4.5.4.5 热继电器的安装………………… (291)
4.5.5 电力电容器安装…………………… (293)
4.5.5.1 电容器安装的主要要求………… (293)
4.5.5.2 安装操作工艺…………………… (293)
4.5.5.3 电容器安装注意事项…………… (295)
4.5.5.4 安装质量检查标准……………… (295)
4.6 电气组件的安装……………………………… (296)
4.6.1 热电阻与热电偶的安装…………… (296)
4.6.1.1 安装前的准备…………………… (296)
4.6.1.2 热电偶测温点安装位置的
　　　　选择…………………………… (296)
4.6.1.3 铠装热电偶与热电阻的安
　　　　装方法………………………… (298)
4.6.2 PLC 安装…………………………… (299)
4.6.2.1 PLC 的安装环境………………… (299)
4.6.2.2 PLC 的安装要求………………… (300)
4.6.2.3 PLC 的安装方法………………… (300)
4.6.3 电力半导体器件的安装…………… (301)
4.6.3.1 半导体功率器件的安装
　　　　要求…………………………… (301)
4.6.3.2 安装步骤………………………… (301)
4.6.3.3 晶闸管的安装…………………… (302)
4.6.3.4 IGBT 安装时的注意事项……… (303)
4.6.4 其他电气组件的安装方法………… (305)
4.6.4.1 按钮和指示灯安装……………… (305)
4.6.4.2 端子排的安装…………………… (306)
4.6.4.3 电工仪表及其附件……………… (306)
4.6.4.4 变阻、电阻器件的安装
　　　　方法…………………………… (307)
4.6.4.5 电感类组件的安装……………… (308)
4.6.4.6 避雷器的安装方法……………… (308)
4.6.4.7 电磁铁的安装方法……………… (308)
4.6.4.8 明装插座及面板式插座、开
　　　　关的安装方法………………… (309)
4.6.4.9 HZ 系列组合开关的安装
　　　　方法…………………………… (309)

第5章 柜内的导线连接 …… (310)
5.1 接线图 …… (310)
5.1.1 接线图绘制规则 …… (310)
5.1.1.1 对电气安装接线图的要求 … (310)
5.1.1.2 接线图包含的内容 …… (310)
5.1.1.3 接线图绘制原则 …… (311)
5.1.2 电气接线图绘制方法 …… (312)
5.1.2.1 在原理图上标出接线标号 … (312)
5.1.2.2 绘制元件框、元器件符号并分配元件编号 …… (313)
5.1.2.3 表示接线关系的方法 …… (316)
5.1.2.4 接线端子编号 …… (320)
5.1.2.5 标注导线的标称截面和种类 …… (321)
5.1.3 电气接线图图例 …… (321)
5.2 导线和电缆选择 …… (322)
5.2.1 一般要求 …… (322)
5.2.2 导线 …… (322)
5.2.2.1 导线分类 …… (322)
5.2.2.2 导线截面积 …… (322)
5.2.2.3 导线的绝缘 …… (323)
5.2.2.4 正常工作时的载流容量 …… (324)
5.2.2.5 导线和电缆的电压降 …… (326)
5.2.2.6 短时电流引起热应力时保护导体截面积的计算方法 …… (327)
5.2.3 软电缆 …… (327)
5.2.3.1 概述 …… (327)
5.2.3.2 机械性能 …… (327)
5.2.3.3 绕在电缆盘上电缆的载流容量 …… (328)
5.2.4 柜内母线 …… (328)
5.2.4.1 母线材料选择 …… (328)
5.2.4.2 母线规格的确定 …… (328)
5.2.5 鉴别 …… (331)
5.3 配线工艺设计 …… (331)
5.3.1 布线总论 …… (331)
5.3.1.1 总则 …… (331)
5.3.1.2 功能单元电气连接形式的说明 …… (332)
5.3.1.3 载流部件及其连接 …… (332)
5.3.2 连接和布线 …… (333)
5.3.2.1 一般要求 …… (333)
5.3.2.2 导线和电缆敷设 …… (333)
5.3.2.3 不同电路的导线 …… (333)
5.3.2.4 集聚安装 …… (333)
5.3.2.5 感应电源系统传感器（拾取器）和传感转换器之间的连接 …… (334)
5.3.3 保护性接地要求 …… (334)
5.3.3.1 结构要求 …… (334)
5.3.3.2 保护接地端子 …… (334)
5.3.3.3 保护接地端子的标志和识别 …… (334)
5.3.4 导线的标识 …… (334)
5.3.4.1 一般要求 …… (334)
5.3.4.2 保护导线的标识 …… (335)
5.3.4.3 中线的标识 …… (335)
5.3.4.4 颜色的标识 …… (335)
5.3.5 电柜内配线 …… (336)
5.3.6 母线工艺设计 …… (336)
5.3.6.1 母线设计的要素 …… (336)
5.3.6.2 母线介电设计 …… (337)
5.3.6.3 母线连接设计 …… (338)
5.3.6.4 母线保护导体电路 …… (342)
5.3.7 电柜外配线 …… (342)
5.3.7.1 一般要求 …… (342)
5.3.7.2 外部管道 …… (342)
5.3.7.3 机械移动部件的连接 …… (343)
5.3.7.4 机械上器件的互连 …… (344)
5.3.7.5 插头/插座组合 …… (344)
5.3.7.6 为了装运的拆卸 …… (344)
5.3.7.7 备用导线 …… (345)
5.3.8 通道、接线盒与其他线盒 …… (345)
5.4 导线加工工艺 …… (346)
5.4.1 导线加工步骤 …… (346)
5.4.1.1 图纸和资料的准备 …… (346)
5.4.1.2 线束材料、加工设备、工具的准备 …… (347)
5.4.1.3 线束加工的工艺流程 …… (347)
5.4.2 线束加工的技术要求 …… (348)
5.4.2.1 线束的技术要求 …… (348)

5.4.2.2　导线端头的制作要求 ……… (349)
　　　5.4.2.3　标号管的制作要求 ………… (349)
　5.4.3　线束加工的工艺要求 …………… (350)
　　　5.4.3.1　确定下线长度 ……………… (350)
　　　5.4.3.2　导线下线及端部的绝缘
　　　　　　　剥除 ……………………… (350)
　　　5.4.3.3　导线标记套管制作与套装 … (352)
　　　5.4.3.4　冷压接头的压接工艺要求 … (352)
　　　5.4.3.5　端子压接的质量检查要点 … (354)
　　　5.4.3.6　接线端子压接过程可能出
　　　　　　　现的问题及处理 ………… (354)
　　　5.4.3.7　接线端头的焊接要求 ……… (354)
　5.4.4　线束质量的检验 ………………… (355)
　　　5.4.4.1　抽样方法 …………………… (355)
　　　5.4.4.2　检验设备 …………………… (355)
　　　5.4.4.3　检验项目和方法 …………… (355)
5.5　母线加工及安装工艺 …………………… (357)
　5.5.1　生产准备 ………………………… (357)
　　　5.5.1.1　资料 ………………………… (357)
　　　5.5.1.2　材料要求 …………………… (357)
　　　5.5.1.3　主要工具、设备及测试
　　　　　　　器具 ……………………… (357)
　　　5.5.1.4　施工条件 …………………… (358)
　5.5.2　母线的加工 ……………………… (358)
　　　5.5.2.1　母线加工的技术要求 ……… (358)
　　　5.5.2.2　母线加工和安装的工艺
　　　　　　　流程 ……………………… (359)
　　　5.5.2.3　母线的下料 ………………… (359)
　　　5.5.2.4　孔加工、压母、踏花 ……… (360)
　　　5.5.2.5　母线的弯曲 ………………… (361)
　　　5.5.2.6　母线的表面处理 …………… (362)
　5.5.3　母线的连接安装 ………………… (363)
　　　5.5.3.1　母线装联的技术要求 ……… (363)
　　　5.5.3.2　母线的焊接 ………………… (364)
　　　5.5.3.3　母线架、绝缘母线夹板、支
　　　　　　　撑绝缘子的安装方法 …… (365)
　　　5.5.3.4　硬母线的安装 ……………… (366)
　　　5.5.3.5　软母线的安装 ……………… (368)
　　　5.5.3.6　母线安装应注意的质量
　　　　　　　问题 ……………………… (368)

　5.5.4　母线加工及安装的质量控制 …… (369)
　　　5.5.4.1　母线的加工和装配工序
　　　　　　　检查 ……………………… (369)
　　　5.5.4.2　在验收时应进行的检查 …… (369)
　　　5.5.4.3　检验项目 …………………… (369)
　　　5.5.4.4　应有的质量记录 …………… (370)
5.6　导线连接工艺 …………………………… (371)
　5.6.1　工艺准备 ………………………… (371)
　　　5.6.1.1　使用材料 …………………… (371)
　　　5.6.1.2　设备工具 …………………… (372)
　　　5.6.1.3　生产准备 …………………… (373)
　5.6.2　接线方式与接线工艺流程 ……… (373)
　5.6.3　柜内接线的技术要求 …………… (373)
　　　5.6.3.1　控制柜内接线的总体要求 … (373)
　　　5.6.3.2　导线连接的布线要求 ……… (374)
　　　5.6.3.3　导线连接对接线端头的
　　　　　　　要求 ……………………… (374)
　　　5.6.3.4　各种电气元件的接线要求 … (374)
　　　5.6.3.5　接线端子的接线要求 ……… (374)
　　　5.6.3.6　可动部位导线连接的要求 … (375)
　　　5.6.3.7　接地的接线要求 …………… (375)
　　　5.6.3.8　锡焊连接的接线要求 ……… (375)
　5.6.4　接线工艺要求 …………………… (375)
　　　5.6.4.1　接线生产准备 ……………… (375)
　　　5.6.4.2　接线过程及工艺要求 ……… (377)
　　　5.6.4.3　接线工序质量检查 ………… (381)
　5.6.5　布线 ……………………………… (381)
　　　5.6.5.1　布线技术要求 ……………… (381)
　　　5.6.5.2　导线整理工艺 ……………… (381)
　　　5.6.5.3　线束布置工艺 ……………… (382)
　　　5.6.5.4　导线的绑扎 ………………… (384)
　　　5.6.5.5　导线的固定支撑（线卡）
　　　　　　　工艺 ……………………… (385)
　5.6.6　接线质量的检验 ………………… (386)
　　　5.6.6.1　检验程序 …………………… (386)
　　　5.6.6.2　外观检查 …………………… (386)
　　　5.6.6.3　接线质量的测试 …………… (388)
参考文献 ………………………………………… (390)

第 1 章 电气布置图

1.1 电气元件布置图设计

电气控制设备结构设计如果能保证电气安全并满足生产工艺的要求,就可以说是一种好的设计;但为了满足电气控制设备的制造和使用要求,还必须进行合理的电气控制工艺设计。这些设计包括电气控制柜的结构设计、电气控制柜总体配置图、总接线图设计及各部分的电气装配图与接线图设计,同时还要有元件目录、接线表及主要材料清单等技术资料。

1.1.1 控制柜总体配置设计的方法

电气元件布置图又称为电气装配图。电气元件布置图绘制的实质是电气控制系统的电气结构设计,属于电气工艺设计。工艺是劳动者利用生产工具对各种原料、半成品进行加工或处理,使之成为产品的方法,是人类在劳动中积累并总结得到的操作技术经验。

绘制电气元件布置图,是为制造、使用、运行、维修电气控制装置所进行的生产施工设计。电气元件布置图可根据电气设备的复杂程度集中绘制或分别绘制,一般必须有控制柜总体布置图、二次系统安装板布置图和印制电路板布置图。因为电气元件布置图清楚地表达出各个电气元件之间的装配关系,所以又称为控制柜总体装配图、二次系统安装板装配图和印制电路板装配图。

一般控制柜的总体电气元件布置图和一次电路接线图(母线接线图)是绘制在一起的,所以又称为电气控制柜总装配图,是进行分部设计和协调各部分组成为一个完整系统的依据。但是,由于图面限制,总体电气元件布置图无法将二次系统安装板上的电气元件布置情况表达清楚,一般需要单独绘制二次(控制)系统安装板装配图和印制电路板装配图。

1.1.1.1 确定电气控制装置的结构形式

电气控制装置的结构形式要根据电气原理总图、电气设备与电气元件明细表,以及装置的使用场合、条件来确定。

1. 根据设备要求的安装位置选择结构形式

1)安装在设备机身内的控制设备

安装在生产机械壁龛中是较简单的电气设备,应采用控制板结构,即把电气元件安装在一块底板上,通过端子板(或插座)引入和引出电源。

2）与生产机械分开放置的小容量电气控制设备

与生产机械分开放置的小容量电气控制设备可采用电气箱结构，面板可安装电压表、电流表、指示灯、按钮、开关及调节旋钮等，其他电气元件则安装在箱内底盘上。

3）对于复杂、容量较大的系统

对于复杂、容量较大的系统，因电气设备和电气元件数量多，系统体积大，应采用电气柜的结构形式。一般应将主电路和控制电路分开放置，对抗干扰要求高的部件，还应加装屏蔽罩。

2．根据使用要求选择结构形式

1）需要时刻监视并随时可能操作

对于需要时刻监视并随时可能操作的使用要求，应采用操作台的结构形式。

操作台的结构形式可以使操作人员以坐姿进行工作，可以有效地减轻操作人员的劳动强度，有利于操作人员全身心地投入到不间断的监视及操作工作中。这种以人为本的人性化配置设计，能够为电气控制设备及被控制设备的安全可靠运行提供最佳保证。

2）需要定时监视但不经常操作

对于需要定时监视但不经常操作的使用要求，应采用操作柜的结构形式。控制仪表或显示屏及控制按钮或操纵杆布置在柜门上，构成控制面板。

3）不需要监视且不需要操作

对不需要监视且不需要操作的使用要求，应采用封闭柜或封闭箱的结构形式。

3．其他要求

在确定电气装置的结构形式时，还应考虑装置外形美观、结构尺寸合理、布局得当、不相互干扰、便于安装和维修等细节。在满足用户要求的前提下，还应尽量降低成本。

1.1.1.2 机柜尺寸的初步确定

1．根据用户的使用环境

1）根据用户的使用环境确定控制柜的防护等级

如果用户的使用环境中存在雨、雪、风、沙、腐蚀性气体、微生物、小动物等影响电气控制设备安装及可靠工作的因素，就必须根据用户的使用环境确定控制柜的防护等级，然后根据确定的控制柜的防护等级进行机柜的结构设计，最后确定机柜的尺寸。

2）温度

温度是影响电气控制设备安装及可靠工作的决定性因素。电气元件的工作温度每超过额定工作温度10℃，其工作寿命将减少一半；当温度过高时电气元件会在瞬间烧毁。控制电气控制设备的工作温度通常采用控制大气环境温度和控制电气控制设备内部工作温度两种方法。

控制大气环境温度需要付出比较高的成本，例如采用空调设备，因此，在采取其他技术措施能够解决的情况下一般不推荐使用。采用降低电气控制设备内部工作温度的方法比较普遍，降低电气控制设备内部工作温度的方法有以下几种：

- 降低机柜内的功率密度

降低机柜内的功率密度就是说，在绘制电气元件布置图时，各个电气元件不能为了节省空间而紧凑安装，而应布置得尽可能松散一些，尤其是那些发热量比较大的器件。

- 降低机柜内的温度

使用风机加快机柜内空气的流速来降低机柜内的温度，简单可靠，是比较普遍的方法。当风机降温无法满足其要求时，可以采用水冷降温的方法。水冷降温结构比较复杂，运行成本稍高。不论哪种降温方式，在绘制电气元件布置图时都必须满足相关技术标准的要求，并且对机柜结构尺寸都会产生不同程度的影响。

3）海拔高度

海拔高度对机柜尺寸的影响：海拔高度增加时，空气变得稀薄使电气控制设备的散热条件变差，导致电气控制设备的温度升高。所以，海拔高度对电气元件布置图的影响与温度相同。

2. 电气零部件的外形尺寸

电气零部件的外形尺寸大小直接影响机柜尺寸的大小和结构。影响电气零部件的外形尺寸大小的主要因素有两个：

1）一次电路的电压等级

一次电路的电压等级越高，对电气元件的绝缘耐压等级要求越高；为保证控制电气安全可靠地工作及工作寿命，必须保证各个电极之间有足够的电气间隙和爬电距离，其结果是造成控制电器形体增大。控制电器形体的增大，一方面使其外形尺寸增大，另一方面控制电器的自身重量大幅度增加。

2）一次电路的电流大小

一次电路的电流越大，工作时产生的电动力就越大；为保证控制电器安全可靠地工作及工作寿命，要求电气元件的导电部件尺寸足够大，因而造成控制电器形体增大。

控制电器外形尺寸的增大，要求机柜的尺寸必须足够大，这样才能够在保证足够的电气间隙和爬电距离的前提下进行安装。控制电器自身重量的增加，要求机柜必须有足够的机械强度和结构刚度，这样才能够安全可靠地支撑它们。这些都是在进行电气元件布置图设计和机柜结构设计时必须考虑的问题。

3. 安装尺寸

安装尺寸对电气元件布置图设计的影响表现在以下几个方面：

1）电气安装规范的影响

电气元件布置图设计时，必须在保证足够的电气间隙和飞弧距离的前提下进行安装，因此必须考虑电气元件之间、电气元件与导线之间以及电气元件与机柜之间的电气间隙和飞弧距离。

2）安装工艺的影响

安装工艺中绝缘方式的设计影响电气元件布置图设计时各个元件的布置。

一次电路的母线非常粗大，在短距离内进行弯曲加工很困难，因此一次电路中的控制电器布置时距离不能太近，且中相必须在一条直线上。

4．根据国家标准初步选定拟采用的控制柜体尺寸

采用标准化的控制柜体尺寸，能够有效地减少电气控制设备的设计工作量，便于进行大规模的工业化生产，在保证质量的条件下可以大幅度降低生产成本。

对于小批量生产，可以很方便地购买到各种标准机柜。如果自制机柜，也可以方便地购买到机柜专用型材及各种机柜配件。

1.1.1.3 电气元件布置图的绘制原则

电气元件布置图是某些电气元件按一定原则的组合。电气元件布置图的设计依据是电气原理图、部件图、组件的划分情况等。总体配置设计得合理与否关系到电气控制系统的制造、装配质量，更将影响到电气控制系统性能的实现及其工作的可靠性和操作、调试、维护等工作的方便及质量。电气元件布置图设计时应遵循以下原则：

1．必须遵循相关国家标准

（1）总体设计要在满足电气控制柜设计标准和规范的前提下，使整个电气控制系统集中、紧凑。

（2）要把整体结构画清楚，把各单元与主体的连接画出来，在表示清楚结构的情况下，各单元部件可采用示意画出，但应按实物比例投影画出。一般应画出正视图、侧视图、俯视图，复杂装置还应画出后视图。总之，以看清结构为原则。画时应把箱体剖开画，外形图应单画。

（3）总体配置设计是以电气系统的总装配图与总接线图形式来表达的，图中应以示意形式反映出各部分主要组件的位置及各部分接线关系、走线方式及使用的行线槽、管线等。电气控制柜总装配图、接线图，根据需要可以分开，简单一些的也可并在一起。电气控制柜总装配图是进行分部设计和协调各部分组成一个完整系统的依据。

（4）电气元件布置图主要用于表明电气设备上所有电气元件的实际位置，为电气设备的安装及维修提供必要的资料。图中应标注相关的安装尺寸，各电气元件代号应与电原理图和电器清单上所有的元器件代号相同，在图中需要留有 10% 以上的备用面积及导线管（槽）的位置，以供改进设计时用。

2．电气元件位置的确定

（1）在空间允许条件下，把发热元件和噪声振动大的电气部件，尽量放在离其他元件较远的地方或隔离开来。一般较重、体积大的设备放在下层，主电路电气元件和安装板安装在柜内的框架上，控制电路的电气元件安装在安装板上。当元器件数量较多时，电气元件和安装板可分层布置。

同一组件中电气元件的布置应注意将体积大和较重的电气元件安装在电气板的下面或柜体

的框架上,而发热元件应安装在电气箱(柜)的上部或后部。负荷开关应安装在隔离开关的下面,并要求两个开关的中心线必须在一条直线上,以便于母线的连接。一般热继电器的出线端直接与电动机相连,而其进线端与接触器直接相连,便于接线并使走线最短,且宜于散热。

(2)需要经常维护、检修、调整的电气元件安装位置不宜过高或过低,人力操作开关及需经常监视的仪表的安装位置应符合人体工程学原理,其安装位置应高低适宜,以便工作人员操作。

(3)强电、弱电应该分开走线,注意屏蔽层的连接,防止外界干扰的窜入。

为便于拆卸和维修,各层间的引线以及与箱外的连线均应通过端子板(或接插件)连接。

(4)显示屏、仪表、指示灯、开关、调节旋钮等应安装在电气柜柜门的上方。对于多工位的大型设备,还应考虑多地操作的方便性;控制柜的总电源开关、紧急停止控制开关应安放在方便而明显的位置。

(5)电气元件的布置应考虑安全间隙,各电气元件之间,上、下、左、右应保持一定的间距,并做到整齐、美观、对称;外形尺寸与结构类似的电器可安放在一起,以便进行加工、安装和配线。若采用线槽配线方式,应适当加大各排电器间距,以利于布线和维护,并且应考虑器件的发热和散热因素。

3. 电气布置图的绘制要求

(1)各电气元件的位置确定以后,便可绘制电气布置图。电气布置图是根据电气元件的外形轮廓绘制的,即以其轴线为准,标出各元件的间距尺寸。每个电气元件的安装尺寸及其公差范围,应按产品说明书的标准标注,以保证安装板的加工质量和各电器的顺利安装。

(2)电气柜中的大型电气元件,宜安装在两个安装横梁之间,这样可以减轻柜体重量,节约材料,也便于安装,所以设计时应计算纵向安装尺寸。

(3)绘制电气元件布置图时,设备的轮廓线用细实线或点画线表示,电气元件均用粗实线绘制出简单的外形轮廓。

(4)在电气布置图设计中,还要根据部件进出线的数量、采用导线规格及出线位置等,选择进出线方式及接线端子排、连接器或接插件,并按一定顺序标上进出线的接线号。

(5)电气元件布局时必须满足导线电气连接的技术要求。如一次母线尽可能不出现交叉,连接导线应尽可能的短,不应存在舍近求远的问题等。

(6)根据电气控制柜总装配图,最终确定控制柜体的外形尺寸,内部结构及结构件的位置、形状和尺寸,控制面板上的加工尺寸。

1.1.1.4 总体配置设计方法

总体配置设计是以电气系统的总装配图与总接线图形式来表达的,图中应以示意形式反映出各部分主要组件的位置及各部分接线关系、走线方式及使用的行线槽、管线等。

1. 电气控制柜组件的划分

电气控制柜总体配置设计任务是根据电气原理图的工作原理与控制要求,先将控制系统划分为几个组成部分(这些组成部分均称为部件),再根据电气控制柜的复杂程度,把每一部件划分成若干组件。

由于各种电气元件安装位置不同,在构成一个完整的电气控制系统时,就必须划分组件。

对于一些运用比较普遍的组件，现在已经形成了比较成熟的模块。这些模块结构合理，工作可靠，已经经过长时间的考验。在电气元件布置图设计中应优先采用这些成熟的模块，这样可以有效地提高设计工作效率，便于设计工作的标准化，能够大幅度降低生产制造成本，提高产品的可靠性。

1）划分组件的原则

(1) 把功能及安装方式类似的元件组合在一起；
(2) 尽可能减少组件之间的连线数量，同时把接线关系密切的控制电器置于同一组件中；
(3) 让强、弱电控制器分离，以减少干扰；
(4) 为力求整齐美观，可把外形尺寸、重量相近的电器组合在一起；
(5) 为了使电气控制系统便于检查与调试，把需经常调节、维护和易损元件组合在一起。

2）常用电气控制设备组件划分的方法

对于控制规模不是很大的电气控制系统，一次电路和主电路的电气元件体积和重量较大，一般采用框架式安装方式，通常把它们作为一部分。二次电路和控制电路的电气元件体积和重量较小，一般采用安装板安装方式，通常把它们作为一部分。抽屉式安装和插接的弱电安装板，一般把它们作为一部分。这种划分方法有利于达到接线的设计标准要求，且电气元器件的位置容易确定。

例如，在电气控制设备中一次电路（主电路）的主要作用多数是控制被控制对象电源的通断，这就需要使用开关电器。开关控制组件已经存在成熟的模块，对于大电流电路开关控制组件一般采用隔离开关加负荷开关的模块。再如，电动机控制的主电路已经形成由断路器→熔断器→交流接触器→热继电器的成熟的模块。其布置方式一般自上而下排列，要求中相在一条轴线上，以便于母线的加工和安装。

按照电气控制柜元器件安装和接线的标准及规范，首先要确定在框架上安装每个元器件的位置，再确定安装板上安装每个元器件的位置，以便确定安装板的尺寸及安装方法。然后再根据电气原理图的接线关系整理出各部分的进出线号，并调整它们之间的连接方式。这一设计工作是一个需要反复进行多次的过程，需要在CAD装配图上多次改变元器件的位置进行试装配，直至达到设计标准要求并令设计者满意为止。

2. 接线方案对元器件布置图设计的影响

(1) 拟定控制设备一次侧（或高压侧）和二次侧的基本接线形式。
(2) 选择电源的引接方式。包括接入点、电压等级、供电方式等。
(3) 确定走线方式：

确定走线方式是采用母线连接、线槽走线、线束走线、板前走线还是板后走线。不同走线方式对布置图设计的影响很大。例如，一次电路若必须采用母线连接，而母线粗且硬，且弯曲加工难度较大，因此一次电路控制电器的布置就必须考虑母线加工安装的可行性。

(4) 对上述各部分方案进行综合整理，初步拟出若干种技术可行的接线方案，以不遗漏最优方案为原则。再结合控制设备的实际情况进行技术分析比较，从中选出2～3个较优方案。
(5) 根据控制设备的具体情况，按照接线的基本要求，选定一个技术合理的接线方案，相应地在电气元件布置图上表示出接入点、出线回路数和出线电压等级等。

3. 接线方式应遵循的原则

电气控制柜各部分及组件之间的接线方式一般应遵循以下原则：

（1）大电流的开关电器的进出线及大电流的控制柜与被控制设备之间，一般采用母线端头或接线鼻子连接，可按电流大小及进出线数选用不同规格的接线端头或接线鼻子。

（2）控制柜、柜（台）之间以及它们与控制板之间控制电路的连接，一般采用接线端子排或工业连接器连接。

（3）弱电控制组件、印制电路板组件之间应采用各种类型的标准接插件连接。

（4）电气柜、控制柜、柜（台）内的元件之间的连接，也可以借用元件本身的接线端子直接连接，过渡连接线应采用端子排过渡连接，端头应采用相应规格的接线端子处理。

1.1.2 电子元件布置图

印制电路板既能将电子元件布置定位，又能实现电子元件之间的电气连接，所以印制电路板上的电子元器件布置图绘制，实际上就是进行印制电路板的设计。

1.1.2.1 影响印制线路组件结构布局设计的因素

一块性能优良的印制线路板的组件布局和电气连接方式的结构设计是决定电气控制设备能否可靠工作的关键因素，对于组件和参数相同的电路，由于组件布局设计和电气连接方式的不同会产生不同的结果，其结果可能存在很大的差异。因而，必须把如何正确设计印制线路板组件布局的结构和正确选择布线方向及整体设备的工艺结构三方面联合起来考虑。合理的工艺结构，既可消除因布线不当而产生的噪声干扰，又便于生产中进行安装、调试与检修等。为了达到生产最大化，成本最小化，应考虑到某些限制条件。

1. 印制线路板组件布局的结构

印制电路板装配时需要的焊接技术和设备，使电路板的设计和布局增加了许多局限性。例如，在波峰焊接中，凹槽的最大尺寸、边缘的距离和操作的空间都是重要的因素。同时，设计者要尽可能地意识到最终的成品究竟应是什么样子，并要尽力保护它的最敏感部分。例如，任何高压电路都应受到保护以防止和外部的接触；产品中的电路板以及电路板上的元器件都要小心放置，以便将由外部物体所带来的损坏减到最小。

2. 正确选择布线方向

由于印制板放大器布线产生的极小噪声电压的存在，都会引起输出信号的严重失真，因此，必须正确选择布线方向。在数字电路中，TTL 噪声容限为 0.4～0.6V，CMOS 噪声容限为 Vcc 的 0.3～0.45 倍，故数字电路具有较强的抗干扰能力。

合理地选择良好的电源和地总线方式，是设备可靠工作的重要保证，因为相当多的干扰源是通过电源和地总线产生的，其中地线引起的噪声干扰最大。

3. 整体电气控制设备的工艺结构

多个电路板的装配方式通常可使现场维护如同将电路板拔出进行替换一样容易，当然，前提条件是每个独立的电路板都能行使其特有的功能,这样电路板的替换就不会有太多的拆卸,保证了最少的焊接/脱焊次数。因此,印制电路板的设计必须考虑到它的可维护性。

4．印制线路板加工工艺水平的影响

（1）导线间距小于 0.1mm 将无法进行蚀刻过程,因为如果蚀刻液在狭小的空间内不能有效扩散,就会导致部分金属不能被蚀刻掉。

（2）如果导线宽度小于 0.1mm,在蚀刻过程中将会发生断裂和损坏。

（3）焊盘尺寸至少应比孔的尺寸大 0.6mm。

（4）最小或最大的电路板操作尺寸。

（5）蚀刻设备的精度。

（6）钻孔精度。

5．印制线路板制版方法的影响

（1）决定于产品原版胶片的翻拍照相机尺寸性能。

（2）丝网印制工艺能达到的精度。

6．印制电路板装配的影响

（1）孔的直径要根据最大材料条件（MMC）和最小材料条件（LMC）的情况来决定。一个无支撑元器件的孔的直径应当这样选取,即从孔的 MMC 中减去引脚的 MMC,使所得的差值在 0.15～0.5mm 之间。而且对于带状引脚,引脚的标称对角线和无支撑孔的内径差应不超过 0.5mm,并且不少于 0.15mm。

（2）合理放置较小元器件,以使其不会被较大的元器件遮盖。

（3）阻焊剂的厚度应不大于 0.05mm。

（4）丝网印制标识不能和任何焊盘相交。

（5）电路板的上半部应该与下半部一样,以达到结构对称,因为不对称的电路板可能会变形弯曲。

从电路板的装配角度来看,应该特别注意,在焊接前,由于插入的元器件与其理论位置发生倾斜而可能造成的短路问题。根据经验,元器件引脚允许的最大倾斜度应保持在与理论位置相差 15°以内。当孔和引脚的直径差值较大时,倾斜度最多可达到 20°。垂直安装的元器件,倾斜度可达到 25°或 30°,但这样会导致封装密度的降低。例如,TO-I8 型晶体管安装位置距印制电路板厚度为 2mm,如果孔径为 1mm,则倾斜度可以达到 20°,当然引脚本身没有任何的倾斜。

1.1.2.2 印制电路板设计的基本原则要求

1．印制电路板的设计

印制电路板的设计,从确定板的尺寸大小开始。印制电路板的尺寸因受机箱外壳大小或安装位置大小限制,以能恰好安放入外壳内为宜。其次,应考虑印制电路板与外接元器件（主要是电位器、插口或另外印制电路板）的连接方式。印制电路板与外接组件一般通过塑料导线或金属隔离线进行连接,但有时也设计成插座形式,即在设备内安装一个插入式印制电路板插口的接触位置。

对于安装在印制电路板上的较大的组件，要加金属附件固定，以提高耐振、耐冲击性能。

2．布置图设计的基本方法

首先需要对所选用元器件及各种插座的规格、尺寸、面积等有完全的了解；对各部件的位置安排做合理的、仔细的考虑，主要是从电磁场兼容性及抗干扰的角度，走线短，交叉少，电源、地的路径及去耦等方面考虑。各部件位置定出后，就是各部件的连接，即按照电路图连接有关引脚。完成的方法有多种，印制线路图的设计有计算机辅助设计与手工设计两种方法。

最原始的是手工排列布图。这种方法比较费事，往往要反复几次，才能最后完成，在没有其他绘图设备时也可以采用。这种手工排列布图方法对刚学习印制板图设计的人来说也是很有帮助的。

计算机辅助制图，可通过多种绘图软件完成，这些软件功能各异，但总的说来，绘制、修改较方便，并且可以存盘和打印。

接着，确定印制电路板所需的尺寸，并按原理图，将各个元器件位置初步确定下来，然后经过不断调整使布局更加合理。印制电路板中各组件之间的接线安排方式如下：

（1）印制电路中不允许有交叉电路，对于可能交叉的线条，可以用"钻"、"绕"两种办法解决，即，让某引线从别的电阻、电容、三极管脚下的空隙处"钻"过去，或从可能交叉的某条引线的一端"绕"过去。在特殊情况下，如果电路很复杂，为简化设计也允许用导线跨接（跳线）或采用双面板，来解决电路交叉问题。

（2）电阻、二极管、管状电容器等组件有"立式"、"卧式"两种安装方式。立式指的是组件体垂直于电路板安装、焊接，其优点是节省空间；卧式指的是组件体平行并紧贴于电路板安装、焊接，其优点是组件安装的机械强度较好。采用这两种不同的安装方式，印制电路板上的组件孔距是不一样的。

（3）同一级电路的接地点应尽量靠近，并且本级电路的电源滤波电容也应接在该级接地点上。特别是本级晶体管基极、发射极的接地点不能离得太远，否则两个接地点间的铜箔太长会引起干扰与自激。采用这种"一点接地法"的电路，工作较稳定，不易自激。

（4）总地线必须严格按高频-中频-低频一级级地按弱电到强电的顺序排列，切不可随便乱接，级与级间宁可接线长点，也要遵守这一规定。变频头、再生头、调频头的接地线安排要求更为严格，如有不当就会产生自激以致无法工作。

调频头等高频电路常采用大面积包围式地线，以保证有良好的屏蔽效果。

（5）强电流引线（公共地线，功放电源引线等）应尽可能宽些，以降低布线电阻及其电压降，可减小寄生耦合产生的自激。

（6）阻抗高的走线尽量短，阻抗低的走线可长一些，因为阻抗高的走线容易啸叫和吸收信号，引起电路不稳定。电源线、地线、无反馈组件的基极走线、发射极引线等均属低阻抗走线。射极跟随器的基极走线、音频放大两个声道的地线必须分开，各自成一路，一直到功放末端再合起来，如两路地线连来连去，极易产生串音，使分离度下降。

3．电子元器件在印制电路板（PCB）上的布局基本规则

在进行PCB设计时元件的布局与走线对产品的寿命、稳定性、电磁兼容性都有很大的影响。为了设计质量好、造价低的PCB，使电子电路获得最佳性能，并符合抗干扰设计的要求，设计时必须遵守以下原则：

1）布置方案的确定

（1）根据结构图设置板框尺寸，按结构要素布置安装孔、接插件等需要定位的器件，并给这些器件赋予不可移动属性，同时按工艺设计规范的要求进行尺寸标注。

（2）首先确定PCB尺寸大小。PCB尺寸过大时，印制线条长，阻抗增加，抗噪声能力下降，成本也增加；过小，则散热不好，且邻近线条易受干扰。电路板的最佳形状为矩形，长宽比为3∶2或4∶3。电路板面尺寸大于200mm×150mm时，应考虑电路板所受的机械强度。

（3）根据某些元件的特殊要求，设置禁止布线区。根据结构图和生产加工时所需的夹持边设置印制板的禁止布线区、禁止布局区域。应留出印制板定位孔及固定支架所占用的位置。

（4）综合考虑PCB性能和加工的效率选择加工流程。

加工工艺的优选顺序为：元件面单面贴装→元件面贴、插混装（元件面插装焊接面贴装一次波峰成型）→双面贴装→元件面贴插混装、焊接面贴装。

2）布局操作的基本原则

（1）遵循"先大后小，先难后易"的布置原则，即重要的单元电路、核心元器件应当优先布局。

实现同一功能的相关电路称为一个模块，应按电路模块进行布局。电路模块中的元件布局时应采用就近集中原则，同时数字电路和模拟电路应分开。

（2）布局中应参考原理框图，根据单板的主信号流向规律安排主要元器件。

（3）布局应尽量满足以下要求：

总的连线尽可能短，关键信号线最短；高电压、大电流信号与小电流、低电压的弱信号完全分开；模拟信号与数字信号分开；高频信号与低频信号分开；高频元器件的间隔要充分。

（4）相同结构电路部分，尽可能采用"对称式"标准布局。

（5）按照均匀分布、重心平衡、版面美观的标准优化布局。各个元件排列、分布要合理和均匀，力求整齐、美观、结构严谨的工艺要求。元器件应均匀、整齐、紧凑地排列在PCB上。

（6）器件布局栅格的设置，一般IC器件布局时，栅格应为50～100mil；小型表面安装器件，如表面贴装元件布局时，栅格应不少于25mil。

（7）如有特殊布局要求，应供需双方沟通后确定。

3）元件布置顺序

确定PCB尺寸后，再确定特殊元件的位置，最后根据电路的功能单元，对电路的全部元器件进行布局。

（1）先放置与结构有关的固定位置的元器件，如电源插座、指示灯、开关、连接件之类，这些器件放置好后用软件的LOCK功能将其锁定，使之以后不会被误移动。

（2）再放置线路上的特殊元件和大的元器件，如发热元件、变压器、IC等，最后放置小器件。

（3）布局设计应按一定顺序和方向进行，例如可以按由左往右和由上而下的顺序进行。

（4）按照电路的流程安排各个功能电路单元的位置，使布局便于信号流通，并使信号尽可能保持一致的方向。

（5）以每个功能电路的核心元件为中心，围绕它们来进行布局。尽量减少和缩短各元器件之间的引线和连接。

4）布置尺寸要求

（1）电阻平放：在电路组件数量不多且电路板尺寸较大的情况下，一般采用平放方式较好；当 1/4W 以下的电阻平放时，两个焊盘间的距离一般取 4/10 英寸（1 英寸=2.54cm），1/2W 的电阻平放时，两焊盘的间距一般取 5/10 英寸；二极管平放时，1N400X 系列整流管，一般取 3/10 英寸；1N540X 系列整流管，一般取 4～5/10 英寸。

（2）电阻竖放：在电路组件数较多，且电路板尺寸不大的情况下，一般采用竖放的方式，竖放时两个焊盘的间距一般取 0.1～0.2 英寸。

（3）定位孔、标准孔等非安装孔周围 1.27mm 内不得贴装元器件，螺钉等安装孔周围 3.5mm（对于 M2.5）、4mm（对于 M3）内不得贴装元器件。

（4）位于电路板边缘的元器件，离电路板边缘一般不小于 2mm。

（5）贴装元件焊盘的外侧与相邻插装元件的外侧距离大于 2mm。

（6）金属壳体元器件和金属件（屏蔽盒等）不能与其他元器件相碰，不能紧贴印制线、焊盘，其间距应大于 2mm。定位孔、紧固件安装孔、椭圆孔及板中其他方孔外侧距板边的尺寸大于 3mm。

（7）焊接面的贴装元件采用波峰焊接生产工艺时，阻、容件轴向要与波峰焊接传送方向垂直，阻排及 SOP（PIN 间距不小于 1.27mm）元器件轴向要与传送方向平行；PIN 间距小于 1.27mm（50mil）的 IC、SOJ、PLCC、QFP 等有源元件应避免用波峰焊接。

（8）BGA 与相邻元件的距离大于 5mm。其他贴片元件相互间的距离大于 0.7mm。贴装元件焊盘的外侧与相邻插装元件的外侧距离大于 2mm。有压接件的 PCB，压接的接插件周围 5mm 内不能有插装元器件，焊接面周围 5mm 内也不能有贴装元器件。

5）布置位置及方向要求

（1）电源插座要尽量布置在印制板的四周，电源插座和与其相连的汇流条接线端应布置在同侧。特别应注意不要把电源插座及其他焊接连接器布置在连接器之间，以利于这些插座、连接器的焊接及电源线缆设计和扎线。电源插座及焊接连接器的布置间距应考虑方便电源插头的插拔。

（2）对于电位器、可调电感线圈、可变电容器、微动开关等可调元件的布局应考虑整机的结构要求。若是机内调节，应放在印制板上方便于调节的地方；若是机外调节，其位置要与调节旋钮在机箱面板上的位置相适应。

电位器在稳压器中用来调节输出电压，故设计电位器时应满足顺时针调节时输出电压升高，逆时针调节时输出电压降低；在可调恒流充电器中电位器用来调节充电电流的大小，设计电位器时应满足顺时针调节时，电流增大。

电位器安放位置应当满足整机结构安装及面板布局的要求，因此应尽可能放置在板的边缘，旋转柄朝外。

（3）IC 座：设计印制板图时，在使用 IC 座的场合下，一定要特别注意 IC 座上定位槽放置的方位是否正确，并注意各个 IC 脚位是否正确，例如，第 1 脚只能位于 IC 座的右下角或者左上角，而且紧靠定位槽（从焊接面看）。

所有 IC 元件单边对齐，有极性元件时极性标示要明确，同一印制板上极性标示不得多于两个方向。出现两个方向时，两个方向互相垂直。

（4）同类型插装元器件在 X 或 Y 方向上应朝一个方向放置。同一种类型的有极性分立元件

也要力争在 X 或 Y 方向上保持一致，便于生产和检验。有极性的器件在同一板上的极性标示方向要尽量保持一致。

（5）元器件的排列要便于调试和维修，即小元件周围不能放置大元件，需调试的元器件周围要有足够的空间。

（6）IC 去耦电容的布局要尽量靠近 IC 的电源管脚，并使其与电源和地之间形成的回路最短。

（7）元件布局时，应适当考虑使用同一种电源的器件尽量放在一起，以便于将来的电源分隔。

（8）贴片应单边对齐，字符方向一致，封装方向一致。

6）元件布局应特别注意散热问题

（1）对于大功率电路，应该将那些发热元件如功率管、变压器等尽量靠边分散放置，便于热量散发；高热器件要均衡分布，不要集中在一个地方以利于单板和整机的散热。

（2）不能让高热器件距离电解电容器太近以免使电解液过早老化。

（3）发热元件不能紧邻导线和热敏元件。

（4）温度检测元件以外的温度敏感器件应远离发热量大的元器件。

7）其他布置要求

（1）卧装电阻、电感（插件）、电解电容等元件的下方避免布过孔，以免波峰焊后过孔与元件壳体短路。

（2）印制板面布线应疏密得当，当疏密差别太大时应以网状铜箔填充，网格边长大于 8mil（或 0.2mm）。

（3）贴片焊盘上不能有通孔，以免焊膏流失造成元件虚焊。重要信号线不准从插座引脚间穿过。

（4）需用波峰焊工艺生产的单板，其紧固件安装孔和定位孔都应为非金属化孔。当安装孔需要接地时，应采用分布接地小孔的方式与地平面连接。

（5）用于阻抗匹配的阻容器件的布局，要根据其属性合理布置。

串联匹配电阻的布局要靠近该信号的驱动端，距离一般不超过 500mil。

匹配电阻、电容的布局一定要分清信号的源端与终端，对于多负载的终端一定要在信号的最远端匹配。

（6）尽可能缩短高频元器件之间的连线，设法减少它们的分布参数和相互间的电磁干扰。易受干扰的元器件不能相互挨得太近，输入和输出元件应尽量远离。

（7）在高频下工作的电路，要考虑元器件之间的分布参数。一般电路应尽可能使元器件平行排列，这样不但美观，而且容易装焊，易于批量生产。

（8）某些元器件或导线之间可能有较高的电位差，应加大它们之间的距离，以免放电引发意外短路。带高电压的元器件应尽量布置在调试时手不易触及的地方。

（9）重量超过 15g 的元器件应当用支架加以固定，然后焊接。那些又大又重、发热量多的元器件，不宜装在印制板上，而应装在整机的机箱底板上，且应考虑散热问题。

4．印制电路板元件布线规则

布局完成后打印出装配图和原理图，由设计者检查器件封装的正确性，并确认单板、背板和接插件的信号对应关系，经确认无误后方可开始布线。

1）布线原则

（1）布线方向：从焊接面看，组件的排列方位尽可能与原理图保持一致，布线方向最好与电路图走线方向一致；生产过程中通常需要在焊接面进行各种参数的检测，这样做便于生产中的检查、调试及检修（注：指在满足电路性能及整机安装与面板布局要求的前提下）。

（2）进出接线端布置。

① 相关联的两引线端不要距离太大，一般为 0.2～0.3in 较合适。

② 进出线端尽可能集中在 1 至 2 个侧面，不要太过离散。

（3）设计布置图时要注意引线脚排列顺序，组件引脚间距要合理。

（4）在保证电路性能要求的前提下，设计时应力求走线合理、直观，并按一定顺序要求走线，尽量少用过孔、跳线；必须考虑生产、调试、维修的方便性。

（5）走线尽量走在焊接面，特别是通孔工艺的 PCB。

（6）尽量避免使用大面积铜箔，因其长时间受热时，易发生膨胀和脱落。必须用大面积铜箔时，最好用栅格状，这样有利于排出铜箔与基板间黏合剂受热产生的挥发性气体。

（7）设计布线图时走线尽量少拐弯，力求线条简单明了。

印制板导线弧上的线宽不要突变，导线不要突然拐角（不小于 90°）。走线拐角尽可能大于 90°，杜绝 90° 以下的拐角，也尽量少用 90° 拐角。

2）布线的尺寸要求

（1）画定布线区域距 PCB 边小于或等于 1mm 的区域内，以及安装孔周围 1mm 内，禁止布线。

（2）电源线尽可能的宽，不应小于 18mil；信号线宽不应小于 12mil；CPU 入出线宽不应小于 10mil（或 8mil）；线间距不小于 10mil。

（3）正常过孔不小于 30mil。

（4）双列直插：焊盘 60mil，孔径 40mil。

0.25W 电阻：51mil×55mil（0805 表贴）；直插时焊盘 62mil，孔径 42mil。

无极性电容：51mil×55mil（0805 表贴）；直插时焊盘 50mil，孔径 28mil。

（5）专用零伏线，电源线的走线宽度大于或等于 1mm。

3）印制导线的最小宽度与间距

（1）印制导线的最小宽度主要由导线与绝缘基板间的黏附强度和流过它们的电流值决定。

当铜箔厚度为 0.05mm、宽度为 1～1.5mm 时，通过 2A 的电流，温升不会高于 3℃，因此，一般导线宽度为 1.5mm 可满足要求。对于集成电路，尤其是数字电路，通常选 0.2～0.3mm 导线宽度。当然，只要允许，还是尽可能用宽线，尤其是电源线和地线。

（2）布线条宽窄和线条间距要适中，特别要注意电流流通中的导线环路尺寸。

（3）导线的最小间距主要由最坏情况下的线间绝缘电阻和击穿电压决定。对于集成电路，尤其是数字电路，只要工艺允许，可使间距小至 5～8mil。

（4）大电流信号、高电压信号与小信号之间应该注意隔离。

隔离距离与要承受的耐压有关，通常情况下在 2kV 时板上要距离 2mm，在此基础上按比例加大，例如若要承受 3kV 的耐压测试，则高低压线路之间的距离应在 3.5mm 以上。许多情况下为避免爬电，还在印制线路板上的高低压之间开槽。

4）焊盘

（1）焊盘要比器件引线直径大一些。焊盘太大易形成虚焊。焊盘外径 D 一般不小于（$d+1.2$）mm，其中 d 为引线孔径。对于高密度的数字电路，焊盘最小直径可取（$d+1.0$）mm。

（2）单面板焊盘必须要大，焊盘相连的线一定要粗，能放泪滴就放泪滴。

（3）每个电子元件的焊盘间距应尽可能与其引线脚的间距相符。

5）抗干扰要求

印制电路板的抗干扰设计与具体电路有着密切的关系，普遍采用的抗干扰布线设计如下所述。

（1）电源线设计有以下两点：

① 根据印制线路板电流的大小，尽量加粗电源线宽度，减少环路电阻，同时使电源线、地线的走向和数据传递的方向一致，这样有助于增强抗噪声能力。

② 电源线和地线尽可能靠近，整块印制板上的电源与地要呈"井"字形分布，以便使分布线电流达到均衡。

（2）地线设计的原则如下：

① 数字地与模拟地分开。

若线路板上既有逻辑电路又有线性电路，应使它们尽量分开。低频电路应尽量采用单点并连接地，实际布线有困难时可部分串联后再并连接地。高频电路宜采用多点串连接地，地线应短而粗，高频元件周围尽量用栅格状大面积地箔。

② 接地线应尽量加粗。

若接地线用很细的线条，则接地电位随电流的变化而变化，使抗噪声性能降低。因此应将接地线加粗，使它能通过三倍于印制板上的允许电流。如有可能，接地线宽度应为 2～3mm。

③ 接地线构成封闭环路。

只由数字电路组成的印制板，其接地电路布成封闭环路大多能提高抗噪声能力。

（3）在印制板的各个关键部位配置适当的退耦电容。退耦电容的一般配置原则是：

① 在控制线（于印制板上）的入口处加接 R-C 去耦，以便消除传输中可能出现的干扰因素。

② 电源输入端跨接 10～100μF 的电解电容器。如有可能，接 100μF 以上的更好。

③ 原则上每个集成电路芯片都应布置一个 0.01pF 的瓷片电容，如印制板空隙不够，可每 4～8 个芯片布置一个 1～10pF 的钽电容。

④ 对于抗噪声能力弱、关断时电源变化大的器件，如 RAM、ROM 存储器件，应在芯片的电源线和地线之间接入退耦电容。

⑤ 电容引线不能太长，尤其是高频旁路电容不能有引线。

⑥ 在印制板中有接触器、继电器、按钮等元件时，操作它们时均会产生较大火花放电，必须采用 RC 电路来吸收放电电流。一般 R 取 1～2kΩ，C 取 2.2～47μF。

⑦ 使用逻辑电路的建议：凡能不用高速逻辑电路的就不用；在电源与地之间加去耦电容。

（4）CMOS 的输入阻抗很高，且易受感应，因此在使用时不用端要接地或接正电源。

（5）双面板布线时，两面的导线应相互垂直、斜交或弯曲走线，避免相互平行，以减小寄生耦合；作为电路的输入及输出用的印制导线应尽量避免相邻平行，以免发生回授，在这些导线之间最好加接地线。

（6）输入输出端用的导线应尽量避免相邻平行，最好加线间地线，以免发生反馈耦合。

（7）注意电源线与地线应尽可能呈放射状，以及信号线不能出现回环走线。

（8）为减少线间串扰，必要时可增加印制线条间距，或安插一些零伏线作为线间隔离；印制电路的插头也要多安排一些零伏线作为线间隔离。要为模拟电路专门提供一根零伏线。

6）其他布线注意事项

（1）高频数字电路走线细一些、短一些好。印制导线拐弯处一般取圆弧形，而直角或夹角在高频电路中会影响电气性能。

（2）同是地址线或者数据线，走线长度差异不要太大，否则短线部分要人为走弯线作补偿。

（3）大面积敷铜。

完成布线后，要做的就是对文字、个别元件、走线做调整及敷铜。

敷铜通常指以大面积的铜箔去填充布线后留下的空白区，可以铺 GND 的铜箔，也可以铺 VCC 的铜箔（但这样一旦短路容易烧毁器件，最好接地，除非不得已用来加大电源的导通面积，以承受较大的电流才接 VCC）。

如果用敷铜代替地线一定要注意整个地是否连通，电流大小、流向有无特殊要求，以减少不必要的失误。大面积敷铜要用网格状的，以防止波焊时板子产生气泡或因为热应力作用而弯曲。

包地则通常指用两根地线包住一撮有特殊要求的信号线，防止它被其他线干扰或干扰其他线。

1.1.2.3 插件机机插板设计要求

1. 专用名词定义

横式元件：机插元件两脚的中心连线和定位孔和辅助定位孔的中心连线平行的元件称横式元件。

竖式元件：机插元件两脚的中心连线和定位孔和辅助定位孔的中心连线垂直的元件称竖式元件。

2. 机插板绘图要求

3. 机插板设计规范

1）机插板平面面积范围

不同规格的插件机其插件工作面积不同，一般在 90mm×60mm～310mm×230mm。
根据需要将单个 PCB 拼成两块或两块以上的拼板，也可不拼板。

2）定位孔分基准孔和辅助定位孔（见图 1.1.1）

（1）基准孔（圆孔）大小：ϕ4mm。
（2）辅助定位孔（椭圆孔）大小：4mm×5mm。
（3）基准孔、辅助定位孔的中心到 PCB 的邻近边缘距离均为 5mm。
（4）基准孔的中心到辅助定位孔的中心连线与基边的平行度误差在±0.1mm 内。

3）工艺边（见图 1.1.1）

在不影响自动插件机工作的情况下，绘图者根据 PCB 的空间范围来决定是否增加工艺边。

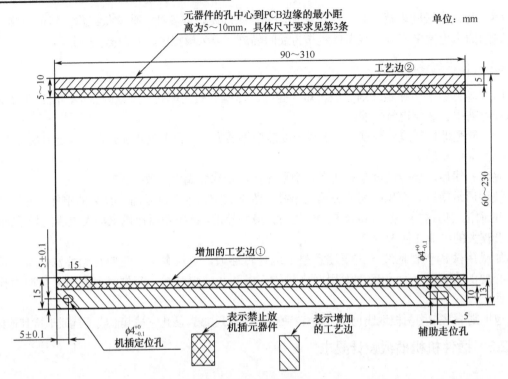

图 1.1.1 机插板绘图要求

（1）PCB 有足够的空间放置基准孔和辅助定位孔时，以节约板材为主，可去掉工艺边①，但要注意它们放置的位置，不可打断低层走线和顶层元件标号丝印，影响其他器件的安装。

（2）机插元器件的孔中心到板边缘的最小距离为 5～10mm（具体内容参考第 8 条）。若机插元器件靠近 PCB 边缘比较近，可根据需要增加工艺边②，宽度 3～5mm。

（3）如图 1.1.1 所示，加阴影的部分禁止放机插元器件。

4）定位孔加在附边上

以节约板材成本为目的，将定位孔加在附边上。若附边的面积较小（有空间放置定位孔或辅助定位孔，具体尺寸范围未定），用邮票孔的形式连接时，要增加连接孔的数量，以防止在交换板的过程中出现附边折断的现象。

注：因不同板材的机械强度不同，增加连接孔时要考虑车间是否好拆板、分板。

5）附边的增减

为满足机插设备的需求，要求板型尽量是规则的长方形或正方形。
（1）根据需要可以设计四角缺口及中间缺口。
（2）缺口位置可加附边，也可不加附边。

6）机插点数要求

为了适应机插生产效率的要求，一块单板上至少有 80 个机插元件才可制作成机插板，或者由生产部提出，对产量较大的 PCB 进行调查分析，确认哪些板需要设计成机插板。

7）定位孔/辅助定位孔的放置要求

（1）尽量放在机插元件较少的一边。
（2）不可打断低层走线。
（3）不能影响其他定位孔的设计要求。
（4）在条件允许的情况下，每块单板上都加定位孔／辅助定位孔，即单片板亦可机插。

8）元器件的放置要求

（1）图1.1.1阴影部分禁止放置机插元器件，可放置非机插元器件，但元器件到板边的距离必须满足波峰焊的要求。
（2）两孔中心连线在一水平线上的平行卧式机插元器件，它们孔的中心间距最小为2.8mm。
（3）两孔中心连线不在一水平线上的平行卧式机插元器件，或者两相互垂直卧式机插元器件，它们孔的中心的垂直或水平距离为3.3mm。
（4）两立式元器件孔的中心间距最小为4mm，根据元件本体大小，需适当拉开两脚间距。
（5）一卧式元器件与一立式元器件的孔的中心间距最小为3.5mm。
（6）两立式元器件分别在不同线路上，元件剪脚方向相对时，两孔之间的连线最小距离为5mm。
（7）横式元件到工艺边②的板边缘的最小距离为6mm。
（8）竖式卧插元件到工艺边②的板边缘的最小距离为8mm。
（9）竖式立插元件到工艺边②的板边缘的最小距离为13mm。
（10）卧式元器件的孔中心到内侧最近走线的边缘的垂直距离不小于2.2mm。
（11）立式元器件的孔中心到外侧最近走线的边缘的垂直距离不小于1.5mm。

9）必须使用标准的元件库

卧式元件机插元器件：包括0.25W电阻、跳线、小封装二极管、稳压管等，要求两脚间距10mm。

立式元件：包括瓷片电容、小封装无极性电容、电解电容、晶振、三极管等，要求脚间距5mm。

注意：

（1）晶振、三极管的脚间距指第1脚中心到第3脚中心的距离；
（2）机插元器件的孔径均为1.2mm；
（3）立式元器件两孔的中心距公差为±0.05mm；
（4）绘图者尽量使用10mm脚间距的跳线。

10）机插板加模冲号

（1）模冲号加在不影响低层走线和顶层丝印标识的空位置上。
（2）模冲号的表示方法：在顶层丝印上加ϕ3mm的圆圈，内有一个ϕ1.5mm的圆点，并在每个圆圈附近加数字序号。

4．对生产厂家工艺的要求

（1）各种元器件两孔的中心距公差为±0.05mm；生产现场要求缩小到±0.03mm。
（2）插入元件的孔径要求为喇叭孔。

1.1.2.4 表面贴装印制板的设计要求

在确定表面贴装印制板的外形、焊盘图形以及布线方式时应充分考虑电路板组装的类型、贴装方式、贴片精度和焊接工艺等。只有这样，才能保证焊接质量，提高功能模块的可靠性。表面贴装技术（SMT）和通孔插装技术（THT）的印制板设计规范大不相同。

表面贴装印制板设计技术人员除了要熟悉电路设计方面的有关理论知识外，还必须了解表面贴装生产工艺流程，熟知经常用到的各个公司的元器件外形封装，许多焊接质量问题与设计不良有直接关系。按照生产全过程控制的观念，表面贴装印制板设计是保证表面贴装质量的关键环节。

1. 表面贴装印制板外形及定位设计

印制板外形必须经过数控铣削加工。如按贴片机精度±0.02mm 来计算，印制板四周垂直平行精度即形位公差应达到±0.02mm。

对于外形尺寸小于 50mm×50mm 的印制板，宜采用拼板形式，具体拼成多大尺寸合适，需根据贴片机、丝印机规格及具体要求确定。

印制板漏印过程中需要定位，必须设置定位孔。以英国产 DEK 丝印机为例，该机器配有一对 D=3mm 的定位销，相应地在 PCB 上相对两边或对角线上应设置至少两个 D=3mm 的定位孔，依靠机器的视觉系统和定位孔保证印制板的定位精度。

印制板的四周应设计宽度一般为（5±0.1）mm 的工艺夹持边，在工艺夹持边内不应有任何焊盘图形和器件。若确实因板面尺寸受限制，不能满足以上要求，或采用的是拼板组装方式，可采取四周加边框的制作方法，留出工艺夹持边，待焊接完成后，手工掰开去除边框。

2. 印制板的布线方式

（1）尽量走短线，特别是小信号电路，线越短电阻越小，干扰越小。同时耦合线长度尽量减短。

（2）同一层上的信号线改变方向时应该避免直角拐弯，尽可能走斜线，且曲率半径尽量大。

（3）走线宽度和中心距。

印制板线条的宽度要尽量一致，这样有利于阻抗匹配。从印制板制作工艺来讲，宽度可以做到 0.3mm、0.2mm 甚至 0.1mm，中心距也可以做到 0.3mm、0.2mm、0.1mm，但是，随着线条变细，间距变小，在生产过程中质量将更加难以控制，废品率将上升，制造成本将提高。除非用户有特殊要求，选用 0.3mm 线宽和 0.3mm 线间距的布线原则是比较适宜的，这样能有效控制质量。

（4）电源线、地线的设计。

对于电源线和地线而言，走线面积越大越好，这样利于减少干扰。高频信号线最好用地线屏蔽。

（5）多层板走线方向。

多层板走线要按电源层、地线层和信号层分开，减少电源、地、信号之间的干扰。多层板走线要求相邻两层印制板的线条尽量相互垂直或走斜线、曲线，不能平行走线，以减少基板层间耦合和干扰。大面积的电源层和大面积的地线层要相邻，其作用是在电源和地之间形成一个电容，起到滤波作用。

3. 焊盘设计控制

因目前表面贴装元器件还没有统一标准，不同的国家，不同的厂商所生产的元器件外形封装都有差异，所以在选择焊盘尺寸时，应与自己所选用的元器件的封装外形、引脚等和焊接相关的尺寸进行比较，确定焊盘长度、宽度。

1）焊盘长度

焊盘长度在焊点可靠性中所起的作用比焊盘宽度更为重要，焊点可靠性主要取决于长度而不是宽度，如图1.1.2所示。

焊盘的长度 B 等于焊端（或引脚）的长度 T，加上焊端（或引脚）内侧（焊盘）的延伸长度 b_1，再加上焊端（或引脚）外侧（焊盘）的延伸长度 b_2，即 $B=T+b_1+b_2$。其中 b_1 的长度（为 0.05～0.6mm）不仅应有利于焊料熔融时能形成良好的弯月形轮廓，还要避免焊料产生桥接现象及兼顾元器件的贴装偏差为宜；b_2 的长度（为 0.25～1.5mm）主要以能形成最佳的弯月形轮廓的焊点为宜（对于 SOIC、QFP 等器件还应兼顾其焊盘抗剥离的能力）。

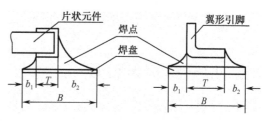

图 1.1.2　理想的优质焊点形状及其焊盘

2）焊盘宽度

对于 0805 以上的阻容元器件，或脚间距在 1.27mm 以上的 SD、SOJ 等 IC 芯片，焊盘宽度一般是在元器件引脚宽度的基础上加的一个数值，数值的范围在 0.1～0.25mm 之间。而对于引脚间距 0.65mm 以内的 IC 芯片，焊盘宽度应等于引脚的宽度。对于细间距的 QFP，有的时候焊盘宽度相对引脚来说还要适当减小，如在两焊盘之间有引线穿过时。

3）焊盘间线条的要求

应尽可能避免在细间距元器件焊盘之间穿越连线，确需在焊盘之间穿越连线的，应用阻焊膜对其加以可靠的遮蔽。

4）焊盘对称性的要求

对于同一个元器件，凡是对称使用的焊盘，如方型扁平式封装技术 QFP、小外形集成电路封装 SOIC 等，设计时应严格保证其全面对称，即焊盘图形的形状、尺寸完全一致，以保证焊料熔融时，作用于元器件上所有焊点的表面张力保护平衡，形成理想的优质焊点，保证不产生位移。

4. 基准标志设计要求

在印制板上必须设置有基准标志，作为贴片机进行贴片操作时的参考基准点。不同类型的贴片机对基准点形状、尺寸要求不一样，一般是在印制板对角线上设置 2～3 个 ϕ1.5mm 的裸铜实心作为基准标志。

对于多引脚的元器件，尤其是引脚间距在 0.65mm 以下的细间距贴装 IC，应在其焊盘图形附近增设基准标志，一般在焊盘图形对角线上设置两个对称基准点标志，用于贴片机光学定位和校准。

5. 其他要求

1）过渡孔处理

焊盘内不允许有过渡孔，且应避免过滤孔与焊盘相连，以避免因焊料流失所引起的焊接不良。如过渡孔确需与焊盘互连，则过渡孔与焊盘边缘之间的距离应大于 1mm。

2）字符、图形的要求

字符、图形等标志符号不得印在焊盘上，以避免引起焊接不良。

1.2 电气结构设计规范

1.2.1 开关器件和元件安装设计

1.2.1.1 一般要求

所有控制设备的位置和安装应易于接近和维修，并能防御外界影响且不限制机构的操作，而且不妨碍机械及有关设备的操作和维修。

1.2.1.2 位置和安装

1. 安装场地（位置）的条件

选择控制设备内所用的开关器件和元件应以《电气控制柜设计制作——电路篇》第 1 章中规定的控制设备的正常工作条件为依据。

根据有关规定，必要时，应采取一些适当的措施（如加热、通风等）以保证维持正常工作所需要的使用条件，例如，继电器、仪表、电子元件等维持正常运行时所需要的最低温度。

2. 可接近性

安装在同一支架（安装板、安装框架）上的电气元件、单元和外接导线的端子的布置应使其在安装、接线、维修和更换时易于接近。尤其是外部接线端子，建议设于地面安装控制设备的基础面上方至少 0.2m 处，并且端子的安装方法应使电缆易于与其连接。

必须在控制设备内进行调整和复位的元件应是易于接近的。

一般来讲，对于地面安装的控制设备，由操作人员观察的指示仪表不应安装在高于控制设备基础面 2m 处。操作器件，如手柄、按钮等，应安装在易于操作的高度上；这就是说，其中心线一般不应高于控制设备基础面 2m。

紧急开关器件的操作机构应在高于地面 0.8~1.6m 的范围内，且是易于接近的。对于墙上安装和地面安装的控制设备，建议安装在可以满足上述关于可接近性和操作高度的要求的位置上。

3. 易维修性

(1) 控制设备的所有元件的设置和排列应使得不用移动它们或其配线就能清楚识别。对于为了保证能正确运行而需要检验或需要易于更换的元件，应在不拆卸机械的其他设备或部件情况下就能进行维修（开门或卸罩盖、阻挡物除外）。不是控制设备组件或器件部分的端子也应符合这些要求。

(2) 所有控制设备的安装都应易于从正面操作和维修。当需要用专用工具调整、维修或拆卸器件时，应提供这些专用工具。为了常规维修或调整而需接近的有关器件，应安设于维修站台以上 0.4～2m 之间。建议端子至少在维修站台以上 0.2m，且使导线和电缆能容易连接其上。

(3) 除操作、指示、测量、冷却器件外，在门上和通常可拆卸的外壳孔盖上不应安装控制器件。当控制器件是通过插接方式连接时，它们的插接应通过型号（形状）、标记或项目代号（单个或组合使用）清楚区分。

(4) 正常工作中需插拔的插头应具有非互换性，缺少这种特性会导致错误工作。

(5) 正常工作中需插拔的插头/插座连接器的安装应提供畅通无阻的通道。

(6) 当提供用于连接测试设备的测试点时应：
- 在安装上提供畅通无阻的通道；
- 有符合技术文件的醒目的标记；
- 有足够的绝缘；
- 有充分空间。

4. 相互作用

控制设备内开关器件和元件的安装与接线应使其本身的功能不致由于正常工作中出现相互作用，如热、电弧、振动、能量场等而受到破坏。如果是电子控制设备，有必要把控制电路与电源电路进行隔离或屏蔽。

如果外壳的设计使其可安装熔断器，应特别考虑发热的影响。制造商应规定所使用的熔芯的类型和额定值。

5. 挡板

手动开关电器的挡板的设计应使电弧对操作者不产生任何危险。

为了减少更换熔芯时的危险，应使用相间挡板，除非熔断器的设计与结构已考虑了这一点。

6. 热效应

发热元件（如散热片、功率电阻等）的安装应使附近所有元件的温度保持在允许限值的范围内。

7. 实际隔离或成组

(1) 与电气设备无直接联系的非电气部件和器件不应安装在装有控制器件的外壳中。如电磁阀那样的器件应与其他电气设备隔离开（如在单独隔间中）。

(2) 集聚安装并连有电源电压或连有电源与控制两种电压的控制器件，应与仅连有控制电压的控制器件分隔开独立成组。

(3) 下列接线端子应单独成组：

- 动力电路；
- 相关的控制电路；
- 由外部电源馈电的控制电路（如联锁）。

但若能使各组容易识别（如标记用不同尺寸、使用遮栏、用颜色等），则各组可以邻近安装。

（4）在布置器件位置时（包括互连），为它们规定的间隙和爬电距离应考虑实际环境条件或外部影响。

（5）开关器件和元件应按照制造商说明书（使用条件、飞弧距离、隔弧板的移动距离等）进行安装。

8. 电源切断开关的操作装置

电源切断开关的操作装置（如手柄）应容易接近，应安装在维修站台以上 0.6～1.9m 间。上限值建议为 1.7m。

1.2.1.3 介电性能设计

当制造商标明了控制设备一个电路或多个电路的额定冲击耐受电压时，该电路应满足本设计规范规定的介电强度试验和验证。

在其他情况下，控制设备的电路也应满足本设计规范规定的介电强度试验。在此情况下，宜考虑绝缘配合的要求能否得到验证。以额定冲击耐受电压值为基础进行绝缘配合是最优选的。

1. 总则

下述要求以技术标准的原则为依据，并提供了在控制设备内部条件下绝缘配合的可能性。

控制设备的电路应能承受设计规范中给出的符合过电压类别的额定冲击耐受电压，或者如果适用的话，应能承受表 1.2.1 给出的相应的交流或直流电压。施加在隔离器件的隔离距离或抽出式部件的隔离距离上的耐受电压在表 1.2.2 中给出。

表 1.2.1 冲击工频和直流试验的介电耐受电压

额定冲击耐受电压 (kV)	试验电压和相应的海拔									
	交流峰值和直流（kV）					交流方均根值（kV）				
	海平面	200m	500m	1000m	2000m	海平面	200m	500m	1000m	2000m
0.33	0.36	0.36	0.35	0.34	0.33	0.25	0.25	0.25	0.25	0.23
0.5	0.54	0.54	0.53	0.52	0.5	0.38	0.38	0.38	0.37	0.36
0.8	0.95	0.9	0.9	0.85	0.8	0.67	0.64	0.64	0.60	0.57
1.5	1.8	1.7	1.7	1.6	1.5	1.3	1.2	1.2	1.1	1.06
2.5	2.9	2.8	2.8	2.7	2.5	2.1	2.0	2.0	1.9	1.77
4	4.9	4.8	4.7	4.4	4	3.5	3.4	3.3	3.1	2.83
6	7.4	7.2	7	6.7	6	5.3	5.1	5.0	4.75	4.24
8	9.8	9.6	9.3	9	8	7.0	6.8	6.6	6.4	5.66
12	14.8	14.5	14	13.3	12	10.5	10.3	10.0	9.5	8.48

注：1. 本表采用了均匀电场情况的特性，因此，冲击电压、直流和交流峰值耐受电压值是相同的，其交流方均根值是从交流峰值推导出来的。
2. 如果电气间隙介于情况 A 和情况 B 之间，那么本表给出的交流值和直流值比冲击电压值更严格。
3. 工频电压试验要遵循制造商的协议。

表 1.2.2　适用于设备断开点之间隔离距离的试验电压

额定冲击耐受电压（kV）	试验电压和相应的海拔									
	U1.2/50、交流峰值和直流（kV）					交流方均根值（kV）				
	海平面	200m	500m	1000m	2000m	海平面	200m	500m	1000m	2000m
0.33	1.8	1.7	1.7	1.6	1.5	1.3	1.2	1.2	1.1	1.06
0.5	1.8	1.7	1.7	1.6	1.5	1.3	1.2	1.2	1.1	1.06
0.8	1.8	1.7	1.7	1.6	1.5	1.3	1.2	1.2	1.1	1.06
1.5	2.3	2.3	2.2	2.2	2	1.6	1.6	1.55	1.55	1.42
2.5	3.5	3.5	3.4	3.2	3	2.47	2.47	2.4	2.26	2.12
4	6.2	6	5.8	5.6	5	4.38	4.24	4.10	3.96	3.54
6	9.8	9.6	9.3	9	8	7.0	6.8	6.60	6.40	5.66
8	12.3	12.1	11.7	11.1	10	8.7	8.55	8.27	7.85	7.07
12	18.5	18.1	17.5	16.7	15	13.1	12.80	12.37	11.80	10.6

注：1. 如果电气间隙介于情况 A 和情况 B 之间，本表给出的交流值和直流值比冲击电压值更严格。
　　2. 工频电压试验以制造商的协议为条件。

电源系统的标称电压与控制设备电路的冲击耐受电压之间的关系在《电气控制柜设计制作——电路篇》表 3.1.1 和表 3.1.2 中给出。对于给定的额定工作电压，额定冲击耐受电压不应低于设计规范中给出的与控制设备使用处的电路电源系统标称电压相应值和适用的过电压类别。

2. 主电路的冲击耐受电压

（1）带电部件与接地部件之间、极与极之间的电气间隙应能承受表 1.2.1 给出的对应于额定冲击耐电压的试验电压值。

（2）对于处在隔离位置的抽出式部件，断开的触点之间的电气间隙应能承受表 1.2.2 给出的与额定冲击耐受电压相应的试验电压值。

（3）与（1）及（2）项的电气间隙有关的控制设备的固态绝缘应承受（1）和（2）规定的冲击电压（如适用）。

3. 辅助电路的冲击耐受电压

（1）以主电路的额定工作电压（没有任何减少过电压的措施）直接操作的辅助电路应符合设计规范中的要求。

（2）由主电路直接操作的辅助电路，可以有与主电路不同的过电压承受能力。这类交流或直流电路的电气间隙和相关的固态绝缘应能承受《电气控制柜设计制作——调试与维修篇》表 3.1.4 中给出的相应电压值。

4. 电气间隙和爬电距离

控制设备内电器的间距应符合各自相关标准中的规定，而且，在正常使用条件下也应保持此距离。

在控制设备内部布置电气元件时，应符合规定的电气间隙和爬电距离或冲击耐受电压，同时要考虑相应的使用条件。

对于裸露的带电导体和端子（如母线、电气及控制设备之间的连接、电缆接头等），其电气间隙和爬电距离或冲击耐受电压至少应符合与其直接相连的电气元件的有关规定。

另外，异常情况（如短路）不应永久性地将母线之间、连接线之间、母线与连接线之间（电缆除外）的电气间隙或介电强度减小到小于与其直接相连的电气元件所规定的值。

对于按照试验标准进行试验的控制设备，表1.2.3和表1.2.4中给出了最小值，电气控制设备应按本部分要求进行电气间隙和爬电距离的测量，在试验规范中给出了试验电压值。

表1.2.3 空气中最小电气间隙

额定冲击耐受电压（kV）	最小电气间隙（mm）							
	情况A：非均匀电场条件（2.5.63）				情况B：均匀电场条件（2.5.62）			
	污染等级				污染等级			
	1	2	3	4	1	2	3	4
0.33	0.01				0.01			
0.5	0.04	0.2			0.04	0.2		
0.8	0.1		0.8		0.1		0.8	
1.5	0.5	0.5		1.6	0.3	0.3		1.6
2.5	1.5	1.5	1.5		0.6	0.6		
4	3	3	3	3	1.2	1.2	1.2	
6	5.5	5.5	5.5	5.5	2	2	2	2
8	8	8	8	8	3	3	3	3
12	14	14	14	14	4.5	4.5	4.5	4.5

注：空气中最小电气间隙以1.2/50μs冲击电压为基础，其气压为80kPa，相当于2000m海拔处正常大气压。

表1.2.4 最小爬电距离

电气及控制设备的额定绝缘电压或实际工作电压，交流有效值或直流（V）	承受长期电压的最小爬电距离（mm）												
	污染等级			污染等级			污染等级			污染等级			
	1e	2e	1	2			3			4			
	材料组别			材料组别			材料组别			材料组别			
	a	b	c	I	II	IIIa	IIIb	I	II	IIIa	IIIb	I	II	IIIa	IIIb
10	0.025	0.04	0.08	0.4	0.4	0.4		1	1			1.6	1.6	1.6
12.5	0.025	0.04	0.09	0.42	0.42	0.42		1.05	1.05	1.05		1.6	1.6	1.6
16	0.025	0.04	0.1	0.45	0.45	0.45		1.1	1.1	1.1		1.6	1.6	1.6
20	0.025	0.04	0.11	0.48	0.48	0.48		1.2	1.2	1.2		1.6	1.6	1.6
25	0.025	0.04	0.125	0.5	0.5	0.5		1.25	1.25	1.25		1.7	1.7	1.7
32	0.025	0.04	0.14	0.53	0.53	0.53		1.3	1.3	1.3		1.8	1.8	1.8
40	0.025	0.04	0.16	0.56	0.8	1.1		1.4	1.6	1.8		1.9	2.4	3
50	0.025	0.04	0.18	0.6	0.85	1.2		1.5	1.7	1.9		2	2.5	3.2
63	0.04	0.063	0.2	0.63	0.9	1.25		1.6	1.8	2		2.1	2.6	3.4
80	0.063	0.1	0.22	0.67	0.95	1.3		1.7	1.9	2.1		2.2	2.8	3.6
100	0.1	0.16	0.25	0.71	1	1.4		1.8	2	2.2		2.4	3.0	3.8
125	0.16	0.25	0.28	0.75	1.05	1.5		1.9	2.1	2.4		2.5	3.2	4

续表

电气及控制设备的额定绝缘电压或实际工作电压，交流有效值或直流(V)	承受长期电压的最小爬电距离（mm）														
	污染等级			污染等级				污染等级				污染等级			
	1e	2e	1	2				3				4			
	材料组别			材料组别				材料组别				材料组别			
	a	b	c	I	II	IIIa	IIIb	I	II	IIIa	IIIb	I	II	IIIa	IIIb
160	0.25	0.4	0.32	0.8	1.1	1.6		2	2.2	2.5		3.2	4	5	
200	0.4	0.63	0.42	1	1.4	2		2.5	2.8	3.2		4	5	6.3	
250	0.56	1	0.56	1.25	1.8	2.5		3.2	3.6	4		5	6.3	8	
320	0.75	1.6	0.75	1.6	2.2	3.2		4	4.5	5		6.3	8	10	
400	1	2	1	2	2.8	4		5	5.6	6.3		8	10	12.5	
500	1.3	2.5	1.3	2.5	3.6	5		6.3	7.1	8		10	12.5	16	
630	1.8	3.2	1.8	3.2	4.5	6.3		8	9	10		12.5	16	20	
800	2.4	4	2.4	4	5.6	8		10	11	12.5		16	20	25	
1000	3.2	5	3.2	5	7.1	10		12.5	14	16		20	25	32	
1250			4.2	6.3	9	12.5		16	18	20		25	32	40	
1600			5.6	8	11	16		20	22	25		32	40	50	
2000			7.5	10	14	20		25	28	32		40	50	63	
2500			10	12.5	18	25		32	36	40		50	63	80	
3200			12.5	16	22	32		40	45	50	c	63	80	100	
4000			16	20	28	40		50	56	63		80	100	125	
5000			20	25	36	50		63	71	80		100	125	160	
6300			25	32	45	63		80	90	100		125	160	200	
8000			32	40	56	80		100	110	125		160	200	250	
10000			40	50	71	100		125	140	160		200	250	320	

a．材料组别Ⅰ、Ⅱ、Ⅲa、Ⅲb；

b．材料组别Ⅰ、Ⅱ、Ⅲa；

c．该区域的爬电距离尚未确定，因此材料组别Ⅲb一般不推荐用在污染等级3、电压630 V以上和污染等级4；

d．作为例外，额定绝缘电压 127 V、208 V、415／440 V、660／690 V 和 830 V 的爬电距离可采用相应的较低的电压值 125 V、200 V、400 V、630 V 和 800 V 的爬电距离。

e．印制线路材料专用的最小爬电距离可以在此两列数值中选定。

f．对应 250 V 的爬电距离值可用于 230 V（±10%）标称电压。

注：1．绝缘在实际工作电压 32 V 及以下时不会产生电痕化，但必须考虑电解腐蚀的可能性，因此规定最小爬电距离。

2．表中电压值按 Ro 系数选定。

电气及控制设备的介电性能要求在设计规范中列出。在其他情况下电气间隙和爬电距离的最小值也可由有关产品标准确定。

1）电气间隙

电气间隙应使电路足以承受设计规范中给出的试验电压值。

对于情况 B——均匀电场，电气间隙应至少与表 1.1.3 给出的值相同。

与额定冲击耐受电压及污染等级有关的电气间隙，如果大于表 1.1.3 给出的情况 A——非均匀电场的值，则不要求进行冲击耐受电压试验。

测量电气间隙的方法在 GB 7251.1—2005 的附录 F 中给出。

2）爬电距离

（1）尺寸的选定。

对于污染等级 1 和污染等级 2，爬电距离不应小于按照设计规范选择的相关的电气间隙。

对于污染等级 3 和污染等级 4，即使电气间隙小于允许的情况 A 的值，爬电距离也应不小于情况 A 的电气间隙，以减少由于过电压引起击穿的危险性。

测量爬电距离的方法在 GB 7251.1—2005 的附录 F 中给出。

爬电距离应符合设计规范规定的污染等级和表 1.1.4 给出的在额定绝缘电压（或工作电压）下的相应的材料组别。

按照相比漏电起痕指数（CTI）的数值范围，材料组别分类如下：
- 材料组别Ⅰ　　　　600 < CTI
- 材料组别Ⅱ　　　　400 < CTI < 600
- 材料组别Ⅲ　　　　175 < CTI < 400
- 材料组别Ⅳ　　　　100 < CTI < 175

对于采用的绝缘材料，CTI 的值参照了从 IEC 60112 方法 A 中获得的值。

对于无机绝缘材料，例如玻璃或陶瓷，不产生漏电起痕，其爬电距离不需要大于其相关的电气间隙，但建议考虑击穿放电危险。

（2）加强筋的使用。

如果使用高度最小为 2mm 的加强筋，不考虑其数量，爬电距离可以减少至表 1.1.4 中的值的 0.8 倍。应根据机械要求来确定加强筋的最小底宽。

（3）特殊用途。

对于打算在必须考虑绝缘故障的严重后果的场合下使用的电路，应改变表 1.1.4 中的一个或多个有影响的因素（距离、绝缘材料、微观环境中的污染等），以使绝缘电压高于表 1.1.4 给出的电路的额定绝缘电压。

3）隔开的电路之间的间隙

确定隔开的电路之间的电气间隙、爬电距离和固态绝缘的尺寸时，应选用最大的电压额定值（用于电气间隙和相关的固态绝缘的额定冲击耐受电压及用于爬电距离的额定绝缘电压）。

4）抽出式部件的隔离距离

如果功能单元安装在抽出式部件上，若设备处于新的条件下，隔离距离至少要符合设计规范中关于隔离器规定的要求，同时要考虑到制造公差和由于磨损而造成的尺寸变化。

5．提高介电性能结构措施举例

（1）提高介电性能结构措施可考虑以下几个方面：
- 所采用的材料老化；
- 热应力和机械故障的危险性将影响电路间的绝缘；
- 在电路的连接线偶然断开的情况下，不同电路间的电气接触的危险性。

下面列举了几个必须考虑的结构上可能出现的危险情况。

结构措施在下列几种可能出现单一机械故障的情况下采用，例如，弯曲的焊接引脚、脱焊点或断开的线圈（绕组）、螺钉松脱和掉落；这些故障的产生不应影响控制设备与电器对基本绝缘的要求，绝缘的设计不考虑上述两种或多种故障同时出现。

采用结构措施的举例：足够的机械稳定性；机械挡板；采用拧紧螺钉；对元件进行灌装或注塑；在接头上套上绝缘套管；避免在相邻的导体处具有锐角。

（2）筋的使用。

由于受污染物的影响小且干透效果较好，筋的使用大大地减少了泄漏电流的形成。假设筋的最小高度为 2mm，爬电距离可以减少至规定值的 0.8 倍。

1.2.1.4 固定式部件

就固定式部件而言，主电路只能在控制设备断电的情况下进行接线和断开。一般情况下，固定式部件的拆卸与安装要使用工具。

固定式部件的断开可以要求全部或部分断开控制设备。

为了防止未经许可的操作，开关器件可以带有机构，以保证把它锁在一个或多个位置上。在某些条件下，如果允许在带电情况下进行工作，必须采取有效的安全措施。

1.2.1.5 可移式部件和抽出式部件

1. 设计

可移式部件或抽出式部件的设计应使其电气设备能够安全地从带电的主电路上分断或连接。可移式部件和抽出式部件可以配备插入式联锁。在不同位置以及从一种位置转移到另一种位置时，应保持最小的电气间隙和爬电距离。

允许使用专用的工具，并保证在空载情况下进行这些操作是必要的。

可移式部件应具有连接位置和移出位置。抽出式部件还应具有一分离位置及试验位置，或试验状态。它们应能分别在这些位置上定位且这些位置应能清晰地识别。

抽出式部件在不同位置上的电气状态见表 1.2.5。

表 1.2.5 抽出式部件在不同位置上的电气状态

电路	连接方式	位置			
		连接位置	试验状态/位置	分离位置	移出位置
进线主电路	进线线路插头和插座或其他连接器件	|	1)	○	○
出线主电路	出线线路插头和插座或其他连接器件	|		或 ○	○
辅助电路	插头和插座或类似的连接器件	|	|	○	○
抽出式部件电路的状况		带电	带电辅助电路操作试验的准备	如果不出现反向供电，则不带电	○
控制设备主电路出线端子的状况		带电	带电或不分断2)	同上	如果不出现反向供电，则不带电

续表

电路	连接方式	位置			
		连接位置	试验状态/位置	分离位置	移出位置

注：接地连续性应符合设计规范并应一直保持到形成隔离距离。
1) 取决于设计。2) 取决于端子是否由其他电源，如备用电源供电。

=连接　　○=分断（已形成隔离距离）　　\=打开，但不必分断（未形成隔离距离）

2．抽出式部件的联锁和挂锁

除非另有规定，抽出式部件应配备一个器件，以保证在主电路被切断后，其电器才能抽出和重新插入。为了防止未经许可的操作，可以给抽出式部件提供一个锁或挂锁，以将它们固定在一个或几个位置上。

3．防护等级

为控制设备所规定的防护等级一般适用于可移式和/或抽出式部件的连接位置，制造商应指出在其他位置和在不同位置之间转移时所具有的防护等级。

带有抽出式部件的控制设备可设计成它在试验位置和分离位置以及由一个位置向另一个位置转换时仍保持如同连接位置时的防护等级。

如果在可移式部件或抽出式部件移出以后，控制设备不能保持原来的防护等级，应达成采用某种措施以保证适当防护的协议。制造商产品目录中给出的资料可以作为这种协议。

4．辅助电路的连接方式

辅助电路应设计成在使用工具或不使用工具的情况下都能断开。

如果是抽出式部件，辅助电路的连接应尽可能不使用工具。

5．开关位置的指示和操作方向

如果在元件或器件的安装方案中没有对操作机构的操作方向作出规定，而且在铭牌上也没有明确的标识，则建议采用 IEC 60447 中规定的操作方向。

1.2.2　操作面板上的控制器件

1.2.2.1　总则

1．一般器件要求

包含对外装或局部露出外壳安装的器件的要求。这些器件应按国家标准《机械安全指示、标志和操作》进行选择、安装和标志或编码，并尽可能适用。

应使疏忽操作的可能性降到最低，例如采用定位装置。应进行适应性设计，提供附加保护措施。特别考虑操作者输入装置，例如，触摸屏、键盘和键区的选择、排列、编程和使用。对于危险机械的控制也应特别考虑，见 IEC 60447。

2. 位置和安装

为了适用，安装在面板及柜内的控制器件应：

- 维修时易于接近；
- 安装需使由于物料搬运活动引起损坏的可能性减至最小。

手动控制器件的操动器应这样选择和安装：

- 操动器不低于维修站台以上 0.6m，并处于操作者在正常工作位置上易够得着的范围内；
- 操作者进行操作时不会处于危险位置；
- 意外操作的可能性减至最小。

脚动控制器件的操动器应这样选择和安装：

- 处于操作者在正常工作位置上易触及的范围内；
- 操作者操作时不会处于危险情况。

3. 防护

防护等级和其他适当措施一起应防止：

- 实际环境中和使用机械上发生的侵蚀性液体、油、雾或气体的作用；
- 杂质（如铁屑、粉尘、物质粒子等）的侵入。

此外，操作板上的控制器件直接接触的防护等级至少应采用 IPXXD。

4. 位置传感器

位置传感器（如位置开关、接近开关等）的安装应确保它们即使超程也不会受到损坏。

电路中使用的具有相关安全功能的位置传感器，应直接断开操作或提供类似可靠性措施。相关安全控制功能指保持机械的安全状态或防止机械产生危险情况。

5. 便携式和悬挂控制站

便携式和悬挂操作控制站及其控制器件的选择和安装应使得由冲击和振动（如操作控制站下落或受障碍物碰撞）引起机械意外运转的可能性减到最小。

1.2.2.2 按钮

1. 颜色

按钮操动器的颜色代码应符合表 1.2.6 的要求。

表 1.2.6 按钮操动器的颜色代码及其含义

颜 色	含 义	说 明	应 用 示 例
红	紧急	危险或紧急情况时操作	急停 紧急功能启动
黄	异常	异常情况时操作	干预制止异常情况 干预重新启动中断了的自动循环

续表

颜 色	含 义	说 明	应 用 示 例
绿	正常	启动正常情况时操作	
蓝	强制性的	要求强制动作的情况下操作	复位功能
白			启动/接通（优先）
			停止/断开
灰	未赋予 特定含义	除急停以外的一般功能的启动（见注）	启动/接通
			停止/断开
黑			启动/接通
			停止/断开（优先）

注：如果使用代码的辅助手段（如形状、位置、标记等）来识别按钮操动器，则白、灰或黑同一颜色可用于不同功能（如白色用于启动/接通和停止/断开）。

启动/接通操动器颜色应为白、灰或黑色，优先用白色，也允许选用绿色，但不允许用红色。

急停和紧急断开操动器应使用红色。

停止/断开操动器应使用黑、灰或白色，优先用黑色，不允许用绿色。也允许选用红色，但靠近紧急操作器件不建议使用红色。

启动/接通与停止/断开交替操作的按钮操动器的优选颜色为白、灰或黑色，不允许用红、黄或绿色。

对于按动即引起运转而松开则停止运转（如保持—运转）的按钮操动器，其优选颜色为白、灰或黑色，不允许用红、黄或绿色。

复位按钮应为蓝、白、灰或黑色。如果它们还用作停止/断开按钮，最好使用白、灰或黑色，优先选用黑色，但不允许用绿色。

对于不同功能使用相同颜色白、灰或黑（如启动/接通和停止/断开操动器都用白色）的场合，应使用辅助编码方法（如形状、位置、符号等）以识别按钮操动器。

2．标记

除了前面所述功能识别以外，建议按钮用给出的符号标记，标记可标在其附近，最好直接标在操动器之上。按钮符号标记见表 1.2.7。

表 1.2.7　按钮符号

启动或接通	停止或断开	启动或停止和接通或断开交替 动作的按钮	按动即运转而松开则停止运转的按钮 （即保持一运转）

1.2.2.3　指示灯和显示器

1．使用方式

指示灯和显示器用来发出下列形式的信息。

指示：引起操作者注意或指示操作者应该完成某种任务。红、黄、绿和蓝色通常用于这种方式。闪烁指示灯和显示器见下面要求。

确认：用于确认一种指令、一种状态或情况，或者用于确认一种变化或转换阶段的结束。蓝色和白色通常用于这种方式，某些情况下也可以用绿色。

指示灯和显示器的选择及安装方式，应保证从操作者的正常位置看得到。

用于警告灯的指示灯电路应配备检查这些指示灯可操作性的装置。

2. 颜色

除非供方和用户间另有协议，否则指示灯玻璃的颜色代码应根据机械的状态满足表 1.2.8 的要求。按照设计规范可根据下述判据赋予颜色不同含义：

人员和环境的安全；电气设备的状态。

表 1.2.8　指示灯的颜色及其相对于机械状态的含义

颜　色	含　义	说　明	操作者的动作
红	紧急	危险情况	立即动作以处理危险情况（如断开机械电源，发出危险状态报警并保持机械的清除状态，操作急停等）
黄	异常	异常情况 紧急临界情况	监视和（或）干预（如重建需要的功能）
绿	正常	正常情况	任选
蓝	强制性	指示操作者需要动作	强制性动作
白	无确定性质	其他情况，可用于红、黄、绿、蓝色的应用有疑问时	监视

机械上指示塔台适用的颜色自顶向下依次为红、黄、蓝、绿、白。

3. 闪烁灯和显示器

为了进一步区别或发出信息，尤其是给予附加的强调，闪烁灯可用于下列目的：
- 引起注意；
- 要求立即动作；
- 指示指令与实际情况有差异；
- 指示进程中的变化（转换期间闪烁）。

对于较重点的信息，建议使用较高频率的闪烁灯（见 IEC 60447 推荐的闪烁速率和脉冲/间歇比）。

在提供较重点信息的场合，也应提供音响报警器。

1.2.2.4　光标按钮

光标按钮操动器的颜色代码应符合表 1.2.6 和表 1.2.8 的要求。当难以选定适当的颜色时，应使用白色。急停操动器的红色不应依赖于其灯光的照度。

1.2.2.5　旋动控制器件

具有旋动部分的器件（如电位器或选择开关）的安装应防止其静止部分转动。只靠摩擦力是不够的。

1.2.2.6 启动器件

用于引发启动功能或移动机械部件（如滑板、主轴、托架等）的操动器，其设计和安装应尽量减小意外操作的可能。蘑菇头式操动器可用于双手控制。

1.2.2.7 急停器件

1. 位置

急停器件应易接近。急停器件应设置在各个操作控制站以及其他可能要求引发急停功能的位置。

可能出现有效和无效急停器件相混淆的情况，这是由非法操作控制站引起的。在这种情况下，如使用信息应提供最不易混淆的装置。

2. 急停器件形式

急停器件的形式包括：掌揿或蘑菇头式按钮开关；拉线操作开关；不带机械防护装置的脚踏开关。

急停器件应有直接断开操作。

3. 操动器的颜色

急停器件的操动器应着红色，最接近操动器周围的衬托色则应着黄色。

4. 电源切断开关的本身操作实现急停

电源切断开关本身操作在下列情况下可起急停的作用：
- 切断开关易于操作者接近；
- 切断开关符合技术标准要求的形式。

在这种使用条件下，电源切断开关应符合设计规范的颜色要求。

1.2.2.8 紧急断开器件

1. 紧急断开器件的位置

如必要，对于给定的应用应该配置紧急断开器件，这些器件通常与操作控制站隔开设置。但是，需要从操作控制站引发紧急断开功能的场合，应提供避免这些器件相互混淆的措施。为达到此要求，可预备具有可碎玻璃外壳的紧急断开器件。

2. 紧急断开器件的形式

紧急断开器件有下列形式：按钮操作开关；拉线操作开关。这些器件应是自锁式，并应能强制（或直接）断开操作。按钮操作开关可装在防碎玻璃壳内。

3. 操动器的颜色

紧急断开操动器应着红色。最接近操动器周围的衬托色应着黄色。

急停和相互间可能出现混淆的场合应提供使混淆可能性降至最小的措施。

4．电源切断开关的本身操作实现紧急断开

用电源切断开关本身操作实现紧急断开的场合，切断开关应易于接近。

1.2.2.9 使能控制器件

当使能控制器件作为系统的部件提供，且只在一个位置操动时，它应发出使能控制信号以允许运行。在其他任何位置，应停止或防止运行。

使能控制器件的选择和布置，应使其失效的可能性减至最小。

使能控制器件应具有下列特性。

（1）设计要考虑人类工效学原则。

（2）对于二位置形式：

位置1　开关的断开功能（操动器不起作用）；

位置2　使能功能（操动器起作用）。

（3）对于三位置形式：

位置1　开关的断开功能（操动器不起作用）；

位置2　使能功能（操动器起作用）；

位置3　断开功能（超过中间位置操动器起作用）；

从位置3返回位置2时，使能功能不起作用。

1.2.3　电动机及有关设备、附件和照明、标志和代号

1.2.3.1　电动机及有关设备

1．一般要求

电动机应符合IEC 60034系列标准的相关部分的要求。

电动机及有关设备保护的技术要求为过流保护、过载保护、超速保护。

当电动机停转时，由于一些控制器件并未断开连接电动机的电源，因此应注意确保符合技术要求。电动机控制设备应按规定设置和安装。

2．电动机外壳

建议电动机外壳按国家标准《旋转电机整体结构的防护等级（IP码）分级》进行选择。

所有电动机的防护等级应至少为IP23。根据使用和实际环境可能需要提出更严格的要求。与机械合装一体的电动机的安装，应使它们具有足够的机械保护，避免损坏机械。

3．电动机尺寸

就切实可行而言，电动机尺寸应根据国家标准《旋转电机尺寸和输出功率等级》系列标准选定。

4．电动机架与隔间

每台电动机及其相关联轴器、皮带和皮带轮或链条的安装应使得它们有足够的保护，且便

于检查、维护线盒、校准、调整、润滑和更换。电动机架的结构应使得能拆卸所有的电动机压紧装置，并容易接近接线盒。

电动机的安装应确保正常的冷却，其温升保持在绝缘等级的限值内。

电动机隔间应尽可能干燥清洁，必要时应直接向机械外部通风。通风口应使切屑、粉尘或水雾的进入量处于一个允许的水平。

不符合电动机隔间要求的其他隔间与电动机隔间之间不应有通孔。如果导线管要从别的不符合电动机隔间要求的隔间进入电动机隔间，则导线管周围的间隙应密封。

5. 电动机选择的依据

电动机及其有关设备的特性应根据预期的工作和实际环境条件进行选择。在这方面，应认真考虑的要点包括：
- 电动机形式；
- 工作循环类型；
- 恒速或变速运行（以及随之发生的通风量变化的影响）；
- 机械振动；
- 电动机控制的形式；
- 电动机由静态变换器供电时馈电电压和（或）馈电电流的谐波频谱对温升的影响；
- 启动方法及启动电流对其他用户运行可能的影响，以及供电部门可能的特殊规定；
- 反转矩负载随时间和速度的变化；
- 大惯量负载的影响；
- 恒转矩或恒功率运行的影响；
- 电动机和变换器间可能需要电抗器。

6. 机械制动用保护器件

机械制动器的过载和过流保护器件动作将引发有关的机械使动机构同时脱开。

有关的机械操动器是指与相应运动有联系的器件，如电缆盘和长行程驱动。

1.2.3.2 附件和照明

1. 附件

如果机械及其有关装置备有附件（如手提电动工具、试验设备等）使用的电源插座，则应附加下列条件：
- 电源插座应遵守国家标准《工业用插头插座和耦合器第一部分：通用要求》的规定，否则它们应清楚标明电压和电流的额定值；
- 应确保电源插座保护连接电路的连续性，由 PELV 提供的除外；
- 连至电源插座的所有未接地导线应按设计规范的规定，提供合适的过电流保护和（必要时的）过载保护，并与其他电路的保护导线分开；
- 在插座的电源引入线不通过机械的电源切断开关的情况下，应采用设计规范中例外电路的要求。电源插座电路应配备剩余电流保护器件。

2. 电气控制设备的局部照明

1）概述

保护连接电路的连接应符合设计规范中的规定。
通/断开关不应装在灯头座上或悬挂在软线上。
应通过选用合适的光源避免照明有频闪效应。
如果电柜中装有固定照明装置，则应考虑电磁兼容性。

2）电源

局部照明线路两导线间的额定电压不应超过250V。建议两导线间电压不超过250V。
照明电路应由下述电源之一供电：

- 连接在电源切断开关负载边的专用的隔离变压器。副边电路中应设有过电流保护。
- 连接在电源切断开关进线边的专用的隔离变压器。该电源应仅允许供控制电柜中维修照明电路使用。副边电路中应设有过电流保护。
- 带专用过电流保护的机械电路。
- 连接在电源切断开关进线边的隔离变压器，这时在原边设有专用的切断开关，副边设有过电流保护，而且装在控制电柜内电源切断开关的邻近处。
- 外部供电的照明电路（如工厂照明电源）。只允许装在控制电柜中，整个机械工作照明的额定功率不超过3kW。

例外：操作者在正常工作时伸臂碰不到的固定照明，本条规定不适用。

3）保护

局部照明电路应按照设计规范中的要求进行保护。

4）照明配件

可调照明配件应适应于实际环境。
灯头座应符合有关国家标准；用保护灯头的绝缘材料制造以防止意外触电。
反光罩应用灯架而不应用灯头座支承。
操作者在正常工作时伸臂碰不到的固定照明，本条规定不适用。

1.2.3.3 标记、警告标志和项目代号

1. 概述

警告标志、铭牌、标记和识别牌应经久耐用，经得住复杂的实际环境影响。

2. 警告标志

1）电击危险

不能清楚表明其中装有电气器件的外壳，都应标出如图1.2.1所示的图形符号：黑边、黄底、黑色闪电符号。

警告标志应在外壳门或盖上清晰可见。

警告标志在下列情况下可以省略：
- 装有电源切断开关的外壳；
- 人机接口或控制站；
- 自带外壳的单一器件（如位置传感器）。

2）热表面危险

风险评价表明，需要警告防止电气设备危险表面温度时，应使用如图 1.2.2 所示的图形符号。在伸臂范围内的电气设备，其可接近部分的温度不应达到可能造成人员灼伤的程度，并且应遵守《电气控制柜设计制作——调试与维修篇》表 3.2.7 所列相应温度限值的规定。在正常工作中，电气控制设备的所有热表面，即使是短时间的，其温度可能出现超过《电气控制柜设计制作——调试与维修篇》表 3.2.7 所列限值时，也应加以防护，防止任何意外接触。

图 1.2.1 电击危险的警告标志

图 1.2.2 小心烫伤的警告标志

3．功能识别

控制器件、视觉指示器和显示器（尤其是涉及安全功能的器件），应在器件上或在其附近清晰耐久地标出与它们功能有关的标记。这些标记是设备的用户和供方之间一致商定的。应优先选用国家标准《电气设备用图形符号 第 2 部分：图形符号》规定的标准符号，如图 1.2.3 所示。

图 1.2.3 显示器控制功能的标记

4．控制设备的标记

设备（如控制设备组合）应清晰耐久地标出标记，使人们在设备被安装后能清楚地看见。铭牌应固定在邻近各个引入电源的外壳上，并给出下列信息：
- 供方的名称或商标；
- 必要时的认证标记；
- 使用顺序号；
- 额定电压、相数和频率（如果是交流），每个电源的满载电流；
- 设备的短路额定值；
- 主要文件号。

铭牌标示的满载电流，不应小于正常使用条件下同时运行的所有电动机和其他设备的满载电流之和。有异常负载或工作循环的场合，热等效电流应包含在铭牌上给定的满载电流中。

如果仅使用单一的电动机控制器,则这种信息可在机械的铭牌上提供。

5．项目代号

所有电柜、装置、控制器件和元件应清晰标出与技术文件相一致的项目代号。

如果尺寸或位置限制使得难以采用单独的项目代号,则应采用组合项目代号。

例外:本条要求可能不适用于仅由一个电动机、电动机控制器、按钮站和工作照明组成的简单电气设备的机械。

1.2.3.4 标志

在控制设备内部,应能辨别出单独的电路及其保护器件。

如果要标明控制设备电气元件,所用的标记应与随同控制设备一起提供的接线图上的标记一致。

《电气控制柜设计制作——电路篇》第1章中规定的有关资料,如需要标志在电气控制柜上,则应对有关产品标准做相应的规定。

标志应不易磨灭且易于识别。

电器上还应标志下列数据且保证在安装后是易见的:
- 操动器的运动方向;
- 操动器位置标记;
- 合格标记和认证标志;
- 对于微型电器,则标以符号、颜色代号或字母代号;
- 接线端子的识别和标志;
- 1P代号和防电击保护等级(当适用时)(尽可能标在电器上);
- 隔离适用性(当适用时),其隔离功能符号为:

隔离用断路器: ────┼╳───   隔离开关: ────┤ ╱────

上述符号应达到:

(1)清楚和明显;

(2)当电器按使用要求安装且接近操动器时符号是可见的。

无论电器是否封闭,上述要求均适用。

如果上述符号作为线路图的一部分,且该线路图仅用于标志隔离的适用性,则上述要求同样适用。

1.2.4 抗干扰对元器件布置的要求

1.2.4.1 柜内布局要求

为了能有效地抑制干扰,在安排控制柜内部元部件布局及设计走线布线的装配工艺时,一般应遵循以下原则:

(1)电路元件的安装位置应尽量根据信号的传输顺序排成一直线的走向,即按输入级、放大级、信号转换级、输出级的次序安排。不要相互交叉和混合安排,防止引起寄生耦合,避免造成互相干扰或产生自激振荡。

（2）电磁感应耦合元件（如变压器、扼流圈、振荡线圈等）的安装位置应远离输入级。它们之间也应尽量安排得远一些，使其漏磁通互不影响。

（3）高输入阻抗放大器输入级的印制电路板走线应设计屏蔽保护环，防止漏电流经线路板绝缘电阻流入输入端。

（4）低电平测量电路中的电源变压器和输入变压器除应相互远离外，还必须加屏蔽罩。

（5）对于电路较复杂、单元电路较多的电气控制设备，可将有关单元电路分块装配，必要时将输入级与高频振荡级均用屏蔽层隔离。

1.2.4.2 弱电单元的布局原则

（1）输入级的弱信号线与输出级的强信号线以及电源线应尽量远离。

（2）直流信号线与交流信号线应远离。

（3）输入级与其他可能引起寄生耦合的线，严禁平行走线，彼此应尽量远离。

（4）低电平信号地线、交流电源地线和金属机壳地线应分开设置，最后集中一点接地。

（5）输入电缆的屏蔽层应选择适当的接地点。

以上所述只是一些基本考虑原则，实施时要根据实际情况，对具体问题进行具体分析，合理调整，切不可生搬硬套。

1.3 电气布置图绘制

1.3.1 电气布置图的绘制原则

1.3.1.1 电气布置图采用机械制图画法规则绘制

（1）一般电气图主要用于表达各个电气元件之间的电气逻辑关系，电气布置图虽然是一种电气图，但是电气布置图必须同时表示出各个电气元件之间准确的相互位置关系。

（2）由于电气布置图必须准确地表示出各个电气元件之间准确的相互位置关系，而表达准确的相互位置关系是机械制图的特长，所以电气布置图应该按照机械制图的画法进行绘制。

（3）电气布置图以机械制图的画法进行绘制，但是各个电气元件之间的位置安排必须按照电气设计的标准和规范进行。

1.3.1.2 电气安装布置图应包括的内容

电气安装布置图一般分为三种，一种是整个控制柜的安装布置图，第二种是二次控制回路安装板的安装布置图，第三种是印制电路板元件安装布置图。

1. 整个控制柜的安装布置图应包括的内容

（1）控制柜内安装用框架及横梁的位置和安装尺寸。

（2）主电路连接母线的电气元件及其接线端子的位置和安装尺寸。

（3）控制柜内部母线的形状、位置、安装尺寸及其安装方法。

（4）安装在柜体及框架和横梁上的线槽及接线端子排的位置和安装尺寸。

（5）安装在柜体及框架和横梁上的母线支撑绝缘子或母线支架的位置和安装尺寸。

（6）安装在柜体及框架和横梁上的半导体功率器件的位置、安装尺寸及其安装方法。

（7）安装在柜体及框架和横梁上的变压器、电抗器、电阻器等大型电气元件的位置、安装尺寸及其安装方法。

（8）安装在柜体及框架和横梁上的接插件的位置和安装尺寸。

整个控制柜的安装布置图应包括的内容包括以上各项，但不限于以上各项。

2．二次控制回路安装板的安装布置图应包括的内容

（1）安装在安装板上的电气元件及其接线端子的位置和安装尺寸。

（2）安装在安装板上的电气元件安装导轨的位置和安装尺寸。

（3）安装在安装板上的印制电路板的位置、安装尺寸及其安装方法。

（4）安装在安装板上的线槽及接线端子排的位置和安装尺寸。

（5）安装在安装板上的接插件的位置和安装尺寸。

二次控制回路安装板的安装布置图应包括的内容包括以上各项，但不限于上各项。

3．印制电路板元件安装布置图应包括的内容

（1）安装在印制电路板上的电子元件及其引线的位置和安装尺寸。

（2）印制电路板上的焊盘的尺寸及其位置。

（3）印制电路板上的铜箔图形及其相关尺寸。

（4）印制电路板加工及电子元件插装过程中定位孔的位置、尺寸及其公差。

（5）安装在印制电路板上的接插件的位置和安装尺寸。

（6）印制电路板安装在电气安装板或插件箱上时安装固定件的位置、尺寸及其公差。

印制电路板元件安装布置图应包括的内容包括以上各项，但不限于以上各项。

1.3.1.3　电气元件在布置图中的画法规则

（1）电气元件在布置图中采用轮廓尺寸。电气布置图是根据电气元件的外形轮廓绘制的，即以其轴线为准，标出各元件的间距尺寸。

（2）电气元件在布置图中必须标明各个电气元件底脚安装尺寸及其公差范围。

（3）电气元件在布置图中必须标明各个电气元件接线端子的准确位置及连接尺寸。

（4）电气元件的轮廓尺寸、接线端子的准确位置及连接尺寸和底脚安装尺寸及其公差范围应来源于所选型的电气元件产品样本数据，以保证安装板的加工质量和各电器的顺利安装。

1.3.1.4　电气布置图的布局方法

在电气布置图中，将表示对象划分为若干功能组，按照因果关系从左到右、从上到下或从下到上布置；每个功能组的元件应集中布置在一起，并尽可能按方便接线的顺序排列。出线及进线的接线端子尽可能安排在控制柜的下部或顶部，以便于从电缆沟或架空接入。电气元件的布置方式有以下几种。

（1）水平布置：将设备和元件按行布置，使得其连接线成水平布置。

（2）垂直布置：将设备或元件按列排列，使得其连接线成垂直布置。

（3）交叉对称布置：将相应的元件连接成交叉对称的布局。

1.3.1.5 电气布置图的布局要求

控制柜内各个电气元件的位置安排，有点类似于出版印制行业为了使版面美观漂亮而进行的排版工作，因此习惯上称为电气排版。控制柜的元件排版首先应考虑元件的布置对线路走向和合理性的影响。大截面导线转弯半径，强、弱电元件之间的距离配置，发热元件的方位布置，工控计算机、PLC 和其他仪器仪表相对于主回路和易产生干扰源元件之间的布置等，这些都是排版布置时必须综合考虑的问题。

为保证柜内布置结构的统一性，有必要把基本元素的间隔距离进行明确的规定。这样无论图纸怎样不同，其基本排版结构将是统一的。因此控制柜排版应遵循以下原则和要求。

1．电气元件的排放位置

（1）电器尽可能组装在一起，使其成为一台或几台控制装置。

只有那些必须安装在特定位置上的器件，如按钮、手动控制开关、位置传感器、离合器、电动机等，才允许分散安装在指定的位置上。

（2）除了手动控制开关、信号灯和测量器件外，门上不要安装任何器件。

（3）由电源电压直接供电的电器最好装在一起，使其与只由控制电压供电的电器分开。

（4）电源开关最好装在箱内右上方，其操作手柄应装在控制箱前面或侧面。电源开关的上方最好不安装其他电器，若安装，应把电源开关用绝缘材料盖住，以防电击。

（5）箱内电器（如接触器、继电器等）应按电路图上的编号顺序，牢固安装在控制箱上，并在醒目处贴上各部件相应的文字符号。

2．电气元件的排放高度

所有电器必须安装在便于更换、检测的地方。为了便于维修或调整，箱内电气元件的部位，必须位于离地面 0.4～2m 处。所有接线端子，必须位于离地面至少 0.2m 处，便于装拆导线。

3．绝缘要求

（1）安排电气零部件位置时应有足够的电气间隙及爬电距离，并应考虑有关的维修条件，以保证设备安全可靠地工作。具体要求见表 1.3.1、表 1.3.2 和表 1.3.3。

表 1.3.1 一般电气设备电气间隙和爬电距离

额定绝缘电压（V）	最小电气间隙（mm）	最小爬电距离（mm）
≤250	6	10
251～500	8	14

表 1.3.2 集中控制台元件最小电气间隙和爬电距离

额定电压（V）	电气间隙（mm）		最小爬电距离（mm）	
	额定电流≤63A	额定电流>63A	额定电流≤63A	额定电流>63A
≤60	3	5	3	5
60～250	5	6	5	8
250～380	6	8	8	10

表 1.3.3　主电路裸主汇流排电气间隙和爬电距离

极件间或相同额定电压（V）	最小电气间隙（mm）	最小爬电距离（mm）
≤250	15	20
250-660	20	30
>660	25	35

（2）控制箱中的裸铜排、无电弧的带电零件与控制箱导体壁板间的间隙应合适，对于250V以下的电压，间隙应不小于15mm；对于250~500V的电压，间隙应不小于25mm。

4．散热要求

（1）发热元件宜安装在散热良好的地方，两个发热元件之间的连线应采用耐热导线或裸铜线套瓷管。

（2）二极管、三极管及可控硅、矽堆等功率半导体器件，应将其散热面或散热片的风道呈垂直方向安装，以便散热。

（3）电阻器等电热元件一般应安装在板子或箱柜的上方，安装方向及位置应利于散热，并尽量减少对其他元件的热影响。

（4）柜内的工控计算机、PLC等电子元件的布置要尽量远离主回路、开关电源及变压器，不得直接放置在或靠近柜内其他发热元件的对流方向。

5．安全要求

（1）操纵电气元件及整定电气元件的布置，应消除由于偶然触及手柄、按钮而误动作或动作值变动的可能性。整定装置在整定完成后应以双螺母锁紧并用红漆漆封，以免变动。

（2）电源侧进线应接在进线端，即固定触头接线端；负荷侧出线应接在出线端，即可动触头接线端。

（3）通过在金属底板上攻丝紧固时，螺栓旋紧后，其搭牙部分的长度应不小于螺栓直径的0.8倍，以保证强度。

（4）当铝合金部件与非铝合金部件连接时，应使用绝缘衬垫隔开，避免直接接触，以防止电解腐蚀。

（5）强、弱电端子应分开布置；当有困难时，应有明显标志并设空端子隔开或设加强绝缘的隔板。

（6）有机玻璃的螺杆支撑要在元件安装后立即完成，安装位置和带电导体的最短直线距离必须符合最小电气间隙和爬电距离的规定。

（7）设备的外壳应能防止工作人员偶然触及带电部分。

6．方便、互不影响要求

（1）电气元件及其组装板的安装结构应尽量考虑从正面进行拆装，元件的安装紧固件应能在正面紧固和松脱。

（2）各电气元件应能单独拆装更换，而不影响其他元件及导线束的固定。

（3）端子应有序号，端子排应便于更换且接线方便；离地高度应大于350mm。

（4）用于连接控制柜进线的开关或熔断器座的排版位置要考虑进线的转弯半径。

（5）排版时所用的麻花钻和攻丝尺寸配合见表1.3.4。

表1.3.4　麻花钻与攻丝尺寸配合关系

螺纹攻丝直径（mm）	4	5	6	8
麻花钻直径（mm）	3.4	4.2	5	7

7. 熔断器布置要求

（1）不同系统或不同工作电压的熔断器应分开安装，不能交错混合排列，熔断器应便于熔体的更换。

（2）熔断器使用中易于损坏，布置时需考虑偶尔需要调整及复位的零件的安装位置及相互间距离，应不经拆卸其他部件便可以接近熔断器，以便于更换及调整。

（3）有熔断指示器的熔断器，其指示器应装在便于观察的一侧。

（4）当熔断器的额定电压高于500V，而其熔断器座能插入低额定电压的熔断器芯时，应设置专用警告牌，如：当心！只能用690V熔断器等。

（5）瓷质熔断器在金属底板上安装时，其底座应垫软绝缘衬垫。

（6）低压断路器与熔断器配合使用时，熔断器应安装在电源侧。

8. 线槽布置要求

（1）线槽的连接应连续无间断。每节线槽的固定点应不少于两个。在转角、分支处和端部均应有固定点，并紧贴柜墙或安装板固定。

（2）线槽敷设应平直整齐，水平或垂直允许偏差为其长度的0.2%，全长允许偏差为20mm。并列安装时，槽盖应便于开启。

（3）固定或连接线槽的螺钉或其他紧固件，紧固后其端部应与线槽内表面光滑相接。

（4）接触器和热继电器、断路器和漏电断路器等元件、其他载流元件、动力元件的接线端子与线槽直线距离应不小于30mm。

（5）控制端子、中间继电器和其他控制元件与线槽直线距离应不小于20mm。

（6）连接元件的铜接头过长时，应适当放宽元件与线槽间的距离。

9. 电气零部件安装布置要求

（1）电气元件的安装应符合产品使用说明书的规定。

（2）固定低压电器时，不得使电器内部受额外应力。

（3）低压断路器的安装应符合产品技术文件的规定，无明确规定时，宜垂直安装，其倾斜度不应大于5°。

（4）具有电磁式活动部件或借重力复位的电气元件，如各种接触器及继电器，其安装方式应严格遵循产品说明书的规定，以免影响其动作的可靠性。

（5）低压电器根据其不同的结构，可采用支架、金属板、绝缘板固定，金属板、绝缘板应平整。当采用导轨支撑安装时，导轨应与低压电器匹配，并用固定夹或固定螺栓与壁板紧密固定，严禁使用变形或不合格的导轨。

（6）电气元件的安装紧固应牢固，固定方法应是可拆卸的。元件附件应齐全、完好。

（7）电气元件的紧固应设有防松装置，一般应放置弹簧垫圈及平垫圈。弹簧垫圈应放置于螺母一侧，平垫圈应放置于紧固螺钉的两侧。如采用双螺母或其他锁紧装置时，可不设弹簧垫圈。

10．按钮布置要求

（1）面板上安装按钮元件时，为了提高效率和减少错误，应先用铅笔直接在门后写出代号，再在相应位置做个记号，最后安装器件并贴上标签。

（2）按钮之间的距离宜为 50～80mm；按钮与箱壁之间的距离宜为 50～100mm；当倾斜安装时，其与水平线的倾角不宜小于 30°。

（3）"紧急"按钮应有明显标志，并设保护罩。

1.3.2　电气布置图的绘制

1.3.2.1　电气布置图的绘制工具

1．三维 CAD 绘图软件

三维立体图形可以给人以直观、生动、贴近实际感觉，因此在生产工程领域以三维立体制图替代平面图形一直是工程界的梦想。三维立体 CAD 出现后，终于使人们的梦想得以实现。

三维 CAD 软件大多具有易操作性，具有基于特征的参数驱动造型功能。运用其拉伸、旋转、扫描、放样等工具，可以高效地建立各种复杂的三维实体，且所造形体形象逼真、色彩丰富。通过三维 CAD 软件，三维实体大多可自动生成二维的工程制图，且其尺寸具有关联性，如修改一部分尺寸，则和其相关联的尺寸可自动修改。

三维 CAD 系统不仅具备零件设计功能，而且具有装配设计、图纸设计功能及与设计相关部分，如标准件及各种专用零件库。利用设计出的三维实体模型可进行模拟装配和静态干涉检查、机构分析和动态干涉检查、动力学分析、强度分析、铸造、各种加工、渲染处理等。而且可以在三维基础上进行的 CAE 分析，利用现代计算机强大的数值计算能力所起到的"虚拟样机"作用在很大程度上替代了传统设计中资源消耗极大的"物理样机验证设计"过程，极大地缩短了设计周期、减少了成本，可以降低产品开发风险，保证制造实施可行性，提高产品设计成功率，同时还可通过互联网实时地进行设计过程的协同工作。

在目前市场上所见到的三维 CAD 解决方案中，设计过程最简便、最方便的莫过于 SolidWorks 了。功能强大、易学易用和技术创新是 SolidWorks 的三大特点。如果你熟悉微软的 Windows 系统，那你基本上就可以用 SolidWorks 来进行设计了。SolidWorks 独有的拖放功能使你能在比较短的时间内完成大型装配设计。SolidWorks 提供了顶尖的、全相关的钣金设计能力，可以使绘制电气布置图、机柜图和电气接线图变得非常容易。

2．采用 CAD 制图软件绘制电气布置图

在实际生产活动中普遍使用平面图纸作为指导生产的纲领性技术文件，按照机械制图的画法规则，使用平面 CAD 制图软件利用三视图绘制出的电气布置图能够满足生产的需要。

如果直接使用 CAD 制图软件绘制电气布置图，每一个电气元件都直接在图面上绘制，难免会进行很多重复性的劳动，使绘图的效率大打折扣。为提高电气布置图绘制效率，必须采用建立电气元件图元库的措施。这样在绘制电气布置图时，只需从电气元件图元库中调取需要的电气元件图元，安放在电气布置图的恰当位置即可。

使用 CAD 制图软件绘制电气布置图具有简单方便、效率高、便于修改的优点，非常适宜像电气布置图这样需要反复修改才能够定型的图样绘制。在绘制电气布置图的过程中，只要利用鼠标拖动电气元件图形，即可方便地改变元器件的安放位置。然后利用 CAD 的自动测量和标注尺寸功能，就可以方便地确定电气元件的准确位置。

使用 CAD 制图软件绘制电气布置图时，在条件都满足的情况下，在实际元件没有到位之前，可直接在底板上预制安装孔，这样就提高了控制柜的制作效率，而且其竣工资料非常的整洁和统一。

3．电气元件图元库

1）必须自己建立电气布置图绘制时使用的图元库

绘制电气原理图时所使用的图元库为各种电气元件的图形及代码，这些都是按照国家标准规定的要求建立的，因此一般 CAD 电气制图软件本身就配置有电气元件的图元库。

绘制电气布置图情况就不同了，因为生产各种电气元件的企业不同，其产品的结构、外形、尺寸大小及安装尺寸差异很大，而且电气元件产品的更新换代很快，因此电气元件的外形尺寸及安装尺寸不可能标准化。所以任何一款 CAD 制图软件都不可能带有所有电气元件的外形尺寸大小及安装尺寸的电气布置图元库。因此，电气设计人员必须根据自己的需要建立电气布置图元库。

制作元件平面图的 CAD 图元库比较花费时间和精力，但如果能仔细做好的话，以后的排版布置将完全改观。在制作图元库时要注意字体、线型、线条颜色和宽度、图层设置这些因素的统一性，这样在一开始就有个规范统一的属性，将给以后的使用、扩展带来极大的方便。

2）电气布置图元库的建立方法

在 AutoCAD 制图软件中图元的建立是通过其块功能实现的，利用创建块的方法建立电气布置图元库，具体的操作方法可阅读 AutoCAD 制图教程的相关章节。为保证所创建的电气布置图元调用方便快捷，建立电气布置图元库时必须注意以下几个问题：

（1）绘制图元时应以该产品的样本或使用说明书上的外形轮廓、外形轮廓尺寸，安装底面轮廓、安装尺寸及公差，接线端子的位置、尺寸及公差为原始依据。绘制图元时必须严格按照原始比例进行，如果凭想当然绘制将造成图元无法使用的后果。

（2）绘制图元时应将主视图、左视图、俯视图分别绘制在三个图层上，这样图元块在调用时会比较方便快捷。

（3）创建图元块后进行保存时，必须对图元块进行分组、命名或编号，以方便调用时查找。

1.3.2.2 电子元件布置图的绘制工具

1．印制板布线图设计的基本方法

首先需要对所选用组件器及各种插座的规格、尺寸、面积等有完全的了解；对各组件的位置安排作合理的、仔细的考虑，主要是从电磁场兼容性、抗干扰的角度，走线短、交叉少、电源、地的路径及去耦等方面考虑。各组件位置确定后，就是各组件的联机，即按照电路图连接有关引脚。完成的方法有多种，印制线路图的设计有计算机辅助设计与手工设计两种方法。

最原始的是手工排列布图。这种方法比较费事，往往要反复几次，才能最后完成，在没有其他绘图设备时也可以。这种手工排列布图方法对刚学习印制板图设计的人来说也是很有帮助的。

2. 印制电路板绘制软件

目前进入我国并具有广泛影响的 EDA 软件是系统设计软件辅助类和可编程芯片辅助设计软件：Protel、OrCAD 等。这些工具都有较强的功能，一般可用于几个方面，例如进行电路设计与仿真，进行 PCB 自动布局布线，输出多种网表文件与第三方软件接口等。因为很多大、中专院校都把 Protel 作为教材，所以其在国内使用普及率最高，几乎所有的电路公司都要用到它。

早期的 Protel 主要作为印制板自动布线工具使用，其最新版本为 Altium Designer 10，现在普遍使用的是 Protel99SE，它是个完整的全方位电路设计系统，包含了电原理图绘制、模拟电路与数字电路混合信号仿真、多层印制电路板设计（包含印制电路板自动布局布线）、可编程逻辑器件设计、图表生成、电路表格生成、支持宏操作等功能，并具有客户/服务器体系结构，同时还兼容一些其他设计软件的文件格式，如 ORCAD、PSPICE、Excel 等。使用多层印制线路板的自动布线，可实现高密度 PCB 的 100%布通率。Protel 软件功能强大（同时具有电路仿真功能和 PLD 开发功能）、界面友好、使用方便，但它最具代表性的功能是电路设计和 PCB 设计。

3. 使用 Protel 进行印制电路板设计步骤

1）电路板设计的先期工作

（1）利用原理图设计工具绘制原理图，并生成对应的网络表。当然，有些特殊情况下，如电路板比较简单，或已经有了网络表等也可以不进行原理图的设计，直接进入 PCB 设计系统，在 PCB 设计系统中，可以直接取用零件封装，人工生成网络表。

（2）手工更改网络表，将一些元件的固定用脚等原理图上没有的焊盘定义到与它相通的网络上，无任何物理连接的可定义到地或保护地等。将原理图和 PCB 封装库中引脚名称不一致的器件引脚名称改成和 PCB 封装库中的一致，特别是二极管、三极管等。

2）画出自己定义的非标准器件的封装库

建议将自己所画的器件都放入一个自己建立的 PCB 库专用设计文件。

3）PCB 设计环境和绘制印制电路的版框（含中间的镂空）等

（1）进入 PCB 系统后的第一步就是设置 PCB 设计环境，包括设置格点大小和类型、光标类型、板层参数、布线参数等。大多数参数都可以用系统默认值，而且这些参数经过设置之后，符合个人的习惯，以后无须再去修改。

（2）规划电路板，主要是确定电路板的边框，包括电路板的尺寸大小等。在需要放置固定孔的地方放上适当大小的焊盘。对于 3mm 的螺钉可用 6.5～8mm 外径和 3.2～3.5mm 内径的焊盘；对于标准板可从其他板或 PCB Wizard 中调入。

注意：在绘制电路板边框前，一定要将当前层设置成 Keep Out 层，即禁止布线层。

4）打开所有要用到的 PCB 库文件后，调入网络表文件并修改零件封装

这一步是非常重要的一个环节，网络表是 PCB 自动布线的灵魂，也是原理图设计与电路板设计的接口，只有将网络表装入后，才能进行电路板的布线。

在原理图设计的过程中，ERC 检查不会涉及零件的封装问题。因此，原理图设计时，零件的封装可能被遗忘，在引进网络表时可以根据设计情况来修改或补充零件的封装。

当然，可以直接在 PCB 内人工生成网络表，并且指定零件封装。

5）布置零件封装的位置，也称零件布局

Protel99SE 可以进行自动布局，也可以进行手动布局。如果进行自动布局，运行"Tools"下面的"Auto Place"。用这个命令，你需要有足够的耐心。布线的关键是布局，多数设计者采用手动布局的形式。用鼠标选中一个元件，按住鼠标左键不放，拖住这个元件到达目的地，放开左键，将该元件固定。Protel99SE 在布局方面新增加了一些技巧。新的交互式布局选项包含自动选择和自动对齐，使用自动选择方式可以很快地收集相似封装的元件，然后旋转、展开和整理成组，就可以移动到板上所需的位置上了。当简易的布局完成后，可使用自动对齐方式整齐地展开或缩紧一组封装相似的元件。

提示：在自动选择时，使用 Shift+X 组合键或 Shift+Y 组合键和 Ctrl+X 组合键或 Ctrl+Y 组合键可展开和缩紧选定组件的 X、Y 方向。

注意：零件布局，应当从机械结构散热、电磁干扰、将来布线的方便性等方面综合考虑。先布置与机械尺寸有关的器件，并锁定这些器件，然后是占位置大的器件和电路的核心元件，再是外围的小元件。

6）根据情况再作适当调整然后将全部器件锁定

假如板上空间允许则可在板上放上一些类似于实验板的布线区。对于大板子，应在中间多加固定螺钉孔。板上有重的器件或较大的接插件等受力器件时边上也应加固定螺钉孔，有需要的话可在适当位置放上一些测试用焊盘，最好在原理图中就加上。将过小的焊盘过孔改大，将所有固定螺钉孔焊盘的网络定义到地或保护地等。

放好后用 VIEW3D 功能察看一下实际效果，存盘。

7）布线规则设置

布线规则是设置布线的各个规范（使用层面、各组线宽、过孔间距、布线的拓扑结构等规则，可通过 Design-Rules 的 Menu 处从其他板导出后，再导入这块板）。这个步骤不必每次都设置，按个人的习惯，设定一次就可以。

选 Design-Rules 一般需要重新设置以下几点。

（1）安全间距（Routing 标签的 Clearance Constraint）。

它规定了板上不同网络的走线焊盘过孔之间必须保持的距离。一般板子可设为 0.254mm，较空的板子可设为 0.3mm，较密的贴片板子可设为 0.2～0.22mm，极少数印制板加工厂家的生产能力在 0.1～0.15mm，假如能征得他们同意你就能设成此值。0.1mm 以下是绝对禁止的。

（2）走线层面和方向（Routing 标签的 Routing Layers）。

此处可设置使用的走线层和每层的主要走线方向。请注意贴片的单面板只用顶层，直插型的单面板只用底层，但是多层板的电源层不是在这里设置的（可以在 Design-Layer Stack Manager

中，点顶层或底层后，用 Add Plane 添加，用鼠标左键双击后设置，点中本层后用 Delete 删除），机械层也不是在这里设置的（可以在 Design-Mechanical Layer 中选择所要用到的机械层，并选择是否可视和是否同时在单层显示模式下显示）。

机械层 1：一般用于画板子的边框；

机械层 3：一般用于画板子上的挡条等机械结构件；

机械层 4：一般用于画标尺和注释等，具体可自己用 PCB Wizard 导出一个 PCAT 结构的板子看一下。

（3）过孔形状（Routing 标签的 Routing Via Style）。

它规定了手工和自动布线时自动产生的过孔的内径、外径，均分为最小、最大和首选值，其中首选值是最重要的，下同。

（4）走线线宽（Routing 标签的 Width Constraint）。

它规定了手工和自动布线时走线的宽度。整个板范围的首选项一般取 0.2~0.6mm，另添加一些网络或网络组（Net Class）的线宽设置，如地线、+5 伏电源线、交流电源输入线、功率输出线和电源组等。网络组可以事先在 Design-Netlist Manager 中定义好，地线一般可选 1mm 宽度，各种电源线一般可选 0.5~1mm 宽度，印制板上线宽和电流的关系大约是每毫米线宽允许通过 1A 的电流，具体可参看有关资料。当线径首选值太大使得 SMD 焊盘在自动布线无法走通时，它会在进入到 SMD 焊盘处自动缩小成最小宽度和焊盘的宽度之间的一段走线，其中 Board 为对整个板的线宽约束，它的优先级最低，即布线时首先满足网络和网络组等的线宽约束条件。

（5）敷铜连接形状的设置（Manufacturing 标签的 Polygon Connect Style）。

建议用 Relief Connect 方式。导线宽度（Conductor Width）取 0.3~0.5mm。4 根导线成 45°或 90°夹角。

其余各项一般可用它的缺省值，而布线的拓扑结构、电源层的间距和连接形状匹配的网络长度等项可根据需要设置。

选 Tools-Preferences，其中 Options 栏的 Interactive Routing 处选 Push Obstacle（遇到不同网络的走线时推挤其他的走线，Ignore Obstacle 为穿过，Avoid Obstacle 为拦断）模式并选中 Automatically Remove（自动删除多余的走线）。Defaults 栏的 Track 和 Via 等也可改一下，一般不必去动它们。

在不希望有走线的区域内放置 FILL 填充层，如散热器和卧放的两脚晶振下方所在布线层，要上锡的在 Top 或 Bottom Solder 相应处放填充层。

布线规则设置也是印制电路板设计的关键之一，需要丰富的实践经验。

8）自动布线和手工调整

（1）单击菜单命令 Auto Route/Setup 对自动布线功能进行设置。

选中除了 Add Testpoints 以外的所有项，特别是选中其中的 Lock All Pre-Route 选项，Routing Grid 可选 1mil 等。自动布线开始前软件会给一个推荐值，可不去理它或改为它的推荐值，此值越小板越容易 100%布通，但布线难度越大，所花时间越多。

（2）单击菜单命令 Auto Route/All 开始自动布线。

假如不能完全布通，则可手工继续完成或 UNDO 一次（千万不要用撤销全部布线功能，它会删除所有的预布线和自由焊盘、过孔）后调整一下布局或布线规则，再重新布线。完成后做一次 DRC，有错则改正。布局和布线过程中，若发现原理图有错则应及时更新原理图和网络表，手工更改网络表（同第一步）并重装网络表后再布线。

（3）对布线进行手工初步调整。

需加粗的地线、电源线、功率输出线等加粗，某几根绕得太多的线重布一下，消除部分不必要的过孔，再次用 VIEW3D 功能察看实际效果。手工调整中可选 Tools-Density Map 查看布线密度，红色为最密，黄色次之，绿色为较松，看完后可按键盘上的 End 键刷新屏幕。红色部分一般应将走线调整得松一些，直到变成黄色或绿色。

9）切换到单层显示模式下将每个布线层的线拉整齐和美观

单击菜单命令 Tools/Preferences，选中对话框中 Display 栏的 Single Layer Mode。手工调整时应经常做 DRC，因为有时候有些线会断开，而你可能会从它们断开处走上好几根线。快完成时可将每个布线层单独打印出来，以方便改线时参考，其间也要经常用 3D 显示和密度图功能查看。

最后取消单层显示模式，存盘。

10）如果器件需要重新标注

可单击菜单命令 Tools/Re-Annotate 并选择好方向，单击【OK】按钮。回原理图中选 Tools-Back Annotate 并选择好新生成的那个*.WAS 文件后，单击【OK】按钮。原理图中有些标号应重新拖放以求美观，全部调完并 DRC 通过后，拖放所有丝印层的字符到合适位置。

注意字符尽量不要放在元件下面或过孔焊盘上面。对于过大的字符可适当缩小，DrillDrawing 层可按需放上一些坐标（Place-Coordinate）和尺寸（Place-Dimension）。

最后再放上印制板名称、设计版本号、公司名称、文件首次加工日期、印制板文件名、文件加工编号等信息（请参见第五步图中所示），并可用第三方提供的程序来加上图形和中文注释，如 BMP2PCB.EXE 和宏势公司的 ROTEL99，以及 Protel99se 专用 PCB 汉字输入程序包中的 FONT.EXE 等。

11）对所有过孔和焊盘补泪滴

补泪滴可增加它们的牢度，但会使板上的线变得较难看。顺序按下键盘的 S 和 A 键（全选），再选择 Tools-Teardrops，选中 General 栏的前三个，并选 Add 和 Track 模式，如果你不需要把最终文件转为 PROTEL 的 DOS 版格式文件的话也可用其他模式，然后单击【OK】按钮。完成后顺序按下键盘的 X 和 A 键（全部不选中）。对于贴片和单面板一定要加。

12）放置敷铜区

将设计规则里的安全间距暂时改为 0.5～1mm 并清除错误标记，选 Place-Polygon Plane 在各布线层放置地线网络的敷铜（尽量用八角形，而不是用圆弧来包裹焊盘。最终要转成 DOS 格式文件的话，一定要选择用八角形）。以下即为一个在顶层放置敷铜的设置举例：

设置完成后，再单击【OK】按扭，画出需敷铜区域的边框，最后一条边可不画，直接按鼠标右键就可开始敷铜。它缺省认为你的起点和终点之间始终用一条直线相连，电路频率较高时可选 Grid Size 比 Track Width 大，敷出网格线。

相应放置其余几个布线层的敷铜，观察某一层上较大面积没有敷铜的地方，在其他层有敷铜处放一个过孔，双击敷铜区域内任一点并选择一个敷铜后，直接单击【OK】按钮，再单击【Yes】按钮便可更新这个敷铜。多次反复直到每个敷铜层都较满为止。最后将设计规则里的安全间距改回原值。

13）最后再做一次 DRC

选择其中 Clearance Constraints Max/Min、Width Constraints Short Circuit Constraints 和 Un-Routed Nets、Constraints 这几项，单击【Run DRC】按钮，有错则改正。全部正确后存盘。

14）导出文件

对于支持 Protel99SE 格式（PCB4.0）加工的厂家可在观看文档目录的情况下，将这个文件导出为一个*.PCB 文件；对于支持 Protel99 格式（PCB3.0）加工的厂家，可将文件另存为 PCB 3.0 二进制文件，做 DRC。

通过后不存盘退出。在观看文档目录情况下，将这个文件导出为一个*.PCB 文件。由于目前很大一部分厂家只能做 DOS 下的 Protel Autotrax 画的板子，所以以下这几步是产生一个 DOS 版 PCB 文件必不可少的：

（1）将所有机械层内容改到机械层 1，在观看文档目录的情况下，将网络表导出为*.NET 文件，在打开本 PCB 文件观看的情况下，将 PCB 导出为 Protel PCB 2.8 ASCII File 格式的*.PCB 文件。

（2）用 Protel For Windows PCB 2.8 打开 PCB 文件，选择文件菜单中的另存为，并选择 Autotrax 格式存成一个 DOS 下可打开的文件。

（3）用 DOS 下的 Protel Autotrax 打开这个文件。个别字符串可能要重新拖放或调整大小。上下放的全部两脚贴片元件可能会产生焊盘 X-Y 大小互换的情况，逐个调整它们。大的四列贴片 IC 也会产生焊盘 X-Y 互换，只能自动调整一半后，手工逐个改，请随时存盘，这个过程中很容易产生人为错误。Protel DOS 版是没有 UNDO 功能的，假如你先前布了敷铜并选择了用圆弧来包裹焊盘，那么现在所有的网络基本上都已相连了，手工逐个删除和修改这些圆弧是非常累的，所以前面推荐大家一定要用八角形来包裹焊盘。这些都完成后，用前面导出的网络表作 DRC Route 中的 Separation Setup，各项值应比 Windows 版下小一些，有错则改正，直到 DRC 全部通过为止。

也可直接生成 Gerber 和钻孔文件交给厂家，选 File-CAM Manager，单击【Next】按钮后出来六个选项，Bom 为元器件清单表，DRC 为设计规则检查报告，Gerber 为光绘文件，NC Drill 为钻孔文件，Pick Place 为自动拾放文件，Test Points 为测试点报告。选择 Gerber 后按提示一步一步往下做。其中有些与生产工艺能力有关的参数需印制板生产厂家提供。直到单击【Finish】按钮为止。在生成的 Gerber Output 1 上按鼠标右键，选 Insert NC Drill 加入钻孔文件，再单击鼠标右键选 Generate CAM Files 生成真正的输出文件，光绘文件可导出后用 CAM350 打开并校验。注意电源层是负片输出的。

15）发给加工厂家

发 E-mail 或拷盘给加工厂家，注明板材料和厚度（做一般板子时，厚度为 1.6mm，特大型板可用 2mm，射频用微带板等一般在 0.8～1mm，并应该给出板子的介电常数等指标）、数量、加工时需特别注意之处等。E-mail 发出后 2h 内打电话给厂家确认收到与否。

16）产生 BOM 文件并导出后编辑成符合公司内部规定的格式

17）导出为 DWG 格式

将边框螺钉孔接插件等与机箱机械加工有关的部分（即先把其他不相关的部分选中后删

除），导出为公制尺寸的 AutoCAD R14 的 DWG 格式文件给机械设计人员。

18）整理和打印各种文档

如元器件清单、器件装配图（并应注上打印比例）、安装和接线说明等。

1.3.2.3 电气布置图的绘制步骤

电气控制柜布置图绘制步骤如图 1.3.1 所示。

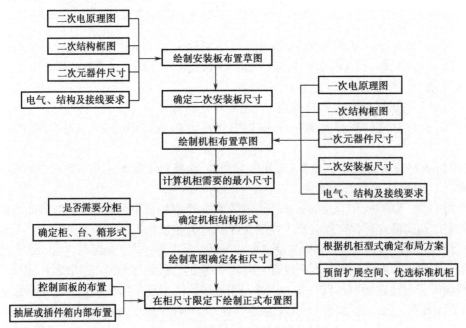

图 1.3.1 电气控制柜布置图绘制步骤

1. 绘制二次（控制电路）安装板草图，计算并确定安装板尺寸

由于电气安装板是安装在机柜内框架上的主要部件，因此必须首先确定安装板的尺寸才能够进行后续工作。

控制电路安装板草图绘制的依据是控制电路图和控制电路结构方框图，根据电气、结构及导线连接的设计技术要求，在草图上布置各个二次电气元件的位置。在满足各种技术要求的前提下，结构布局应尽可能紧凑，以减小安装板的尺寸。由于布局方案不是唯一的，所以这项工作可能需要反复进行很多次，才能获得比较好的布局方案。

必须注意：安装板上安装孔的位置尺寸必须符合机柜安装尺寸的模数关系，即必须是 25.4mm 的整数倍。

2. 绘制机柜布置草图，计算并确定机柜需要的最小尺寸

机柜布置草图绘制的依据是电路图和电路结构方框图，根据电气、结构、母线及导线连接的设计技术要求，在机柜草图上布置各个一次电气元件和安装板的位置。必须注意：安装在横梁和立柱上的电气元件和安装板的位置尺寸必须接近机柜安装尺寸的模数关系，相差部分应该能够利用横梁和立柱上的长孔安装。在满足各种技术要求的前提下，结构布局应尽可能紧凑，以减小安装板的尺寸。由于布局方案不是唯一的，所以这项工作可能需要反复进行很多次，才能获得比较好的布局方案。

依据选定的布局方案和使用的电气元件及安装板的轮廓尺寸，计算出机柜需要的最小尺寸。

3．根据机柜需要的最小尺寸确定机柜布局方案及类型

1）应根据使用情况确定机柜的形式

操作频繁的电气控制设备应采用操作台形式，操作次数不多的电气控制设备应采用控制柜形式，不需要操作的电气控制设备应采用全封闭柜形式。

2）应根据计算出的机柜需要的最小尺寸确定机柜布局方案

当计算出的机柜需要的最小尺寸小于标准机柜的最大尺寸时，直接采用一个标准机柜。
当计算出的机柜需要的最小尺寸小于标准机柜的最小尺寸时，采用机箱形式。
当计算出的机柜需要的最小尺寸大于标准机柜的最大尺寸时，应采用分柜的形式，即将电气控制设备分为两个以上的相对独立的部分，然后分别使用标准机柜。各个分柜可以在安装时并柜，为方便运输，也可以在使用现场并柜安装。例如可以将一套电气控制设备分为一次柜和二次柜。

4．根据机柜布局方案及形式绘制草图确定各机柜具体尺寸

1）确定各机柜具体尺寸

根据分柜方案及形式，分别通过绘制每个柜的布置草图，计算出每个柜需要的最小尺寸。然后根据预留10%扩展空间的原则，最后确定各机柜具体尺寸。

2）应优先选用标准尺寸机柜

标准尺寸机柜比较容易通过订购加工，交货时间短且价格较低。当自己加工时，由于标准机柜有一些很成熟的模块，可以缩短设计周期。标准机柜的零配件齐全，便于购买配套。

5．在各机柜具体尺寸的限定条件下绘制出各机柜的布置（总装配）图

在绘制正式各机柜布置图时应根据安装要求、技术标准及人机工程学要求，确定并绘制出控制柜内及面板的布置图。如果机柜上配置有抽屉或插件箱，应确定并绘制出抽屉或插件箱的布置图。

绘制正式各机柜布置图时所需要考虑的问题，与绘制草图时完全相同，关键是考虑问题必须全面，如果出现遗漏的问题，极有可能造成返工。

1.3.3 计算机模拟装配

1.3.3.1 计算机模拟装配的定义

在计算机模拟仿真领域中通常有两种定义：
（1）计算机模拟装配是一种将零件模型按约束关系进行重新定位的过程，是有效分析产品设计合理性的一种手段。该定义强调虚拟装配技术是一种模型重新进行定位、分析的过程。

(2) 计算机模拟装配是根据产品设计的形状特性、精度特性，真实地模拟产品三维装配过程，并允许用户以交互方式控制产品的三维真实模拟装配过程，以检验产品的可装配性。

1.3.3.2 计算机模拟装配的方法

计算机模拟装配技术在新产品开发、产品的维护以及操作培训方面具有独特的作用。

在交互式虚拟装配环境中，用户使用各类交互设备（数据手套/位置跟踪器、鼠标/键盘、力反馈操作设备等）像在真实环境中一样对产品的零部件进行各类装配操作，在操作过程中系统提供实时的碰撞检测、装配约束处理、装配路径与序列处理等功能，从而使得用户能够对产品的可装配性进行分析、对产品零部件装配序列进行验证和规划、对装配操作人员进行培训等。在装配（或拆卸）结束以后，系统能够记录装配过程的所有信息，并生成评审报告、视频录像等供随后的分析使用。

1.3.3.3 计算机模拟装配的用途

计算机模拟装配可以用虚拟产品代替传统设计中的物理样机，能够方便地对产品的装配过程进行模拟与分析，预估产品的装配性能，及早发现潜在的装配冲突与缺陷，并将这些装配信息反馈给设计人员。运用该技术不但有利于并行工程的开展，而且还可以大大缩短产品开发周期，降低生产成本，提高产品在市场中的竞争力。

1．优化装配过程

目的是使产品能适应现场具体情况，合理划分成装配单元，使装配单元能并行地进行装配。利用计算机模拟装配，可以验证装配设计和操作正确与否，以便及早发现装配中的问题，对模型进行修改，并通过可视化显示装配过程。虚拟装配系统允许设计人员考虑可行的装配序列，自动生成装配规划，它包括数值计算、装配工艺规划、工作面布局、装配操作模拟等。现在产品的制造正在向着自动化、数字化的方向发展，计算机模拟装配是产品数字化定义中的一个重要环节。

2．可装配性评价

主要是评价产品装配的相对难易程度，计算装配费用，并以此决定产品设计是否需要修改。计算机模拟装配问题的解决将使生产真正在高效、高质量、短时间、低成本的环境下完成，同时又具备了良好的服务。模拟装配从模型重新定位、分析方面来讲，是一种零件模型按约束关系进行重新定位的过程，是有效地分析产品设计合理性的一种手段；从产品装配过程来讲，它是根据产品设计的形状特性、精度特性，真实地模拟产品三维装配过程，并允许用户以交互方式控制产品的三维真实模拟装配过程，以检验产品的可装配性的一种手段。

1.3.3.4 可以进行模拟装配的主流三维 CAD 软件

可视化模拟装配是通过对产品装配模型的操作实现的，能够建立产品装配模型的三维 CAD 系统有很多种，主流典型的有 UG、Pro/Engineer、CATIA、SolidWorks、SolidEdge 等，这几款 CAD 软件都提供草图绘制、零件设计、部件装配设计、总装设计模块，进行零部件的总装设计时，可以利用系统中提供的装配关系描述进行零部件装配关系的定义，这些装配有面贴合、面对齐、轴心对齐等，基本上能满足机电产品的装配工艺设计中的装配关系约束要求。

虚拟装配仿真系统寄生于 CAD 系统的实现，使得设计人员可以利用现有的 CAD 系统提供的开发工具，如 MDT、AutoCAD 提供 Object ARX 类库供 Visual C++开发，SolidEdge 提供 OLE Automation 供 Visual Basic 开发使用，Pro/Engineer 具有 Developer 与 Toolkit 开发模块。

1.3.3.5 辅助模型

常用的 CAD 软件会提供一些模型，但更多的模型需要从网上获取，帮助我们提升设计效率。

对于专业企业，因为绘制内容不同，还常存在多种 CAD 系统并行的局面，此时就需要配置统一的、具备跨平台能力的零部件数据资源库，将标准件库和外购件库内的模型数据以 CAD 原始数据格式导出到三维构型系统当中去，如主流的 Autodesk Inventor、SolidWorks、CATIA、SolidEdge、Pro/E、AutoCAD、UG NX、Onespace 等，更快地帮助设计人员完成设计工作，提升效率。在国外，这种网络服务被称为"零部件图书馆"或"数据资源仓库"。

1.4 电气布置图绘制图例

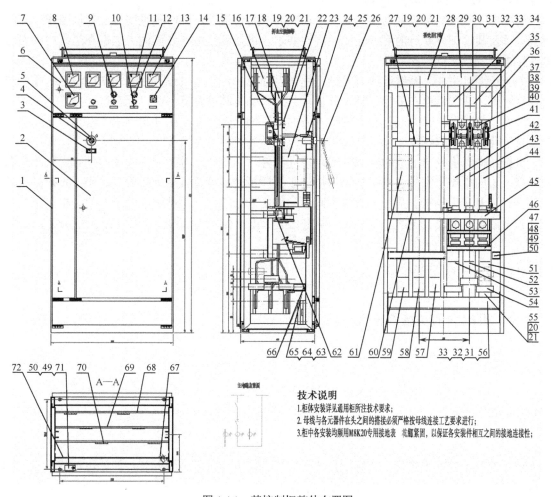

图 1.4.1 某控制柜整体布置图

第 2 章 机柜设计

2.1 影响机柜结构设计的因素

机柜是电气控制设备不可缺少的组成部分，是电气控制设备的"载体"。机柜既要满足各电气单元的组合功能条件（安全的要求、检修性能、形式的统一、组合的标准、功能的分配、外形美观等），还要满足柜体本身要求（如坚固可靠、美观、调整容易、符合规范、制造的适用性以及针对特殊场合的特殊设计等）。

机柜设计应在满足成套电气产品使用功能要求的前提下，同时满足结构工艺性要求，即机柜的总体及其零部件制造的可行性及经济性要求，以及满足电气装配的工艺性和运行中的可维修性要求。

由于长期以来缺乏系统设计、人机工程学设计思想，重电气设计而忽视结构设计，重主机而轻视附件，我国机柜在外观、整体布局、色彩、加工精度及互换性、配套性等方面与工业发达国家有一定的差距。尤其是在专利技术方面，我们仍然受制于工业发达国家，以至于外商企业占有了我国高端机柜市场的较大份额。

机柜结构本身发展形成的各种形式，不同组件，不同电压等级，不同使用场合，加工设备的发展，不同生产厂家的自身条件等都决定了控制柜的制造受很多因素影响。由于柜体结构要求不一，以及各个制造企业加工手段不同，它们的制造工艺就不能强求完全一致。但制造中也存在带普遍意义的较关键的工艺特点，现将这些特点结合柜体结构选择与设计进行介绍。

2.1.1 机柜的结构及基本类型

2.1.1.1 机柜的基本结构模式

1. 基本结构模式

通过长期的实践，电气控制设备的壳体逐步形成了盒、箱、柜（包括屏）、台四大基本结构模式，定义如下：

1) 机柜

用于容纳电气或电子设备的独立式或自支撑的机壳。机柜通常配置有门、可拆或不可拆的侧板。机柜一般安装在地面上或大型设备平台上。

2）机箱

机箱的体积较小，一般安装在台面、桌面、墙壁上或设备壁龛中，是用于容纳电气或电子设备的小型机壳。

3）控制台

安装在台面或地面上，具有水平面、垂直面或倾斜面，以容纳控制、信息和监控设备的机壳。

4）机盒

用于容纳电气或电子设备的便携式小型机壳，或用于电气单元隔离的小型机壳（电磁屏蔽盒）。机盒也可以作为部件安装在机柜、机箱和控制台内。

2．机柜的典型结构

由于电气控制设备被广泛应用于多个技术领域，并且由于其功能的差异、使用场合的差异及人们对多样化的需求，电气控制设备的式样极其繁多。为降低费用并进行专业化批量生产，逐步形成了一些典型机柜结构，其中具有普遍意义的结构模式有：

1）嵌套式层次结构（内插式结构）

主要是指由 IEC297 和 IEC917 系列标准所规定的模式，它是一种插件——插箱——机柜系统，是目前标准化程度最高、应用最广的一种模块化结构模式。

2）外插式结构

其基本单元是盒式插件模块，将具有独立功能的模块，并列地直接从外部进行机械和电气互连，从而构成一套新的装置。

3）层叠式结构

由具有相对独立功能的机箱模块逐层叠装而成，加上电气互连就可构成一套功能齐全的整机。

4）套装式结构

几种模块套装于机箱模块内构成整机，主要用于箱式的仪器。

5）装架（屏）式结构

将各种具有规定尺寸的功能模块集装于标准的安装架上构成控制设备。

6）拼装式结构

将若干种不同结构形式的模块，按规定的模式组装成一台整机。通过巧妙的设计，几种有限的模块可组装出多种形态各异的装置，如各种形式的控制台。

7）单元组合式结构

由若干风格统一但结构各异、有独立功能的单元组合成的成套装置。

上述各种典型结构又常相互兼容与统一，如屏柜的统一；仪器的插箱、插件化；台型结构引入插箱、插件；机箱结构的台式、上架两用；固定式与移动式的统一（换用多种底脚结构）等。

2.1.1.2 机柜的典型结构组成

机柜是电气控制设备不可缺少的组成部分，它为成套电器产品提供安装、支撑、连接、传动、连锁、锁紧、防护和装饰等功能，为机械零部件、电气连接和元器件的兼容提供保障。总之，机柜是电气元器件的"载体"。

1. 型材机柜的结构组成

标准机柜的结构比较简单，主要包括基本框架、内部支撑系统、布线系统和通风系统。
机柜一般包括外壳、支架、面板上的各种开关、指示灯等。机柜的结构要素如图 2.1.1 所示。

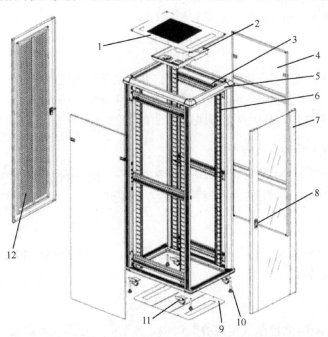

1—顶盖；2—风扇；3—安装横梁；4—可拆卸侧门；5—框架；6—安装立柱；
7—前门；8—旋转门锁；9—机柜底板；10—调整脚；11—重型脚轮；12—通风后门

图 2.1.1 典型机柜的结构要素

1）基本框架

装配式框架结构机箱机柜的构成：机柜由上盖、底座、前后框架、前后门、侧门、横梁、角规等组装成型。连接简单、安全可靠。
主体框架、前后门、左右侧门可以快速拆装。

2）内部支撑系统

（1）立柱：内部支撑系统中的承重构件，立柱的上下两段分别与上盖和底座连接在一起。立柱上冲有符合模数关系的安装孔和定位孔，可用于安装机柜的结构件及电气零部件。

（2）横梁：分为挂接式横梁和扩展横梁两种。挂接式横梁横梁安装及移动方便、灵活，可用于安装机柜的结构件及电气零部件。

扩展横梁用于扩展机柜内的安装空间,安装和拆卸非常方便,同时也可以配合理线架、配电单元的安装,形式灵活多样。

(3)托盘:固定托盘用于安装各种设备,尺寸繁多,用途广泛,有19"标准托盘、非标准固定托盘等。常规配置的固定托盘深度有440mm、480mm、580mm、620mm等规格。固定托盘的承重不小于50kg,而增强型固定托盘,底部附有加强筋,承重达100kg。

3)布线系统

(1)电源线槽:它从机柜底部一直延伸到机柜顶部,其中最上方的插座专门用于为风扇供电。垂直安装全封闭金属电源线槽的目的是避免对水平双绞线产生电源打扰。

(2)扎线板:在机柜的右后侧,安装两块100mm宽的铁板,板上沿垂直方向每隔10mm开一个5mm×100mm的腰圆孔,铁板长度为从机柜的底板到顶板。同样,在左后侧安装一块相同的铁板。扎线板上可以安装走线槽。

(3)走线槽:走线槽可以安装在扎线板上,也可以直接安装在机柜的两侧框架上。

(4)接地:在控制柜中部自底到顶垂直安装一根接地铜带,该铜带上每隔2U等距开一个M6粗牙螺钉孔,以便于电气零部件就近接地,其中最下端的螺钉孔用于机柜引出接地线。

(5)进出线孔:后部下方开一个300mm×200mm的长方形进线孔,用橡皮裹边,以免损伤电缆。在孔上方90mm处,可以安装一块隔板,以求机柜内的美观。

4)通风系统

机柜的局部过热可以通过加装散热单元,增加风的流速和流量来解决;也可在机柜内加装制冷设备;还可以增加机柜进口冷风的进风量。机柜冷却器可以解决机柜内部的局部过热问题。

调速风机单元:安装于机柜的顶部,可根据环境温度和设备温度调节风扇的转速,有效地降低机房的噪音。调速方式:手动,无级调速。

机架式风机单元:高度为1U,可安装在19"标准机柜内的任意高度位置上,可根据机柜内热源酌情配置。风机单元的外壳采用一次成型技术,能有效减小风机的振动,提高风机单元的使用寿命。

2. 机柜的结构配件

根据需要机柜还装有机柜附件。其主要附件有固定或可伸缩的导轨、锁紧装置、铰链、走线槽、走线架和屏蔽梳形簧片、专用固定托盘、专用滑动托盘、电源支架、地脚轮、地脚钉、理线环、理线架、L支架、扩展横梁等。可选配件能够满足各种应用的需要。

2.1.1.3 机柜的分类

根据柜体结构及其工艺大致可以从结构形式、连接方式、构件取材等方面加以区分。其柜体结构和加工工艺各有特点。常见的机柜可分为以下几种。

1. 从结构上分

1)固定式

能将各电气组件可靠地固定于柜体中确定的位置。柜体外形一般为立方体,如屏式、箱式等,也有棱台体如台式等。这种固定柜有单列,也有排列。

为了保证柜体形位尺寸，往往采取各构件分步组合方式，一般是先组成两片或左右两侧，然后再组成柜体，即先满足外形要求，再顺次连接柜体内各支件。组成柜体各棱边的零件长度必须正确（公差取负值），才能保证各方面几何尺寸，从而保证整体外形要求。对于柜体两侧面，因考虑排列需要，中间不能有隆起现象。另外从安装角度考虑，底面不能有下陷现象。

2）抽出式

抽出式由固定的柜体和装有开关等主要电气组件的可移装置部分组成，可移部分移换时要轻便，移入后定位要可靠，并且相同类型和规格的抽屉能可靠互换，抽出式中的柜体部分加工方法和固定式基本相似。但由于互换要求，柜体的精度必须提高，结构的相关部分要有足够的调整量，至于可移装置部分，要既能移换，又能可靠地承装主要组件，所以要有较高的机械强度和较高的精度，其相关部分还要有足够的调整量。

制造抽屉式低压控制柜的工艺特点是：

(1) 固定和可移两部分要有统一的参考基准。

(2) 相关部分必须调整到最佳位置，调整时应用专用的标准工装，包括标准柜体和标准抽屉。

(3) 关键尺寸的误差不能超差。

(4) 相同类型和规格的抽屉互换性要可靠。

2．从机柜构件连接方式上分

机柜构件的连接方法有以下三种。

1）焊接方式

焊接方式的机柜采用传统的焊接工艺，把相互关联的零部件连接牢固，它的优点是加工方便、坚固可靠；缺点是误差大、易变形、难调整、欠美观，而且工件一般不能预镀。为了减少焊接变形，保证控制柜尺寸精度，通常采用焊接夹具，焊接夹具应满足以下要求：

(1) 刚性好，不会受工件变形影响。

(2) 外形尺寸略大于工件名义尺寸，可抵消焊后收缩影响。

(3) 平整、简易、方便操作，尽量减少可转动机构，避免磨损。

(4) 为防止焊蚀且易于检修调整，要选择好工件支持，支持还要加置防焊蚀垫件。

2）装配方式

装配方式的机柜全部使用紧固件连接，它的优点是适于工件预镀，易变化调节，易美化处理，零部件可标准化设计，并且可预生产库存，构架外形尺寸误差小。缺点是不如焊接坚固，要求零部件的精度高，加工成本相对上升。紧固件一般都为标准件，其种类主要有常规的螺钉、螺母和铆钉、拉铆钉，以及预紧而可微调的卡箍螺母和预紧的拉固螺母，还有自攻螺钉等。也有专用紧固螺钉（如国外引进的控制柜大多用专用紧固螺钉）。

工艺特点：以夹具定形，工装定位，并视需要配以压力垫圈；铆接一般要配钻，且预镀件要防止镀层被破坏；对于用精密的加工中心或专用设备加工的构件，如各连接孔径与紧固件直径能保持微量间隙，则可以不用夹具进行装合，一次成型；对导向及定位件的紧固，应先用专用量具定位再以标准工装检测。

装配式机柜有组装灵活、便于扩展、易组织专业化、标准化设计和生产、防腐性能好、使用寿命长等优点，但有较高的加工精度和装配要求。在当今工艺和装备技术发展的前提下，装配式机柜已成为发展趋势。

3）焊接与装配混合方式

焊接与装配混合方式集中了上面两种方法的优点，一般在机柜框架的连接处采用电焊，可变或可调部分则以紧固件连接。较大柜体因焊接后镀覆有困难，表面多以涂漆或喷塑处理，户外柜体如以预镀材料为构件而又必须焊接时，焊接部分可用热喷镀金属来处理。

3. 从构件材料分

机箱机柜的结构、分类有明确的划定，推出的新产品也不例外。外壳用型材、板材或塑料结合制成，强度高。电力机柜按构件的承重、材料及其制造工艺的不同，可分为型材和板材两种。

1）型材结构机柜

型材结构的机柜具有以下特点：

设计周期短。型材采用预先成型的型材，通过积木式连接而成，在长宽高三维尺寸确定后，即可由生产车间试制，有利于机柜的标准化和系列化。

型材制造机柜工艺简单，生产效率高，便于进行大批量生产。

型材机柜重量轻，同一产品采用型材的机柜比采用板材结构的机柜能够减少材料的消耗量，有利于降低成本，符合绿色、节能、环保要求。型材机柜的缺点是抗冲击能力差。

制作机柜的常用型材有钢型材和铝型材两种。

（1）钢型材机柜。

钢型材机柜由异型无缝钢管为承重材料组成。这种机柜的刚度和强度都很好，适用于重型设备。

钢型材有普通钢型材和专门为机柜制作轧制的机柜专用钢型材两种。

① 通用型材。

机柜的通用型材是指各行各业普遍使用的，由钢铁生产企业大批量标准化生产的型材，例如角钢、槽钢、特型槽钢、钢管、扁铁、工字钢等。

通用型材的特点是生产厂家多，规格型号多，购买容易。缺点是傻、大、笨、粗，外观质量差，制造出来的机柜耗用钢材量大，生产成本高，因此目前批量生产的机柜生产企业都不再使用，基本已经被淘汰。对于设备改造或技术革新使用的非产品机柜，由于其取材方便仍会使用。

通用钢型材的构件多以焊接形式连接，加工中连接端必须吻合且少间隙，否则将影响焊缝而增大变形量。普通钢型材制作的机柜承载能力强，但是材料消耗量大。

② 机柜专用钢型材。

经冷辊轧制成的机柜专用钢型材，质量可靠，尺寸较准确，表面平整、光洁，价格低，采用机框专用型材还可以减少焊接及成型加工费用，具有效率高，成本低的优点，因而机柜在结构件中得到了广泛应用。

这种柜体的制造工艺特点是：要保证构件和连接件的通用性及其精度。柜的基本结构往往由封板得以加强。专用钢型材机柜由专门为电气控制柜轧制的特型钢管和横梁组成。专用钢型材的表面冲有统一间距为 25mm 的模数安装孔；配以统一通用的连接件，按统一模数组合成柜体。这种机柜的刚度和强度都很好，适用于重型设备。这种机柜重量轻，加工量少，外形美观，得到了广泛应用。

特型钢管构件的连接既可采用焊接形式，也可用紧固件连接，一般在连接部分要配以专用连接件，连接件必须坚固正确，否则将影响柜体外形。其结构坚固、美观，内部安装空间极大，配件通用程度高，有利于柜体设计，便于备制构件和生产准备。但加工孔数量多，工作量大而用得较少。

常见机柜的专用型材有七折、九折、十三折、十六折型材等。它们是指以折弯次数命名的机柜柱、梁结构型材。有代表性的九折形材结构和十六折型材为封闭的异型管结构，比传统的开放梁柱、C 型材结构强度高，受力大，这两项技术均是德国威图公司机柜加工工艺，现在九折型材已经超出专利保护期，已被国内企业广泛地应用到电气控制机柜和配电柜等领域。十六折型材目前尚处于专利保护期内，仿制会侵犯他人的知识产权，因此国内企业开发出与其相似的十五折型材，以规避知识产权纠纷。两种型材承重力分别达到 800kg 和 1000kg（通过国家深圳计量院标准检测）。十六折型材两面冲有模数安装孔和定位孔，设计装配式机柜配置十分灵活方便。

机柜专用型材由柜体生产企业或专门的机柜专用型材生产企业，向钢铁生产企业订购带钢，然后使用专门的型材成型机组轧制成型。目前在市场上一般都能够买到。九折型材和十六折型材结构及外观见图 2.1.2 和图 2.1.3。

图 2.1.2　九折型材　　　　　　　　图 2.1.3　十六折型材

至于选用哪种好，要看使用者的需求。如果单从受力角度来讲，十六折型材明显好于九折型材，一方面因为梁柱的承重决定于梁柱的截面积，截面积越大，承重越好。另一方面，折弯越多，同样材质材料相当于多了几道加强筋以增加框架的整体承重。但是九折型材应用也非常广泛，因为造价低廉，梁柱占用空间小，深得用户的青睐。

（2）铝合金型材机柜。

专门为机柜制作设计生产的铝型材其截面结构复杂，大量用于各种插箱中。表面处理同铝板。

由铝合金型材组成的铝型材机柜具有一定的刚度和强度，适用于一般或轻型设备。这种机柜重量轻，加工量少，外形美观，得到了广泛应用。

主体结构：采用组合式铝镁合金型材，紧密结合而成。设备固定铝柱可前后调整，适合不同深度设备的固定；机柜整体外观无螺钉，增加机柜美观效果。

表面处理：机柜外表可采用静电粉体烤漆，不脱漆、防氧化、耐酸碱，增加机柜使用寿命。设备固定铝柱及 T 形支柱，也可采用导电氧化处理，让设备直接接地，确保设备的安全。

载重能力：挤型铝材一体化设计，承载力强，最大静载可达 1000kg。

铝（铁）侧门组：设计散热孔，以增强散热效果；弹扣式门锁，不需工具即可自由拆卸组装。

设备固定铝柱冲压有以 U 为模数的安装孔，方便施工及固定设备的安装；顶板及底板采用分段式设计，并设有进、出细孔和方孔型铝柱及螺孔铁条铝柱，方便用户选择使用。

2）板材结构机柜

整板式机柜，其门板、侧板为一整块钢板弯折成型，一般将其边缘部分弯制成角型或槽型以增加刚度和强度，折弯部分同时承担立柱和横梁的功能。采用整体板材成型，这样不仅减少了许多过渡件，还提高了柜体刚度和强度。这种机柜刚度和强度均较好，适用于重型或一般设备。板材机柜的成本相对比较低，加工方便；但因侧板不可拆卸，组装、维修不方便。

板材构件则完全可以按需要定形，无预设成型条件限制。这类结构设计工作量大，定型后变异少，结构主要部位多用焊接，变异处或需调整处多以紧固件连接（如低压控制箱和控制台等）。这种柜的构件以钢板制成的 C 形槽钢或带筋矩形管来承重，C 形槽钢宜于镀覆，构件体积较大，因此小企业酸洗处理较难，镀覆后易翻锈，要酌情选用。

由于板材结构多用焊接、一次成型，需消除板面因焊接而收缩或相对隆起的影响，故焊接点要间隔均匀，焊缝要平整，焊后要整形，棱边要直，两侧中间部分不得凸出于前后棱边，若中间有隔板，应在处理好两侧后再焊。

控制台最宜选用板材作为构件，当多台排列时，台面应在整体排列后再统一调整定位。

从以上分析可知，柜体结构的各种选择，既要根据开关设备的功能需要来决定，又要根据工艺条件作取舍，而工艺水平的高低直接影响到柜体的结构设计和材料选择。

2.1.2 标准机柜与非标准机柜

2.1.2.1 优先采用标准化设计

没有标准化、模块化就没有大规模生产。今后将是以标准化为基础的大规模生产的天下。我国制定的机柜标准已与 IEC 标准全面接轨，过去仅靠定性描述的要求完全量化，机柜的设计和生产有章可循。机柜的气候试验、工业大气试验、机械静载荷和动载荷试验、安全试验、电磁屏蔽试验、地震试验等形式试验项目也已经规范。

1. 模块化

20 世纪 80 年代以来，以多样化为特征的市场竞争和个性化的用户需求，促使企业生产结构向适应多品种、小批量、甚至"定制"的方式转化，但这往往意味着高成本和低速度。能否在满足定制需要的同时，保持生产的快速和低成本，成为企业界的新课题。研究结果表明，出路在于产品结构的模块化，即以大规模生产的成本和速度制造的模块，通过灵活组合来满足用户的定制需要。

在电气控制柜产品的模块化中，应以"电路为先导，结构为先行"。"电路为先导"是因为电路功能模块决定产品系列的功能；所谓"结构为先行"，是用作为电路载体的结构模块去制约电路模块的设计，以便按一定的模式组装出定制的产品。所以结构设计人员应具有强烈的标准化观念和明晰的模块化意识。

2. 模数数列

当下，产品多样化及寿命周期缩短的趋势，促使产品制造者采用模块化的产品结构，即把最终产品（系统）分解为模块（通用部件）进行分工设计和制造，通过不同模块的灵活组合，构成多样化的新产品及大型的产品系统。由于模块往往是由专业厂家生产，并以商品形式进行流通，这就要求模块的组合界面的结构、尺寸和精度具有互换性和置换性，从而对不同行业间相关接口提出了尺寸协调的要求。为此，IEC 在 1980 年发布了 103 导则《尺寸协调导则》，就尺寸协调提出了下列要求：

（1）制品及元器件的布置应占有最小的面积和空间，使面积和空间损失最小。
（2）元器件、模块以至产品应具有尺寸互换性。
（3）相关制品间的尺寸应具有协调性或兼容性。

解决模块化产品结构的互换、兼容和空间损失最小等问题的有效办法是：将元器件、零部件、整机的形状及其组装关系，置于一个两维或三维的坐标网络系统中来考虑，即将各种元器件、零部件定位于坐标网格的固定点上，并且它们的外形尺寸占有整数倍的网格格距。如将格距称之为"模数"，则元器件、零部件的尺寸及其安装间距应是模数的倍数。

在模数基础上建立的一套尺寸协调数列，称为模数数列。一个良好的模数数列需满足兼容性（置换性）和经济性两方面的要求，它实际上是几何（倍增）级数（作为框架）和算术级数的结合体。

IEC103 导则给出了按严密数学运算得出的模数数列值。电子设备机械结构模数数列采用 IEC103 导则中的数系 I，选用 0.5mm、2.5mm、25mm 三种格距，派生出一个完整的协调尺寸系列，并于 1988 年发布了三项标准：IEC916（术语）；IEC917（新研制的电子设备机械结构模数数列）和 IEC917-0（IEC917 标准使用导则）。

2.1.2.2 标准机柜的选择要求

出于专业化分工和降低生产成本考虑，一般电气控制设备生产企业普遍采用向机柜专门生产企业订购机柜的生产方式。因此，这对我们提出了标准型机柜的选择要求。

目前应用最为广泛的标准机柜为 25mm 模数数列机柜和 19 英寸系列机柜。25mm 模数数列机柜一般适用于强电领域，例如，电力、电气控制等行业；而 482.6mm（19 英寸）系列机柜主要适用于弱电领域，例如，通信、计算机等行业。

1. 机柜品牌的选择

选择一款合适的机柜非常重要，稍有疏忽，就可能导致巨大的损失。不管是哪一个品牌的产品，可靠的质量都是用户首先要考虑的环节。

近年来，随着各行业钣金机箱、机柜需求的快速增长，各地钣金企业遍地开花，标准机柜品牌、厂家迅速增加。但厂家之间，工艺水平、质量管理水平、生产能力等参差不齐。很多手工作坊式的小企业，都推出了自己的标准机柜品牌。这些小公司的产品，普遍存在材料来源不受控、材质低劣、工艺粗糙、设计结构强度不足等隐性问题。为保证机房质量，降低运行风险，一般应选择较高端的机柜品牌。

企业所提供的有效的售后服务及全面的设备维护方案，可为用户的安装、维护带来巨大的便利。生产企业一般承诺从出厂日起一年之内如果机柜出现技术上的问题，如零件损坏等，生产企业负责免费维修。

２．机柜尺寸的选择

机柜尺寸的选择需要列出所有装在机柜内的设备和它们需要占用空间高、长、宽尺寸的完整数据及重量。根据要求计算需要机柜空间（以 U 或 1.75 英寸为单位）尺寸，还要考虑空间的裕度。

１）机柜宽度的选择

标准机柜，又称 19 英寸标准机柜，按照 IEC60297 标准尺寸进行生产，严格保证内部安装尺寸满足 19 英寸要求。所以，宽度上可以不必考虑，直接选用 19 英寸标准机柜即可。

装有支架的设备不需要考虑宽度，因为它们是按机柜的宽度设计的。但对于不能安支架的机柜及其他外设，宽度是不能忽视的。

２）机柜深度的选择

机柜深度的选择，要充分考虑需要安装的设备深度，取其中最深设备的尺寸。在最深设备尺寸的基础上，增加 200mm 左右，作为预留的走线空间。现在主流的 19 英寸标准机柜，有 600mm、800mm、900mm、1000mm 四个深度可供选择。

从使用上说，多预留一点深度是有必要的。机柜的后部也有很大的空间可以利用，这就是要计算机柜深度的原因。选择较深的机柜，可以选择将两台设备背靠背安装在机柜内。采用上述方式可在机柜中装入两排设备，一排从机柜的前门装卸，另一排从后门装卸，从而装置更多的设备，增加机柜的空间利用率。为了能充分利用机柜深度空间，机柜在设计时，可增加立柱深度方向的调节功能。四根立柱，前后方向可根据需求随意移动，使用螺钉连接，操作简单，还可以根据设备实际深度，调整其安装位置。

３）机柜高度的选择

高的机柜能装进更多的设备，而且更省空间。机柜的总高度将最终决定可以把多少设备装进机柜。

机柜的高度，一般以"U"表示。"U"是一种表示服务器外部尺寸的单位，是 Unit 的缩略语，1U=44.45mm=1.75 英寸，也是 IEC297 系列标准规定的机柜尺寸国际标准。选择机柜的高度时，需要计划并列出所有需要装在机柜内的设备，并计算它们的总高度。根据这个总高度，就可以选择需要的机柜了。

谁都不愿意看到塞满机柜后不久就发现还要再装进一些设备。所以，作为一条基本原则，机柜高度要多出 20%～30%以备系统扩充。这些空间也可以改善设备的通风条件。为了保证充分利用空间，机柜立柱每 U 之间，按 15.875mm 间隔开有三个安装方孔，让设备安装更加随心所欲。同时，为了方便安装，机柜立柱上，每个安装位置应丝印编号标示。

３．机柜的外观选择

１）颜色选择

标准机柜现在比较主流的颜色是黑色和电脑灰两种。灰色，给人一种灰暗的感觉，而且颜色和灰尘比较接近，不推荐使用。灰色对加工工艺要求比较低，标准机柜初期使用得比较多。黑色对喷涂缺陷的放大作用比较明显，对加工工艺的要求比较高，但给人一种干净、高档的感觉。

表面处理工艺和涂层材料的选择，对机柜外观的影响也非常大。好的工艺和原料，机柜表面纹理细腻、光泽均匀，同批机柜色泽一致性强，对机柜档次影响较大。还有一点比较重要，同一设备空间内最好选择颜色一致的机柜，否则机房里五颜六色，比较难看。

2）外形的选择

标准机柜作为工业用产品，外形上我们没必要按艺术品的要求来考虑。主要考虑干净、整洁、节约空间。每一个机柜的外形设计，都是从实用性出发，使机柜尽可能简洁、紧凑。

4．机柜走线方式的选择

标准机柜，可提供前走线和后走线两种走线方式。走线方式不同，机柜内部理线环、出线口均有细微的不同。在前期规划时，最好进行统一规划，应避免出现部分机柜前出线，部分机柜后出线的情况，导致机柜摆放参差不齐，影响机房的整体美观。万一规划得不够细致，出现了前后出线都有的情况也没关系，有些标准机柜，前后门可以互换（操作非常简单），且更换后完全不影响机房的整体外观。

5．机柜承重力、稳定性的选择

随着机柜内所放置产品密度的加大，良好的承重能力是对一款合格机柜产品的基本要求。不符合规格的机柜，可能因为机柜品质差，不能有效妥善保护机柜内的设备，结果可能会影响整个系统。如果控制设备的总重量比较大，应选一个能承重大约1500 kg的机柜，也就是说，要选受力结构好的牢固的机柜。机柜里面，由设备重量决定选择的滑动架是标准的还是加重的，也决定其他一些附件的选择。

机柜是用来装电气零部件的，而且都是贵重的、易损的东西，所以机柜稳定性、承重性不但要完全满足设备的要求，还要尽可能留有一定的余量。机柜如果在机房里摇晃或倒了，造成的损失和影响，是损失机柜本身的几十倍、上百倍。

6．机柜散热性的选择

对机柜来说，很多电气设备放在一个柜子里，等于在狭小的空间内布置多个热源。而控制柜本身对散热的要求又非常高，所以机柜内部的通风散热是确定机柜型号的重要考虑要素。

机柜内部应有良好的温度控制系统，可避免机柜内设备过热或过冷，以确保设备高效运行。机柜可选择全通风系列，可配备风扇（风扇有寿命保证），在炎热的环境下可安装独立空调系统，在严寒环境下可安装独立加热保温系统。

在一般的使用条件下，为节约成本，标准机柜主要依靠机房空调整体降温散热。在这种情况下，机柜的通风特性就显得非常重要。机柜的散热风扇一般装置在机柜的顶部，主要用来通风散热，为机柜内部提供良好的恒温环境；机柜底部是镂空的，便于通风散热。

7．设备安装方便性的考虑

设备需要安装在机柜内，在机柜相对狭小的范围内进行集成操作。设备的安放、走线等操作都是比较困难的。按照传统机柜做法，机柜只能开前门，而且只能开到90°，那么在安装设备的时候会比较困难。如果结构设计为前后门可开启130°，可以做到完全不影响安装作业，而且前后门均可实现一分钟快拆、快装，满足设备安装、布线的多种需求。左右侧门采用搭扣设计，可实现快速拆装。当机柜并排放置时，可以考虑取消内部机柜的侧门，增加机柜散热的同时，还可以降生产成本。

机柜必须提供充足的线缆通道，能从机柜顶部、底部进出线缆。在机柜内部，线缆的敷设必须方便、有序，与设备的线缆接口靠近，以缩短布线距离；减少线缆的空间占用，保证设备安装、调整、维护过程中，不受到布线的干扰，并保证散热气流不会受到线缆的阻挡；同时，在故障情况下，能对设备布线进行快速定位。

功能齐备的机柜应提供各类门锁及其他功能，如防尘、防水或电子屏蔽等高度抗扰性能；同时应提供适合附件及安装配件支持，以让布线更为方便，同时易于管理，省时省力。

2.1.2.3 非标准机柜的结构设计

1. 在柜体没有指定型号的情况下，应根据柜型本身的国家和行业标准规范来设计

在柜体没有指定型号的情况下，应根据柜型本身的国家和行业标准规范来设计。同时要考虑到自己企业的标准和规范，并根据对一次系统中的控制方式要求、使用的电气组件来考虑；根据用户技术要求、提供的图纸以及用户的使用环境等考虑。看是否与电气组件、用户要求、环境等相符，并及时和用户联系沟通，确定设计，并在此基础上对柜体做不违反基本形式和要求的调整。我们要在遵循电气控制柜基本规范和符合国标和行标的基础上，考虑企业的成本和公司的品牌，多考虑一些细节上的改进。

不同标准柜型各自标准已确定，而一些没指定的，我们就要根据它们的特点和电气设计的基本原理来确定。元器件大而重的优先考虑用焊接式结构；场地和组件的更换和变动可能性大的采用组装式；整体要求精度不高，组件少的，考虑焊装结构或是箱式结构；组件多而不确定，设计过程中变动性比较大的，考虑组装式；用户使用场地要求高档一点，美观一点且经常拆动的考虑组装式。

2. 应以人为本

在不影响整体结构布局的条件下，应考虑采用一些方法和措施来更多地为用户考虑，提升控制柜的性能和品质。比如，考虑可操作性，将仪表面板尽量设计在手容易操作的高度，按标准制造的仪表门中，按钮和转换开关等也要偏下设计以方便操作；调整回路，尽量保证每台柜体承载元器件的均匀性和电流分布的平衡性，尽量留有余量，当超出时要考虑多点接入和中间分段来保证。这必然会对柜体的空间结构、材料、美观、检修等方面有一定影响。

3. 考虑结构空间

当用户的组件太多时，应合理布置各种组件，尽量与用户联系，扩大安装空间。在有些基本形式或用户空间有限时，要对柜体采取一些变动，如改动安装形式、安装板尺寸、抽屉深度、增加安装附件等，这样既满足柜体本身的规范和用户要求，又提高使用性能。

4. 考虑自己的加工工艺条件

结构设计也要考虑到自己的设备加工能力、企业人员自身的基本能力、技能特长等，以及本着提高效率、经济效益、性能和美观的目的（不影响前面的基础上）出发设计控制柜的结构

和工艺。当没有指定具体型号和结构时,我们要根据客户的使用要求、组件的结构特点以及自身加工能力等因素(也要考虑前期报价的因素),选择固定式还是抽屉式。

2.1.3 机柜材料对柜体结构设计的影响

材料结构方面,除了满足不同柜型的标准规范和用户要求外,还要考虑机柜的实际需要、零件的用途位置、柜体或部件所处的外部环境、安装和运输、加工方式设备、经济效益等。总之,了解材料的综合性能并正确地选材,对产品成本、产品性能、产品质量、加工工艺性都有重要的影响。材料的选择应该考虑各方面因素,这样才能保证机柜正常运行的可靠性。

机柜加工主要采用三种工艺方法:冲裁、弯曲、拉伸。不同的加工工艺对板材有不同要求,机柜的选材也应该根据产品的大致形状和加工工艺来考虑。

2.1.3.1 机柜材料的机械性能决定机柜机械强度

在机柜结构设计中,经常遇到机柜结构件的刚度不能满足要求的情况。结构设计师往往会用中碳钢或不锈钢代替低碳钢,或者用强度硬度较高的硬铝合金代替普通铝合金,期望提高零件的刚度,实际上没有明显的效果。对于同一种基材的材料,通过热处理、合金化能大幅提高材料的强度和硬度,但对刚度的改变很小。提高零件的刚度,只有通过变换材料、改变零件的形状,才能达到一定的效果。不同材料的弹性模量和剪切模量参见表2.1.1。

表2.1.1 常见材料的弹性模量和剪切模量

名称	弹性模量 E(GPa)	切变模量 G(GPa)	名称	弹性模量 E(GPa)	切变模量 G(GPa)
灰铸铁	18~126	44.3	轧制锌	82	31.4
球墨铸铁	173		铅	16	6.8
碳钢、镍铬钢	206	79.4	玻璃	55	1.96
铸钢	202		有机玻璃	2.35~29.4	
轧制纯铜	108	39.2	橡胶	0.0078	
冷拔纯铜	127	48	电木	1.96~2.94	0.69~2.06
轧制磷锡青铜	113	41.2	夹布酚醛塑料	3.95~8.83	
冷拔黄铜	89~97	34.3~36.3	赛璐珞	1.71~1.89	0.69~0.98
轧制锰青铜	108	39.2	尼龙1010	1.07	
轧制铝	68	25.5~26.5	硬四氯乙烯	3.14~3.92	
拔制铝线	69		聚四氯乙烯	1.14~1.42	
铸铝青铜	103	11.1	低压聚乙烯	0.54~0.75	
铸锡青铜	103		高压聚乙烯	0.147~0.24	
硬铝合金	70	26.5	混凝土	13.73~39.2	4.9~15.69

冷轧钢板的机械强度明显优于热轧钢板;铝板的加工工艺性能较好,但是机械强度比较差。应为相应的结构选最合理的材料,例如:不承载力的隔板考虑用材料稍微薄一点,屈服强度小一点的Q195或Q175等;在加工形状上做一些变化,来达到很好的性能。不同材料的力学性能

请查阅材料手册。

一个承载重的元器件且额定电流比较大的安装部件,材料要有一定硬度和韧性,结构形式、强度要高。安装位置与柜体有连接的,要考虑材料之间的连接是否可靠。

2.1.3.2 材料的机械性能决定机柜零部件的工艺

材料的机械性能决定机柜的加工工艺。热轧钢板加工工艺性能明显优于冷轧钢板。铝板的机械加工工艺性能较好,但是焊接性能比较差,最适宜拼装结构。

与铸、锻件相比,钣金件做成的机柜产品有较高的强度、较轻的结构重量;加工简便,所用的设备简单;外形平整,加工余量少,可减轻重量,缩短生产周期,降低成本。

1. 材料对冲裁加工的影响

冲裁要求板材具有足够的塑性,以保证冲裁时板材不开裂。软材料(如纯铝、防锈铝、黄铜、紫铜、低碳钢等)具有良好的冲裁性能,冲裁后可获得断面光滑且倾斜度很小的制件;硬材料(如高碳钢、不锈钢、硬铝、超硬铝等)冲裁后质量不好,断面不平度大,厚板料尤为严重;对于脆性材料,在冲裁后易产生撕裂现象,特别是在宽度很小的情况下。

2. 材料对弯曲加工的影响

需要弯曲成型的板材,应有足够的塑性和较低的屈服极限。塑性高的板材,弯曲时不易开裂;较低屈服极限和较低弹性模量的板料,弯曲后回弹变形小,容易得到尺寸准确的弯曲形状。含碳量低于 0.2%的低碳钢、黄铜和铝等塑性好的材料容易弯曲成型;脆性较大的材料,如磷青铜(QSn6.5～2.5)、弹簧钢(65Mn)、硬铝、超硬铝等,弯曲时必须具有较大的相对弯曲半径(r/t),否则在弯曲过程中易发生开裂。特别要注意材料的硬软状态,其对弯曲性能有很大的影响,很多脆性材料,折弯会造成外圆角开裂甚至折弯断裂;还有一些含碳量较高的钢板,如果选择硬质状态,折弯也会造成外圆角开裂甚至折弯断裂,这些都应该尽量避免。

2.1.4 机械加工工艺水平对柜体结构设计的影响

加工工艺是将设计成果转化成合格产品的关键,电气控制柜的结构设计和加工工艺都会对整个机柜的性能和品质产生重要影响。工艺就是把原材料、半成品变成产品的手段和过程,它是实践经验的理论化。任何产品都要考虑其工艺的可行性、市场效益和经济性。

机柜结构件的设计一定要充分考虑零部件的可加工性,并使其具有最佳的加工工艺路线。在一定程度上,可以说是设备的加工能力和工艺路线决定了零部件的具体结构。还需要考虑其加工装配难易程度,外购、外协的可行性,结构的标准化、通用化、系列化和结构的继承性,并根据厂里的设备状况和实际加工水平制订相应的工艺文件。

1. 加工设备条件对机柜结构设计的影响

机柜加工设备对机柜结构设计起着决定性的作用。任何个人或企业都只有在自己能够解决的加工设备条件下进行柜体结构设计,否则柜体结构设计再好,也还是没有办法加工制作出来。目前机柜生产企业几乎都采用了先进的机柜生产设备,如机柜型材轧机、数控式剪板机、数控多工位冲床、数控折弯机或钣金柔性加工生产线等,一些企业还安装了涂覆前处理及静电喷涂生产线，使机柜的加工水平有了明显的提高。

机柜钣金类零件的展开尺寸也不能超出现有设备的加工能力，例如：剪钣机的刀口宽度；折弯机的最大折弯宽度及最大压力，折弯模具的最大承载力；激光切割机的最大加工范围及最大切割厚度；转塔冲床现有冲模的规格等。

2. 设备加工精度对柜体结构设计的影响

机柜加工过程主要涉及钣金技术方面的剪、冲、折、焊以及表面处理等，每一个环节都需要确保精准、美观。如焊接，在某些情况下可以采用设计工艺焊接孔的方式，使焊点准确、均匀，而且焊接后经抛光及镀涂后基本看不出焊点。采用二氧化碳气体保护焊接可以有效地提高焊接质量，提高生产效率。

再如剪板下料，普通剪板机精度 1mm 左右，数控剪板机 0.5mm 左右，而数控直角剪板机 0.3mm 左右。这些都是理论数据，实际加工精度又跟不同厂家，不同使用情况，剪板机的不同间隙等有关。

3. 机柜加工方式对结构设计的影响

当电气元器件大而重时，应优先考虑采用焊接式结构；考虑场地和组件的更换和变动性应采用组装式结构；整体要求精度不高，组件少，或是箱式结构应考虑采用焊、装组合结构；组件多而不确定，设计过程中变动性比较大应考虑组装式结构；考虑用户使用场地要求高档一点，美观一点且经常拆动（实验用的柜子）应采用组装式。随着时代的发展和环保的要求，我们应尽量少使用焊接工艺，以符合绿色环保产品的要求。当然也要从加工的方便性和经济性考虑，焊接方便、快速、经济。有时候要把两种形式结合起来设计柜体结构和工艺。

在实际操作过程中，也有很多方面需要注意，如加工方式的选择，关键尺寸的控制是否合理等。如折弯工艺，要在折前对尺寸做出精确计算，防止折到最后发现材料小了；同时还要考虑选择内折边还是外折，包内边还是外边，折边的方向，折边前影响尺寸的切边毛刺的去除情况，折弯选择的刀槽情况等。还有焊接工艺中是否符合焊接规范，焊接点是否选得合理，焊接点在内还是在外，焊接后的处理等工艺等，这些是最基本的工艺，也是制造过程控制的关键点。

如果加工设备的精度是 0.5mm，就不能设计一个要求误差在 0.1mm 的套接尺寸。在充分发挥设备和人员优势的条件下，应根据产品特点，在不超出企业工艺条件的范围内制定工艺。

4. 机柜零件结构加工工艺路线的影响

机柜结构零件的加工工艺路线对零件结构也有很大的影响。例如，具有型腔结构的零件要设计溢水孔，以免表面处理过程中将槽液带出，造成各槽液之间相互污染。零件表面喷涂悬挂时应尽量借用已有孔，当已有孔不合适或零件较重时还应设计适宜吊装的工艺孔，并考虑零件重心位置，避免因零件重心偏移倾斜超过喷涂线最大允许通过尺寸而发生磕碰。

对需要焊接的机柜钣金类零件，设计时还应考虑到焊接的工艺性，尽量使接缝位置不外露，并尽可能使接缝长度最短，这样可以减少焊接工作量，减小零件的焊接变形。焊接时应优先选用点焊（电阻焊）和气体保护焊，这两种焊接方式适于焊接薄板，且零件焊后变形较小。

机柜钣金类零件设计时还应考虑到折弯加工的便利，零件两边的折弯尺寸如果不同，在折弯加工时，需分别定位才可折弯。如果改进为两边折弯尺寸相同，则折弯时两边可一次定位同时折弯，定位基准一致，折弯次数减少。

5. 工人技术水平对柜体结构设计的影响

生产优良的电气控制柜要靠操作者的技能和对设备的熟悉，同时应知道图纸上哪些是关键尺寸，误差控制在多少范围内。柜体设计时既要考虑外部因素，也要考虑工人自身技术水平条件，例如，设计一个焊接工艺是将两个 0.8mm 以下薄板单面焊接双面成型的，这需要一个 6 级以上焊接技师才能完成，若没有这种人才就要采用其他形式，如双面焊接，折边内对接等。

同样，折弯等工艺步骤也是如此，折前应对尺寸做出精确计算，防止折到最后发现材料小了。保证尺寸和角度的误差在公差范围内，在材料小时保证关键尺寸而不影响零件的使用和质量。是内折边还是外折，包边是包内还包外（展开尺寸有关），折边的方向，折边前影响尺寸的切边毛刺的去除情况，折弯选择的刀槽情况等，都与工人的技术水平相关。

2.1.5 电气系统对结构设计的影响

电气设计决定结构和组件布置的均匀性，柜体电流的分布性，超出范围的调整和保护性，用户的可变动和调整性。还应考虑用户使用环境的防护改进、结构变动等。涉及机柜结构设计的电气规范包括人的安全、设备的安全、电气间隙、爬电距离等。电气设计对柜体结构设计的主要影响如下所述。

1. 主结线方案

每一种电气控制柜，其安装使用说明书都会包含各种一次主结线方案及其编号的表格；用户根据进线和送电的具体情况，在该表格上选用若干个标准结线方案，将它们组合起来，构成一次（主电路）线路系统图和一次系统排列图。

按照功能主结线方案大致可划分成：电缆进出线、左右联络单元、控制单元、保护单元等。主结线方案直接影响电气控制柜的内部结构，因此是柜体结构设计时必须考虑的问题。

2. 常用的主母线系统

由于母线的尺寸较大，弯曲加工困难，因此母线的配置灵活性很差。因此，在控制柜体及内部结构设计时，往往会受到母线系统结构的制约。常用的主母线系统有以下几种：

（1）单母线系统。这是最简单的一种，投资少，操作方便、清晰，但当母线或母线侧隔离开关检修时，全部要停电；而当某路出现断路器故障时，该回路也只能停电，供电可靠性较低。

（2）单母线分段。它比前一种稍有改善，保留了简单、经济、方便的优点，而且一段母线或母线隔离开关故障时，不至于全部长时间停电；对重要部分可在不同段各提供一回路出线，提高可靠性。

（3）单母线（分段或不分段）加旁路母线。结构上稍微复杂一些，通常必须加厚柜（深 600mm）。供电可靠性增加了，但投资也相应增加。

3. 柜内一次电气组件的型号和规格

柜体内一次回路所用组件的型号和规格、各类电气组件的形式、安装结构对整柜主回路的布局影响程度不一样，有的几乎无影响（如引下母线、熔断器、接地开关、避雷器等），有的影响很大（如断路器、上下隔离开关等），必须分别对待。

断路器是控制柜的主要元器件，也是控制柜中的庞然大物，用户应精心挑选。但选断路器时不能脱离控制柜型号，其原因是并非所有型号的断路器都能够装置于任何型号的控制柜中。

隔离开关的体积也比较大，而且对柜内母线走向有很大影响，并且安装方式有很多。如平装式、倚墙式、闸刀式、扳转式等。不同电流规格，需考虑隔离断口的方向，还需考虑配用操动机构的安装位置、与断路器的联锁等，因此它对控制柜的结构设计影响很大。

对电流互感器主要考虑两点：互感器接线端方向的变化有时会使走线更简捷；货源采购便利，以节省购运时间。电流互感器安装固定在结构设计时必须考虑。

4．控制柜的小电流、大电流规格

某些较成熟的电气控制柜，设计过程中将小电流规格（600A以下）和大电流规格（2000~3150A）同时考虑，体现为主母线安装位置互相符合，可以串接在一起。小电流规格的主母线通常用一根铜排，而大电流的则用2~3根铜排，经过统一考虑的主母线连接就不会出现麻烦。

电气控制柜控制的电流越大，其使用的断路器、隔离开关及母线的体积也就越大，需要占用的空间就会越大，电气控制柜体量就需要越大，所以电气控制柜控制电流的大小影响柜体的结构设计。

5．控制柜的宽度

大电流规格的柜体宽度通常比小电流柜宽一些（宽100~200mm），深度都一样。此外，产品说明书上的柜体宽度仅指角钢骨架的宽度，不包括柜体侧面封板的厚度；而且有的柜体只带一侧封板，有的柜体左右两侧都有。因此，设计并柜横向尺寸时，必须考虑这些厚度的影响。

6．电缆的进出线

不同的进出线方案决定柜体进出线口的位置和结构，进出线的方案影响柜体进出线口的设计。有些型号的控制柜电缆只能从柜体底面的后半部出线，而有的却只能在前半部出线；某些型号的柜体既能前半部出线，也能后半部出线。

7．并柜的安装布置

有些型号的电气控制柜有后门，要求不靠墙安装；有些无后门，只需把后封板用螺钉拧上，不提出安装要求。但不管如何，优先推荐不靠墙的安装方式，这样维护检修、安装及测试都比较方便，对缩短停电时间，提高设备可靠运行率有好处。

当控制柜数量较多时，可分排两列，两列可面对面或背靠背布置。面对面方式较好，视界阔，巡视较方便。两列控制柜之间如需用母线桥连接，必须给出准确的安装平面图，以便生产厂家确定母线桥的连接长度，有时需现场度量。

8．柜间联锁

功能单元多数在一个柜体内完成功能，有的需要在两个柜体之间实现。在这种情况下，某些防误联锁需在两个柜体内联合实施，这往往比较麻烦。如果两柜紧紧相邻，虽然复杂程度大一些，尚有可能采用机械传动的联锁方式；如果两柜离得远了，就只能采用机械程序锁或电磁锁的办法实现。

2.1.6 影响机柜设计的其他因素

除了上述影响机柜结构设计的因素外,环境条件对机柜的结构设计影响也很大。机柜的结构设计还应考虑以下因素的影响。

2.1.6.1 环境条件对柜体结构设计的影响

电气控制柜柜体的一个重要作用是对电气控制设备和人员进行安全保护。

各种电气控制设备必定要在特定的环境条件下进行工作。对控制柜影响比较大的环境因素包括温度、湿度、海拔高度、风沙、雨雪、光照、粉尘、腐蚀性气体或液体、小动物等。为保证电气控制设备能够安全可靠地工作,并能有一定的使用寿命,就必须在机柜结构设计时采取必要的技术防范措施。

例如,当海拔高度超过1000m时空气的密度变小,空气稀薄造成控制柜内元器件散热条件变差,致使元器件温度超高,导致元器件使用寿命降低,严重时甚至造成元器件烧毁,因此柜体结构设计时必须考虑散热问题。或增大柜体体积,降低元器件安装密度;或采取强制散热措施,安装通风机提高空气流速。

再如,在舰船、海上风力发电机组及海上石油钻井平台上使用的电气控制设备,常年工作在腐蚀性很强的海水雾气中。如果在柜体的结构设计中不采取必要的防腐措施,电气控制设备的使用寿命将会大大缩短。可选用抗腐蚀性能好的材料(不锈钢或工程塑料等),也可以对金属表面选用重防腐涂料进行高质量的表面涂覆,还可以对柜体的金属部件表面镀镉,这些都是为提高控制柜体防腐性能经常采用的技术措施。

2.1.6.2 维修操作便利性及运输安装对机柜结构设计的影响

1. 维护操作的方便性

机柜结构设计时要全局考虑,必须考虑零件安装拆卸的方便性、零件的通用性、中间过程的形变量。还需考虑用户的维护,尽量把维修空间留大,便于值班维护人员的使用和监测。

抽屉柜中的大抽屉尽量不要设计在太高的位置;按钮、灯、表等尽量不要在面板太高位置,便于值班维护人员的使用和监测(使用人不可能都是大高个)。

为方便电缆连接,进出线开孔大小和位置的合理性,进出线位置的可密封性,防止划伤电缆,电缆的固定,基础与柜体的配套性都应考虑。

应考虑用户以后对控制柜的变动和调整,以及厂家使用环境的防护改进、结构变动等;维护的方便性,如较高的组件应选择较轻的复合材料,且不能安装太高;易损件更换方便(熔芯等),组件拆卸位置的可操作性,接线端子的位置的合理性等。

2. 运输安装的安全性

机柜高度必须考虑稳定性,电气组件布置时应尽可能降低重心。

必须考虑重力的均衡性(不要重物都在柜子的一边)。如果实在没有办法,就在组件多的一边选择较轻的复合材料。

必须考虑运输条件对机柜尺寸(长度、宽度、高度)的限制。

同时还必须考虑运输时的固定、现场的搬运、吊装时的吊环等。

2.1.6.3 机械规范对柜体结构设计的影响

柜体的结构设计涉及钣金加工、机械制造和材料力学等方面的技术及本行业的规范。

焊接工艺中,是否符合焊接规范,焊接点是否选得合理,焊接点在内还是在外,焊接后的处理等,都是最基本的工艺。为了焊接柜的美观,在某些情况下可以采用设计工艺焊接孔的方式,使焊点准确、均匀,而且焊接后经抛光及镀涂后基本看不出焊点。因此,柜体结构设计涉及钣金技术方面的剪、冲、折、焊以及表面处理等工艺规范,同时还涉及许多先进设备的使用等技术规范,以保证最终产品的结构性能。

同时,钣金的展开计算,钣金加工的模具设计,夹具设计,钣金工艺卡片的编制等,包括表面处理的一些技术规范,都要和每个企业的设备、人员、环境、资源等因素相配合。因此,必须把每一个技术细节都考虑周全,保证每一个工艺都很完整,才能生产出高性能的机柜产品。

2.1.7 机柜结构图的绘制

2.1.7.1 机柜结构设计的一般步骤

机柜结构设计牵涉面广,要解决的矛盾多,往往是边分析边设计,边设计边调整,直到符合要求为止。机柜结构设计大致可分为如下几个步骤,步骤框图见图2.1.4。

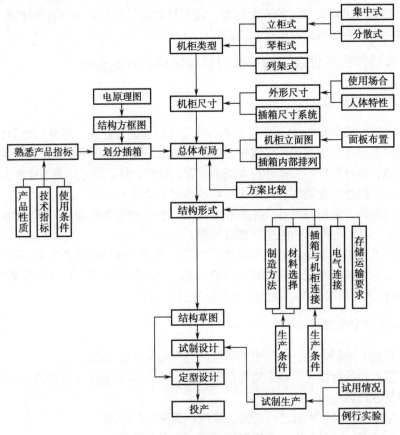

图 2.1.4 机柜设计步骤方框图

1. 熟悉设备的技术指标和使用条件

设计人员接到任务书后,应详细了解设备的各项技术指标、设备需要完成的功能及其他特殊要求(体积、重量的限制等)、设备工作时的环境气候条件、机械条件和运输储存条件等。

2. 机柜结构方案的确定

根据设备的电原理图合理做出结构方框图。结构方框图是确定结构方案的关键。在结构方框图中表示出设备划分成为哪几个分机,如果设备较简单也可以不划分为分机而只划分成几个单元或部分。划分时应确保各分机柜的面板、机架和机柜的尺寸符合有关规定。

1)结构形式的确定

包括体积的大小,采用箱、柜、台中的哪种形式,室内还是室外环境使用等。

2)确定机柜的制作材料

使用普通钢材、铝材、塑料还是不锈钢,使用型材还是板材。

3)确定生产批量

在样机试制阶段,通常是根据目前自身加工条件,采用手工制作或简单的机加工方法进行。当进行批量生产时,往往需要采用一些专用设备、模具等工艺装备。因此在结构工艺设计时就必须考虑试制与批量生产的衔接问题。

3. 确定机柜材料

根据设备的重量与使用条件,选用机箱、机柜的材料,以便更好地进行防振、防腐、散热、屏蔽等方面的处理。常用的材料有钢、铝型材、板料组合、工程塑料等。

4. 进行板面设计与排列各组合体内部的元器件

板面的大小是在初步确定总体布局和机柜外形尺寸的基础上根据机柜上的插箱立面布置图来确定的;而面板上的各操纵、显示装置的选择和布置,一般根据电器性能的要求,从便于操作使用和美观等角度进行考虑。

各插箱内部的元器件的排列是根据电原理图和主要元器件的外形尺寸及相关关系,并考虑通风、减振、屏蔽等要求来确定的。设备的调谐传动等机械装置应预先设计或选择,以确定空间尺寸。

5. 确定机柜及其零部件的结构形式,绘制结构草图

2.1.7.2 机柜图的内容

1. 机柜总装配图

机柜总装配图的用途如下:
(1)机柜总装配图是绘制机柜非标准零件图的原始依据。

机柜的非标准零件图必须严格按照机柜总装配图所给出的尺寸和比例进行绘制,否则加工出来的零部件必然会出现相互干涉、无法装配的问题。

（2）机柜总装配图是指导机柜装配的技术文件。

机柜的装配必须严格按照机柜总装配图要求进行。必须保证加工装配后的尺寸及形位公差，否则将给后续的电气元器件安装造成困难，增加很多不应该出现的二次加工，使产品质量降低。

（3）机柜总装配图是机柜装配完成后进行检验的依据。

机柜装配完成后必须严格按照机柜总装配图要求进行检验。对于检验中发现的问题，必须进行必要的修整，直至全部项目完全达到机柜总装配图的要求。

2. 机柜非标准零件图

机柜非标准零件图用途如下：

（1）机柜的非标准零件图是制作生产工艺装备的依据；

（2）机柜的非标准零件图是在非标准零件加工过程中指导工人进行操作的技术文件；

（3）机柜的非标准零件图是工艺技术人员编制加工工艺文件的依据；

（4）机柜的非标准零件图是对加工完成后的零部件进行检验的依据。

3. 机柜零部件明细表

机柜在装配的过程中需要使用大量的标准件，如螺钉、螺栓、螺母、垫圈、弹簧垫圈等；同时还需要很多外购件，如门锁、铰链（合页）、脚轮、吊环等。这些零部件已经有专业的工厂大批量生产，价格低、质量好。如果直接制作这些零部件显然是得不偿失，外购是唯一的选择。

机柜零部件明细表是机柜图的重要组成部分，在正规生产企业中是必不可少的，在绘制机柜图时务必注意不要遗漏。机柜零部件明细表的用途如下：

（1）机柜零部件明细表应提供给采购供应部门，作为对外进行采购订货的依据。

（2）机柜零部件明细表应提供给零部件仓库，作为进行零部件入库检验和向生产班组发放的依据。

（3）机柜零部件明细表应提供给财务部门，作为进行产品成本核算的依据。

（4）机柜零部件明细表应提供给机柜装配班组，作为向零部件仓库领取零部件及核对规格、品种、数量的依据。

2.1.7.3 机柜图的绘制方法

1. 机柜图按照机械制图规则进行绘制

不论是机柜总装配图还是机柜的非标准零件图，都是直接用于指导生产的图纸。机柜及其非标准零部件基本上是依靠机械加工工艺进行生产和装配的，因此必须按照机械制图的规则进行绘制才能满足生产需要。与单纯机械产品不同的是，在绘制机柜及其非标准零部件图时，必须兼顾一些电气方面的要求。

2. 机柜图绘制的方法

机柜图的绘制通常采用机械CAD软件，运用平面或三维机械CAD软件进行机柜结构设计可以有效地提高设计的工作效率。使用三维机械CAD软件可以进行机柜的模拟装配，其保证机柜图准确性的优点是平面机械CAD软件望尘莫及的。机柜图绘制的方法如下：

1）建立机柜参数化模型

设计人员接到任务书后，应详细了解被控制设备的各项技术指标，设备需要完成的功能及其他特殊要求（体积、重量的限制等），设备工作时的环境气候条件、电源条件、机械条件和运输储存条件等参数。这些参数是进行机柜工程设计的基础。

2）建立机柜装配骨架模型

建立机柜装配骨架模型，实际就是反复绘制机柜总装配草图的过程。

（1）在总体布局和机柜的外形尺寸基础上进行结构设计。

通过调用整体布置图及安装板布置图，在初步确定总体布局和机柜的外形尺寸的基础上，进行机柜主框架设计、覆板和控制板面设计、柜内各横梁、立柱、托板、支架等结构部件的布局和设计。

（2）根据机柜性能指标进行结构设计。

根据机柜的使用条件、技术标准和产品性质确定机柜的电气等级、防护等级、允许温升等性能指标。然后根据机柜性能指标要求，选用经过优化的结构进行结构设计。

在进行机柜结构设计时，应优先选用比较成熟的技术方案，如常用的电气等级结构、防护结构、通风冷却结构等。此时应注意零部件之间的配合及可装配性，如覆板、门、铰链、吊环、脚轮等细节。

控制面板的布局是根据机柜布置图上的立面布置图来确定的，而板面上的各操纵、显示装置的选择和布置，一般根据电气性能的要求，从便于操作使用和美观等角度进行考虑。

各插箱内部的元器件的排列是根据电原理图、主要元器件的外形尺寸及相关关系并考虑通风、减振、屏蔽等要求来确定的。设备的调谐传动等机械装置应预先设计或选择，以确定空间尺寸。

3）机柜零部件详细设计

调用绘制出的机柜总装配草图，通过删除不需要的非相关部分或提取出需要绘制的零部件，可以得到机柜每一个零部件的详细设计信息。在此基础上进行技术完善，就可以高效率地完成机柜每一个零部件图的绘制。

上述过程相当于我们在手工绘图时从装配图拆画零件图的过程。拆画零件图时必须严格保证与装配图的比例一致，否则将可能出现干涉现象而无法使用。使用三维CAD软件绘制机柜零部件图可以防止上述问题的发生。

4）机柜工程分析

（1）选择机柜附件的连接方式。

机柜附件的连接方式直接影响机柜的制造工艺方法。选用焊接连接、装配连接或混合连接，应仔细权衡各自的利弊，因为这将影响到机柜的加工和装配的质量、成本和效率。

（2）选择机柜的电气连接方式。

机柜及其附件的电气连接方式将直接影响机柜的制造工艺方法和工作的可靠性。电压等级和电流大小对电气连接方式影响很大，应仔细权衡各种电气连接方式的利弊，因为电气连接方式将影响到机柜的加工和装配的质量、成本和效率。

(3) 制造工艺方法选择。

对于缺乏经验的人员来说，可能会出现绘制的工程图纸拿到生产车间后根本无法制作出来的问题，也可能会出现历尽千辛万苦，耗时费力制作出来，但是生产成本太高的问题。为了保证工程图纸的可加工性，必须对绘制出的每一张工程图纸进行工艺审查，以确保其可加工性和经济性。

机柜设计时应尽量减少装配过程中配作孔的数量，杜绝配作孔是机柜结构设计的最高境界。因为配作孔既影响装配效率，又会造成防腐涂层或镀层的损坏，使机柜的使用寿命缩短，可靠性大幅度降低。

应根据加工设备条件和工人技术水平条件，选择优化每一个机柜零部件制造工艺方法和机柜的装配工艺方法，保证机柜的加工和装配的质量、低成本和高效率。

3. 机柜工程图绘制步骤

在已经绘制出的结构草图的基础上绘制出工程图纸。机柜工程图绘制步骤见图2.1.5。

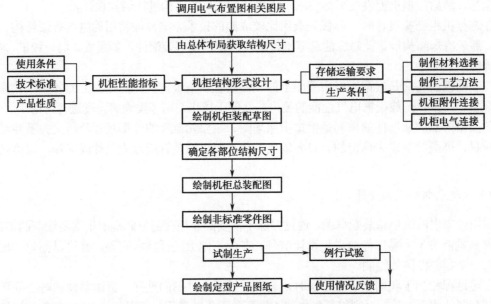

图 2.1.5 机柜工程图的绘制步骤

4. 机柜非标准零件图的绘制

由于电气箱、柜的造型结构各异，在箱体设计中应注意吸取各种形式的优点。对于非标准的电气安装零件，应根据机械零件设计要求，绘制其零件图，凡配合尺寸应注明公差要求，并说明加工要求。机柜非标准零件图的设计需要考虑以下几方面。

（1）根据操作需要及控制面板、箱、柜内各种电气部件的尺寸确定电气箱、柜的总体尺寸及结构形式，非特殊情况下，应使总体尺寸符合结构基本尺寸与系列。

（2）根据总体尺寸及结构形式、安装尺寸，设计箱内安装支架，并标出安装孔、安装螺栓及接地螺栓尺寸，同时注明配作方式。柜、箱的材料一般应选用柜、箱专用型材。

（3）根据现场安装位置、操作、维修方便等要求，设计开门方式及形式。

（4）为利于箱内电器的通风散热，在箱体适当部位设计通风孔或通风槽，必要时应在柜体上部设计强迫通风装置与通风孔。

（5）为便于电气箱、柜的运输，应设计合适的起吊钩或在箱体底部设计活动轮。

根据以上要求，应先勾画出箱体的外形草图，估算出各部分尺寸，然后按比例画出外形图，再从对称、美观、使用方便等方面进一步考虑调整各尺寸比例。外形确定以后，再按上述要求进行各部分的结构设计，绘制箱体总装图及各面门、控制面板、底板、安装支架、装饰条等零件图，并注明加工要求，再视需要选用适当的门锁、脚轮、吊环等。

5. 机柜零部件明细表的编制

根据各种图纸，对本设备需要的各种零件及材料进行综合统计，按类别列出外购成品件明细表、标准件明细表、自制非标准零部件明细表、主要材料消耗定额表及辅助材料定额表等，以便采购人员定购，生产管理部门按照电气控制设备制造需要做好生产准备工作，包括备料、发料、领料等，也便于财务部门进行成本核算。

2.2 机柜设计的要求

2.2.1 机柜的结构设计要求

机柜的结构设计是电气控制设备设计的重要组成部分。机柜的结构为电气部分提供安装、支撑、连接、传动、连锁、定位、包容、防护、装饰、美化、指示等功能，为零部件、电气连接和元器件之间的兼容提供保证。它不但直接关系到控制柜产品性能的好坏，而且可以提高整机的性能，大大提高产品的附加值。

机柜应具有良好的技术性能。机柜的结构应根据设备的电气、机械性能和使用环境的要求，进行必要的物理设计和化学设计，以保证机柜的结构具有良好的刚度和强度及良好的电磁隔离、接地、噪声隔离、通风散热等性能。此外，机柜应具有抗振动、抗冲击、耐腐蚀、防尘、防水、防辐射等性能，以保证设备稳定可靠地工作，便于安装、操作和维修。

机柜的结构设计除了要考虑功能要求外，还要考虑工艺要求、装配要求、成本要求。不同控制系统在控制柜内的配置不同，结构设计应以方便控制、维修设备、控制可靠、故障率低、生产成本低、美观为原则。机柜设计应在满足成套电器产品使用功能要求的前提下，同时满足结构工艺性要求，即机柜的总体及其零部件制造的可行性及经济性要求，以及满足电气装配的工艺性和运行中的可维修性要求。下面就机柜结构设计中所涉及的问题进行讨论。

2.2.1.1 功能要求

功能要求主要是满足系统的结构、强度、屏蔽和通风散热的要求、接地导电性能要求等。

1. 结构要求

机柜系统的结构是一个系统的硬件、PCB、线材、电源、管路、仪器设备等空间放置的位置、形式、连接装配方式等。机柜钣金件由于其良好的强度、刚度、加工性、导电性，通常用于负责支撑系统大部分的硬件、PCB、线材、电源等。硬件的放置形式多种多样，其要求也会有所不同。例如，装配 PCB 时，可以考虑在钣金件上压铆螺柱来支撑，也可以在钣金件上冲压出突台来支撑，再用螺钉装配。线材的固定可以考虑用绑线带扎在钣金件上，钣金件上只需要冲压绑线带规格要求的孔；也可以考虑在钣金件上冲压出绑线的结构。

2．强度和刚度要求

机械强度是机柜结构设计中最重要的一环，因为机柜中大部分的重量靠其结构件来支承，结构件的机械强度出现问题，机柜的整个强度就会出问题。机柜一般需要做振动测试、跌落实验、碰撞实验、冲击实验等，有的机器甚至要求强度做到能承受 100kg 的冲击，这就需要足够的机械强度和刚度。尤其是那些需要支撑悬空硬件的结构件和起主要支撑作用的支架等，更必须有高的强度。

根据机柜产品的负荷大小、抗振、抗冲击要求来进行强度、刚度设计验算。在进行强度和刚度设计时要考虑结构件的连接方式，整体是拼装还是焊装等；还要考虑结构件的结构形式，通过增加折弯或压筋来增加结构件的强度和刚度等。

通常设计大型的机箱、机柜时，应先设计起支撑作用的支架框架。这样的支架框架优先选用封闭异形管型材，也可选用比较厚的板材并折弯成"Π"或"口"形。一般情况下，增加一个折弯会使刚度增加几倍。

3．机柜的安全防护要求

机柜应具有良好的使用性和安全防护设施，并能保证操作者安全，因此须根据设备的使用环境以及设备对防雨、防尘、防异物进入的要求来确定其防护等级。户外设备、在恶劣环境中使用的设备以及对湿度和灰尘、盐雾敏感的设备的防护等级要求较高。防护等级的设计要根据实际需要而定。

（1）机柜的结构设计应能保证安装在机柜内的电气组件及连接导线安全可靠地工作，不会受到风霜雨雪、沙尘及小动物等的侵害。机柜的结构设计应能避免不必要的经济损失。

（2）机柜的结构设计应既能保证安装、使用及维修人员的人身安全，又能够保证没有专业知识的非操作人员接触到机柜时的人身安全。

（3）电气控制设备在正常或异常工作中，表面温度足以引起燃烧危险或对外壳材质有损害时：
- 应将设备装入能承受这种温度而没有燃烧或损害的危险的外壳中。
- 设备的安装位置应与最靠近的设备有足够的距离以便安全散热。
- 用能耐受设备发热的材料屏蔽，避免燃烧或损害的危险。

4．通风散热方面的要求

根据设备负荷大小和发热量合理进行通风散热设计，如机壳内产生的热量较大，可考虑采用散热风机等冷却装置；如发热量较小，通常可以在需要通风散热的地方开网孔；也可采用散热板自然散热。在机壳上开孔会和外壳防护及电磁兼容形成矛盾，所以要综合考虑。

采用自然散热时，发热高的元器件一般布置在发热低的元器件上方。

采用强制排风时，风扇应对着热源吹风，发热高的元器件一般布置在风道的出口。

5. 配线布线的要求

配布线是实现产品的电气连接的重要方式之一，在部件、插件和各功能模块的空间布置方面，要考虑元器件的电气连接，接线走线的布局，母线、相序的位置，连接安装方式，电缆穿孔等；根据工作电流合理选择导线线径，根据电气要求，对A相、B相、C相、零线、地线、电源的正极、负极以及各控制导线配以相应的颜色，并根据要求进行"上、中、下"、"左、中、右"、或"前、中、后"等空间位置的安排。

为解决线间相互干扰的问题，在布线前，先将线路进行分类，主要分类方法是按功率电平进行，以每30dB功率电平为界限进行分组，将高功率的直流、交流和射频线分为一类，低功率的直流、交流和射频线分为一类，数字线和模拟线分开，高频线和低频线分开，分别捆扎，分开敷设。布线时，采用扎带、塑料夹、缠绕带、固定座、波纹管、自黏吸盘或护线齿条等将线束捆扎，捆扎力适宜，导线不受应力，转弯处有圆弧过渡；也可以采用行线槽将导线布在线槽内。线束固定牢靠，防止因振动将线皮磨破。总体布线符合电气要求，而且布线均匀、合理、整齐美观。

6. 人机工程学要求

电气产品的结构除须满足电气功能之外，还要运用人机工程学原理和色彩学、造型理论，并考虑到人与设备的关系，设计出符合操作者生理、心理的结构。

造型方面引入工业设计思想，要求形体比例协调，符合工艺和审美要求，并遵循体量平衡原则，力求整体和局部相适应，外形美观大方。色彩方面要应用色彩学理论，从色相、明度、饱和度入手，色彩配置有利于设备功能的发挥，适应操作者对色彩的心理要求，并与周围的环境相适应。总之，机柜的造型、色彩应使人赏心悦目。良好的心情有利于操作人员专注于工作。

机柜的结构设计应符合人生理结构尺寸和特性，使人易于操作、不易疲劳、安全可靠，使操作者感到方便、灵活、安全、舒适，便于操作、观察和监视。

7. 电磁兼容方面的要求

由于电子技术和计算机技术在电气领域的广泛应用，作为电气产品与外界电磁环境的外壳端口，机柜的电磁屏蔽和静电放电防护已构成产品电磁兼容要求的一个重要组成部分。对机柜电磁屏蔽和静电放电防护水平的要求大大提高。

电磁兼容就是在有限的空间、时间和频谱资源下，各种设备或系统可以共存而不致性能失效或发生不允许的降级。电磁兼容（EMC）包括电磁干扰（EMI）和电磁敏感度（EMS）两个方面，EMI主要研究产品免受电磁干扰所采取的措施，EMS主要研究产品自身抗干扰能力。电磁干扰必须具备三个要素：电磁骚扰源、电磁敏感设备和电磁传播通道。因此，要解决电磁干扰问题就要从以上三个因素入手，抑制干扰源，切断传播途径，提高敏感设备的抗干扰能力。抑制电磁干扰主要有三种方法：接地、屏蔽和滤波。三种方法各有各的独特性，但相互间又是关联的。

要减小电磁干扰，除从电路设计入手之外，还要重视结构的屏蔽设计。下面主要讨论在进行设备结构设计时接地和屏蔽方面所采取的措施。

1）接地

接地有信号接地和机壳接大地等情况。设备的信号接地的作用是提供设备部分或全部电路的电平参考平面，理想的接地平面是零电位、零阻抗的物理实体，任何电流通过它的时候都不会产生压降；机壳接大地的作用是为实现设备安全接地，实现对操作人员的安全保护，另一个作用是泄放因静电感应在机壳上积累的电荷，以免电位升高造成放电，以此提高设备的安全性。

接地有几种形式：浮地、单点接地、多点接地、混合接地等。低频时一般采取单点接地，高频时一般采取多点接地。

（1）接地导线的截面大小要根据导线上可能出现的电流大小而定。

（2）接地线的长度要和干扰波长相匹配。

（3）接地电阻一般要求小于 0.01Ω。

2）屏蔽

屏蔽能有效地抑制通过空间传播的电磁波的干扰，它能限制内部电磁辐射越出某一区域，也能防止外来辐射进入某一区域。在需要屏蔽的地方，一般可以用钣金件做成一个相对封闭的金属体。

（1）电场屏蔽。

电场感应可看成分布电容的耦合。电场屏蔽的目的就是减小耦合电容。要获得好的效果，屏蔽板接地良好，屏蔽体的形状最好全封闭，材料是高导电率材料为好，厚度无要求，只要有足够的强度。

穿过金属体的开口尺寸应该小于屏蔽所要求尺寸。

（2）磁场屏蔽。

磁场屏蔽主要依靠高磁导率材料，此种材料具有低磁阻，对磁通起着分路作用，使得屏蔽体内部磁场大大减弱。结构设计上主要把握以下几点：

① 材料选择上要选高磁导率材料，如硅钢、坡莫合金等；

② 在允许的情况下尽可能增加屏蔽体的厚度；

③ 在空间布局上，使被屏蔽物不靠近屏蔽体；

④ 尽量减少接缝和开孔。

（3）电磁场屏蔽。

屏蔽体对电磁波的衰减主要基于对电磁波的反射和吸收。屏蔽材料的磁导率越大，电导率越高，吸收损耗越大，并以热的形式耗散掉。根据以上理论，在结构设计上可采取以下措施。

① 结构材料的选择。

根据干扰电磁波的频率合理选择材料。对于低频电磁干扰的屏蔽效能主要取决于反射损耗，选材上要选反射损耗大的金属，如铜、铝、镍等低电阻、高导电率材料；对于高频电磁干扰的屏蔽效能主要取决于吸收损耗，屏蔽材料应选低磁阻、高磁导率、高导热率材料；对于塑料壳体，要在其壁上喷屏蔽层或镀金属膜，或者在塑料材料中加入金属纤维。

② 搭接处理。

机柜、机箱、仪器仪表外壳等在制造上接缝是难以避免的。接缝要求金属与金属接触，接触处不能有漆塑，接触电阻要小。当有活动接触时，接触处要用导电衬垫，并有足够的压力保证接触可靠。如果选用不同材料搭接，这些材料应具有电化兼容性。

③ 开孔处理。

机壳因通风散热，穿越导线，液晶、数码管显示器件以及观察窗口等都需要开孔。机壳开孔后，因屏蔽体的不连续使屏蔽效能下降。对于必需的开孔，可采用波导衰减器来提高屏蔽效能，波导孔尺寸和干扰源的截止频率有一定关系，低于这个频率时，就会形成衰减。

另外，对开孔进行适当的排布也有助于提高屏蔽效能。开孔孔径越小，壁厚越大，孔间距越大，其屏蔽效能就越好。开孔形状上，在同面积情况下，采用圆孔和六角孔的效果要好于条形孔和其他异形孔。在需要通风散热的地方通常可以开网孔。穿过金属体的开口尺寸应该小于屏蔽所要求尺寸。

2.2.1.2 工艺要求

机柜零部件的加工设备主要有剪裁机、冲床、折弯机、数控冲床、钻床、焊接设备等。机柜钣金件加工中需要经过下料、冲裁、冲孔、弯曲等工序。

1．机柜结构件的基本要求

机柜外观要求各钣金零件间的连接螺钉及板材端面不外露，一般相邻钣金件向内折边，并且相互包边，这样即加强了钣金件的强度，又具有防水的作用，在控制电柜壳体等防护等级要求较高的地方还通常采用折边压密封条的方式，这样即防水又防尘。

机柜外观要求各面棱边尽量保持圆滑一致，零件间接合缝均匀一致，因此相邻钣金零件间的接缝最好不与棱边重合，也不能处在圆弧的曲面上。拼焊时一般将接缝位置放在顶面、底面、背面等不外露或看不到的地方，并采用斜接缝，以使三条棱边均为一致的折弯成型的光滑圆弧。当然，机柜外观和机柜造型对钣金零件的结构还有其他多方面的要求和限制。

2．尽量减少加工零、部件的数量

一台机柜加工零、部件在满足使用功能的基础上应尽量简化，减少加工工件数量，以方便生产。如某钣金机柜中用于连接立柱与上、下框之间的垫块，功能和外形完全相同，只是连接螺纹孔的位置不同，分为八种，每种只用一件，加工量大且容易混淆。针对这种情况，对连接方法稍做改动，垫块可以简化成两种甚至一种。

3．简化零件结构，考虑加工方便性

设计人员在设计零件时，除满足使用功能要求，还应尽可能保证较高的加工生产率。应做到：

（1）被加工表面应尽可能简单；
（2）尽量减少加工面积；
（3）尽量减少加工过程中的装卡次数；
（4）尽量减少加工工作行程次数。

如某控制机柜的顶部的起吊块，设计采用四方形，中间打螺纹孔。该零件加工则需完成铣削、画线、钳工最少三道工序，八次装卡时间。而改成圆柱形则只需完成车一道工序，一次装卡就能满足使用要求。加工工效可提高70%～80%，原材料可节约25%左右。

4. 采用标准尺寸和适宜的公差

采用标准尺寸，可以减少工艺装备的品种规格，统一加工工序，选定统一的加工设备。在满足产品使用性能的条件下，零件图上标注的尺寸精度等级和表面粗糙度应取最经济化。例如，某机柜中用的抽屉隔板，同一产品不同的图样，隔板安装孔的安装孔距一致，而公差标准不同，分别为±0.05mm、±0.10mm、±0.15mm。在生产中则需采用三种不同的加工工艺，对±0.05mm的孔，采用坐标镗床钻孔；对±0.10mm的孔，采用数控铣床钻孔；对±0.15mm的孔，采用钳工划线钻孔。该批产品装配后，经检验均能满足使用要求。将装配情况反馈给设计人员后，设计人员修改了图样，将隔板安装孔距公差全部改为±0.15mm，再次投产时则统一为做钻模钻孔，这样加工成本降低了，加工效率明显提高。

5. 零件设计时应考虑相应的加工手段

零件在设计时，应充分考虑现有的加工手段，以便于零件顺利加工。如某轻型标准显控台中，左、右侧板零件按设计要求，在机柜整体框架组焊时，侧板左、右两端分别与底框、顶框组焊，而80°+85°夹角区，则靠另一横条零件将左、右侧板连接组焊成整体结构，见图2.2.1。现场可用的加工设备为WPT100/30型折弯机床，由于侧板结构较复杂，侧板80°与85°两处弯边在折弯机上相互干涉，夹角处无法按图加工达到要求。考虑机柜的整体结构形式为焊接结构，经协商，将横条的尺寸加长2×(23.5-2)=43（mm）；另外，在侧板80°+85°夹角区根据横条截面尺寸设计了一个23mm的让位缺口，改变了焊接位置，如图2.2.2所示，组焊后就能满足85°、80°的外形设计要求了。

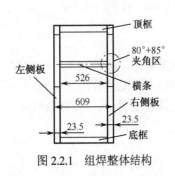

图 2.2.1 组焊整体结构

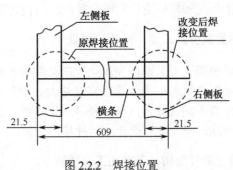

图 2.2.2 焊接位置

6. 原材料的选用应符合加工工艺性的要求

（1）设计人员在选择原材料的品种和规格时，应充分考虑可加工性和加工的方便性。

如散热器，在通用标准型材不能满足产品使用要求时，有的产品设计人员通过多方查询后，选用铝合金厂的拉制型材来加工成散热器，外形美观、加工量小、散热效果又好。有的产品设计人员选用厚铝板作原材料来加工散热器，要进行大量机加工才能成型，成型后净重量只有毛重的三分之一，加工量过大且会产生变形，影响散热效果。此外，标注材料时往往不注意区别冷轧钢板和热轧钢板，选用不严格，加工时就会影响产品加工质量，甚至造成废品。

（2）超宽柜后背板设计为双门形式

所有超宽柜（1250mm以上）后背板设计为双门形式，不应设计为两块板拼焊形式。即使合同上注明也需要与用户沟通，更改为双门形式。

7. 机柜结构件设计中应注意的问题

（1）机柜结构件设计中不可盲目加大零件材料厚度来提高零件强度或刚度，应首先考虑增加零件折边或加大其折边尺寸，其次可以考虑增加相应的筋板或"几字形"加强槽钢的办法，这样零件的强度或刚度可以提高很多，而重量却不会增加太多。

（2）对于可以直接折弯成型的零件，切不可人为再拆分成分件进行拼焊，设计时应将零件是否能够直接折弯成型搞清楚，避免过度拆分零件。

（3）除配作孔外，对于零件上的各种孔，在拆分分件时，均应在分件上给出，以便在进行板料加工时由数控激光切割机或数控转塔冲机床直接加工完成，减少和避免手工配作孔。

（4）机柜结构件设计时还应注意，必要和适当地改变零件结构，可极大地提高材料利用率。以某立板零件用数控激光切割机自动排样下料为例进行对比验证，虽加工时间有所增加，但节约的成本远高于所增加的费用。

2.2.1.3 装配要求

1. 机柜部件应采用模块化设计

采用模块化设计是指机柜里的各部件可以单独装配。一个产品中不同的机柜采用相同的模块，这样既减小了机柜总装时的工作量，又提高了装配效率，同时也减少了一个机柜里总的零部件和标准件的数量及品种，减少了配套工作量。采用模块化结构的另一个优点是维修方便，各模块可单独装配、调试和更换，机柜电装接线时只需按照各模块装配，这样方便了钳装和电装；且各模块之间有互换性，维修时只需拆卸几个安装螺钉就可以更换模块，极为方便。

2. 装配的可行性和方便性

一个机柜是由许多部件构成的，部件的结构必须考虑装配工序的简单和方便。如选用的各种紧固件，必须留有扳手空间；有运动的部件如转架、抽屉等，必须保证这些部件的运动空间。在设计中，一般大的运动部件事先考虑得较多，而一些小的运动部件容易被忽视，如后门和侧门的锁栓机构，在某些机柜的装配过程中，都曾出现过与别的部件空间位置干涉现象。有时，从单个部件的装配看，某个部件的装配结构是合理的，但从整个机柜的结构看却是不合理的。

设计机柜结构件时应考虑使装配简单方便。大批量组装时，应该少用一些比较费时费力的结构，尽量利用模具冲压成卡扣、突台等利于快速安装的连接方式。小批量生产时，就考虑得少些。另外，还需要考虑装配的先后顺序、装配方式等。

必须考虑用户对产品的要求，改变安装方式（嵌入安装、板式插拔、箱式插拔等），以及安装所采取的固定和锁紧方式，使安装符合电气要求和标准，并考虑安装的互换性和继承性。总之，要求机箱机柜重心低，不易倾倒；机柜结构应方便施工，便于配布线，便于调试和维护。

3. 提高结构设计一致性和标准件选用准确性

目前生产中产品设计的一致性程度还不够，特别是一些看起来小的零部件，如印制板的锁紧和插拔装置等。某些通用印制板尺寸只有几种，完全可以将锁紧和插拔装置优化为几种，进行统一预投生产，不仅生产简单，而且解决了临时急用的印制板铆接时没有现成零件的问题。

对标准件的选用存在设计时只注意标准件的形式，而对标准件的长度、直径等没有进行审核，导致按图样明细表领用的标准件因不准确无法安装，不得不重新更换的情况。如对沉头螺钉，没有按新标准标注沉头螺钉的直径，装配时常发现螺钉头高出零件表面，只好对零件重新进行沉孔加工，然后再次进行表面处理，造成不必要的浪费。

4．机柜附件装配的规范化

每个机柜都有大量的接地排、走线夹等附件，这些附件在图样上往往没有标明安装位置，而是在装配时由设计人员现场确定位置，然后再由装配人员现场钻孔装配。如果机柜没有走线图，电装的走线是由电装工根据需要来确定的，走线夹也是在电装完成后再钻孔安装的。由于这些附件的装配不够规范化，既影响了机柜里的整洁和美观，有时还会出现质量问题，如走线夹由于最后进行安装，受空间条件限制，紧固件不好拧紧，在使用过程中可能会发生松动和脱落现象。所以在设计时就应考虑附件的装配位置和装配空间。

5．机柜的维护方便性

机柜所装配的各种电气组件都需要进行维护处理，在设计机柜零部件结构时，应考虑维护的方便性和可能性。如每个机柜顶部都装有接线板，上面装有大量的插头座，插头座一边与机柜里的走线相连，另一边与外接电缆头相连。若设计时没有考虑维护性，从接线板上拆下插头座时，不仅需拔取电缆头，还需要将插头座连接的走线拆掉，一旦需更换接线板将会有很大的麻烦。

在机柜结构设计中必须避免出现自锁机构，凡是在装配后形成盒装封闭结构的，要考虑装配的可能性，应尽量将装配固定点放在外侧。例如，机柜内部装双安装板，一个安装板固定在另一个安装板的前方，如果安装板为非标用纵梁固定，同样必须将固定点放在安装板前方。

柜底部与柜体连接为两段螺母形式时，为方便底座与柜体的连接，需要在底座底部预留与上方固定孔同位置的工艺孔。

当机柜外部装有元器件（风机、接线端子等）时，柜体相邻位置需开过线孔。

2.2.1.4 成本要求

材料的选用对成本的影响很大。选用冷轧钢板（SPCC）再电镀的成本会比直接选用镀锌的冷轧钢板（SECC）的成本增加约35%。选用SPCC再电镀的生产周期要比直接选用SECC的周期要长2~3d。

与铸、锻件相比，使用型材所做成的机柜产品有较高的强度、较轻的结构重量；加工简便，所用的设备简单；外形平整，加工余量少，可减轻重量，缩短生产周期，降低成本。

在机柜制作型材中，结构钢型材的成本最低。铝型材的强度稍差，且价格较高。不锈钢型材加工难度大，价格也较高。因此在机柜结构设计时应优先选用钢型材框架结构。

优先采用生产效率高的加工生产方式，可以有效降低生产成本，如采用型材轧制、模具冲压、装配成型等生产方式。

大批量生产时，应该在结构设计时就充分考虑如何缩短装配周期，使装配的费用尽可能降低。小批量生产时，尽可能用一些简单的装配方式，如螺钉连接等。

2.2.1.5　其他要求

1. 应符合标准化、规格化、系列化的要求

（1）提高机柜设计的通用化、系列化、标准化水平。

（2）机柜结构设计的继承性，即尽量与已有的结构在风格上、尺寸上协调一致，并最大限度地选用成熟的模块、公用件、借用件和标准件。

2. 应便于生产、组装、调试和包装运输

（1）尝试采用新工艺、新技术、新材料的可行性，积极提高工艺水平，推动工艺技术进步。应按照合理性和经济性的原则选择控制柜制作材料。

（2）保证加工和装配过程中所采用的各种典型工艺的可行性和经济性。

（3）保证工艺要素和尺寸链的合理性，设计基准、定位基准、测量基准和装配基准的正确性与合理性。

（4）权衡外购件采购的难易程度和外协加工的可行性。

（5）装配过程中应避免切削加工，保证机柜装配、调整、维修的可行性和防腐蚀性。装配过程中的二次加工会造成原有防腐表面处理层的破坏，应尽量避免。

2.2.2　影响结构尺寸的因素

应根据电子电气组件、器件和各种装置所需的空间来确定机柜基本尺寸和尺寸链的设计，尺寸系列按照通用标准和定型尺寸，并考虑模数化、标准化、系列化解决安装的互换性。在进行机柜、机箱、外壳、面板、构架、印制电路板插件及母板等设计时，要符合 IEC297-3—1984、IEC297-1—1986、ANSI/EIA RS-310 标准中所规定的尺寸系列，或标准中推荐使用的尺寸系列。使用时应注意和公制标准对照和互换。

2.2.2.1　结构尺寸的要求

（1）根据操作需要及控制面板、箱、柜内各种电气部件的尺寸确定电气箱、柜的总体尺寸及结构形式。在非特殊情况下，应使电气控制柜总体尺寸符合机柜标准结构基本尺寸与系列。

（2）根据电气控制柜总体尺寸及结构形式、安装尺寸，设计箱内安装支架，并标出安装孔、安装螺栓及接地螺栓尺寸，同时注明配作方式。

（3）应考虑走线的方式、安装位置和空间。

（4）机柜的主要结构尺寸应符合机柜尺寸系列的规定，见图 2.2.3。

① 高度尺寸见表 2.2.1。

② 宽度尺寸见表 2.2.2、表 2.2.3。

③ 深度尺寸见表 2.2.4。

（5）最大限度地采用标准和通用件，以实现机柜的标准化、通用化和系列化。

（6）在设计制造机柜时，应保证具有良好的互换性和通用性，相同型号、规格尺寸的产品应能互换。

（7）机柜骨架对底部基准面的垂直度和骨架立柱间的平行度按未注形状和位置公差的规定，

其精度不低于 C 级。

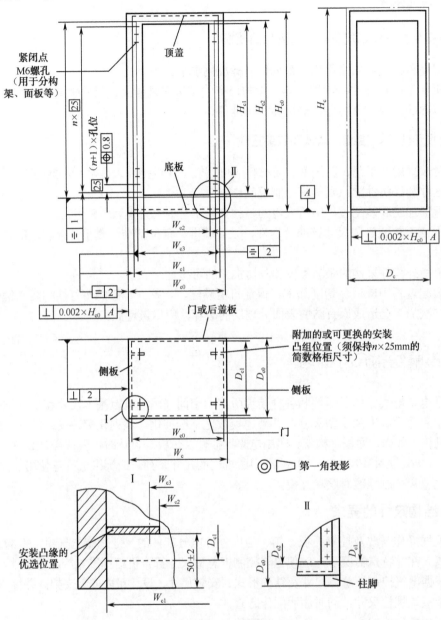

图 2.2.3 壳体（柜/构架）尺寸

表 2.2.1 高度尺寸

协调尺寸 H_c（mm）	壳体/构架高度 $H_{c0}\ {}^{\ 0}_{-5.0}$（mm）	框口协调尺寸 H_{c1} ($H_{c1}=H_c-10×25$)（mm）	分构架和面板的安装框口高度 H_{c2} ($H_{c2}=H_c-10×25+2$)（mm）
800	800	550	552
1000	1000	750	752
1200	1200	950	952

续表

协调尺寸 H_c (mm)	壳体/构架高度 H_{c0} ($^{0}_{-5.0}$) (mm)	框口协调尺寸 H_{c1} ($H_{c1}=H_c-10\times25$) (mm)	分构架和面板的安装框口高度 H_{c2} ($H_{c2}=H_c-10\times25+2$) (mm)
1400	1400	1150	1152
1600	1600	1350	1352
1800	1800	1550	1552
2000	2000	1750	1752
2200	2200	1950	1952

表2.2.2 宽度尺寸（1型轻载壳体）

协调尺寸 W_c (mm)	壳体/构架宽度 W_{c0} ($^{0}_{-5.0}$) (mm)	框口安装宽度 W_{c1} ($^{+2.0}_{0}$) ($W_{c1}=W_c-2\times25$) (mm)	安装凸缘间的框口 $W_{c2}\geq$ (mm)	分构架和面板的安装孔距离 W_{c3} (±2) (mm)
300	300	250	与分构架相关	与分构架相关
400	400	350		
500	500	450		
600	600	550		
800	800	750		
900	900	850		
1000	1000	950		
1200	1200	1150		

注：如使用安装凸缘，则凸缘后面的框口，可按 $n\times25$mm 间距增加，直到 $W_{c1}=W_{c0}$。

表2.2.3 宽度尺寸（2型强固壳体）

协调尺寸 W_c (mm)	壳体/构架宽度 W_{c0} ($^{0}_{-5.0}$) (mm)	框口安装宽度 W_{c1} ($^{+2.0}_{0}$) ($W_{c1}=W_c-4\times25$) (mm)	安装凸缘间的框口 $W_{c2}\geq$ (mm)	分构架和面板的安装孔距离 W_{c3} (±2) (mm)
300	300	200	与分构架相关	与分构架相关
400	400	300		
500	500	400		
600	600	500		
800	800	700		
900	900	800		
1000	1000	900		
1200	1200	1100		

注：1. W_{c1} 可按 $n\times25$mm 间距增加，直到 $W_{c1}=W_c-2\times25$mm。
2. 如使用安装凸缘，则凸缘后面的框口，可按 $n\times25$mm 间距增加，直到 $W_{c1}=W_{c0}$。

表 2.2.4 深度尺寸

协调尺寸 D_c（mm）	壳体/构架深度 $D_{co}(^{\ 0}_{-5.0})$（mm）	框口安装深度 $D_{c1} \geqslant$ （$D_{c1}=D_c-2\times25\text{mm}$）（mm）
300	300	250
400	400	350
600	600	550
800	800	750
900	900	850

2.2.2.2 机柜结构的电气性能要求

1. 外壳的绝缘

为了防止金属外壳与带电部件之间的意外接触，如果外壳部分或全部衬垫了绝缘材料，则此绝缘材料应牢固地固定在外壳上。

2. 电气间隙和爬电距离

控制设备箱、柜内电气组件与控制设备箱、柜的间距应符合各自相关标准中的规定，并且在正常使用条件下也应保持此距离。

在控制设备内部布置电气组件时，应符合规定的电气间隙和爬电距离或冲击耐受电压，同时要考虑相应的使用条件。

对于裸露的带电导体和端子（如母线、电器之间的连接、电缆接头等），其与控制设备箱、柜的电气间隙和爬电距离或冲击耐受电压至少应符合与其直接相连的电气组件的有关规定。

另外，异常情况（如短路）不应永久性地将控制设备箱、柜与母线之间、连接线之间的电气间隙或介电强度减小到小于与其直接相连的电气组件所规定的值。

3. 电气保护与屏蔽

（1）保护接地电路所有部件（包括保护接地端子、保护导线和控制柜中的导体结构件部分）的设计，要考虑到能够承受保护接地电路中由于流过接地故障电流所造成的最高热应力和机械应力。

（2）对电磁屏蔽有要求的机柜，应采取屏蔽措施，以消除或减少干扰。

电气控制设备在结构上应满足产品电气性能的要求，并考虑其中自动化系统的安装与调试以及运行的可靠性；考虑总线与其他母线分开布局的空间，使总线尽可能远离母线或与母线垂直走向。

2.2.3 控制设备外壳的防护等级

由于要在各控制柜体内安装的电器不同以及使用的环境不同，不同的控制柜会有不同的结构形式，如高风沙环境需要密封性好的控制柜，而在低温环境需要保温性好的控制柜。不管哪种结构形式，都必须保证所安装电器能够正常工作，并使人员能安全地进行在操作、监视和维护。

2.2.3.1 电气控制设备常见故障

发热和灰尘、潮湿、危险易爆或腐蚀物质使工业控制电气系统经常出现如下故障：

（1）过热使得产品在额定负载下经常跳闸。

（2）敞开式散热使得灰尘聚积，并增大噪音，违反环保标准。

（3）空气过滤装置阻塞，必须经常清洗或更换。

（4）过热使电子测量、秤重、计数或记录仪器读数错误。

（5）使用氟利昂的制冷器在环境恶劣的工厂或高温环境中损坏得非常快，且无法在食品行业使用。

（6）电气类的空调会产生冷凝水，损坏箱体内部组件。

（7）电气类的空调会产生振动，损毁箱体内部组件。

因此，电气控制设备需要一个能够为控制系统提供可靠保护的箱体（外壳），既能使柜内电器免受恶劣自然环境的侵蚀，又能保障工人操作和维修时的安全。

2.2.3.2 电柜的防护等级

国家标准《低压电器外壳防护等级》规定了低压电器（下面简称电器）外壳防护等级的分类、分级、标志、定义、试验方法和合格评定等内容和技术要求。

1. 表示防护等级的代号由表征字母"IP"和附加在后的两个表征数字及补充字母组成

第一位表征数字及数后补充字母表示第一种防护形式的各个等级，第二位表征数字则表示第二种防护形式的各个等级。

2. 第一位表征数字及数后补充字母表示的防护等级及其含义

第一位表征数字及数后补充字母表示电器具有对人体和壳内部件的防护，共分为9个等级，如表2.2.5所示。

表2.2.5　第一位表征数字及数后补充字母表示的防护等级

第一位表征数字及数后补充字母	表征符号	防护等级	简述含义
0	IP0X	无防护	无专门防护
1	IP1X	防止直径大于50mm的固体异物	能防止人体的某一大面积（如手指）偶然或意外地触及壳内带电部分或运动部件，但不能防止有意识的接近；能防止直径大于50mm的固体异物进入壳内
2L	IP2LX	防止直径大于12.5mm的固体异物	能防止直径大于12.5mm的固体异物进入壳内和防止手指或长度不大于80mm的类似物体触及壳内带电部分或运动部件（如工具）
3	IP3X	防止直径大于2.5mm的固体异物	能防止直径（或厚度）大于2.5mm的工具、金属线等进入壳内
3L	IP3LX	防止直径大于12.5mm的固体异物进入和防止直径为2.5mm的探针触及	能防止直径大于12.5mm的固体异物进入壳内和防止长度不大于100mm直径为2.5mm的试验探针触及壳内带电部分和运动部件（如金属线）

续表

第一位表征数字及数后补充字母	表征符号	防护等级	简述含义
4	IP4X	防止直径大于 1mm 的固体异物	能防止直径（或厚度）大于 1mm 的固体异物进入壳内（如金属线）
4L	IP4LX	防止直径大于 12.5mm 的固体异物进入和防止直径 1mm 的探针触及	能防止直径大于 12.5mm 固体异物进入壳内和防止长度不大于 100mm 直径为 1mm 的试验探针触及壳内带电部分和运动部件（如金属线）
5	IP5X	防尘	不能完全防止尘埃进入壳内，但进尘量不足以影响电器的正常运行
6	IP6X	尘密	无尘埃进入

注：1. 本表"简述"栏不作为防护形式的规定，只能作为概要介绍。
　　2. 本表"含义"栏说明第一位表征数字及数后补充字母所代表的防护等级所能"防止"进入壳内的物体的细节。
　　3. 本表的第一位表征数字为 1~4（2L、3L、4L）的电器。所能防止的固体异物系包括形状规则或不规则的物体，其 3 个相互垂直的尺寸均超过"含义"栏中相应规定的数值。
　　4. 具有泄水孔、通风孔等的电器外壳，必须符合该电器所属的防护等级"IP"号的要求。试验时，对预定在安装地点开启或封闭的孔，应按原预定要求保持开启或封闭。

在表 2.2.5 中第一位表征数字及数后补充字母的相应防护等级从低级到高级排列依次为 0、1、2L、3L、4L、3、4、5、6。凡符合某一防护等级的外壳意味着也符合所有低于该防护等级的各级，除有怀疑外，不必再做较低防护等级的试验。

3. 第二位表征数字的防护等级及其含义

第二位表征数字表示由于外壳进水而引起有害影响的防护，共分为 9 个等级，如表 2.2.6 所示。

表 2.2.6　第二位表征数字表示防止进水造成有害影响的防护等级

第二位表征数字	表征符号	防护等级	简述含义
0	IPX0	无防护	无专门防护
1	IPX1	防滴	垂直滴水应无有害影响
2	IPX2	防滴	当电器从正常位置的任何方向倾斜至 15°以内任一角度时，垂直滴水应无有害影响
3	IPX3	防淋水	与垂直线成 60°范围以内的淋水应无有害影响
4	IPX4	防溅水	承受任何方向的溅水应无有害影响
5	IPX5	防喷水	承受任何方向由喷嘴喷出的水应无有害影响
6	IPX6	防海浪	承受猛烈的海浪冲击或强烈喷水时，电器的进水量应不致达到有害的影响
7	IPX7	防浸水影响	当电器浸入规定压力的水中经规定时间后，电器的进水量应不致达到有害的影响
8	IPX8	防潜水影响	电器在规定的压力下长时间潜水时，水应不进入壳内

注：1. 本表"简述"栏不作为防护形式的规定，只能作为概要介绍。
　　2. 本表"含义"栏说明第二位表征数字所代表的每一防护外壳的防护形式细节。

在表 2.2.6 中，符合某一防护等级的外壳意味着亦符合所有低于该防护等级的各级、除有怀疑外，不必再作较低防护等级的试验。

4．补充字母的使用

当防护的内容有所增加时，可用补充字母来表示。

W：具有附加防护措施或方法要求（放在字母 IP 后面），可在特定的气候条件下使用的外壳防护等级。

N：具有附加防护措施或方法要求（放在第二位表征数字后面），可在特定尘埃环境条件使用的外壳防护等级（如用于锯木厂、采石场等恶劣尘埃环境条件下）。

L：具有附加防护措施或方法要求（放在第一位表征数字 2、3 或 4 后面），可在规定条件下，防止固体异物或试验探针触及壳内带电部分和运动部件使用的外壳防护等级。

规定的气候、尘埃环境、固体异物、试验探针条件以及附加防护措施或方法要求均由制造厂和用户协商确定。

5．当只需用一位表征数字表示某一防护等级时，被省略的数字应以字母"X"代替

如表 2.2.5 与表 2.2.6 中的表征符合栏所示的 IP1X、IP2LX、IP4X、IP5X 等。

6．如需用二位表征数字（或加上的补充字母）以表示产品完整的外壳防护等级时

如需用二位表征数字（或加上的补充字母）以表示产品完整的外壳防护等级时，必须按表 2.2.5 及表 2.2.6 中相应表征数字（或加上的补充字母）的相应试验要求的内容进行检验。

如无补充字母 W、N、L，则表示这种防护等级在所有正常使用条件下都适用。

7．代号举例

IP65：具有这种代号系指能防止尘埃进入电器外壳内部，并能防喷水。

IP4L4：具有这种代号系指能防止直径大于 12.5mm 固体异物进入壳内和防止长度不大于 100mm 直径为 1mm 的试验探针触及壳内带电部分和运动部件，并能防溅水。

IPW33：具有这种代号系指在特定的气候条件下使用其外壳能防止直径大于 2.5mm 的固体异物进入电器外壳内部，并能防淋水。

2.2.3.3 污染等级

空气中不得有尘埃、酸、盐、腐蚀性及爆炸性气体。如果没有其他规定，设备一般在污染等级 2 环境中使用，若采用更高设计值，则应在资料中予以说明。

电气设备应适当保护，以防固体和液体的侵入。防止水浸入的防护等级按表 2.2.6 的规定。

防护其他液体需要附加保护措施。若电气设备安装处的实际环境中存在污染物（如灰尘、酸类物、腐蚀性气体、盐类物等），供方与用户可能有必要达成专门协议。

2.2.3.4 机柜的防护等级要求及确定原则

采用外壳防护是安全技术措施之一。应根据设备的应用条件确定设备外壳的防异物、防触电和防水等级，以保证安全。控制设备的旋转、摆动和传动部件应设计得使人不能接近或触及。

（1）根据 IEC 60529，由控制设备提供的防止触及带电部件，以及外来固体的侵入和液体的进入的防护等级用符号 IP 来标明。

控制柜应能防止外界固体和液体的侵入，控制柜的外壳一般应具有不低于 IP54 的防护等级。

对于户内使用的控制设备，如果没有防水的要求，下列 IP 值为优选参考值：IP00、IP2X、IP3X、IP4X、IP5X。

（2）封闭式控制设备在按照制造商的说明书安装好后，其防护等级至少应为 IP2X。下列两种情况例外：

① 在电气工作区用外壳提供适当的防护等级以防止固体和液体的侵入。

② 在汇流线或汇流排系统使用可移式集电器时，没有达到 IP22 但应用遮栏防护措施。

下列为应用实例及由其外壳提供的典型的防护等级：
- 仅装有电动机启动电阻和其他大型设备的通风电柜 IP10。
- 装有其他设备的通风电柜 IP32。
- 一般工业用电柜 IP32、IP43 和 IP54。
- 低压喷水清洗场（用软管冲、洗）的电柜 IP55。
- 防细粉尘的电柜 IP65。
- 汇流环装置的电柜 IP2X。

根据安装条件可采用其他适当的防护等级。

（3）对于无附加防护设施的户外控制设备，第二位特征数字应至少为 3。对于户外控制设备，附加的防护措施可以是防护棚或类似设施。

（4）如果没有其他规定，在按照制造商的说明书进行安装时，制造商给出的防护等级适用于整个控制设备，例如，必要时，可封闭控制设备敞开的安装面。

在使用中，被允许的人员需要接近控制设备的内部部件时，制造商还应给出防止直接接触、外来固体和水进入的防护等级。

（5）对于带有可移式和/或抽出式部件的控制设备。

为成套设备所规定的防护等级一般适合于可移式和/或抽出式部件的连接位置，制造商应指出在其他位置和在不同位置之间转移时所具有的防护等级。

带有抽出式部件的成套设备可设计成它在试验位置和分离位置以及从一个位置向另一个位置转换时仍保持如同连接位置时的防护等级。

如果在可移式部件或抽出式部件移出以后，成套设备不能保持原来的防护等级，则应达成采用某种措施以保证适当防护的协议。制造商产品目录中给出的资料可以作为这种协议。

（6）如果控制设备的某个部分（如工作面）的防护等级与主体部分的防护等级不同，制造商应单独标出该部位的防护等级。例如，IP00——工作面 IP20。

（7）对于 PTTA，除可按 IEC 60529 进行适当的验证，或者采用经过试验的预制外壳外，不可给出 IP 值。

2.2.3.5　机柜常用的防护等级

机柜常用的防护等级见表 2.2.7。

表 2.2.7 机柜常用的防护等级

第一位表征数字及其数后补充字母的防护	第二位表征数字的防护								
	0	1	2	3	4	5	6	7	8
	防护等级 IP								
0	IP00								
1	IP10	IP11	IP12						
2L	IP2L0	IP2L1	IP2L2	IP2L3					
3	IP30	IP31	IP32	IP33	IP34				
3L	IP3L0	IP3L1	IP3L2	IP3L3					
4	IP40	IP41	IP42	IP43	IP44				
4L	IP4L0	IP4L1	IP4L2	IP4L3					
5	IP50				IP54	IP55			
6	IP60					IP65	IP66	IP67	IP68

2.2.4 机柜的材料

应按照合理性和经济性的原则选择控制柜制作材料。

2.2.4.1 绿色环保设计

（1）在产品寿命的各个阶段，将产品对自然环境的影响减到最小的必要性已被公众所认可。基于环境方面的考虑见图 2.2.4。

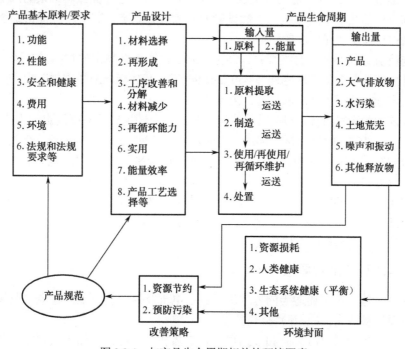

图 2.2.4 与产品生命周期相关的环境因素

（2）在设计制造机柜时，应消除或减少噪声干扰。

2.2.4.2　机柜材料选择的一般要求

（1）电气控制设备机柜的制造材料，应由能够承受控制柜产品标准所规定的机械应力、电气应力及热应力的材料构成。此材料还应能经得起正常使用时可能遇到的潮湿和其他环境因素的影响。

（2）电气控制设备机柜选用的材料应能承受按规定条件使用时可能出现的物理和化学的作用，并应考虑材料对人体的危害、材料的老化、材料防腐蚀、材料的电气绝缘性能等因素。

（3）电气控制设备机柜选用的材料应能满足制造加工工艺的要求，具有良好的可加工性，以保证制品的加工的合理性和质量。

（4）机柜选用的材料应能满足节能环保和循环经济的要求，生产边角料及废品应能回收利用。

（5）在保证零件的功能的前提下，尽量选用廉价的材料品种，并降低材料的消耗，降低材料成本。

（6）选用常见的金属材料，减少材料规格品种；在同一产品中，尽可能地减少材料的品种和板材厚度规格；对于机柜和一些大的插箱，需要充分考虑降低整机的重量。

（7）电气控制箱柜的材料一般应优先选用柜、箱用专用型材、板材。

2.2.4.3　材料耐非正常热和火的要求

在电的作用下材料可能受到热应力影响，且有可能使电气及控制设备安全性降低的绝缘材料，在非正常热和火的作用下不应产生不利的影响。

在电气及控制设备上进行的材料试验应采用本系列丛书第 3 分册《电气控制柜制作技能——调试·试验·维修》第 3 章规定的方法进行试验。在材料上进行的试验应根据规定进行。与材料可燃性类别有关的热丝引燃和电弧引燃试验要求应符合规定。制造厂应提供绝缘材料供应商所供应的绝缘材料满足上述要求的数据。

用于固定载流部件所使用的绝缘材料部件应满足技术标准规定的灼热丝试验，试验强度根据缘材料部件预期的着火危险性应选择 850℃ 或 960℃。产品标准应根据电工电子产品着火危险试验方法的规定选择适用于产品的相应的温度值。

除上述规定的绝缘材料部件外，其他绝缘材料部件应满足技术标准规定的灼热丝试验要求，温度值为 650℃。对于小的绝缘材料部件（表面尺寸不超过 14mm×14mm），有关产品标准可以规定其他试验的要求（如针焰试验）。对于其他情况，如金属部件大于绝缘材料（如接线端子排）时，也可采用该方法。

当在材料上进行试验时，可根据技术标准规定的可燃性分类法，采用热丝引燃和电弧引燃（如适用）方法进行试验。有关产品标准应规定根据测定固体电气绝缘材料暴露在引燃源后燃烧性能的试验方法，确定材料的可燃性类别。

2.2.4.4　材料的验证试验要求

材料的验证试验可按下述适当的方式进行：在电气及控制设备上；在电气及控制设备的部件上；在具有适当横截面积的相同材料的试品上。

电气及控制设备的材料应具有相应的耐非正常热和火的能力。如果具有相同截面积的同一种材料已满足本系列丛书第 3 分册《电气控制柜制作技能——调试试验维修》第 3 章中规定的试验要求，则可不必重复进行此项试验。

2.3 机柜的结构设计

2.3.1 机柜结构的机械设计

机柜结构是用薄钢板和角钢或由薄钢板弯制成的型钢组合起来的箱体。控制柜（箱）的外形尺寸、结构、内部构件国家已经标准化，机柜结构的机械设计一般只需要根据控制系统的特殊要求，设计出控制柜面板，并根据内部安装支撑要求设计好内部结构零部件（梁、柱、托架等）。

2.3.1.1 机柜结构的机械强度要求

（1）控制柜（台、箱）体的强度与刚度应满足产品要求。在结构设计时，除要认真进行动态强度、刚度等计算外，还必须进行必要的模型模拟试验，以确保抗击振动性能。

（2）控制设备的机箱、柜不应在 50Hz 以下的频率发生共振。

（3）大型平面薄壁金属零件，应加折皱、弯曲或支撑架。

（4）机柜应设计成能耐受安装和正常使用时所产生的应力，此外电气控制设备还应具有耐非正常热和火的能力及耐湿性能。

（5）控制柜体或隔板，包括门的闭锁器件、可抽出部件等，应具有足够的机械强度以能够承受正常使用时所遇到的应力。

（6）控制柜体的可拆卸部分应采取措施稳固地固定在其固定部分上，必须采取措施防止因电气及控制设备的操作或振动的影响而偶然松动或分离。

（7）机柜上所有零部件的机械连接均应牢固可靠，在环境试验后，不允许有裂纹、松脱、移动和锈蚀，可拆卸连接的均应装拆方便。

（8）当控制柜体设计成允许不使用工具即可打开其罩壳时，应提供防止紧固件失落的措施。整体外壳被认为是电气及控制设备不可移动的部件，它应作为电气及控制设备不可分离的部分。

（9）机柜用螺钉末端伸出螺母的长度，一般不大于螺钉直径且不小于两个螺距。

2.3.1.2 机柜活动部件的设计要求

（1）控制柜的门应转动灵活，开启角度不得小于 90°，但不宜过大。门在开启过程中不应使电器受到冲击或损坏，不能把漆膜擦伤，门上锁以后不应有明显的晃动现象。门与门及门与柜体相邻边之间的缝隙允差见相关国家标准。机柜的门装配后，其间隙应均匀一致，开启灵活。

（2）门锁、快锁、铰链、活动导轨等部件装配后，应启动灵活、推拉方便、牢固可靠。各零部件应配合正确，门、抽屉等活动部件应工作灵活，紧固件、连接件应牢固无松动。

（3）活动门应设有止动器。

（4）为了便于电柜接线和提高工作效率，电柜门铰链要能方便地拆卸，保证再次安装时的方便性和日后使用的可靠性。

（5）如果机柜活动门或面板处安装有组件，必须在面板组件开孔之间安排足够的线槽安装筋，以方便面板线槽的可靠固定和标准化的结线。

2.3.1.3 用柜体做防护的结构设计要求

1. 外部异物侵入的防护

机柜应有足够的能力防止外界固体和液体的侵入，并要考虑到机械运行时的外界影响（即位置和实际环境条件），且应充分防止粉尘、冷却液和切屑侵入。

2. 电击的防护设计

带电部件应安装在符合有关技术要求的外壳内，直接接触的最低防护等级为 IP2X 或 IPXXB。

应采取保护措施防止意外地触及电压超过 50V 的带电部件。电气设备应具备保护人们免受电击的能力。当按照有关规定将控制设备安装在一个系统中时，下述要求可保证所需要的防护措施。考虑到控制设备的特殊要求，那些对于控制设备尤为重要的防护措施详细讲述如下。

1）直接接触的防护

（1）概述。

电气设备的每个电路或部件，无论是否采取规定的措施，都应遵守下面的规定：可利用控制设备本身适宜的结构措施，也可利用在安装过程中采取的附加措施来获得对直接接触的防护。可以要求制造商给出资料。例如，安装了无进一步防护设施的开启式控制设备的场地，只有经过批准的人才允许进入。

例外：在这些防护措施不适用的场合，可以采用遮栏或外护物，将设备置于伸臂范围以外，使用阻挡物，使用结构或安装防护通道技术等来进行防护。

当电气设备安装在任何人（包括残疾人和儿童）都能打开的地方，其直接接触的防护等级应采用至少 IP4X 或 IPXXD。

可以选择下述一种或几种防护设施，并考虑下述条款中提出的要求。防护设施的选择应依从制造商和用户之间的协议。制造商的产品目录中给出的资料准许作为协议书。

（2）利用挡板或外壳进行防护。

利用挡板或外壳进行防护应遵守下述要求。

① 带电部件应安装在符合有关技术要求的外壳内，所有外壳的直接接触防护等级至少应为 IP2X 或 IPXXB，金属外壳与被保护的带电部件之间的距离不得小于设计规范所规定的电气间隙和爬电距离，如果外壳是绝缘材料制成的则例外。

② 如果壳体上部表面是容易接近的，所有外壳的直接接触的最低防护等级应为 IP4X 或 IPXXD。

③ 所有挡板和外壳均应安全地固定在其位置上。在考虑它们的特性、尺寸和排列的同时应使它们有足够的稳固性和耐久性以承受正常使用时可能出现的变形和应力，而不减小规定的电气间隙。

④ 在有必要移动挡板、打开外壳或拆卸外壳的部件（门、护套、覆板和同类物）时，应满足只有在下列的一种条件下才允许开启外壳（即开门、罩、盖板等）。

- 必须由熟练人员或受过训练的人员使用钥匙或工具开启外壳，对于封闭电气工作区，应遵守特殊的技术要求。钥匙或工具的使用是为限制不熟练或没有受过训练的人员进入。
- 在打开门之前，应使所有的带电部件断电，因为打开门后有可能意外地触及这些带电部件。

这个技术要求可由门与切断开关组成（如电源切断开关）的联锁机构来实现，使得只有在切断开关断开后才能打开门，以及把门关闭后才能接通开关。

举例：将隔离器与一个门或几个门同时联锁，以使它们在隔离器断开时，才能被打开，而且在打开门时，隔离器不可能再闭合，除非解除联锁或使用工具。

在 TN-C 系统中，PEN 导体不应分离或断开；TN-S 系统中，中性导体不必分离或断开。

电柜背后门未与断开机构联锁时，应提供措施限制熟练人员或受过训练的人员接近带电体。

切断开关断开后所有仍然带电的部件应进行防护，其直接接触的防护等级应至少为 IP2X 或 IPXXB，这些部件应按规定标明警告标志。

以下情况除外：

① 由于连接联锁电路而可能带电的部件和用颜色区分可能带电的部件应符合颜色标识的规定。

② 若电源切断开关单独安装在独立的外壳中，它的电源端子可以不遮盖。

③ 只有当所有带电件直接接触的防护等级不低于 IP2X 或 IPXXB 时，才允许不用钥匙、工具或不切断带电部件去开启外壳。用遮栏提供这种防护条件时，要求使用工具才能拆除遮栏，或拆除遮栏时所有被防护的带电部分能自动断电。

应给控制设备装设一个内部屏障或活动挡板来遮挡所有的带电部件，这样，在门被打开时，操作人员不会意外地触及带电部件。此屏障或活动挡板应符合相关规定，它们可以被固定在其位置上，或者在打开门的一瞬间滑入其位置上。除非使用钥匙或工具，否则屏障或活动挡板不可能被取下。屏障或活动挡板一般均需加警告标志。

④ 对挡板后面或外壳内部的所有带电部件需要做临时处理时（如更换灯泡和熔芯），仅在下列条件得到满足时，方可在不用钥匙或工具，同时也不断开开关的情况下，移动、打开或拆卸挡板或外壳。

- 在挡板后面或外壳内设置一屏障，以防止人员意外碰到不带其他保护设施的带电部件，但不必防止有关人员故意用手越过挡板去触及带电部件。不用钥匙或工具则不能移动这层屏障。
- 如果带电部件的电压符合安全超低压的条件，则不需进行防护。

（3）用挡板或隔板实现成套设备内部的隔离。

用挡板或隔板进行隔离的典型形式见表 2.3.1。

利用屏障进行防护适用于开启式控制设备。用挡板或隔板（金属的或非金属的）将成套设备分成单独的隔室或封闭的防护空间以达到下述一种或几种状态。

① 防止触及相邻功能单元的危险部件。防护等级至少应为 IPXXB；

② 防止固体外来物从成套设备的一个单元进入相邻的单元。防护等级至少应为 IP2X。防护等级 IP2X 包括了防护等级 IPXXB。

如果制造商没有提出异议，则上述两个条件应适用。

表 2.3.1　用挡板或隔板进行隔离的典型形式（示例参见 GB 7251.1—2005 的附录 D）

主 判 据	补 充 判 据	形 式
不隔离		形式 1
母线与功能单元隔离	外接导体端子不与母线隔离	形式 2a
	外接导体端子与母线隔离	形式 2b
母线与功能单元隔离，所有的功能单元相互隔离，外接导体的端子与功能单元隔离，但端子之间相互不隔离	外接导体端子不与母线隔离	形式 3a
	外接导体端子与母线隔离	形式 3b
母线与功能单元隔离，并且所有的功能单元相互隔离，也包括作为功能单元组成部分的外接导体的端子	外接导体端子与关联的功能单元在同一隔室中	形式 4a
	外接导体端子与关联的功能单元不在同一隔室中，它位于单独的、隔开的、封闭的防护空间或隔室中	形式 4b

隔离形式和更高的防护等级应服从于制造商与用户之间的协议。

所有挡板和外壳均应安全地固定在其位置上。在考虑它们的特性、尺寸和排列的同时应使它们有足够的稳固性和耐久性以承受正常使用时可能出现的变形和应力，而不减小规定的电气间隙。

（4）用绝缘物防护带电部分。

带电体应用绝缘物完全覆盖住，只有用破坏性办法才能去掉绝缘层。在正常工作条件下绝缘物应能经得住机械的、化学的、电气的和热的应力作用。

例如把带电部件用绝缘材料包裹，电缆即为一例。

通常单独使用的油漆、清漆、喷漆、搪瓷或类似物品的绝缘强度不够，不能作为正常使用时的触电防护材料。油漆、清漆、喷漆和类似产品，不适于单独用于防护正常工作条件下的电击。

（5）用遮栏防护。

使用遮栏或外护物以防止与带电部分的任何接触。

（6）置于伸臂范围以外的防护或用阻挡物的防护。

阻挡物用以防止无意地触及带电部分，但不能防止故意绕过阻挡物有意地触及带电部分。

置于伸臂范围之外的防护只能用于防止无意地触及带电部分。

若汇流线系统和汇流排系统的防护等级低于 IP2X，则带电部分应用局部绝缘防护。

2）间接接触的防护

防止出现危险触摸电压可采取下列措施：采用 II 类设备或等效绝缘和电气隔离。

（1）采用 II 类设备或等效绝缘作防护。

这种措施用来预防由于基本绝缘失效而出现在易接近部件上的危险触摸电压。

这种保护通过下述一种或多种措施来实现：

- 采用 II 类电气设备或器件（双重绝缘、加强绝缘或符合国家标准《电击防护 装置和设备的通用部分》的等效绝缘）；
- 采用具有完整绝缘的控制开关设备和控制设备组合；
- 使用附加的或加强的绝缘。

采用完全绝缘防止间接接触必须满足下述要求：

① 电气组件应用绝缘材料完全封闭。外壳上应标有从外部易见的符号。

② 外壳采用绝缘材料制作,这种绝缘材料应能耐受在正常使用条件下或特殊使用条件下易于遭受的机械、电气和热应力,而且还应具有耐老化和阻燃能力。

③ 外壳上不应有因导电部件穿过而可能将故障电压引出壳体外的部位。

这就是说,金属部件,例如由于结构上的原因必须引出外壳的操作机构的轴,在外壳的内部和外部应按最大的额定绝缘电压与带电部件绝缘,而且(如果适用)应按控制设备中所有电路的最大额定冲击耐受电压绝缘。

如果操作机构是用金属做的(不管是否用绝缘材料覆盖),应按最大额定绝缘电压提供额定的绝缘,而且(如果适用)应按控制设备中所有电路的最大额定冲击耐受电压提供绝缘。

如果操作机构主要是用绝缘材料做的,若它的任何金属部件在绝缘故障时变得易接触,也应按最大额定绝缘电压与带电部件绝缘,而且(如果适用)也应按控制设备中所有电路的最大额定冲击耐受电压绝缘。

④ 控制设备准备投入运行并接上电源时,外壳应将所有的带电部件、裸露导电部件和附属于保护电路的部件封闭起来,以使它们不被触及。外壳提供的防护等级至少应为 IP3XD。如果保护导体穿过一个裸露的导电部件已被隔离的控制设备,并延伸到与控制设备负载端连接的电气设备,则该控制设备应配备连接外部保护导体的端子,并用适当标记加以区别。

在外壳内部,保护导体及其端子应与带电部件绝缘,且裸露导电部件应以与带电部件相同的方法进行绝缘。

⑤ 控制设备内部的裸露导电部件不应连接在保护电路上,也就是说不应把裸露导电部件用于保护电路这一防护措施中。这同时也适用于内装电气组件,即使它们具有用于连接保护导体的端子。

⑥ 如果外壳上的门或覆板不使用钥匙或工具也可打开,则应配备一个用绝缘材料制成的屏障,此屏障不仅可防止无意识地触及可接近的带电部件,而且还可防止无意识地触及在打开覆板后可接近的裸露导电部件。因此,此挡板不使用工具应不能打开。

(2)电气隔离。

单一电路的电气隔离,用来防止在该电路的带电部分基本绝缘失效时触及外露可导电部分而引起的电击电流。

电气隔离通常采用剩余电流保护器,剩余电流保护器只是用于加强直接接触防护的额外的措施。

3. 控制设备内部操作与维修通道

控制设备内部操作与维修通道必须符合 IEC 60364-4-481 的要求。

控制设备内极限深度约 1m 的凹进部分不应视为通道。

4. 对经过允许的人员接近运行中的控制设备的要求

根据制造商与用户的协议,经过允许的人员接近运行中的控制设备,必须满足下述制造商和用户同意的一项或几项要求。当经过允许的人员获准接近控制设备时,双方同意的要求生效,例如,控制设备或其部件带电时,经过允许的人员可借助工具或用解除联锁的办法接近控制设备。

1)对进行检查和类似操作而接近控制设备的要求

在控制设备带电运行的情况下,控制设备的设计与布置应使制造商与用户间商定的某些操作项目得以进行。这类操作可以是:

(1)直观检查。

① 开关器件及其他元器件;

② 继电器和脱扣器的定位和指示器;

③ 导线的连接与标记。

(2)继电器、脱扣器及电子器件的调整和复位。

(3)更换熔芯。

(4)更换指示灯。

(5)某些故障部位的检测,如用设计适宜并绝缘的器件测量电压和电流。

2)对进行维修而接近控制设备的要求

(1)机柜应设计成当柜体打开且其他保护措施(如有)移去时,在按制造厂规定进行安装和维修的过程中需要接近的所有部件都能容易接近。

(2)为了接纳外部导体从进口孔进入机柜,机柜内应有足够的空间以确保导体可靠连接到接线端子上。

(3)如果电气控制设备的柜体装有按钮,则按钮应从柜体的内部拆除。如从电气及控制设备的柜体外部拆除,则需要专用工具。

(4)在相邻的功能单元或功能组仍带电的情况下,对控制设备中已断开的功能单元或功能组按照制造商和用户的协议进行维修时,应采取必要的措施。措施的选择取决于使用条件、维修周期、维修人员的能力、现场安装规则等。这些措施包括适当的隔离形式的选择,可以是:

① 在需维修的单元或功能组和相邻的功能单元或功能组之间应留有足够大的空间。建议对维修中可能移动的部件装配夹持固定设施;

② 使用用来防止直接接触邻近功能单元或功能组的挡板;

③ 对每个功能单元或功能组使用隔室;

④ 插入制造商提供或规定的附加保护器件。

3)对带电情况下为扩展设备而接近控制设备的要求

若要求将来能在其余部分带电的情况下,用附加的功能单元或功能组来扩展设备,应根据制造商和用户的协议,采用对进行维修而接近成套设备的要求的规定。这些要求同时适用于在现有电缆带电的情况下,增加出线电缆。

母线的扩充和附加的单元与其进线电源连接时,不应在带电的情况下进行,除非控制设备的设计允许带电连接。

2.3.1.4 机柜接地的结构设计要求

(1)机柜应符合接地要求。一般情况下,其接地引出线处的直流搭接电阻不大于0.01Ω。

(2)柜体必须有良好的接地,柜体上应设有专用接地螺柱,并有接地标记。接地螺柱的直径与接地铜导体截面、电气设备电源线截面的关系(对固定安装的电气设备)见表2.3.2。

表 2.3.2　接地导体、螺柱关系表

电源线导体截面 S（mm^2）	接地铜导体件最小截面 Q（mm^2）	接地螺柱直径（mm）
$S<4$	$Q=S$，但不小于 1.5	6
$4<S<120$	$Q=1/2S$，但不小于 4	8
$S>120$	$Q=70$	10

（3）在海上运行的电柜内的接地螺栓用铜制。如采用钢质螺栓，必须在电箱外壳上漆前用包带可靠地将其紧密包扎，以防止油漆覆层影响接地效果。必须保证箱壳完毕时接地螺钉无锈迹。

（4）不论电柜柜门上是否安装组件，都必须安装接地螺钉，柜门接地螺钉必须采用焊接结构。

（5）保护及工作接地的接线柱螺纹直径应不小于 6mm。专用接地接线柱或接地板的导电能力，至少应相当于专用接地导体的导电能力，且有足够的机械强度。

（6）电气连接接通性能。

机柜、框架结构需备有供可靠接地，且直径不小于 8mm 的螺母（螺钉或接地用的结构组件）。机柜结构上的各个金属件与接地螺母（螺钉或接地组件）间的连通电阻实测值，不得超过 0.01Ω（允许并接的紫铜线带或其他措施）。

（7）金属外壳的固定部分应与电气及控制设备的其他外露导电部件在电气上连接并连接到接地端子上，使它们能良好地接地或接到保护导体上去。

（8）外壳的可拆卸金属部分就位时绝不能与带有接地端子的部件绝缘。

2.3.2　机柜安全防护设计

2.3.2.1　安全稳定性设计

安全稳定性指产品在规定条件下和规定时间内，完成规定功能的能力。所以，安全稳定性是产品质量的时间指标，是产品性能能否在实际使用中得到充分发挥的关键之一。安全稳定性设计必须与机电产品的功能设计同步进行，设计人员必须明确安全稳定性设计的目的并掌握安全稳定性设计的方法。

（1）控制设备不允许由于振动、大风或其他外界作用力而翻倒。在进行元器件安装位置设计时，应使其有较合理的重心位置。

（2）如果控制设备的稳定性只有通过在安装和使用现场采取一定的方式或特殊措施才能实现，则应在设备上或使用说明书中加以说明。

（3）固定式控制设备可设计固定孔，在固定点埋设地脚螺钉或其他限位部件，以保证稳定性。

（4）应参照前述标准采取电击防护措施，防止操作人员直接或间接接触带电体。

（5）应对电控系统采取较完善的屏蔽措施，防止受雷电感应过电压损害。带面板的控制柜各侧一般宜用薄钢板做成，并连接到等电位连接带上。

2.3.2.2 温升

表 2.3.3 给出了电气控制设备的温升限值，在平均环境温度低于或等于 35℃、按照要求对成套设备温升进行验证时，不应超过此值。一个组件或部件的温升是指按照国家标准的要求所测得的该组件或部件的温度与成套设备外部环境空气温度的差值。

表 2.3.3 温升限值

成套设备的部件	温升/K
内装组件[1]	根据不同组件的有关要求，或根据制造商的说明书（如有），考虑控制设备内的温度
用于连接外部绝缘导线的端子	70[2]
母线和导体，连接到母线上的可移式部件和抽出式部件插接式触点	受下述条件限制： ——导电材料的机械强度； ——对相邻设备的可能影响； ——与导体接触的绝缘材料的允许温度极限； ——导体温度对与其相连的电气组件的影响； ——对于接插式触点，接触材料的性质和表面的加工处理
操作手柄： ——金属 ——绝缘材料	15[3] 20[3]
可接近的外壳和覆板： ——金属表面 ——绝缘表面	30[4] 40[4]
分散排列的插头与插座	由组成设备的元器件的温升极限而定[5]

(1)"内装组件"一词指：
——常用的开关设备和控制设备；
——电子部件（如整流桥、印制电路等）；
——设备的部件（如调节器、稳压电源、运算放大器等）。
(2)温升极限为 70K 是根据常规试验而定的数值。在安装条件下使用或试验的控制设备，由于接线、端子类型、种类、布置与试验（常规）所用的不尽相同，因此端子的温升会不同，这是允许的。如果内装组件的端子同时也是外部绝缘导体的端子，较低的温升极限值是适用的。
(3)那些只有在控制设备打开后才能接触到的操作手柄，如事故操作手柄、抽出式手柄等，由于不经常操作，故允许有较高的温升。
(4)除非另有规定，那些可以接触，但在正常工作情况下不需触及的外壳和覆板，允许其温升提高 10K。
(5)就某些设备（如电子器件）而言，它们的温升限值不同于那些通常的开关设备和控制设备，因此有一定程度的伸缩性。

一个组件或部件的温升是指按照试验标准要求所测得的该组件或部件的温度与控制设备外部环境空气温度的差值。

根据使用环境条件、可靠性要求，考虑通风散热。在考虑散热方式时，应尽可能地采用自然冷却方式；自然冷却方式不能满足散热要求时，可采用强制风冷、水冷或其他冷却方式。

2.3.2.3 电气联锁

（1）对于抽出式结构，设计的结构中能安装电气联锁用的器件，如微动开关等，应保证系统在试验、连接、分离位置时的电气相互联锁,防止误操作。

(2) 联锁装置必须能互锁以免松开时伤人。也要防止锁因意外而打开,因为这可能伤人或损坏设备。

(3) 只有在下列的一种条件下才允许开启外壳(即开门、罩、盖板等):

① 必须使用钥匙或工具由熟练人员或受过训练的人员开启外壳,对于封闭电气工作区,应遵守特殊的技术要求。钥匙或工具的使用是为限制熟练人员或受过训练的人员进入。

② 开启外壳之前先切断其内部的带电部件。

这个技术要求可由门与切断开关(如电源切断开关)的联锁机构来实现,使得只有在切断开关断开后才能打开门,以及把门关闭后才能接通开关。

例外:下列情况可用供方规定的专门器件或工具解除联锁:

- 当解除联锁时,不论什么时候都能断开并在断开位置锁住或其他防止未经允许闭合切断开关。
- 当关上门时,联锁功能自动恢复。
- 当设备需要带电对电器重新调整或整定时,可能触及的所有带电部件的防止直接接触的防护等级应至少为 IP2X 或 IPXXB,门内其他带电部件防止直接接触的防护等级应至少为 IP1X 或 IPXXA。
- 专门器件或工具的使用仅限于熟练人员或受过训练的人员。

③ 只有当所有带电件直接接触的防护等级不低于 IP2X 或 IPXXB 时,才允许不用钥匙或工具和不切断带电部件去开启外壳。用遮栏提供这种防护条件时,要求使用工具才能拆除遮栏,或拆除遮栏时所有被防护的带电部分能自动断电。

2.3.2.4 抽出式部件的隔离距离

(1) 如果功能单元安装在抽出式部件上,如设备处于新的条件下,抽出式部件的隔离距离至少要符合关于隔离器规定的要求,同时要考虑到制造公差和由于磨损而造成的尺寸变化。

(2) 为成套设备所规定的防护等级一般适合于可移式和/或抽出式部件的连接位置,制造商应指出在其他位置和在不同位置之间转移时所具有的防护等级。

带有抽出式部件的成套设备可设计成其在试验位置和分离位置以及从一个位置向另一个位置转换时仍保持如同连接位置时的防护等级。

如果在可移式部件或抽出式部件移出以后,成套设备不能保持原来的防护等级,应达成采用某种措施以保证适当防护的协议。制造商产品目录中给出的资料可以作为这种协议。

2.3.2.5 隔室

电气控制柜各功能单元均用钢板隔离,当任何一个功能单元发生事故时,均不影响其他单元,防止事故扩大。

柜体应有辅助电缆隔室用于布置各种控制信号线并作为通信电缆通道,且该隔室应远离主回路或大电流母线。在辅助电缆隔室中还应留有安装通信接口器件、连接端子、电源模块等的空间。通信电缆应有可能与其他控制信号线分开布置。

在主进线柜或其他机柜设计中,应有专门隔室用于安装系统中的控制器件,如 PLC、控制电源、人机界面 HMI 等。

2.3.2.6 电柜、门和通孔

（1）根据现场安装位置、操作、维修方便等要求，设计电气控制柜的开门方式及形式。

紧固门和盖的紧固件应为系留式的。为观察内部安装的指示器件而提供的窗，应选择合适的能经受住机械应力和耐化学腐蚀的材料，如 3mm 厚的钢化玻璃和聚碳酸酯板。

（2）建议电柜门使用垂直铰链，最好是提升拆卸形式，开角最小 95°，门宽不超过 0.9m。

（3）门、罩和盖与外壳的结合面和密封垫应能经受住机构所用的侵蚀性液体、油、雾或气体的化学影响。为了运行或维修而需要开启或移动的电柜上的门、罩和盖，应采取保持其防护等级的措施：

牢靠紧固在门、盖或电柜上；

不应由于门、盖的移开或复位而损坏并使防护等级降低。

（4）当外壳上有通孔（如电缆通道），包括通向地板或地基和通向机械其他部件的通孔，均应提供措施以确保获得设备规定的防护等级。电缆的进口在现场应容易再打开。机械内部装有电器件的壁龛底面可提供适当的通孔，以便能排除冷凝水。

在装有电气设备的壁龛和装有冷却液、润滑或液压油的隔间或可能进入油液、其他液体以及粉尘的隔间之间不应有通孔。这个要求不适用于专门设计的在油中工作的电器（如电磁离合器），也不适用于需要施用冷却液的电气设备。

（5）如果电柜中有安装用孔，应注意安装应不致削弱这些孔所要求的防护等级。

2.3.3 控制柜外观与造型设计要求

2.3.3.1 控制柜的造型设计

（1）控制柜产品外观设计，应分主次做到稳重、淳朴、坚实、细腻、挺拔、明快、协调、新颖。

（2）设计机柜时，应考虑人-机关系和工程美学原理。造型美观，色彩协调，人-机安全。

（3）控制柜产品造型设计，应符合国家标准《电工控制设备造型设计导则》的规定。控制设备的外观造型设计应具有新颖性、实用性，满足用户的普遍审美要求。

（4）控制柜产品及其组装结构件的外观表面，应光洁平整、精确，不能有明显的凹凸不平或机械划伤，也无裂纹、毛刺、破坏性压痕或严重锈蚀等缺陷。

（5）机柜外观要求各钣金零件间的连接螺钉及板材端面不外露，一般相邻钣金件向内折边，并且相互包边，这样既加强了钣金件的强度，又具有防水的作用，在控制电柜壳体等 IP 防护等级要求较高的地方还通常采用折边压密封条的方式，这样既防水又防尘。

（6）机柜外观要求各面棱边尽量保持圆滑一致，零件间接合缝均匀一致，因此相邻钣金零件间的接缝最好不与棱边重合，也不能处在圆弧的曲面上。拼焊时一般将接缝位置放在顶面、底面、背面等不外露或看不到的地方，并采用斜接缝，以使三条棱边均为一致的折弯成型的光滑圆弧。当然，机柜外观和机柜造型对钣金零件的结构还有其他多方面的要求和限制。

2.3.3.2 控制柜的表面涂覆

（1）为了确保防腐，控制设备应采用防腐材料或在裸露的表面涂上防腐层，同时还要考虑使用及维修条件。机柜的防护性和装饰性表面涂覆，应符合有关国家标准的规定。

（2）控制设备的外壳不允许使用红颜色。

（3）涂漆应有良好的附着力，在控制柜的正面和侧面的漆膜不得有皱纹、流痕、针孔、起泡、透底漆等缺陷。漆膜的外观要求均匀、平整、光滑，用肉眼看不到刷痕、伤痕、修整痕迹和明显的机械杂质等。面板有两种以上颜色的，要求界线分明。

2.3.3.3 特殊要求

（1）当机柜在适于霉菌生长的场所使用时，机柜应具有抗霉菌的能力。

（2）当机柜用于海洋、滩涂或舰船控制设备时，机柜应具有抗盐雾腐蚀的能力。

（3）当机柜用于特殊环境时，应满足表2.3.4中相应技术条件的要求。

表2.3.4 机柜的环境适应性

项目	地面 车载 机载	舰载
低温	温度等级和持续时间根据使用条件按 GB2423.1 第五章选取	试验等级按 GJB4.3 第二章选取
高温	温度等级和持续时间根据使用条件按 GB2423.2 第五章选取	试验等级按 GJB4.2 第二章选取
大气压力	当地压力	
冲击	峰值加速度和持续时间根据使用条件按 GB2423.5 第四章选取	试验等级按 GJB4.9 第二章选取
颠振	—	试验等级按 GJB4.8 第二章选取
运输	路面：三级公路中级路面，四级公路中级与低级路面； 车速：中级路面为 35～40 km/h，低级路面为 20 km/h	—
振动	频率范围、位移幅值及持续时间根据使用条件按 GB2423.10 第四章选取	试验等级按 GJB4.7 第二章选取
恒定温湿	40 ± 2 ℃ 达 (90^{+2}_{-3}) % 持续时间根据使用条件按 GB2423.3 第三章选取	试验等级按 GJB4.5 第二章选取
霉菌	试验用菌种按 GB2423.16 第三章选取	试验等级按 GJB4.10 第二章选取
盐雾	持续时间按 GB2423.17 第三章选取	试验等级按 GJB4.11 第二章选取

2.3.4 便利性设计

2.3.4.1 检修便利性结构设计要求

1. 控制设备中电气组件和电路的布置应便于操作和维修，同时要保证必要的安全等级

（1）有足够的使用工具操作的空间位置。

（2）机箱、门和有铰链的盖子都要用圆边和圆角。向外伸出的边缘长度越短越好。

（3）保护工作人员不受锋利的边、毛刺、尖角的伤害。凡向外突出的东西都应尽量避免或予以包垫，或显著标明。

（4）最好使用凹入型把手而勿用外伸型，以节省空间，避免伤人，也免得绊上其他组件、线路或结构。

2. 结构要简单可靠，操作便捷，其优选顺序为

（1）快速解脱的紧固件：长锁→扣锁→夹持器→系留紧固件→螺钉→螺栓。

（2）用手操作的：能用多种通用工具操作→使用一种通用工具操作→专用工具操作（尽量避免）。

2.3.4.2 控制柜的搬运结构设计

（1）控制设备机柜的外形尺寸应能满足运输标准的要求，应便于移动和搬运。
（2）控制设备机柜的结构强度及刚度应能保证在移动和搬运过程中不会损坏。
（3）机柜设计时应标明控制设备及其零部件的重量，注明拆卸部分位置及重量。
（4）为便于电气控制柜移动、运输、安装、维修、搬运，保证其运动过程中安全可靠，应设计合适的起吊勾或在箱体底部设计活动脚轮。
（5）在规定的运输、冲击、颠振和振动环境下，应能可靠地工作；必要时，机柜应有隔振装置。应掌握机柜安装地点的振动情况，据此提出不同的防振措施，如使用垫橡皮垫、防振弹簧等。

2.3.5 改善控制柜工作条件的措施

2.3.5.1 考虑大气湿度所采取的设计

户外控制设备或封闭式户内控制设备用于高湿度或温度变化范围很大的场所时，应采取适当的措施（通风或内部加热、排水孔等）防止控制设备内产生有害的凝露，同时仍应保持规定的防护等级。

要求采取正确的电气设备设计来防止偶然性凝露的有害影响，必要时采用适当的附加设施，如内装加热器、空调器、排水孔等。

1. 降低湿度设计

（1）加热是降低环境湿度、防止凝露危害的有效技术手段。
（2）对设备或组件进行密封是防止潮气及盐雾长期影响的最有效的机械防潮方法。
（3）为了防潮，元器件表面可涂覆有机漆。对元器件可以采取憎水处理及浸渍等化学防护措施。
（4）对于不可更换的或不可修复的元器件组合装置可以采用环氧树脂灌装。
（5）采用密封措施时，必须注意解决好设备或组合密封后的散热问题，如利用导热性好的材料作外壳，或采用特殊导热措施。还必须注意消除可能在设备内部造成腐蚀条件的各种因素。
（6）为了防止霉菌对电气控制设备造成危害，应对设备的温度和湿度进行控制，降低温度和湿度并保持良好的通风条件，以防止霉菌生长。

2. 防腐设计

（1）选择耐腐蚀金属材料，也可以考虑选用工程塑料等非金属材料代替金属材料。
（2）合理选择材料，降低互相接触金属（或金属层）之间的电位差。
（3）当必须把不允许接触的金属材料装配在一起时，可以在两种金属之间涂敷保护层或放置绝缘衬垫；在金属上镀以允许接触的金属层；尽可能扩大阳极性金属的表面积，缩小阴极性金属的表面积。

（4）避免不合理的结构设计。如避免积水结构，消除点焊、铆接、螺纹紧固处缝隙腐蚀；避免引起应力集中的结构形式；零件应力值应小于屈服极限的75%。

（5）采取适当的工艺消除内应力；加厚易腐蚀部位的构件尺寸。

（6）采取耐腐蚀覆盖层。金属覆盖层（锌、镉、锡、镍、铜、铬、金、银等镀层）；非金覆盖层（油漆等）；化学处理层（黑色金属氧化处理——发蓝、黑色金属的磷化处理、铝及铝合金的氧化处理、铜及铜合金纯化和氧化处理等）。

为了防止盐雾对设备的危害，应严格电镀工艺，保证镀层厚度，选择合适的电镀材料（如铅—锡合金）等，这些措施对盐、雾、雨、海水具有十分可观的抵抗能力。

2.3.5.2 冷却降温

冷却是降低电气控制设备环境工作温度，提高设备工作可靠性的有效方法。

控制设备可采用自然冷却或强制冷却（风冷或水冷）。安装场地如果要求有特殊措施保证良好的冷却，那么制造商应提供必要的资料（例如，给出与阻碍散热或自身产生热的部件之间的距离）。

1. 冷却设计原则

（1）考虑经济性、体积及重量等，应最大限度地利用传导、辐射、对流等基本冷却方式，避免外加冷却设施。

（2）冷却方法优选顺序为：自然冷却→强制风冷→液体冷却→蒸发冷却。

（3）优先考虑利用金属机箱或底盘散热。

（4）力求使所有的接头都能传热，并且紧密地安装在一起以保证最大的金属接触面。必要时，建议加一层导热硅胶以提高产品传热性能。

（5）器件的方向及安装方式应保证最大对流。

（6）选用导热系数大的材料制造热传导零件，如银、紫铜、氧化铍陶瓷及铝等。

（7）加大热传导面积和传导零件之间的接触面积。在两种不同温度的物体相互接触时，接触热阻是至关重要的。为此，必须提高接触表面的加工精度、加大接触压力或垫入软的可展性导热材料。

（8）设置整套的冷却系统，以免在底盘抽出维修时不能抗高温的器件因高温热而失效。

（9）将热敏部件装在热源下面，或将其隔离。对靠近热源的热敏部件，要加上光滑的涂上漆的热屏蔽。

（10）为利于控制柜箱内电器的通风散热，在箱体适当部位设计通风孔或通风槽，必要时应在柜体上部设计强迫通风装置与通风孔。

2. 空气冷却

1）自然冷却

采用空气自然冷却时，散热器周围应留有足够的空间，以保证组件所需要的冷却条件。

2）强迫风冷

采用强迫风冷的设备，必要时，进风口处应装有过滤装置，以滤除空气中的尘埃，或者采用经过过滤的空气作为进风。进口风温应由产品技术文件作出规定。

（1）使用通风机进行风冷，使功率元器件温度保持在安全的工作温度范围内。通风口必须符合电磁干扰、安全性要求，同时应考虑防淋雨要求。

（2）空气冷却系统需根据散热量进行设计，并应考虑下列条件：在封闭的设备内压力降低时应通入的空气量、设备的体积，在热源处保持的安全工作温度，以及冷却功率的最低限度（即使空气在冷却系统内运动所需的能量）。在计算空气流量时，要考虑因空气通道布线而减少的截面积。

（3）设计时注意使强制通风和自然通风的方向一致。保证进气与排气间有足够的距离。非经特别允许，不可将通风孔及排气孔开在机箱顶部或面板上。

（4）设计强制风冷系统应保证在机箱内产生足够的正压强。进入的空气和排出的空气之间的温差不应超过 14℃。

（5）设计时应注意使风机驱动电动机冷却。

（6）冷却设计应尽量减少噪音与振动，包括风机与设备箱间的共振。

（7）用于冷却内部部件的空气须经过滤，否则大量污物将积在敏感的线路上，引起功能下降或腐蚀（在潮湿环境中会加速进行）；污物还能阻碍空气流通，起绝热作用，使部件得不到冷却。

（8）不要重复使用冷却空气。如果必须使用用过的空气或连续使用，空气通过各部件的顺序必须仔细安排。要先冷却热敏零件和工作温度低的零件，保证冷却剂有足够的热容量来将全部零件维持在工作温度以内。

3．液体冷却

（1）设备采用水冷时，冷却水循环系统应装有过滤装置。冷却水循环系统（管路、阀门等）不能采用铁制品（不锈钢例外），推荐采用塑料、尼龙制品。热交换器允许采用紫铜管。

（2）水冷却系统的水质，应符合下列要求：

① 设备额定直流电压在 630V 以下时，电导率不应大于 0.5ms/m。

② 设备额定直流电压在 630~1000V 时，电导率不应大于 0.1ms/m。自然水冷却的 50V 以下设备，电导率不应大于 0.04s/m，酸度（pH 值）6~9；溶解性总固体含量不应大于 1000mg/L，总硬度（以碳酸钙计）应小于 450mg/L。

（3）液冷却系统的管路应畅通，在额定压力下，其流量及出口水温应符合产品技术条件的规定。

（4）冷却管路的连接应正确可靠，使用软管连接时应无扭折和裂纹。

（5）液冷却系统的管路，应施加 200±25kPa 压力进行水压试验，时间为 30min，管路应无渗漏现象。油浸式油箱，应施加 35±5kPa 压力进行油压试验，时间为 12h，应无渗漏和油箱变形现象。对风冷系统应检查风道畅通，确保过滤器无堵塞现象。

4．蒸发冷却

（1）若设备必须在较高的环境温度下或高密度热源下工作，以致自然冷却或强制风冷法或液冷均不适合使用时，可以使用蒸发冷却法。

（2）蒸发冷却如果必须用液冷法，最好用水作冷却剂。

（3）设计时注意使冷却剂能自由膨胀，而制冷系统则须能承受冷却剂的最大蒸汽压力。

（4）要确保冷却剂不致在最高的工作温度以下沸腾（如有必要，应安装温度控制器件），还应确保冷却剂不致在最低温度以下结冰。上述任一情况都会导致管道破裂。

(5) 注意管道必须合乎要求,设备必须严封,严防气塞。

(6) 冷气循环的吸气孔与过滤网必须装置适当。

(7) 注意冷却系统的吸气孔应在较低部位而排气阀应在较高部位。在每一个断开处安装检查阀。

(8) 要避免蒸汽在设备内冷凝。

(9) 设计冷却系统时,必须考虑到维修。要从整个系统的视点出发来选择热交换器、冷却剂以及管道。冷却剂必须对交换器和管道没有腐蚀作用。

2.4 机柜钣金加工的工艺设计

机柜结构件的工艺性是指零件在机械加工中的难易程度。良好的工艺应保证材料消耗少,工序数目少,模具结构简单,使用寿命长,产品质量稳定。在一般情况下,对钣金件工艺性影响最大的是材料的性能、零件的几何形状、尺寸和精度要求。

机柜的工艺设计主要是解决机柜的可加工性问题。机柜零部件通常都不采用成型模具批量加工,因此零部件的设计一定要充分考虑到零部件的可加工性,并使其具有最佳的加工工艺路线。这就要求我们必须了解机柜的加工过程,才能这样对设计中给出的尺寸、公差、技术条件等提出合理的要求,达到较好的加工工艺性。因此,可以说是设备的加工能力和工艺路线决定了零部件的具体结构。

工艺设计主要包括选定工艺材料、工艺装备与工艺方法三个方面。目前在结构及工艺设计中 CAD 技术虽然基本已经普及,但是 CAM 技术距离普及尚有较大差距。许多新的工艺技术,例如,钢型材冷滚弯成型、连续闪光对焊、气体保护焊、螺钉储能焊接、步进孔精密加工、高压静电粉末喷涂等在机柜生产中的使用和推广,使我国的机柜工艺水平和加工能力有了很大提高。

工艺设计虽然在此处单独提出,但是在实际工作中工艺设计与结构设计是同步进行的,即在进行结构设计时必须同时考虑工艺设计问题,因为只有具备较好的加工工艺性的结构设计才具有使用价值。工艺设计除了必须解决可加工性问题外,如何保证加工工艺的稳定性以保障产品质量,也是工艺设计必须解决的问题。这涉及大量的工艺文件编制工作,我们将在第 3 章进行介绍。

2.4.1 机柜制作材料的工艺性

机柜材料的物理性能直接影响到机柜的防尘、防潮和对带电粒子多的环境内柜内组件的灭弧保护。机柜材料的焊接性能,直接影响到机柜的焊接工艺。机柜材料的机械性能直接影响钣金技术方面的剪、冲、折等机械加工工艺及加工设备的选用。机柜材料的机械性能还直接影响到钣金加工的模具设计、夹具设计和钣金工艺。机柜材料的化学性能直接影响机柜的表面处理工艺。机柜材料的价格直接影响到机柜的生产成本和经济效益。因此,为机柜相应的结构选择最合理的材料具有十分重要的意义。

目前,热轧角钢、槽钢等普通型材整体焊接结构已基本被淘汰,冷轧钢板弯曲成型和冷滚弯轧制型材的装配式结构已经基本普及。除使用异型骨架之外,还采用整体板材成型,这样不仅减少了许多过渡件,还可以提高柜体强度。有色金属及其合金在机柜中的应用比例有所提高。由于装配式机柜的普及,有色金属及其合金(如铝及其合金、锌合金等)以其成型容易、可制造复杂形状及结构、精度高的优点,作为连接件、装饰件甚至主要支撑骨架,已广泛应用于机柜结构中。

2.4.1.1 机柜常用钢板

机柜加工一般用到的材料有冷轧钢板、热轧钢板、镀锌钢板、铝板、铝型材、不锈钢(镜面、拉丝面、雾面)等。机柜产品作用不同,选用材料也不同,一般需从产品用途及成本上来考虑。机柜零部件常用金属材料有以下几种。

1. 冷轧薄钢板

冷轧薄钢板是碳素结构钢冷轧板的简称,它是由碳素结构钢热轧钢带,经过进一步冷轧制成的厚度小于4mm的钢板。由于在常温下轧制,不产生氧化铁皮,因此,冷板表面质量好,尺寸精度高,再加之退火处理,其机械性能和工艺性能都优于热轧薄钢板。常用的牌号为低碳钢08F和10#钢,材料厚度不大于3.2mm。其具有良好的落料、折弯性能,成本低,易成型,主要用于电镀、喷塑和烤漆件。

2. 连续电镀锌冷轧薄钢板

连续电镀锌冷轧薄钢板即电解板,指电镀锌作业线上在电场作用下,锌从锌盐的水溶液中连续沉积到预先准备好的钢带上得到表面镀锌层的过程。因为工艺所限,镀层较薄,主要用于喷涂件。

3. 连续热镀锌薄钢板

连续热镀锌薄钢板简称镀锌板或白铁皮,是厚度0.25~2.5mm的冷轧连续热镀锌薄钢板和钢带。与电镀锌板相比,其表面镀层较厚,主要用作要求耐腐蚀性较强的不作表面处理的平板件。

4. 覆铝锌板

覆铝锌板的铝锌合金镀层是由55%铝、43.4%锌与1.6%硅在600℃高温下固化而形成的致密的四元结晶体保护层,具有优良的耐腐蚀性,正常使用寿命可达25年,比镀锌板长3~6倍,与不锈钢相当。覆铝锌板的耐腐蚀性来自铝的障碍层保护功能和锌的牺牲性保护功能。当锌在切边、刮痕及镀层擦伤部分作牺牲保护时,铝便形成不能溶解的氧化物层,发挥屏障保护功能。

上述2、3、4钢板统称为涂层钢板,涂层钢板加工后可以不再电镀、油漆,切口不做特殊处理,便可直接使用,也可以进行特殊磷化处理,提高切口耐锈蚀的能力。零件喷涂前也不用酸洗,提高了加工效率。从成本分析看,采用连续电镀锌薄钢板,可不必将零件送去电镀,节省电镀时间和运输费用。

5. 不锈钢板

具有耐腐蚀性强、导电性能良好、强度较高等优点,表面可不作任何处理,也可进行镜面、拉丝面、雾面等加工,使用非常广泛。但也要充分考虑它的缺点:材料价格很贵,是普通镀锌板的4倍;材料强度较高,对数控冲床的刀具磨损较大,一般不适合在数控冲床上加工;不锈钢板的压铆螺母要采用高强度的特种不锈钢材料,价格很贵;压铆螺母铆接不牢固,经常需要再点焊;表面喷涂的附着力不高,质量不宜控制;材料回弹较大,折弯和冲压时不易保证形状和尺寸精度。

2.4.1.2 铝和铝合金板

通常使用的铝和铝合金板主要有以下三种材料:防锈铝3A21、防锈铝5A02和硬铝2A06。

防锈铝3A21即为老牌号LF21,系AL—Mn合金,是应用最广的一种防锈铝。这种合金的强度不高(仅高于工业纯铝),不能热处理强化,故常用冷加工方法来提高它的力学性能;在退火状态下有高的塑性,在半冷作硬化时塑性尚好,冷作硬化时塑性低,耐蚀性好,焊接性良好。

防锈铝5A02即为老牌号LF2,系AL—Mg防锈铝。与3A21相比,5A02强度较高,特别是具有较高的疲劳强度、塑性与耐蚀性。热处理不能强化,用接触焊和氢原子焊焊接性良好,氩弧焊时有形成结晶裂纹的倾向,合金在冷作硬化时有形成结晶裂纹的倾向。合金在冷作硬化和半冷作硬化状态下可切削性较好,退火状态下可切削性不良,可抛光。

硬铝2A06为老牌号的LY6,是常用的硬铝牌号。硬铝和超硬铝比一般的铝合金具有更高的强度和硬度,可以作为一些面板类的材料,但是塑性较差,不能进行折弯,否则会造成外圆角部位有裂缝或者开裂。

2.4.1.3 常用板材的性能比较

表2.4.1 几种常用板材的性能比较

材料	价格系数	搭接电阻(mΩ)	数控冲床加工性能	激光加工性能	折弯性能	涨铆螺母工艺性	压铆螺母工艺性	表面喷涂	切口防护性能
冷轧钢板镀蓝锌	1.0		好	好	好	好	好	一般	较好
冷轧钢板镀彩锌	1.2	27	好	好	好	好	好	一般	好
连续电镀锌钢板	1.7	26	好	好	好	好	好	一般	最差
热镀锌钢板	1.3	26	好	好	好	好	好	一般	较差
一般覆铝锌板	1.4	23	好	好	好	好	好	一般	差
不锈钢	6.5	60	差	好	一般	差	很差	差	好
防锈铝板	2.9	46	一般	极差	好	好	好	一般	好
硬铝、超硬铝板	3.0	46	一般	极差	极差	好	好	一般	好
T2铜板	5.6		好	极差	好	好	好	一般	好
黄铜板	5.0		好	极差	好	好	好	一般	好

注:1. 表中的数据与材料具体的牌号和厂家均有关系,仅作为定性参考。
2. 铝合金、铜合金板材在激光切割上加工性极差,一般不能采用激光加工。

2.4.2 下料方法的选择

生产加工技术是将设计成果转化为产品的关键,而加工技术又和设计这种纯粹理论的东西不同,有些是理论保证不了的,必须依靠合理的工艺设计、可靠的设备精度、工人的操作技术水平和敬业精神。产品质量要求决定生产工艺,工艺步骤和细节是机柜性能品质的保证。

零部件的加工方法有很多，并不是唯一的。按照自己企业的现有设备和加工能力选择合理的加工工艺是完成零部件加工的首要条件。因此在选择加工工艺方法时，应进行认真分析对比，通过分析比较，在保证产品质量和满足生产批量要求的前提下，从几个可行方案中选择一种在技术和经济上都较为合理的最佳方案。

2.4.2.1 常用下料方法

1. 锯割

手工锯割依靠装在锯弓上的锯条来回锯削达到切断的目的。由于存在切削的过程，及时排屑，切割效果比较好。手工锯割效率低，多用于修配。

弓形往复锯床和带锯机以机械动力代替人力，生产效率得到提高，主要用于下标准型材、方管、圆管、圆棒料之类，虽然成本低，但加工精度低。

现在普遍使用的电动曲线锯，灵巧好用，方便省力，速度快，效率高，缺点是噪音较大。

2. 砂轮切割

砂轮切割机、角磨机通过高速旋转的砂轮磨开材料。高速旋转的砂轮，产生大量的热，导致熔化的颗粒飞离出去，空位一出现，自然就断了。砂轮切割成本低廉，容易操作，特别是型材下料、板料切槽开孔，方便快捷，应用广泛。砂轮切割中应控制好进给量，避免材料过热变色和砂轮破裂。

3. 剪床

剪床只能用于板材的下料。利用剪床剪切条料和简单料件，主要用于模具落料成型的加工准备。剪床下料成本低，精度低于0.2mm，但只能加工无孔无切角的条料或块料。

2.4.2.2 剪床下料工艺设计

1. 下料尺寸不大于板材规格

受剪床及板材尺寸规格的限制，下料单中不得出现冷板长、宽均大于2500mm，厚2.5mm和3.0mm的镀锌板长、宽均大于2500mm，不锈钢板长、宽均大于2200mm的尺寸。如冷板出现2310mm×2450mm的尺寸就无法下料。

2. 有组焊要求的钣金件沿长边下料

为减少组焊时间，箱体长边应该用折弯成型，短边留作拼焊。当宽度方向尺寸大于高度方向尺寸时，应该将上下堵头改成左右堵头。其余拼焊的箱体分解方向参照此原则执行。

3. 下料单中对颜色及镀涂有特殊要求的钣金件的标注

（1）底座颜色的标注：下料单中未标注底座颜色的，底座为黑色。如果有特殊要求需在下料单备注中注明，如与柜同色等。

（2）资料盒颜色的标注：下料单中未标注资料盒颜色的，资料盒为橘黄色。如果有特殊要求需在下料单备注中注明，如与柜同色等。

(3) 安装板涂镀的标注：下料单中安装板如果用镀锌板需在下料单备注中注明，如果安装板为喷涂则在备注中标注喷涂的具体颜色。

(4) 外协件的标注：所有外协件需在下料单中列出，并且数量及涂镀要求也要同时注明。

2.4.3 冲裁加工工艺设计

冲裁加工是利用模具成型的加工工序，一般冲床加工有冲孔、切角、落料、冲凸包、冲撕裂、抽孔、成型等加工方式，其加工需要有相应的模具来完成操作。操作主要注意位置和方向。

2.4.3.1 工艺方案的比较

工艺方案比较是对冲压件的落料或冲孔等工序性质与数量、冲压顺序安排、工序复合方式等的综合分析比较，其中冲压顺序的安排取决于各工序的变形特点和尺寸要求，既要保证品质稳定，又要保证经济合理。冲压工序性质与数量取决于工件的复杂程度、尺寸精度及材料的冲压工艺性能，工序间的复合方式则应根据其必要性和可行性等进行综合考虑。

1. 冲裁加工方式的选择

数控冲床常见的加工方式有以下几种：

(1) 单冲：单次完成冲孔，包括直线分布、圆弧分布、圆周分布、栅格孔的冲压。

(2) 同方向的连续冲裁：使用长方形模具部分重叠加工的方式，可以加工长型孔、切边等。

(3) 多方向的连续冲裁：使用小模具加工大孔的加工方式。

(4) 蚕食：使用小圆模以较小的步距进行连续冲制弧形的加工方式。

(5) 单次成型：按模具形状一次浅拉深成型的加工方式。

(6) 连续成型：成型比模具尺寸大的工件的加工方式，如加工大尺寸百叶窗、滚筋、滚台阶等。

(7) 阵列成型：在大板上加工多件相同或不同的工件的加工方式。

2. 冲压件设计尺寸基准的选择原则

(1) 冲压件的设计尺寸基准应尽可能与制造的定位基准相重合，这样可以避免尺寸的制造误差。

(2) 冲压件的孔位尺寸基准，应尽可能选择在冲压过程中自始至终不参加变形的面或线上，且不要与参加变形的部位联系起来。

(3) 对于采用多工序在不同模具上分散冲压的零件，要尽可能采用同一个定位基准。

3. 工艺计算

工艺计算是指计算毛坯展开尺寸、模具、刀具的刃口尺寸、模具闭合高度与压力中心、弹性零件的压缩量、工序间的半成品尺寸（即拉深直径及高度、翻边预冲孔尺寸等），以及冲裁力、弯曲力、压边力、卸料力等工艺力，还有设备的吨位和电动机功率等。

2.4.3.2 冲裁件的工艺性

1．冲裁件的凸出悬臂和凹槽宽度

冲裁件应避免窄长的悬臂与狭槽。一般情况下，冲裁件的凸出或凹入部分的深度和宽度应不小于1.5t（t为料厚），同时应该避免窄长的切口和过窄的切槽，以便增大模具相应部位的刃口强度。

冲裁件的凸出悬臂和凹槽宽度不宜过小，其合理数值可参考表2.4.2。

表2.4.2 冲裁件的凸出悬臂和凹槽宽度

材　料	冲裁件的凸出悬臂和凹槽的最小宽度 b
硬　钢	(1.3～1.5) t
黄铜、软钢	(0.9～1.0) t
紫铜、铝	(0.75～0.8) t

2．冲裁件的最小圆角半径

(1) 冲裁件的外形及内孔应避免尖锐的清角，在各直线或曲线的连接处，除无废料冲裁外，宜有适当的圆角，其半径 R 的最小值见表2.4.3。

表2.4.3 冲裁圆角半径最小值

（t 为板料厚度）

工　序	落　料		冲　孔	
连接角度	a≥90°	a<90°	a≥90°	a<90°
简图				
低碳钢	0.25t	0.50t	0.30t	0.60t
黄铜、铝	0.18t	0.35t	0.20t	0.40t
高碳钢、合金钢	0.35t	0.70t	0.45t	0.90t

(2) 在直线或曲线的连接处要有圆弧连接，圆弧半径 $R \geq 0.5t$（t 为材料壁厚）。

(3) 对于数控冲床加工外圆角，需要专用的外圆刀具；为了减少外圆刀具，一般按照图2.4.1所示设置外圆角：

① 90°直角外圆角系列半径为2mm、3mm、5mm、10mm；

② 135°的斜角的外圆角半径统一为5mm。

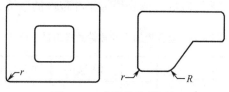

图 2.4.1 冲裁件的外圆角

3. 冲床冲孔的最小尺寸

冲孔优先选用圆形孔，圆孔应按照《钣金模具手册》中规定的系列选取，这样可以减少圆孔刀具的数量，减少数控冲床换刀时间。

由于受到冲孔凸模强度限制，孔直径不能过小，其最小孔径与孔的形状、材料的机械性能、材料的厚度等有关。在设计时孔的最小直径不应小于表2.4.4所示的数值。

表 2.4.4 冲裁件的最小孔径

材 料				
钢 $\tau_0 > 70\text{kg/mm}^2$	$d \geq 1.5t$	$a \geq 1.35t$	$a \geq 1.1t$	$a \geq 1.2t$
钢 $\tau_0 = 40 \sim 70\text{kg/mm}^2$	$d \geq 1.3t$	$a \geq 1.2t$	$a \geq 0.9t$	$a \geq 1.0t$
钢 $\tau_0 < 40\text{kg/mm}^2$	$d \geq 1.0t$	$a \geq 0.9t$	$a \geq 0.9t$	$a \geq 0.8t$
黄铜、铜	$d \geq 0.9t$	$a \geq 0.8t$	$a \geq 0.6t$	$a \geq 0.7t$
铝、锌	$d \geq 0.8t$	$a \geq 0.7t$	$a \geq 0.5t$	$a \geq 0.6t$
纸胶板、布胶板	$d \geq 0.7t$	$a \geq 0.6t$	$a \geq 0.4t$	$a \geq 0.5t$
硬纸、纸	$d \geq 0.6t$	$a \geq 0.5t$	$a \geq 0.3t$	$a \geq 0.4t$

4. 冲裁件的孔间距与孔边距

零件上冲孔设计应考虑预留合适的孔边距和孔间距以免冲裂。最小孔边距和孔间距见表2.4.5。

表 2.4.5 最小孔边距和孔间距

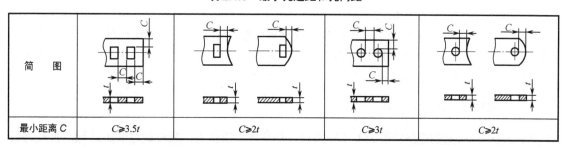

简 图				
最小距离 C	$C \geq 3.5t$	$C \geq 2t$	$C \geq 3t$	$C \geq 2t$

5. 冲裁件的搭边要求

模具的冲压加工中，采用模具加工的孔与外形、孔与孔之间的精度较易保证，加工效率较高。考虑到模具的维修成本、维修方便等原因，孔与孔之间、孔与外形之间的距离如果能满足复合模的最小壁厚要求，则工艺性较好。复合模加工冲裁件的搭边最小尺寸见表 2.4.6。

表 2.4.6　复合模加工冲裁件的搭边最小尺寸　　　　　　　　单位：mm

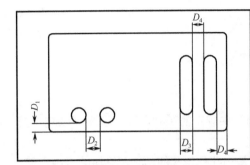

t	0.8 以下	0.8～1.59	1.59～3.18	3.2 以上
D_1	3		2t	
D_2	3		2t	
D_3	1.6	2t		2.5t
D_4	1.6	2t		2.5t
t 为板料厚度				

6. 孔与弯边的最小距离

孔与弯边的最小距离如图 2.4.2 和图 2.4.3 所示，应先冲孔后折弯。

为保证孔不变形，孔与弯边的最小距离应满足 $X \geq 2t+R$。

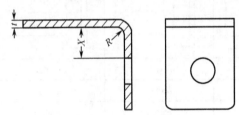

图 2.4.2　孔与弯边的最小距离

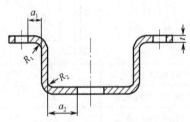

图 2.4.3　孔壁与工件直壁间的距离

7. 冲孔在折弯件及拉深件上的要求

折弯件及拉深件冲孔时，为了保证孔的形状和位置精度以及模具的强度，其孔壁与零件直壁之间应保持一定距离，见图 2.4.3，即其距离 a_1 及 a_2 应满足下列要求：

$$a_1 \geq R_1+0.5t；a_2 \geq R_2+0.5t$$

式中　R_1，R_2——圆角半径；t——板料厚度。

2.4.3.3　冲裁件的加工精度

公差是影响产品质量和价格的重要因素之一。在制造零件的时候，经验告诉我们，无论投入多少成本和时间，完全按图纸上标注的尺寸准确地加工出来几乎是不可能的。产品设计无论从性能上还是经济上都要满足用户的需要。从企业本身来说，也必须保持正常的利润。为此，公差必须由产品的性能和经济两方面来决定。所以设计要充分掌握公差的原则。

1. 金属冲压件的尺寸公差

钣金件的内外形的经济精度为 GB7～8 级，一般要求落料件的精度最好低于 5 级，冲孔件低于 4 级。凡产品图纸上没有注明公差的冲压件，其尺寸公差均属于自由公差。外协厂商在计算凸模与凹模的尺寸时，金属冲压件的自由公差数值通常按 GB8 级精度选取，也可按表 2.4.7 选取。

表 2.4.7 冲压件的尺寸公差

基本尺寸	圆孔 Φ (H12)		长度 L (JS12)	图
	下偏差（mm）	上偏差（mm）	极限偏差（mm）	
≤3	0	+0.10	±0.05	
3～6	0	+0.12	±0.06	
6～10	0	+0.15	±0.075	
10～18	0	+0.18	±0.09	
18～30	0	+0.21	±0.105	
30～50	0	+0.25	±0.125	
50～80	0	+0.30	±0.15	
80～120	0	+0.35	±0.175	
120～180	0	+0.40	±0.20	
180～250	0	+0.46	±0.23	
250～315	0	+0.52	±0.26	
315～400	0	+0.57	±0.285	
400～500	0	+0.63	±0.315	
500～630	0	+0.70	±0.35	
630～800	0	+0.80	±0.40	
800～1000	0	+0.90	±0.45	
1000～1250	0	+1.05	±0.525	
1250～1600	0	+1.25	±0.625	
1600～2000	0	+1.50	±0.75	

2. 冲裁件孔中心距的公差

表 2.4.8 是冲孔后的孔中心距公差 $\triangle l$。

表 2.4.8 孔的间距冲裁精度

冲模形式	孔距公称尺寸 L (mm)	材料厚度（mm）				图
		≤1	1～2	2～4	4～6	
一般冲模普通冲孔精度/mm	<50	±0.10	±0.12	±0.15	±0.20	
	50～150	±0.15	±0.20	±0.25	±0.30	
	150～300	±0.20	±0.30	±0.35	±0.40	
高级冲模数控冲孔精度/mm	<50	±0.03	±0.04	±0.06	±0.08	
	50～150	±0.05	±0.06	±0.08	±0.10	
	150～300	±0.08	±0.10	±0.12	±0.15	

3. 孔中心与边缘距离的公差

孔中心与边缘距离的公差见表2.4.9。

表2.4.9 孔中心与边缘距离的公差表

材料厚度 （mm）	尺寸 b（mm）			
	≤50	50<b≤120	120<b≤220	220<b≤360
<2	±0.2	±0.3	±0.5	±0.7
2~4	±0.3	±0.5	±0.6	±0.8
>4	±0.4	±0.5	±0.8	±1.0

注：本表适用于落料后才进行冲孔的情况。

4. 冲裁件毛刺的极限值

冲裁件毛刺超过一定的高度是不允许的。冲压件毛刺高度的极限值见表2.4.10。

表2.4.10 冲压件毛刺高度的极限值

材料壁厚 （mm）	材料抗拉强度（N/mm^2）										
	100~250			250~400			400~630			630		
	f	m	g	f	m	g	f	m	g	f	m	g
0.7~1.0	0.12	0.17	0.23	0.09	0.13	0.17	0.05	0.07	0.1	0.03	0.04	0.05
1.0~1.6	0.17	0.25	0.34	0.12	0.18	0.24	0.07	0.11	0.15	0.04	0.06	0.08
1.6~2.5	0.25	0.37	0.5	0.18	0.26	0.35	0.11	0.16	0.22	0.06	0.09	0.12
2.5~4.0	0.36	0.54	0.72	0.25	0.37	0.5	0.2	0.3	0.4	0.09	0.13	0.18

f 级（精密级）适用于较高要求的零件；
m 级（中等级）适用于中等要求的零件；
g 级（粗糙级）适用于一般要求的零件。

5. 冲切件的断面粗糙度

冲切件的断面粗糙度见表2.4.11。

表2.4.11 冲切件的断面粗糙度

材料厚度（mm）	≤1	1~2	2~4
粗糙度	▽12.5	▽25	▽50

2.4.3.4 提高零件强度的工艺设计

（1）对于交叉的钣金件，为了提高其强度，应该设计加强筋。筋的形状、尺寸及适宜间距见表2.4.12。

表 2.4.12 筋的形状、尺寸及适宜间距

半圆形筋		尺寸	h	B	r	R_1	R_2
		最小允许	2t	7t	1t	3t	5t
		一般	3t	10t	2t	4t	6t
梯形筋		尺寸	h	B	r	r_1	R_2
		最小允许	2t	20t	1t	4t	24t
		一般	3t	30t	2t	5t	32t
加强筋之间及加强筋与边缘之间的适宜距离		$L \geq 3B$　　$K \geq (3 \sim 5) t$					

（2）在弯曲件的弯角处再作弯折，能起到加强筋条的作用。角部处加强筋的形状、尺寸及筋间距见表 2.4.13。

表 2.4.13 角部处加强筋的形状、尺寸及筋间距

	L（mm）	R_1（mm）	R_2（mm）	R_3（mm）	H（mm）	B（mm）	筋间距（mm）
	12	6	9	5	3	16	60
	15	7	12	6	4	20	70

（3）百叶窗

百叶窗通常用于各种罩壳或机壳上起通风散热作用，其成型方法是借凸模的一边刃口将材料切开，而凸模的其余部分将材料同时作拉伸变形，形成一边开口的起伏形状。

百叶窗的典型结构参见图 2.4.4。百叶窗尺寸要求：$a \geq 4t$；$b \geq 6t$；$h \leq 5t$；$L \geq 24t$；$r \geq 0.5t$。

2.4.3.5 用数控冲床加工板材的厚度加工范围

薄材（$t<0.6mm$）不好加工，材料易变形；加工范围受刀具、夹爪等限制；适中的硬度和韧性有较好的冲裁加工性能；硬度太高会使冲裁力变大，对冲头和精度都有不好的影响；硬度太低，冲裁时变形严重，精度受到很大的限制；高的塑性对成型加工有利，但不适于蚕食、连续冲裁，对冲孔和切边也不利；适当的韧性对冲裁是有益的，它可以抑制冲孔时的变形；韧性太高则使冲裁后反弹严重，反而影响了精度。

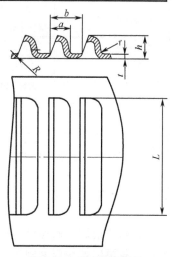

图 2.4.4 百叶窗的结构

数控冲一般适合冲裁 t=3.5～4mm 以下级别的低碳钢、电解板、覆铝锌板、铝板、铜板、t=3mm 以下的不锈钢板。推荐的数控冲床加工的板料厚度为：铝合金板和铜板为 0.8～4.0mm，低碳钢板为 0.8～3.5mm，不锈钢板为 0.8～2.5mm。对铜板加工变形较大，数控冲加工 PC 和 PVC 板，加工边毛刺大，精度低。

冲压时用的刀具直径和宽度必须大于料厚，比如 Φ1.5 的刀具不能冲 1.6mm 的材料。

厚度 0.6mm 以下的材料一般不用 NCT 加工。不锈钢材料一般不用 NCT 加工（当然，0.6～1.5mm 的材料可以用 NCT 加工，但对刀具磨损大，现场加工出现废品的几率比加工其他材料要高得多）。

2.4.3.6 常用的三种落料和冲孔方法的对比选择

三种常用的冲孔和落料加工方法特点比较见表 2.4.14。

表 2.4.14 常用的三种冲孔和落料加工方法特点比较（以下资料为数控冷轧钢板的资料）

比较项目	激光数控切割	数控冲（包括密孔冲）	冷冲模
可加工材质	钢板	钢板、铜板、铝板	钢板、铜板、铝板
可加工料厚/mm	1～8	0.6～3	一般小于 4
加工最小尺寸（普通冷轧钢板）	最小细缝 0.2mm 最小圆 0.7mm	冲圆孔 $\phi \geq t$ 方孔小边 $W \geq t$ 长槽宽 $W \geq t$	冲圆孔 $\phi \geq t$ 方孔小边 $W \geq t$ 长槽宽 $W \geq 2t$
孔与孔，孔与边的边缘最小距离	$\geq t$	$\geq t$	$\geq 1t$
孔与孔，孔与边的边缘优选距离	$\geq 1.5t$	$\geq 1.5t$	$\geq 1.5t$
一般加工精度/mm	±0.1	±0.1	±0.1
加工范围/mm	2000×1350	2000×1350	
外观效果	外缘光滑，切割端面有一层氧化皮	毛边大，且有带料毛边	少量毛边
曲线效果	光滑，形状多变	毛边大，形状规范	光滑，形状多变
加工速度	切割外圆快	冲制密孔快	最快
加工文字	刻蚀，较浅，尺寸不受限制	冲压凹形文字，符号较深；尺寸受模具限制	冲压凹形文字，符号，较深；尺寸受模具限制
成型	不能	凹点，沉孔，小型拉伸等均可	可实现较复杂的形状
加工费用	较高	低	低

2.4.4 折弯工艺设计

折弯能很好地增加机柜钣金零件的强度；当强度不足时，一般不用去改变结构件的厚度，加折弯就可以解决强度问题。折弯就是将二维的平板件弯折成三维的立体零件，其加工需要用折弯机及相应折弯模具完成，必须按照一定的折弯顺序，其原则是对下一刀不产生干涉的先折，会产生干涉的后折。

机柜结构件的折弯一般采用折弯机。折弯机分普通折弯机和数控折弯机两种。由于精度要求较高，折弯形状不规则的机柜覆板、面板及门板折弯一般用数控折弯机折弯，其基本原理就是利用折弯机的折弯刀（上模）、V形槽（下模），对钣金件进行折弯和成型。优点：装夹方便，定位准确，加工速度快；缺点：压力小，只能加工简单的成型，效率较低。

2.4.4.1 折弯件的工艺性要求

1. **各种材料最小弯曲半径**

机柜材料折弯加工时，其圆角区上，外层受到拉伸，里层则受到削减。当材料厚度一定时，内 r 越小，材料的拉伸和削减就越严重；当外层圆角的拉伸应力超过材料的极限强度时，就会产生裂缝和折断，因此，弯曲零件的构造设计，应防止过小的弯曲圆角半径。常用材料的最小弯曲半径见表 2.4.15。

1）常用金属材料的最小折弯半径

表 2.4.15 常用金属材料的最小折弯半径

序 号	材 料	最小弯曲半径
1	08、08F、10、10F、DX2、SPCC、E1-T52、0Cr18Ni9、1Cr18Ni9、1Cr18Ni9Ti、1100-H24、T2	0.4t
2	15、20、Q235、Q235A、15F	0.5t
3	25、30、Q255	0.6t
4	1Cr13、H62（M、Y、Y2、冷轧）	0.8t
5	45、50	1.0t
6	55、60	1.5t
7	65Mn、60SiMn、1Cr17Ni7、1Cr17Ni7-Y、1Cr17Ni7-DY、SUS301、0Cr18Ni9、SUS302	2.0t

说明：1. 弯曲半径是指弯曲件的内侧半径，t 是材料的壁厚。
2. M 为退火状态，Y 为硬状态，Y2 为 1/2 硬状态。

2）弯曲角度为 90° 时的最小弯曲半径

弯曲角度为 90° 时的最小弯曲半径见表 2.4.16。

表 2.4.16 弯曲角度为 90° 时的最小弯曲半径（t 为板材厚度）

材料种类	退火或正火		冷作硬化的	
	垂直辗压纹向	平行辗压纹向	垂直辗压纹向	平行辗压纹向
软钢 05、08F	—	0.3t	0.2t	0.5t
软钢 10、A1、A2	—	0.4t	0.4t	0.8t
软钢 15、20、A3	0.1t	0.5t	0.5t	1.0t
中硬钢 25、30、A4	0.2t	0.6t	0.6t	1.2t
中硬钢 35、40、A5	0.3t	0.8t	0.8t	1.5t
不锈钢	—	—	2.5t	6.5t
紫铜、锌	0.25t	0.4t	1.0t	3.0t
黄铜、铝	0.3t	0.45t	0.5t	1.0t

续表

材料种类	退火或正火		冷作硬化的	
	垂直辗压纹向	平行辗压纹向	垂直辗压纹向	平行辗压纹向
磷青铜	—	—	1.0t	3.0t
LY12M	1.0t	1.5t	1.5t	2.5t

2. 材料厚度、弯边圆角与凹模深度关系

1）凸模圆角半径

一般情况下，凸模圆角半径取等于或略小于工件内侧的圆角半径 R；工件圆角半径较大（$R/t>10$），而且精度较高时，应进行回弹计算。

2）凹模进口圆角半径

当凹模进口圆角半径过小时，弯矩的力臂减小，坯料沿凹模圆角滑进时的阻力增大，从而增加弯曲力，并使毛坯表面擦伤。在生产中，可按材料厚度，决定凹模圆角半径（表2.4.17）。

表 2.4.17 凹模进口圆角半径 R_A

材料厚度 t（mm）	≤2	2～4	>4
凹模进口圆角半径 R_A（mm）	(3～6)t	(2～3)t	2t

3）凹模深度

凹模深度过小，毛坯两边自由部分太多，弯曲件回弹大，不平直。但凹模深度增大，消耗模具钢材多，且需要压力机有较大的工作行程。凹模深度见表2.4.18。

表 2.4.18 材料厚度、弯边圆角与凹模深度关系

材料厚度 t（mm）	1	1～2	2～3	3～4	4～5	5～6	6～7	7～8	8-9
凹模深度 h（mm）	6	8	12	15	18	22	25	28	32～36
最大弯边圆角（mm）	(2～3)4	(3.5～4) 7～3.5	(4～5) 9～5	(4.5～5) 9～5	9～5	11～7	11～7	12～8	13～5

注：括号内尺寸为数控折弯机尺寸。

3. 弯曲件一般情况下的最小直边高度要求

1）冷轧薄钢板材料折弯内 R 及最小折弯高度

冷轧薄钢板材料折弯内 R 及最小折弯高度 L 见表2.4.19。

表 2.4.19 冷轧薄钢板材料折弯内 R 及最小折弯高度 L 参考表

序号	材料厚度 t（mm）	凹模槽宽（mm）	凸模 R（mm）	最小折弯高度（mm）
1	0.5	4	0.2	3
2	0.6	4	0.2	3.2

续表

序 号	材料厚度 t（mm）	凹模槽宽（mm）	凸模 R（mm）	最小折弯高度（mm）
3	0.8	5	0.8 或 0.2	3.7
4	1.0	6	1 或 0.2	4.4
5	1.2	8（或6）	1 或 0.2	5.5（或4.5）
6	1.5	10（或8）	1 或 0.2	6.8（或5.8）
7	2.0	12	1.5 或 0.5	8.3
8	2.5	16（或14）	1.5 或 0.5	10.7（或9.7）
9	3.0	18	2 或 0.5	12.1
10	3.5	20	2	13.5
11	4.0	25	3	16.5

注：1. 最小折弯高度包含一个料厚。
2. 当V形折弯是折弯锐角时，最短折弯边需加大0.5。
3. 当零件材料为铝板和不锈钢板时，最小折弯高度会有较小的变化，铝板会变小一点，不锈钢会大一点，参考上表即可。

2）角尺边弯边最小极限尺寸

弯边的最小极限尺寸取决于凹模深度及搁置尺寸，板厚为1~3mm的搁置尺寸均为3mm，板厚3mm以上的搁置尺寸均等于板厚。角尺边弯边最小极限尺寸见表2.4.20。

表 2.4.20　角尺边弯边最小极限尺寸表

简 图	材料厚度 t（mm）	最大弯边圆角 R（mm）	最小极限尺寸 a_{min}（mm）
	<1	4（2~3）	9（4）
	1~2	7~3.5（3.5~4）	11（6）
	2~3	9~5（4~5）	15（7）
	3~4	9~5（4.5~5）	20（7）
	4~5	9~5	24
	5~6	11~7	28
	6~7	11~7	32
	7~8	12~8	36
	8~9	13~5	42~46

注：图中：a_{min} 为角尺边最小极限尺寸，$a_{min}=h+c=b/2+c$；b 为凹模槽宽；c 为搁置尺寸；h 为凹模深度，$h=b/2$。

3）Z形折弯的最小折弯高度

Z形折弯的折弯时的起始状态如表2.4.21中图所示。Z形折弯和L形折弯的工艺非常相似，也存在最小折弯边问题；由于受下模的结构限制，Z形折弯的最短边比L形折弯的还要大。不同材料厚度的钣金Z形折弯对应的最小折弯尺寸 L 如表2.4.21所示。

表 2.4.21 Z 形折弯的最小高度

简 图	序 号	材料厚度 t(mm)	凹模槽宽 B_{min}(mm)	凸模 R(mm)	Z 形折弯高度 L_{min}(mm)
此处需留0.5mm的间隙	1	0.5	4	0.2	8.5
	2	0.6	4	0.2	8.8
	3	0.8	5	0.8 或 0.2	9.5
	4	1.0	6	1 或 0.2	10.4
	5	1.2	8（或 6）	1 或 0.2	11.7（或 10.7）
	6	1.5	10（或 8）	1 或 0.2	13.3（或 12.3）
	7	2.0	12	1.5 或 0.5	14.3
	8	2.5	16（或 14）	1.5 或 0.5	18.2（或 17.2）
	9	3.0	18	2 或 0.5	20.1
	10	3.5	20	2	22
	11	4.0	25	3	25.5

Z 形折弯最小边的计算公式为：$L_{min}=1/2(B_{min}+K)+D+0.5+t$

式中，L_{min} 为最短折弯边，B_{min} 为最小模宽，K 为板材的折弯系数，t 为料厚，D 为下模模口到边的结构尺寸，一般大于 5mm。

4．折弯件上的孔边距

先冲孔后折弯，孔的位置应处于弯曲变形区外，避免弯曲时孔产生变形。孔壁至弯边的距离见表 2.4.22 和表 2.4.23。当圆孔直径大于 10mm 时，孔边距按照 $L<25$mm 计算。

表 2.4.22 圆孔距折弯边最小距离

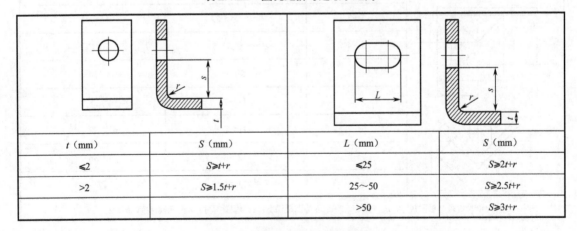

t（mm）	S（mm）	L（mm）	S（mm）
≤2	$S≥t+r$	≤25	$S≥2t+r$
>2	$S≥1.5t+r$	25～50	$S≥2.5t+r$
		>50	$S≥3t+r$

表 2.4.23 圆孔距折弯边最小距离

钣料厚度（mm）	0.6～0.8	1.0	1.2	1.5	2.0	2.5
最小距离 X（mm）	1.3	1.5	1.7	2.0	3	3.5

5. 折弯边压平所需最小承压边尺寸

最后折弯边压平所需最小承压边尺寸见表2.4.24。

表 2.4.24　最后折弯边压平所需最小承压边尺寸

材料厚度（mm）	0.5	0.6	0.8	1.0	1.2	1.5	2.0	2.5
承压边尺寸 L（mm）	4.0	4.0	4.0	4.0	4.5	4.5	5.0	5.0

6. 上刀口前边内内翘边弯边极限尺寸

上刀口前边内内翘边弯边极限尺寸 a_{min} 取决于凸模的几何形状、凹模槽宽和 b 的尺寸。上刀口前边内内翘边弯边极限尺寸见表2.4.25。

表 2.4.25　上刀口前边内内翘边弯边极限尺寸 a_{min}

弯边圆角 R（mm）	弯边尺寸 (mm)	a_{min}（mm） 处理厚度 t（mm）									
		1	2	3	4	5	6	7	8	9	10
根据材料厚度、弯边圆角与凹模深度关系表选出	50	9									
	51	10									
	52	11	10									
	53	11	11									
	54	12	12									
	55	13	12									
	56	14	13	11								
	57	15	14	12								
	58	16	15	13	12							
	59	16	16	13	13							
	60	17	17	14	14	13						
	61	18	17	15	14	14						
	62	19	18	16	15	15	14					
	63	20	19	17	16	15	15					
	64	21	20	18	17	16	16	15				
	65	22	21	18	18	17	16	16				
	66	22	22	19	19	18	17	17				
	67	23	23	20	19	19	18	17	16			
	68	24	23	21	20	20	19	18	17			
	69	25	24	22	21	20	20	19	18	17		
	70	26	25	23	22	21	21	20	18	18		
	71	27	26	24	23	22	21	21	19	19	18	

续表

弯边圆角 R（mm）	弯边尺寸（mm）	a_{min}（mm） 处理厚度 t（mm）									
		1	2	3	4	5	6	7	8	9	10
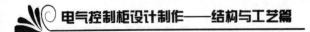 根据材料厚度、弯边圆角与凹模深度关系表选出	72		27	27	24	24	23	22	22	20	19	19
	73		28	28	25	25	24	23	22	21	20	19
	74		28	28	26	25	25	24	23	22	21	20
	75		25	29	27	26	26	25	24	23	22	21
	76		24	29	28	27	26	26	25	23	23	22
	77		23	26	29	28	27	27	26	24	24	23
	78		22	25	29	29	28	27	27	25	24	24
	79		20	24	30	30	29	28	28	26	25	25
	80		20	23	30	30	30	28	28	27	26	25
	81		21	21	27	31	30	25	29	28	27	26
	82		22	21	26	31	25	26	29	29	28	27
	83		22	22	25	28	25	26	26	29	29	28
	84		23	23	24	27	25	26	27	30	30	29
	85		24	23	22	26	25	26	27	30	30	30
	86		25	24	22	25	25	26	27	25	31	31
	87		26	25	23	23	25	26	27	25	27	31
	88		27	26	24	23	25	26	27	25	27	32
	89		27	27	24	24	25	26	27	25	25	27
	90		28	28	25	25	25	26	27	25	25	27
	91		28	28	26	25	25	26	27	25	25	27
	92		29	29	27	26	26	26	27	25	25	27
	93		29	29	28	27	26	26	27	25	25	27
	94		30	30	29	28	27	27	27	25	25	27
	95		30	30	29	29	28	27	27	25	25	27
	96		31	31	30	30	29	28	28	25	25	27
	97		31	31	30	30	30	29	28	25	25	27
	98		32	32	31	31	30	30	29	26	25	27
	99		33	32	31	31	31	30	30	27	26	27
	100		34	33	32	32	31	30	30	27	26	27
	>100	$A_{max}=(b-2t-55)\text{tg}40°30'+t$；$\text{tg}40°30'=0.854$。										

7. 复杂折弯形状需验证是否可加工

通常设计过程遇到的折弯形状有图 2.4.5 所示的几种，需验证是否可加工。

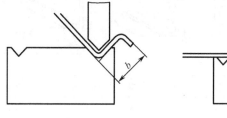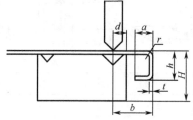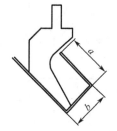

图 2.4.5　需验证是否可加工的折弯形状

2.4.4.2　弯曲件的精度

经济精度就是在满足使用要求的前提下的最低精度，其消耗的成本最低。一个零件从设计到加工都要注意其经济性，因为经济效益是企业存在下去的保证。不同的行业对零件的经济精度要求不同，如航空航天上的零件就要求有很高的精度，而拖拉机上的零件就可能要求比较低。零件的成本是跟加工精度密切相关的，每增加一个精度等级，加工的难度会呈几何级增长，对加工设备和模具的要求就会更高，同时要求工人有更高的加工水平。设计零件时应尽量参阅相关手册，采用经济精度值，以最大限度地降低制造成本和制造难度，提高零件合格率。

1. 弯曲件的尺寸精度

弯曲件的尺寸，由于影响因素较多，一般不属于配合的尺寸，其精度取 10 级公差绝对值的一半并冠以"±"号，但最小精度偏差不得小于表 2.4.26 中所列的直线尺寸公差值和角度公差值，如超过表列数值则必须在弯曲后进行手工校正。

表 2.4.26　弯曲件的尺寸 A 精度等级（GB）

弯曲长度尺寸 B (mm)		≤10	100～200	200～400	400～700
材料厚度 t (mm)	≤1	8	8	8	9
	1～3	8	8	9	9
	3～6	9	9	10	10

2. 弯曲件的尺寸公差

弯曲件的边高 h 直线尺寸公差见表 2.4.27 及图。

表 2.4.27 弯曲件的边高 h 直线尺寸公差

简 图	\multicolumn{7}{c}{ }
	极 限 偏 差						
弯边高度 h（mm）	≤10	10～18	18～30	30～50	50～120	120～250	>250
材料厚度（mm） ≤1	±0.18	±0.215	±0.26	±0.31	±0.435	±0.57	±0.65
1～2	±0.215	±0.26	±0.31	±0.435	±0.57	±0.65	±0.77

注：弯曲边长 L 直线尺寸公差按 4.1.10 表规定。

3. 弯曲件的角度公差

弯曲件的角度公差见表 2.4.28。

表 2.4.28 弯曲件的角度公差

角短边的长度 L（mm）	非配合角度偏差 Δa	最小角度差 Δa	角短边的长度 L（mm）	非配合角度偏差 Δa	最小角度偏差 Δa
30～50	±2°	±45′	260～360	±30′	±15′
50～80	±1°30′	±30′	360～500	±25′	±12′
80～120	±1°	±25′	500～630	±22′	±10′
120～180	±50′	±20′	630～800	±20′	±9′
180～260	±40′	±18′	800～1000	±20′	±8′

4. 单角 90° 自由弯曲时的回弹角

单角 90° 自由弯曲时的回弹角度见表 2.4.29。

表 2.4.29 单角 90° 自由弯曲时的回弹角

材 料	r/t	材料厚度 t（mm）		
		<0.8	0.8～2	>2
低碳钢 黄铜 σ_b=350MPa	<1	4°	2°	0°
	1～5	5°	3°	1°
	>5	6°	4°	2°
铝、锌 中碳钢 σ_b=400～500MPa 硬黄铜 σ_b=350～400MPa 硬青铜 σ_b=350～400MPa	<1	5°	2°	0°
	1～5	6°	3°	1°
	>5	8°	5°	3°
高碳钢 σ_b>550Mpa	<1	7°	4°	2°
	1～5	9°	4°	3°
	>5	12°	7°	6°

对于精度要求较高的机柜结构件,为了减少回弹,材料应该尽可能选择低碳钢,不选择高碳钢和不锈钢等。相对弯曲半径 r/t 越大,则表示变形程度越小,回弹角 $\Delta\alpha$ 就越大,这是一个比较重要的概念。钣金折弯的圆角,在材料性能允许的情况下,应该尽可能选择小的弯曲半径,这样有利于提高精度。特别要注意应该尽可能避免设计大圆弧,大圆弧对生产和质量控制有较大的难度。

2.4.4.3 弯边圆角展开尺寸

弯边圆角展开尺寸 A 值见表 2.4.30。

表 2.4.30 弯边圆角展开尺寸 A

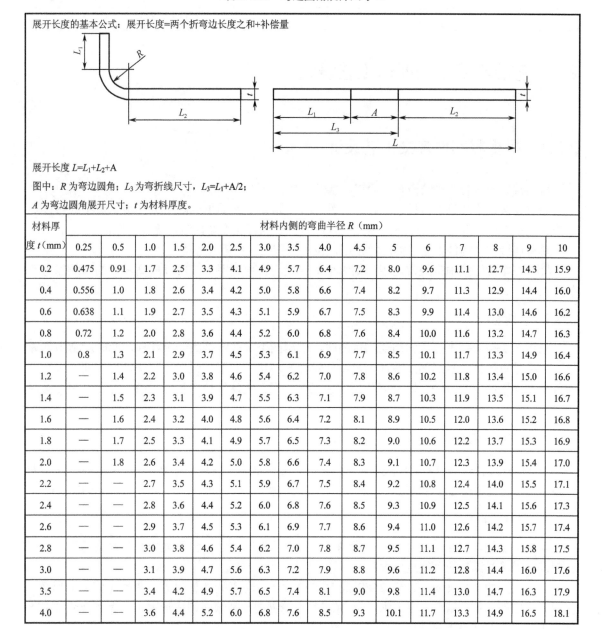

展开长度的基本公式:展开长度=两个折弯边长度之和+补偿量

展开长度 $L=L_1+L_2+A$

图中:R 为弯边圆角;L_3 为弯折线尺寸,$L_3=L_1+A/2$;

A 为弯边圆角展开尺寸;t 为材料厚度。

材料厚度 t(mm)	材料内侧的弯曲半径 R(mm)														
	0.25	0.5	1.0	1.5	2.0	2.5	3.0	3.5	4.0	4.5	5	6	7	8	9	10
0.2	0.475	0.91	1.7	2.5	3.3	4.1	4.9	5.7	6.4	7.2	8.0	9.6	11.1	12.7	14.3	15.9
0.4	0.556	1.0	1.8	2.6	3.4	4.2	5.0	5.8	6.6	7.4	8.2	9.7	11.3	12.9	14.4	16.0
0.6	0.638	1.1	1.9	2.7	3.5	4.3	5.1	5.9	6.7	7.5	8.3	9.9	11.4	13.0	14.6	16.2
0.8	0.72	1.2	2.0	2.8	3.6	4.4	5.2	6.0	6.8	7.6	8.4	10.0	11.6	13.2	14.7	16.3
1.0	0.8	1.3	2.1	2.9	3.7	4.5	5.3	6.1	6.9	7.7	8.5	10.1	11.7	13.3	14.9	16.4
1.2	—	1.4	2.2	3.0	3.8	4.6	5.4	6.2	7.0	7.8	8.6	10.2	11.8	13.4	15.0	16.6
1.4	—	1.5	2.3	3.1	3.9	4.7	5.5	6.3	7.1	7.9	8.7	10.3	11.9	13.5	15.1	16.7
1.6	—	1.6	2.4	3.2	4.0	4.8	5.6	6.4	7.2	8.1	8.9	10.5	12.0	13.6	15.2	16.8
1.8	—	1.7	2.5	3.3	4.1	4.9	5.7	6.5	7.3	8.2	9.0	10.6	12.2	13.7	15.3	16.9
2.0	—	1.8	2.6	3.4	4.2	5.0	5.8	6.6	7.4	8.3	9.1	10.7	12.3	13.9	15.4	17.0
2.2	—	—	2.7	3.5	4.3	5.1	5.9	6.7	7.5	8.4	9.2	10.8	12.4	14.0	15.5	17.1
2.4	—	—	2.8	3.6	4.4	5.2	6.0	6.8	7.6	8.5	9.3	10.9	12.5	14.1	15.6	17.3
2.6	—	—	2.9	3.7	4.5	5.3	6.1	6.9	7.7	8.6	9.4	11.0	12.6	14.2	15.7	17.4
2.8	—	—	3.0	3.8	4.6	5.4	6.2	7.0	7.8	8.7	9.5	11.1	12.7	14.3	15.8	17.5
3.0	—	—	3.1	3.9	4.7	5.6	6.4	7.2	7.9	8.8	9.6	11.2	12.8	14.4	16.0	17.6
3.5	—	—	3.4	4.2	4.9	5.7	6.5	7.4	8.1	9.0	9.8	11.4	13.0	14.7	16.3	17.9
4.0	—	—	3.6	4.4	5.2	6.0	6.8	7.6	8.5	9.3	10.1	11.7	13.3	14.9	16.5	18.1

续表

材料厚度 t (mm)	材料内侧的弯曲半径 R (mm)													
	0.25	0.5	1.0	1.5	2.0	2.5	3.0	3.5	4.0	4.5	5	6	7	8	9	10
4.5	—	—	—	4.7	5.5	6.3	7.1	7.8	8.7	9.5	10.3	11.9	13.5	15.1	16.8	18.4
5	—	—	—	4.9	5.7	6.5	7.3	8.1	9.0	9.8	10.6	12.2	13.8	15.4	17.0	18.6
6	—	—	—	—	—	—	7.8	8.8	9.6	10.4	11.1	12.7	14.5	16.1	17.7	19.2
7	—	—	—	—	—	—	—	8.3	9.1	10.1	10.9	11.7	13.3	14.8	16.7	18.3	19.8
8	—	—	—	—	—	—	—	—	10.4	11.5	12.2	13.8	15.4	17	18.8	20.4
9	—	—	—	—	—	—	—	—	—	10.9	12	12.8	14.4	15.9	17.5	19.1	21.0
10	—	—	—	—	—	—	—	—	—	—	13	14.9	16.5	18.1	19.6	21.2

2.5 连接与表面处理的工艺设计

2.5.1 机柜零部件连接工艺设计

机柜常见的拼装连接结构有：焊接、螺纹连接、铆接和榫接。

螺纹连接是最常见的拼接结构，在零件设计时根据零件的承载能力设计不同规格的螺钉。考虑到加工误差，有时候可以将安装孔设计成腰孔。螺钉长度非标时，需要报购。

铆钉连接在结构件不需要拆卸时使用，也可以作为单独零件加固使用。

榫接在零件连接中也经常使用，如纵梁的连接，合理利用榫接可以提高零件的承载能力及装配工效。

2.5.1.1 焊接

当用一块钣金件不能达到预期的目的时，常用两个零件连接成一个零件，此时就常用到焊接。焊接是对焊件进行局部或整体加热或使焊件产生塑性变形，或加热与塑性变形同时进行，实现永久连接的工艺方法。焊接可分为：手工电弧焊、气体保护电弧焊、激光焊、气焊、锻焊和接触焊。

1. 材料的焊接特性

材料的焊接特性是材料对焊接工艺的适用性，是保证焊接质量的基础。机柜制作中，我们遇到最多的是同种金属之间的焊接，主要是钢与钢的焊接，以及有色金属与有色金属之间的焊接。

1）钢与钢的可焊性

含碳量越低，钢合金中合金的含量越低，其焊接性能越好；含碳量和合金含量越高，可焊性越差，焊接时淬裂的可能性越大。

低碳钢，如 A3、10#、20#、25#以及 1Cr18Ni9 不锈钢等可焊性良好，焊接牢固，变形小，易保证焊接后的尺寸精度；中碳钢以及 1Cr13 不锈钢的冷裂倾向和变形大，只有在合适的工艺规范下，才能保证焊接的进行，具体参见表 2.5.1。

表 2.5.1 钢材的焊接性

钢 号	可焊性 可焊等级	可焊性 非铁元素含量（%） 合金元素总含量	可焊性 非铁元素含量（%） 含碳量	说 明
08、10、20、25、15Mn、20Mn、15Cr、20Cr、0Cr13、1Cr18Ni9、1Cr18Ni9Ti、2Cr18Ni9	良好	<1 1～3 >3	<0.25 <0.2 <0.18	在任何普通生产条件下，都能焊接，没有工艺限制，对于焊接前后热处理以及焊接的热规范没有特殊要求，焊后有变形后容易矫正
30、35、30Mn、30Cr、1Cr13、0CrMnSi	一般	<1 1～3 >3	0.25～0.35 0.2～0.3 0.18～0.25	焊接形成冷裂的倾向小，按照合理的焊接热规范可以得到满意的焊接性能。在焊接复杂的结构和厚板时，必须预热
40、45、20Cr、40Cr、2Cr13	较差	<1 1～3 >3	0.35～0.45 0.3～0.4 0.28～0.38	在通常情况下，焊接时，有形成裂纹的倾向，焊前应预热，焊后要热处理，严格按照特别的焊接规范，才能获得满意的焊接性能
50、55、60、65、70、65Mn、3Cr13、50Cr、40CrSi	很差	<1 1～3 >3	>0.45 >0.4 >0.38	在通常情况下，焊接时，很容易形成裂纹，焊前应预热，焊后要热处理，严格按照特别的焊接规范，才能完成焊接

2）有色金属的可焊性

有色金属的焊接，通常采用气焊和氩弧焊，并合理选择焊丝，才能达到理想的焊接性能。

有色金属中的黄铜（H62）的可焊性良好，铜（T2）、铝镁合金（LF2LF5）及铝锰合金（LF12）一般，铝铜镁合金（LY12）较差。常用有色金属的焊接性能如表 2.5.2 所示。

表 2.5.2 有色金属焊接性能

铜	黄铜	硅青铜 磷青铜	锡青铜 铝青铜	纯铝	铝镁系 铝合金	锰铝系 铝合金	硬铝 超硬铝	高强度 铝合金
一般	良好	较差		良好		一般	较差	很差

3）电容储能焊螺柱的可焊性

（1）螺柱焊在应用中要注意，螺柱焊也和其他熔化焊一样，对钢中的含碳量有一定要求。对于结构钢螺柱，含碳量应在 0.18%以内，而母材的含碳量应在 0.2%以内。

（2）要根据螺柱焊的不同方法，按推荐的螺柱材料和母材组合可焊性施焊，否则螺柱和母材相互之间会有不熔性。

（3）超出推荐范围的螺柱材料和母材组合要通过试验确定可焊性，并按产品设计要求进行相关检验评定可焊性。A3、1Cr18Ni9 不锈钢、黄铜材质的储能焊螺柱与以上材质的板材之间可焊性良好，在铝材质板材上只能用铝储能焊螺柱。

2．焊接方法的选择

焊接方式的选用根据实际要求和材质而定，见表 2.5.3。

表 2.5.3 焊接方法的选择

焊接方法		特　点	适用范围
电弧焊		电弧焊工艺灵活，与气焊和埋弧焊相比质量好、金相组织细、接头性能好，易于通过工艺调整来控制变形及改善应力。 设备简单、操作方便、耐用性好、适用性广泛，维护费用低、可进行全位置焊接。 生产效率低，劳动强度大；质量不够稳定，取决于操作者水平，对焊工的操作技术及经验要求高	适用碳钢、低合金钢、耐热钢、低温钢、不锈钢等各种材料、各种位置的短焊缝及不规则焊缝
气体保护焊	CO_2气体保护焊	能源消耗少，成本低，抗锈能力强。气体保护的成本只有埋弧焊和焊条电弧焊的40%~50%。 生产效率高，电弧穿透力强，熔敷速度快。焊缝含氢量低，抗裂性好。 焊后不需清渣。 容易产生气孔，容易产生飞溅	CO_2气体保护焊用于焊接3mm以下的钢板类构件。对于强度要求高不容易变形，且加工效率高的采用CO_2气体保护焊
	氩弧焊	保护效果好，焊缝质量高。焊接变形及应力小，因为电弧受氩气流冷却和压缩作用，电弧的热量集中且氩弧的温度高，故热影响区窄，焊接薄件具有优越性。 易于实现机械化，便于观察和操作。 引弧困难，熔深浅，熔接速度慢，效率低，生产成本高，具有夹钨缺陷	主要应用于有色金属（铝、镁、铜、低合金钢、不锈钢等）的焊接。对于大面积焊接容易变形的工件采用氩弧焊
电阻焊	点焊	电阻焊是一种高速经济的连接方法，与熔焊接头相比，点焊的承载能力低。 点焊分为单面点焊和双面点焊	点焊一般适用于厚度小于3mm的薄板构件搭接。焊接强度要求不高而外观要求较高时采用。焊接零件之间的连接可以采用点焊或者塞孔焊
储能焊螺柱焊		螺柱焊的接头可以达到很高的强度，即螺柱焊的接头强度大于螺柱本身强度。在镀层或高合金板材焊接后，背面没有印痕。 能在全位置焊接，借助于扩展器可以焊接到受限制的垂直隔板上，节约时间和成本。 由于是短时间焊接且焊后极少变形，故不需要修整。 因为焊接的结构不需要钻孔故不会造成泄漏	如果外部表面（比如门板、箱体）需要连接其他零件（比如加强筋、固定支架等），尽量采用点焊螺柱装配的形式
气焊		火焰温度和性质可以调节。 与电弧焊热源比较热影响区宽，焊接变形较大。 热量不如电弧集中。 生产率低	应用于薄壁结构和小件的焊接，可焊钢、铸铁、铝、铜及其合金、硬质合金等

3．影响焊接的工艺要素

1）焊接电源的选择

焊接电源应按焊条的种类进行选择，焊一般黑色金属（如低碳钢），交、直流电动机均可使用。交流焊机由于便宜、省电，以使用交流焊机为宜；有些材料焊接性能较差，用直流焊机比用交流焊机好，如铸铁、不锈钢、耐热合金以及铜、铝及合金等。

2）焊缝坡口的基本尺寸

合理的焊缝坡口，可以保证尺寸精度，减少焊接变形。

一般焊缝坡口的工艺参数有工件厚度、焊缝形式、缝间距等，见表 2.5.4。

表 2.5.4　焊缝坡口的工艺参数

工件厚度（mm）	焊接形式	焊接面	缝间距（mm）
1～3	两件同一平面对缝焊接	一面焊接	0～1.5
1～3	两件 L 型对缝焊接	一面焊接	0～2.5
3～6	同一平面对缝焊接	两面焊接	0～2
3～6	两件 L 型对缝焊接	两面焊接	0～2
1～6	两件 T 型对缝焊接	两面焊接	0～2

3）焊接结构

（1）焊接时，不允许长焊缝连续焊接，应采用交替断续焊接，以免热变形剧烈，影响产品质量。

（2）焊接时，应保证焊条能进入焊接区，一般手工电弧焊间距为 20mm，气体保护焊应保证间距为 35mm，并且保证焊条能倾斜 45°。

（3）对于不能采用满焊的内部结构可以采用分段焊，但是需要根据焊接整体长度规定分段焊的间距以保持美观及一致性。

（4）为提高焊接工效，所有焊接螺柱底部均需增加定位。

（5）为了提高点焊螺柱焊接的可靠性，点焊螺柱底部形状为锥形，高度为 0.3～0.4mm。

（6）在设计过程中尽量避免大面积焊接，在工艺允许的情况下尽量用折弯代替焊接，这样既能提高工效又能减少变形。另外在焊接部位有大面积开孔或细长条结构时也应该考虑焊接变形。

（7）箱体下料时应该考虑合理的分解方向，将长边设计为折弯边，将短边设计为焊接边。

（8）设计不锈钢机柜时，在满足功能及强度的前提下尽量采用螺钉连接或者铆接的拼装结构，减少焊接对外观的影响。如果外部表面（比如门板、箱体）需要连接其他零件（比如加强筋、固定支架等），尽量采用点焊螺柱装配的形式。

4）CO_2 气体保护焊按操作方法的选择

CO_2 气体保护焊按操作方法可分为自动焊及半自动焊两种。对于较长的直线焊缝和规则的曲线焊缝，可采用自动焊；对于不规则的或较短的焊缝，则采用半自动焊。目前生产上应用最多的是半自动焊。CO_2 气体保护焊按照焊丝直径可分为细丝焊和粗丝焊两种。细丝焊采用直径小于 1.6mm 的焊丝，工艺上比较成熟，适宜于薄板焊接；粗丝焊采用的直径大于或等于 1.6mm 的焊丝，适用于中厚板的焊接。

短路过渡 CO_2 气体保护焊采用小电流，低电压焊接时，熔滴成为短路过渡；短路过渡时，熔滴细小而过渡频率高，此时焊缝成型美观，适于焊接薄件。

5）点焊的排列

点焊的排数在一般情况下，排成一列，在焊件要求有高强度时，允许用多行排列或交错排列，如图 2.5.1。

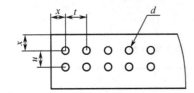 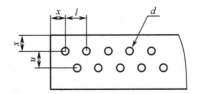

图 2.5.1 点焊的排列

6）钢板点焊直径以及焊点之间的距离

两板厚度之比在 1∶3 范围内时，能成功地点焊，但焊接情况并不理想。为了焊接性能好，两板厚度之比最好采用 1∶1，或者接近 1∶1。

表 2.5.5 给出了不同厚度零件点焊的焊点直径、焊点排列之间距离、焊点之间的距离等参数。

表 2.5.5　焊点的直径、焊点之间的距离等参数

零件厚度（mm）	焊点中心至最近边缘距离 X (mm)	焊点直径 d (mm)	焊点排列之间距离 u (mm)	焊点之间的距离 t (mm)
0.5+0.5	6	3~4	6~8	8
0.5+0.8	6	3~4	6~8	8
0.5+1.0	6	3~4	8~11	11
1.0+1.0	6	4~5	8~15	15
1.0+1.5	6	4~5	8~15	18
1.0+2.0	6	4~5	8~15	20
1.5+1.5	9	5~6	10~20	20
1.5+2.0	9	5~6	10~25	25
1.5+2.5	9	5~6	10~25	25
2.0+2.0	11	6~7	11~25	25
2.0+2.5	11	6~7	11~25	25
2.5+2.5	11	6~7	11~25	25

注：点焊零件的厚度不在表 2.5.5 的规范内，可以选用与其近似的规范。

7）铝合金板材的点焊

工业纯铝（L1-6）、防锈铝（LF2-LF6、LF21）的焊接性较好，硬铝（LY11、LY12）的焊接性稍差一些。对铝合金的点焊，因其导热性好，铝合金板的焊点最小间距一般不小于板厚的 8 倍。表 2.5.6 为铝合金板焊点参数。

表 2.5.6　铝合金板焊点参数

板　厚	焊点中心至最近边缘最小距离 x (mm)	焊点排列之间最小距离 u (mm)	焊点之间的最小距离 t (mm)
0.5	9.5	9.5	6
1.0	13	13	8
1.6	19	16	9.5
2.0	22	19	13
3.2	29	32	16

8）结构设计中应避免角焊

机箱机柜的钣金结构设计中，为了达到较高的框架强度和刚度，经常需要进行角焊。但是，角焊焊接质量不易控制，焊接后，外侧要打磨，效率较低，特别是焊缝较长时，焊接容易变形，如果焊接的板材较薄，板材还容易焊通，造成零件报废。所以，建议尽量不要采用角焊结构，特别是批量很大的小盒体钣金零件。原则上，为了避免打磨，保证焊接质量和加工进度，降低成本和报废率，应该尽可能避免这种焊接。如果外观和设计上许可，应尽可能采用拉铆、螺装、点焊代替钣金间的角焊。

2.5.1.2 螺纹连接

螺纹连接具有安装容易、拆卸方便、操作简单等优点，主要用于可拆的结构连接。机柜目前普遍采用无螺母连接，即所有连接都采用自攻螺钉或普通螺钉，在承重部位采用压铆螺母。使用自攻螺钉除了加工方便、能提高加工速度外，还可实现对靠墙安装的柜体的正面装配和维修。

螺纹连接可分为螺钉连接和螺栓连接。设计时尽量选用常用紧固件，尽量减少紧固件的种类。

1．螺钉连接

螺钉连接一般是用于可拆的结构。其特点是构造简单可靠、装拆方便、成本低，运用广泛。

1）钣金件常用自攻螺钉底孔、翻边孔直径及翻边高度

自攻螺钉底孔、翻边孔直径及翻边高度见表2.5.7。

表2.5.7 自攻螺钉底孔、翻边孔直径及翻边高度

螺纹规格	金属板材					紧固扭矩（Nm）
	板材厚度 t（mm）	钢板孔径		翻边孔高度（mm）	铝合金板孔径（mm）	
		ϕ（mm）	翻边孔ϕ（mm）			
ST2.9	0.35~0.5	1.8~2.3	2.1~2.5	1.2	1.7~2.2	3.5~5.5
	0.8	2.4	2.5	1.6~2.0	2.3	
	1.0	2.5	2.6	2.0~2.5	2.4	
ST3.5	0.35~0.5	2.0~2.6	2.3~2.9	1.2	1.8~2.4	
	0.8	2.7	2.9	1.6~2.0	2.5	
	1.0	2.8	3.0	2.0~2.5	2.6	
	1.2	2.9	3.1	2.4~3.0	2.7	
	1.5	3.0	—	3.0~3.6	2.8	
	2.0	3.1	—	4.0~4.6	—	
ST4.2	0.3~0.5	2.1~2.9	2.4~3.1	$H=(2\sim2.5)t$	1.9~2.6	
	0.8	3.1	3.3		2.9	
	1.0	3.2	3.4		3.0	
	1.2	3.3	3.5		3.1	
	1.5	3.4	3.6		3.2	
	2.0	3.6	—		3.4	

续表

螺纹规格	金属板材					紧固扭矩 (Nm)
	板材厚度 t (mm)	钢板孔径		翻边孔高度（mm）	铝合金板孔径（mm）	
		φ (mm)	翻边孔φ(mm)			
ST4.8	0.5～0.8	3.5	3.8		3.4	
	1.0	3.7	4.0		3.5	
	1.2	3.8	4.1		3.6	
	1.5	4.0	4.3		3.7	
	2.0	4.1	—		3.8	
KT-28 4×10	0.3～0.5	2.1～2.9	2.4～3.1		1.9～2.6	4.0～6.5
	0.8	3.0	3.2		2.9	
	1.0	3.1	3.3		3.0	
	1.2	3.2	3.4		3.1	
	1.5	3.3	3.6		3.2	
	2.0	3.5	—		3.4	
KT-28 5×10	1.0	4.0				
	1.2	4.2				
	1.5	4.3				
	2.0	4.5				

2）钻普通螺纹底孔的钻头直径

钻普通螺纹底孔的钻头直径要求见表2.5.8。

表2.5.8 钻普通螺纹底孔的钻头直径要求

螺纹直径 d (mm)	螺距 P (mm)	钻头直径 D (mm)	
		钢、紫铜	铸铁、青、黄铜
3	0.35	2.65	2.65
	0.5	2.5	2.5
4	0.5	3.5	3.5
	0.7	3.3	3.3
5	0.5	4.5	4.5
	0.8	4.2	4.1
6	0.75	5.2	5.2
	1.0	5.0	4.9
8	0.75	7.5	7.4
	1.0	7.0	6.9
	1.25	6.7	6.6
10	0.75	9.2	9.1
	1.0	9.0	8.9
	1.25	8.7	8.6
	1.5	8.5	8.4

续表

螺纹直径 d（mm）	螺距 P（mm）	钻头直径 D（mm）	
		钢、紫铜	铸铁、青、黄铜
12	1.0	11.0	10.9
	1.25	10.7	10.6
	1.5	10.5	10.4
	1.75	10.2	10.1

3）钻英制螺纹底孔的钻头直径

钻英制螺纹底孔的钻头直径要求见表 2.5.9。

表 2.5.9　钻英制螺纹底孔的钻头直径要求

螺纹直径（in）		3/16	1/4	5/16	3/8	1/2	5/8	3/4	7/8
钻头直径 D（mm）	钢、紫铜	3.9	5.2	6.7	8.1	10.7	13.8	16.8	19.7
	铸铁、青、黄铜	3.8	5.1	6.6	8.0	10.6	13.6	16.6	19.5

4）螺钉、螺栓的过孔

螺钉、螺栓过孔和沉头座的结构尺寸按表 2.5.10 加工。对于沉头螺钉的沉头座，如果板材太薄，难以同时保证过孔 d_2 和沉孔 D，应优先保证过孔 d_2。

表 2.5.10　螺钉、螺栓过孔和沉头座的结构尺寸

d_1	M2	M2.5	M3	M4	M5	M6	M8	M10
d_2	$\phi2.2$	$\phi2.8$	$\phi3.5$	$\phi4.5$	$\phi5.5$	$\phi6.5$	$\phi9$	$\phi11.0$

5）螺钉沉头孔的尺寸

螺钉沉头孔的结构尺寸按表 2.5.11 选取。对于沉头螺钉的沉头座，如果板材太薄，难以同时保证过孔 d_2 和沉孔 D，应优先保证过孔 d_2。

用于沉头螺钉的沉头座及过孔尺寸见表 2.5.11，选择的板材厚度 t 最好大于 h。

表 2.5.11　用于沉头螺钉的沉头座及过孔尺寸

d_1	M2	M2.5	M3	M4	M5
d_2	$\phi2.2$	$\phi2.8$	$\phi3.5$	$\phi4.5$	$\phi5.5$
d	4.0	5.5	6.5	9.0	10.0
h	1.2	1.5	1.65	2.7	2.7
优选最小板厚	1.2	1.5	1.5	2.0	2.0
α	90°				

2. 孔翻边

孔翻边又叫抽芽、翻边孔，主要用板厚比较薄的钣金加工，就是在一个较小的基孔上抽出一个稍大的孔，使孔周形成正常的浅翻边。翻边攻丝是机柜加工的常用方法。当用模具直接成型时，用翻边攻丝的工艺比较简单，成型后只要攻丝就好了。翻边攻丝的有效牙长必须保证 3 个以上，这是生产厂家的工艺必须保证的，否则容易引起滑牙。

一般翻边后板材厚度基本没有变化，允许有厚度变薄 30%～40%时，可得到比正常翻边高 40%～60%的高度，当挤薄 50%时，可得最大的翻边高度。当板厚较大时，如 2.0mm、2.5mm 及以上的板厚，可直接攻丝。翻边攻丝工艺简单，适合大批量生产时使用，所占用的空间较小，但容易滑牙，不能承受大的作用力，也不能用大螺纹（不能保证牙长）。

翻边攻丝正反方向一般是按冲压模具的方向定的，在上方的一面一般叫正面，下方的一面一般叫反面。所以翻边攻丝的正面是平的那一面，反面是突出来的那一面。在 2D 图纸上必须标出正反面。

1）常用粗牙螺纹翻孔尺寸

孔翻边形式较多，本规范只关注要加工螺纹的内孔翻边。常用粗牙螺纹翻孔尺寸如表 2.5.12 所示。

表 2.5.12 常用粗牙螺纹翻孔尺寸

螺纹直径	材料厚度 t (mm)	翻边内孔 D_1 (mm)	翻边外孔 D_2 (mm)	凸缘高度 h (mm)	预冲孔直径 D_0 (mm)	凸缘圆角半径 R (mm)
M3	0.8	2.55	3.38	1.6	1.9	0.6
	1		3.25	1.6	2.2	0.5
			3.38	1.8	1.9	
			3.5	2	2	
	1.2		3.38	1.92	2	0.6
			3.5	2.16	1.5	
	1.5		3.5	2.4	1.7	0.75
M4	1	3.35	4.46	2	2.3	0.5
	1.2		4.35	1.92	2.7	0.6
			4.5	2.16	2.3	
			4.65	2.4	1.5	

续表

螺纹直径	材料厚度 t (mm)	翻边内孔 D_1 (mm)	翻边外孔 D_2 (mm)	凸缘高度 h (mm)	预冲孔直径 D_0 (mm)	凸缘圆角半径 R (mm)
M4	1.5	3.35	4.46	2.4	2.5	0.75
			4.65	2.7	1.8	
	2		4.56	2.2	2.4	1
M5	1.2	4.25	5.6	2.4	3	0.6
	1.5		5.46	2.4	2.5	0.75
			5.6	2.7	3	
			5.75	3	2.5	
	2		5.53	3.2	2.4	1
			5.75	3.6	2.7	
	2.5		5.75	4	3.1	1.25
M6	1.5	5.1	7.0	3	3.6	0.75
	2		6.7	3.2	4.2	1
			7.0	3.6	3.6	
			7.3	4	2.5	
	2.5		7.0	4	2.8	1.25
			7.3	4.5	3	
	3		7.0	4.8	3.4	1.5

2）翻孔攻丝到折弯边的最小距离

翻孔攻丝到折弯边的最小距离要求见表 2.5.13。

表 2.5.13 翻孔攻丝到折弯边的最小距离

螺纹直径	材料厚度（mm）			
	1.0	1.2	1.5	2.0
M3	6.2	6.6	—	—
M4	—	7.7	8	—
M5	—	7.6	8.4	—

2.5.1.3 铆接

铆接是借助铆钉形成的不可拆连接。铆接的结构具有传力均匀可靠、韧性和塑性好、容易检查和维修的特点，适用于冲击和振动载荷的构件、某些异种金属以及焊接性差的金属（如铝合金）的连接。铆接结构根据其工作的要求和应用范围的不同，分为抽孔铆接、压铆铆接和铆钉铆接。

压铆一般通过冲床或液压压铆机来完成操作，主要用于将螺母、螺钉铆接到钣金件上，使其不脱松。压铆常用于压铆螺柱、压铆螺母、压铆螺钉等。还有涨铆方式，需注意方向性。

压铆时，应考虑螺柱的高度并选择不同的模具，然后对压力机的压力进行调整，以保证螺柱和工件表面压铆平齐，避免螺柱或螺母没压牢或压柱超过工件面，造成工件报废。铆接后出现的变形需进行成品整形。

1. 影响铆接质量的因素

影响铆接质量的因素很多，总结下来，主要有以下几个：基材性能，底孔尺寸，铆接方式。

1）基材性能

基材硬度适当时，铆接质量较好，铆接件的受力较好。

2）底孔尺寸

底孔尺寸的大小直接影响铆接的质量，开大了，基材和铆接件的间隙大，对于压铆来讲，不能有足够的变形来填满铆接件上的沟槽，使剪切受力不足，直接影响压铆螺母（钉）的抗推力。对于涨铆，底孔太大，铆接过程中由于塑性变形而产生的挤压力变小，直接影响涨铆螺钉（母）的抗推力和抗扭力。对于拉铆，底孔太大，塑性变形后两件之间的有效摩擦力减小，影响铆接的质量。底孔尺寸小，虽然在一定程度上可以增加铆接的承力，但是容易造成铆接外观质量差、铆接力大、安装不便、易造成底板变形等缺点，影响铆接工作的生产效率和铆接的质量。

3）铆接方式

铆装螺钉、螺母在使用的过程中要非常注意其所在的场合，不同的场合，不同的受力要求，就要采用不同的形式；如果采用的形式不合适，就会减小铆装螺钉、螺母的受力范围，造成连接失效。

下面举几个例子来说明正常情况下的正确使用方法。

（1）不要在铝板阳极氧化或表面处理之前安装钢或不锈钢铆装紧固件。

（2）同一直线上压铆过多，被挤压的材料没有地方可流动，会产生很大的应力，使工件弯曲成弧形。

（3）尽量保证在板的表面镀覆处理后再安装铆装紧固件。

（4）M5、M6、M8、M10 的螺母一般要点焊，太大的螺母一般要求强度较大，可采用弧焊，M4 以下（含 M4）尽量选用涨铆螺母，如是电镀件，可选用未电镀的涨铆螺母。

（5）当在折弯边上铆压螺母时，为保证铆压螺母的铆接质量，需注意：

① 铆孔边到折弯边的距离必须大于折弯的变形区；

② 铆装螺母中心到折弯边内侧的距离 L 应大于铆装螺母外圆柱半径与折弯内半径之和，即 $L>D/2+r$。

2. 抽孔铆接

抽孔铆接是钣金之间的铆接方式，主要用于涂层钢板或者不锈钢板的连接，采用其中一个零件冲孔，另一个零件冲孔翻边，通过铆接使之成为不可拆卸的连接体。优点：翻边与直孔相配合，本身具有定位功能，铆接强度高，通过模具铆接效率也比较高，具体要求见表 2.5.14。

表 2.5.14　抽孔铆接尺寸

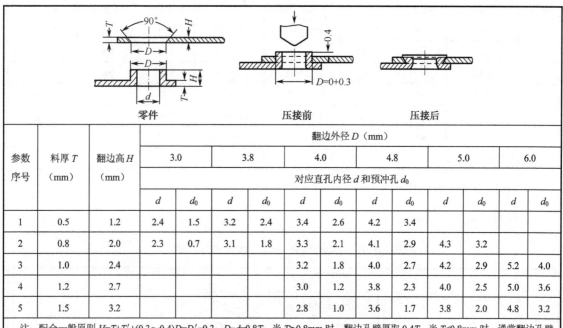

参数序号	料厚 T (mm)	翻边高 H (mm)	翻边外径 D (mm)											
			3.0		3.8		4.0		4.8		5.0		6.0	
			对应直孔内径 d 和预冲孔 d_0											
			d	d_0	d	d_0	d	d_0	d	d_0	d	d_0	d	d_0
1	0.5	1.2	2.4	1.5	3.2	2.4	3.4	2.6	4.2	3.4				
2	0.8	2.0	2.3	0.7	3.1	1.8	3.3	2.1	4.1	2.9	4.3	3.2		
3	1.0	2.4					3.2	1.8	4.0	2.7	4.2	2.9	5.2	4.0
4	1.2	2.7					3.0	1.2	3.8	2.3	4.0	2.5	5.0	3.6
5	1.5	3.2			2.8	1.0			3.6	1.7	3.8	2.0	4.8	3.2

注：配合一般原则 $H=T+T'+(0.3\sim0.4)$ $D=D'-0.3$；$D-d=0.8T$；当 $T \geq 0.8$mm 时，翻边孔壁厚取 $0.4T$；当 $T < 0.8$mm 时，通常翻边孔壁厚取 0.3mm；H 通常取 0.46 ± 0.12。

3．压铆螺柱、压铆螺母

压铆是把螺钉、螺柱或螺母压入到钣金件当中。因为压铆螺柱是特制的，螺柱的六角头上方有一个槽，当压入六角头时，板上的材料会挤进槽内，能自行固定。压铆螺柱、压铆螺母预承力较大，螺纹稳定，可以使用较大的螺钉，但所占用的空间较大，螺母容易松脱。

1）压铆螺柱工艺参数

压铆螺柱规格见表 2.5.15。

表 2.5.15　螺柱规格表（材料为碳钢或不锈钢）

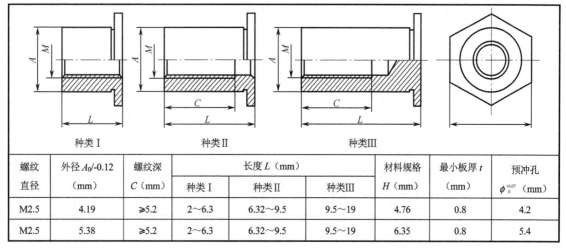

螺纹直径	外径 $A_0/{-0.12}$ (mm)	螺纹深 C (mm)	长度 L (mm)			材料规格 H (mm)	最小板厚 t (mm)	预冲孔 $\phi_0^{+0.07}$ (mm)
			种类Ⅰ	种类Ⅱ	种类Ⅲ			
M2.5	4.19	≥5.2	2～6.3	6.32～9.5	9.5～19	4.76	0.8	4.2
M2.5	5.38	≥5.2	2～6.3	6.32～9.5	9.5～19	6.35	0.8	5.4

续表

螺纹直径	外径 A_0/-0.12 (mm)	螺纹深 C (mm)	长度 L (mm) 种类Ⅰ	种类Ⅱ	种类Ⅲ	材料规格 H (mm)	最小板厚 t (mm)	预冲孔 $\phi_0^{+0.07}$ (mm)
M3	4.19	≥6.2	2~7.5	7.52~11	11~19	4.76	0.8	4.2
M3	5.38	≥6.2	2~7.5	7.52~11	11~19	6.35	0.8	5.4
M3.5	5.38	≥7	3~8.8	8.82~12.8	12.82~19	6.35	0.8	5.4
M4	5.95	≥7	3~8.8	8.82~12.8	12.82~19	7.94	0.8	6.0
M4	7.11	≥7	3~8.8	8.82~12.8	12.82~19	7.94	0.8	7.2

注：L 最好取整数。

2）压铆螺母工艺参数

压铆规格见表 2.5.16。

表 2.5.16 螺母规格表（材料为碳钢或不锈钢）

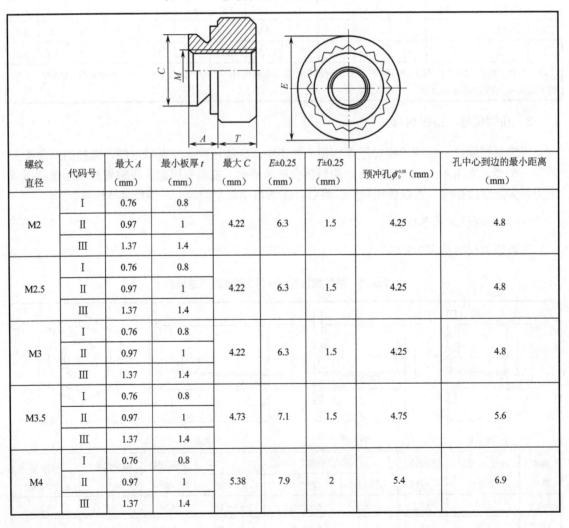

螺纹直径	代码号	最大 A (mm)	最小板厚 t (mm)	最大 C (mm)	$E\pm0.25$ (mm)	$T\pm0.25$ (mm)	预冲孔 $\phi_0^{+0.08}$ (mm)	孔中心到边的最小距离 (mm)
M2	Ⅰ	0.76	0.8	4.22	6.3	1.5	4.25	4.8
	Ⅱ	0.97	1					
	Ⅲ	1.37	1.4					
M2.5	Ⅰ	0.76	0.8	4.22	6.3	1.5	4.25	4.8
	Ⅱ	0.97	1					
	Ⅲ	1.37	1.4					
M3	Ⅰ	0.76	0.8	4.22	6.3	1.5	4.25	4.8
	Ⅱ	0.97	1					
	Ⅲ	1.37	1.4					
M3.5	Ⅰ	0.76	0.8	4.73	7.1	1.5	4.75	5.6
	Ⅱ	0.97	1					
	Ⅲ	1.37	1.4					
M4	Ⅰ	0.76	0.8	5.38	7.9	2	5.4	6.9
	Ⅱ	0.97	1					
	Ⅲ	1.37	1.4					

续表

螺纹直径	代码号	最大 A (mm)	最小板厚 t (mm)	最大 C (mm)	$E\pm0.25$ (mm)	$T\pm0.25$ (mm)	预冲孔 $\phi_0^{+0.08}$ (mm)	孔中心到边的最小距离 (mm)
M5	I	0.76	0.8	6.38	8.7	2	6.4	7.1
	II	0.97	1					
	III	1.37	1.4					
M6	I	1.37	0.8	8.72	11.05	4.1	8.75	8.6
	II	2.21	2.3					
M8	I	1.37	0.8	10.47	12.65	5.47	10.5	9.7
	II	2.21	2.3					
M10	I	2.21	2.3	13.97	17.35	7.48	14	13.5
	II	3.05	3.18					

4. 铆钉铆接

铆接是用铆钉将金属结构的零件或组合件连接在一起的方法。铆钉可由钢、铜、铝等多种材料制成,铆钉的种类有半圆头、平锥头、沉头等。机柜常用的铆钉有封闭形圆头抽芯铆钉、封闭形沉头抽芯铆钉及开口型圆头抽芯铆钉、开口型沉头抽芯铆钉。

手工冷铆时,铆钉直径一般不超过 8mm;用铆钉枪铆接时,铆钉直径一般不超过 13mm;用铆接机铆接时,铆钉直径可达 20mm。机柜常用的铆钉的规格为 3.2mm,精装配时钉孔直径取 d+0.1mm=3.3mm,粗装配时钉孔直径取 d+0.4mm=3.7mm。

铆钉长度可根据以下公式计算:$L=0.8d+1.1t$

式中 d——铆钉直径;t——板厚。

孔沉头铆钉的沉头孔的尺寸见表 2.5.17。

表 2.5.17 孔沉头铆钉的沉头孔的尺寸

1	$\phi2$	$\phi2.5$	$\phi3$	$\phi4$	$\phi5$
2	$\phi2.2$	$\phi2.7$	$\phi3.3$	$\phi4.3$	$\phi5.3$
D	$\phi4.0$	$\phi5.0$	$\phi5.5$	$\phi7.0$	$\phi9.0$
h/mm	1	1.1	1.2	1.6	2
α	120°				

2.5.2 表面处理的工艺设计

目前机柜基本以钢材为原材料,制成各种零部件以后,必须对零部件的表面进行适当的处理,否则,其表面裸露在大气中,与空气中的氧气发生化学反应后,会很快出现腐蚀现象,使零部件逐渐失去其原有功能,最后使整个设备或产品无法使用,造成资源浪费。

表面处理技术,包括表面覆盖技术、表面改性技术及复合表面处理技术三部分。在这三部分中,应用最广泛的是表面覆盖技术,在该技术中应用最多的是涂装工艺、电镀工艺,因为该工艺具有质优价廉的显著特点,在满足零部件防腐功能的同时,还具有良好的装饰作用。由于制作机柜使用的材料不同，不同使用环境对表面处理的要求不同，机柜的表面处理通常采用不同方法，主要有以下几种。

2.5.2.1 机柜金属表面处理方式的选择

金属表面处理方式和优劣势对比见表2.5.18。

表2.5.18 金属表面处理方式和优劣势对比

方 式	适宜金属	优 点	缺 点	特 点
喷塑（喷粉）	钢，铝	(1)颜色持久性好。(2)容易颜色匹配。(3)施工安全，防刮擦，防日晒掉色等	(1)工件必须可以承受160℃及以上的高温。(2)不能包含塑料部分等，因为高温会熔毁	(1)比氧化表面更好的选择。(2)厚度：0.05mm
喷漆	大部分	(1)颜色众多。(2)可产生漆光、哑光、垂纹等效果	(1)表面耐用和持久性逊于喷粉。(2)工艺比喷粉繁杂	成本和喷粉差别不大
电镀	钢，铜	(1)防刮持久。(2)广泛的颜色选择	(1)整体需要是可分开的，不能再有焊接。(2)操作工艺要求很高	(1)防腐作用。(2)厚度：0.05mm-0.1mm。(3)最好可以选择喷粉处理代替
电泳	通常用于铁钢	(1)很好的防表面剐伤性能。(2)表面的反光效果可以是高光或者半哑光	(1)对象表面应该预处理。(2)十分费时。(3)也可以用于铜、铝等，但价格会很高，不建议用铝	(1)物料必须是可导电的。(2)可以电泳材料有铬、镍、银、金

1. 电镀

机柜需要电镀部件包括框架、安装板、机柜附件等。电镀的目的主要是防腐，另一个作用是使接地性能良好。还有一些小零件为了美观需要进行装饰性镀铬。

机柜几种常用零件电、化学处理推荐见表2.5.19。

表2.5.19 几种常用零件电、化学处理推荐

序 号	零件特征或材料	推荐处理方式
1	冷轧钢板门板、立柱、横梁、托架、走线架	镀锌彩色钝化
2	铝合金插箱、挡板、盖板	导电氧化银白色
3	插销、铰链	装饰铬
4	门锁拉手、扳手	装饰铬、珍珠铬
5	导电板、焊接铜排	镀锡、镍
6	铝合金散热片	阳极氧化
7	钢紧固件	电镀彩锌、黑锌、达克罗
8	铜紧固件	镀亮镍

2. 喷涂

机柜需要喷涂的部件包括面板、覆板等。

控制柜的表面涂装是保证控制柜的外观质量及防腐蚀的关键环节，喷漆和喷塑两种喷涂工

艺应用最为普遍。柜体的涂装工艺过程如下：

$$表面前处理 \longrightarrow 喷面漆或喷塑 \longrightarrow 烘干$$

涂装工艺过程每一步的工艺方法、操作及质量要求应符合相关国家标准。

1）表面前处理

控制柜材料的质量对表面前处理的工作量影响很大，表面锈蚀的钢板既增加表面处理工作量又会降低产品质量，而平整光洁的冷轧钢板甚至可以省去刮腻子这道工序。

表面前处理的目的是：

（1）除去金属表面附着的或生成的异物，如氧化皮、油脂、污垢等；

（2）给金属表面一定的耐腐蚀性，增加金属与涂层的附着力。

目前应用较普遍的是将除油、酸洗、磷化、钝化四道工序合起来进行的"四合一"磷化工艺，具体配方请参阅相关资料。

2）涂底漆

涂底漆→烘干→刮腻子这些工序，属于喷面漆前喷漆工艺的特殊要求。涂底漆常用的方法有电泳涂装、浸涂法和喷涂法三种。涂底漆应根据生产规模采用最佳方式，以达到成本低、效率高、涂装质量满足技术要求的目的。目前已经有一些企业采用热镀锌取代涂底漆，效果令人满意。

3）喷面漆（塑）

喷面漆（塑）常用的方法有空气喷涂、高压无气喷涂及静电喷涂。目前控制柜采用粉末静电喷涂（喷塑）的也很普遍。喷面漆或喷塑时应根据用户要求，按照相关标准进行。

4）高温烘干

将喷漆（塑）完成的成品放入180℃的高温炉中烘干。

5）表面机械精加工

应用较普遍的机柜表面机械精加工处理方法有抛光、网纹表面加工、毛面表面加工、蚀刻表面加工等。机柜表面机械精加工的主要目的是使机柜更加美观漂亮，使人赏心悦目。

2.5.2.2 喷塑与喷漆工艺的比较

1. 喷漆和喷粉层技术指标和其他对比

喷漆和喷粉层技术指标对比见表2.5.20。

表 2.5.20 喷漆和喷粉层技术指标对比

对比项目	喷漆	喷粉
固化温度/℃	160±5	180±5
涂膜固化后厚度/μm	30~60	60~90
固化时间/min	20~30	20~30

续表

对比项目	喷漆	喷粉
漆膜硬度（铅笔）	3H	2H
耐冲击性（kg/cm²）	50	50
耐腐蚀性（NSS 测试）	240h	500h
耐溶剂性	较好	好
可选效果	平光、撒点	平光、桔纹、砂纹
参考加工价格	较低	比喷漆高 20%
燃烧和爆炸危险性	高	稍低，但爆炸威力大
环境污染程度	高	无溶剂、减少公害
生产周期	长	简化工艺，实现一次性涂装，提高效率
对操作者技能要求	高	稍低
对前处理要求	稍低	严格
设备投资	少	烘房投资较多
工艺适应性	好	被涂物必须能导电，制件必须耐 160℃ 高温
品种选择范围	广	调色换色困难，周期较长
材料利用率	50%	95%

2．表面效果选择原则

为保证较高的外观合格率，在涂覆设计时应优先考虑采用美术效果。喷漆选用撒点，喷粉选用桔纹、砂纹（注意：喷漆没有桔纹、砂纹，喷粉没有撒点），平均合格率可达到 90% 以上。不论喷漆或者喷粉，原则上应该避免采用平光效果，尤其是高质量平光等级的设计（如电镀亮银漆），这些涂层平均合格率一般仅为 50%~70%。

3．喷粉、喷漆设计注意事项

根据零件的功能和使用环境气候条件特征，适当设计不同部位的外观要求等级，除正视外观装饰面以外，尽量少用要求较高的外观等级。角锐边必须倒钝、倒圆。倒角的圆弧半径在可能条件下应愈大愈好，以便降低粉末在固化时的边缘效应。金属加工在折弯处棱角应圆滑无龟裂。

由于静电作用会引起密孔透漆，一般密孔部位单面喷涂时，密孔背面应允许少量溢漆（飞漆）。要尽量减少单面喷涂，密孔背面不允许有漆层的结构设计。对于单面喷涂、背面不允许有漆层（需要导电）的钣金件，不要设计 $\phi 2$ 及以下的小孔，否则孔易堵塞。

局部喷漆和喷粉的工件，不喷漆的表面需要进行保护；为降低局部保护难度，在设计喷涂范围时须注意，钣金件断面没有导电接触要求时，应将断面（所有切边和孔）包含在喷涂加工范围内。如图 2.5.2 所示，喷漆方式一，要求喷涂时保护钣金端面 A、C，在贴保护胶带时，薄壁端面不易贴牢，喷涂时容易脱落，如果改为喷漆方式二，则喷涂操作简单。

圆弧面为边界的喷涂区应将喷涂区域向平面区域延伸 2mm，以保证保护区域的准确控制（点画线指示的区域喷涂），如图 2.5.3 所示。

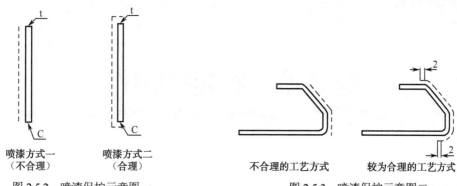

图 2.5.2 喷漆保护示意图一　　　　　　图 2.5.3 喷漆保护示意图二

有装饰性要求的喷涂表面，最好不要设计铆装结构，推荐使用焊接方式。必须采用铆接时，铆接处的喷涂质量应降级验收。如图 2.5.4 所示，压铆螺母柱压入钣金件后，喷涂前，一般要打磨平整，否则喷涂后会有压铆螺母柱的六角形印迹。面板和盖板上有喷涂的表面，应尽可能避免采用这种结构。

铝板上压铆不锈钢螺钉，由于两者强度差别太大，喷涂前螺钉及附近区域抛光打磨困难，质量不易保证，应尽量减少这种结构的喷涂。

应尽可能减少喷涂保护面。由于喷涂保护的胶带是耐温接近 300℃ 的高温胶带，价格很贵，而且粘贴高温胶带速度慢，效率低，所以设计时应尽可能减小保护面积。如图 2.5.5 所示，要求盖板外表面喷涂，盖板内表面要搭接导电，需要喷涂保护，左边的喷涂要求内表面全部喷涂保护，喷涂保护困难，密孔的喷漆毛刺要一个个去掉，工作量非常大。为了保证屏蔽搭接，可以将整体内部喷涂保护改为右图所示的局部保护，喷涂保护简单，工作量大大降低。

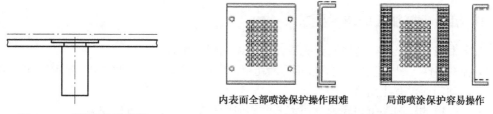

图 2.5.4 喷漆保护示意图　　　　　　图 2.5.5 减少喷涂保护面积

特别注意，不要出现一个很大的零件喷涂很小部分表面或大部分表面被喷涂保护的现象，这样将给喷涂带来很大的困难。

第3章 机柜的制作

3.1 机柜的加工

机柜既要满足各电气单元的组合功能条件，如形式的统一、组合的标准、功能的分配等，还要满足机柜的固有要求，如坚固可靠、整齐美观、容易调整等。由于机柜结构要求不同，制造单位加工手段不同，制造工艺不可能完全一致。但机柜制造中也存在带普遍意义的较关键的工艺特点，因为机柜的主要零部件主要采用钣金机械进行加工。下面进行讲解。

3.1.1 机柜的机械加工

为规范机柜的机械加工，合理降低生产成本，提高经济效益，提高产品质量，应在满足产品技术条件和顾客要求的前提下，结合机柜零部件规格的多样、灵活的特点，制定机柜的机械加工工艺。

3.1.1.1 机柜机械加工的技术要求

（1）盘柜表面应平整，边缘及开孔应光滑，无毛刺、裂口。
（2）各零部件应配合正确，门、抽屉等活动部件应工作灵活，紧固件、连接件应牢固无松动。
（3）活动门应设有止动器。
（4）每个柜的柜内和每块底板背面都要做相应明显的记号，以方便安装。
（5）所安装的元件要求质量良好，型号、规格符合设计要求，外观应完好，且附件齐全，排列整齐，固定牢固，密封良好。
（6）为了便于电柜接线，提高工作效率，电柜门铰链要能方便地拆卸，保证再次安装时的方便性和日后使用的可靠性。
（7）柜体应焊接牢固，焊缝光洁均匀，无焊穿、裂缝、咬边、溅渣及气孔等现象，焊药皮应清除干净。
（8）骨架成型后，底脚平稳，不应有显著的前后倾斜、左右偏歪及晃动现象。柜体外形尺寸允许偏差及柜体右侧、后侧及底各平面对角线允许偏差见相关国家标准。
（9）电柜的备用钥匙要用扎带捆于电柜内安全可靠处。其他集中收存。
（10）箱体上应设有专用接地螺柱，并有接地标记。不论电柜柜门上是否安装元件，都必须安装接地螺钉。柜门接地螺钉必须采用焊接，以解决"准绝缘"螺钉的问题。

3.1.1.2 审核图纸

编写机柜及零部件的加工工艺流程，首先要知道零件图的各种技术要求。图面审核是零件工艺流程编写的最重要环节，具体内容如下：

(1) 检查机柜图纸是否齐全。
(2) 图面视图关系，标注是否清楚、齐全，是否标注尺寸单位。
(3) 机柜装配关系，装配要求、重点尺寸。
(4) 图表处代号的转换。
(5) 图纸图面问题的反馈与处理。
(6) 机柜材料。
(7) 机柜品质要求与工艺要求。
(8) 正式使用的图纸，须加盖品质控制章。

3.1.1.3 机柜加工过程的控制

机柜加工过程主要涉及钣金技术方面的剪、冲、折、焊以及表面处理等，每一个环节都需要确保精准、美观。在实际操作过程中，也有很多方面需要注意的。在采用精良的设备时还涉及许多先进设备的使用等技术，才能保证最终机柜产品的性能。

例如焊接。焊接工艺中是否符合焊接规范，焊接点是否选得合理，焊接点在内还是在外，焊接后的处理等工艺都影响到最终产品的性能。在某些情况下可以采用设计工艺焊接孔的方式，使焊点准确、均匀，而且焊接后经抛光及镀涂后基本看不出焊点。

再如加工方式选择、关键尺寸控制是否合理等，如折弯工艺，要在折前对尺寸做出精确计算，防止折到最后发现材料小了，同时要确定是选择内折边还是外折，包内边还是外边，折边的方向，折边前影响尺寸的切边毛刺的去除情况，折弯选择的刀槽情况等。

这些是最基本的工艺，也是制造过程控制的关键点。

3.1.2 机柜的制造工艺方法

机柜制造工艺分为两个部分，一是机柜的机械加工工艺，二是机柜的表面处理工艺。

控制柜框架、机柜面板和覆板是控制柜的主要构件，加上铰链及内部安装支架即可装配成一台机柜。控制柜面板和控制柜框架生产线已有专业生产企业进行生产，其工艺即代表了这两种控制柜体主要部件的典型工艺过程。

现在对机柜制造有共性的、最基本、最重要、影响其性能和品质的制作工艺做一个分析。

3.1.2.1 机柜型材的加工与设备

1. 小批量生产

一些小型控制柜生产企业为了节省购买型材的费用，充分利用制作柜门、覆板剪裁下来的边角余料，一般使用弯板机自己弯制一部分型材，只能是截面形状比较简单的非封闭型型材，例如角钢、槽钢、C 型钢等。

2. 大批量生产机柜型材生产工艺流程

连续辊轧型材成型工艺如下：

被动放料→开料→校平（伺服送料）→连续冲孔→辊轧成型→焊接→整形→定尺、切断→出料收料。

1）开料

机柜型材连续辊轧使用的材料为带钢。通常直接向钢铁厂订购符合生产要求尺寸的带钢卷材。如果无法订购符合生产要求尺寸的带钢卷材，则可以使用滚剪机将标准卷材分切成符合生产要求尺寸的带钢卷材。

2）校平和冲孔

卷材通过多辊校平机校平，然后使用数控冲床在带钢上冲制出模数安装及定位孔。

3）机柜型材连续轧制机组

（1）成型原理。

首先带钢进入有几十对水平和垂直配置的辊轧成型机组。在辊轧成型机组内带钢在不同形状的轧辊的挤压下，逐步变形成达到设计要求的封闭管型；然后一个高频焊管机组将开口的管型材焊接成封闭管型材，接着通过拉拔模具进行精确定型；最后由飞锯按照设定尺寸长度切断。见图 3.1.1。

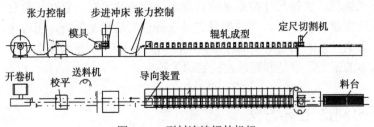

图 3.1.1　型材连续辊轧机组

（2）对机柜型材连续辊轧机组有以下几个要求：

① 设备控制一般为 PLC 控制，在正常生产时设置多重安全保护。
② 床身多为钢板焊接件，并作回火处理，消除内应力，避免机身变形。
③ 成型机架为铸铁结构，并经回火处理。强度高，使用寿命长。
④ 轧辊轴的材料为 40Cr，并经调质处理，硬度为 HB280。
⑤ 成型模具的材料为 GCr15，淬火处理，硬度为 HRC56～62。
⑥ 传动结构为齿轮箱传动。每一个成型机架都有一个齿轮箱，以保证设备长时间、高强度运行，并且使用寿命长。

（3）设备组成。

机柜型材连续辊轧机组由一个有着十几对水平和垂直配置的轧辊成型机组、一个高频焊管机组、一套拉拔定型模具及一套飞锯构成。设备主要由被动式自动放料机、校平机、伺服送料部分、连续冲孔部分、成型部分、定尺切断部分、收料台、电器控制柜等部件组成，其特点如下：

① 伺服送料机采用伺服电机驱动，多段式送料，液晶触摸显示便于更改、设定各技术参数。自动感应启动系统与冲床联动（控制冲床的启动）。

② 无毛刺的飞锯式切割机切断可以保证型材切断后不变形，美观。

③ 电气控制。

生产线采用 PLC 控制，触摸屏人机界面，实现人与 PLC 的交互。操作人员通过设定的程序自动运行（可编程控制）并对控制过程进行监控，实现操作人员控制生产线和修改控制参数，并可实时监控设备运行状态、运行参数和故障指示等。制件长度数字设定，制件长度可调整。

- 操作方式有手动、自动两种。在手动状态下，能进行单机运行，方便维修；在自动状态下，进行全线生产运行，顺序启动；全线设有急停按钮，易于处理紧急事故，保证设备和操作人员安全。
- 机旁设有手动操作面板，方便工人操作。
- 全线的监视功能：实时监视生产线的运行状况，实现对各工位生产状况的监视。
- 故障检测功能：对生产线的信号时序进行按序检测、核对，发现错误则进行报警、停机。

3.1.2.2 框架类零部件的加工方法

目前规模化机柜生产企业生产框架类零部件所使用的材料普遍为专门向钢铁厂定制的带钢，或定制卷材并使用卷材滚剪分切机剪切成需要的宽度尺寸的带钢。

一般控制柜框架生产线的生产工艺流程如下：

开卷机→钢板校平机→数控剪板机→数控联动冲床→数控弯板机→自动焊接机→箱体成型机→箱体自动焊接机→制成品。

3.1.2.3 覆板、门板、面板类零部件的加工方法

目前，规模化机柜生产企业生产覆板、门板、面板类零部件所使用的材料普遍为通用板材，进厂后使用数控剪床剪切成需要的长度、宽度尺寸的板坯，然后折弯成型。

控制柜面板、覆板生产线的生产工艺流程如下：

储料装置→多工位数控冲床→剪切校正机→数控折弯机→制成品。

3.1.3 机柜生产的工艺装备

机箱机柜是通过钣金工艺加工出来的产品，机柜零部件是通过辊轧成型、下料切割、金属板材弯曲成型、精密焊接来制作的。钣金机箱机柜加工最重要的三个步骤是剪、冲/切、折弯。常用设备如下所述。

（1）整形设备：校平机。

（2）下料设备：普通剪床、数控剪床、激光切割机、数控冲床。

（3）成型设备：辊轧成型机、普通冲床、折弯机和数控折弯机。

（4）焊接设备：电弧焊机、二氧化碳保护焊机、点焊机。

（5）表面处理设备：拉丝机、喷砂机、抛光机、电镀槽、氧化槽烤漆线。

机柜的生产设备是由机柜的生产规模及其零部件的加工精度决定的。柜体的生产工艺装备必须与生产规模及其零部件的加工精度相适应，这样才能取得最佳的经济效益。

3.1.3.1 单件生产

较小的生产规模如果采用较先进的工艺装备，虽然生产效率高，但设备投资大、设备利用率低，势必造成极大浪费。较小的生产规模使用通用钻床、剪板机、冲床和折弯机。

1. 剪床

普通剪床采用凸轮、曲轴或液压等机械装置产生剪切力，用它将板材料按工艺要求剪切成型。

常用的普通剪床有：手动剪床、振动剪床、滚剪床、压力剪床、龙门剪床等。滚剪床、压力剪床、龙门剪床用于直线的剪切，振动剪床用于曲线的剪切。手动剪床靠人力驱动，也称为压剪。

普通剪床的精度和生产效率较低，毛坯断面较为粗糙，适用于批量不大、精度要求较低的板件下料加工。例如上海冲剪机床 QC12Y-12 型液压摆式剪板机，最大能加工宽度为 2500mm、厚度为 12mm 的板件，尺寸精度可保证±0.52mm，角度精度可达到±0.5°，正常速率 1030 次/min，主要用于剪切厚度小于 12mm 的热轧板材。

2. 冲床

冲床是冲切下料及压延成型的设备。配备适当的刃具和模具，可用于剪切、冲孔、落料、弯曲及拉伸等冷冲压成型工艺。

普通冲床有开式双柱可倾式单动冲床、开式双柱可倾式双动冲床、偏心冲床、曲轴冲床等。大型零件的加工主要用 80t 位以上的大型冲床；对于中小型零件，则常用中小吨位的偏心冲床、曲轴冲床等，常用的有 3t、10t、16t、25t 等规格。普通冲床主要用于大批量、孔形较少、加工精度要求不高的钣金件冷冲压及成型。

双盘摩擦压力机和液压机也是一种可以进行冲切下料及压延成型的设备，但是生产效率比较低。

3. 折弯机

折弯机是对板材的边缘进行折弯加工的设备。普通折弯机有手动折弯机、机械折弯机和液压折弯机三种。折弯机的机械结构与剪床相似，只不过用折弯模具替换了上下刀片。

手动折弯机利用杠杆原理，靠人搬抬的方式进行折弯作业。机械和液压折弯机利用机械或液压力，使用压弯模具进行折弯作业。机械和液压折弯机滑块重复精度为±0.05mm，而且在采用合适的模具的条件下一般会产生±2°～3°的偏差，偏差由板材的回弹产生。

3.1.3.2 批量生产

中等生产规模时采用分散安装的数控钻床、数控剪板机、数控冲床和数控折弯机。

1. 数控剪床

数控剪床采用数控操作系统控制，可以进行人机对话。数控剪板机所控制的通常是位置、角度、速度等机械量和剪切次数等开关量。数控剪板机具有很高的定位精度和良好的切割断面，操作简单、安全、方便，适用于精度要求高且尺寸要求严格的板件下料。工人操作方便，快速高效，成型精度高。

数控剪板机剪切后应能保证被剪板料剪切面的直线度和平行度满足要求,并尽量减少板材扭曲,以获得高质量的工件。工作台上安装有托料球,以便板料在上面滑动时不被划伤。后挡料用于板料定位,位置由电动机进行调节。压料液压缸用于压紧板料,以防止板料在剪切时移动。护栏是安全装置,用于防止发生工伤事故。回程一般靠氮气,速度快、冲击小。后挡料配同步托料翻折支撑,刃口间隙可快速调整,灯光对线装置和安全栅可编程、计数和定数操作。加工的尺寸精度可达到±0.1mm,角度精度可到达±0.3°。主要用于批量生产的薄板剪切、方正工件的前工序备料。

2. 数控框架板料冲压液压机

数控框架板料冲压液压机在常规结构液压机的基础上,汇聚了触摸(调控)彩色显示屏、二通逻辑插装阀、可编过程控制器、高灵敏度压力传感器、微米级磁栅尺和无级调控比例控制阀等多项先进技术。机器设有调整、无压力下行与半自动工作方式,还配有自驱动移动工作台、液压打料缸、电液连锁双安全栓、温控液压油冷却系统、程控导轨润滑系统、双侧缓冲液压缸和电动同步螺杆调程机构。机器滑块能实施压力成型及冲裁工艺的定压定程,液压垫可在拉深工艺的行程内设置分段调压。机器具有薄板冲裁落料、弯曲翻边及拉深成型等多种功能。

3. 数控冲床

相对于传统冲压而言,数控冲床通过简单的模具组合,节省了大量的模具费用,可以以低成本和短周期加工小批量、多样化的产品,具有较大的加工范围与加工能力,从而及时适应市场与产品的变化。数控冲床解决了普通冲床加工中存在的一系列缺点和不足,为单件小批量生产的精密复杂零件提供了自动化加工手段。数控冲床加工零件适应性强、灵活性好,加工出来的产品精度高、质量稳定。数控冲床的使用不但能提高生产效率,经济效益明显,有利于生产管理的现代化,而且能改善工人的劳动条件,减轻工人的劳动强度。

数控冲床可进行人机对话操作,用于各类金属薄板零件冲压成型加工,可以一次性自动完成多种复杂孔型和浅拉深成型加工,可按要求自动加工不同尺寸和孔距的不同形状的孔,也可用小冲模以步冲方式冲大的圆孔、方形孔、腰形孔及各种形状的曲线轮廓,也可进行特殊工艺加工,如百叶窗、浅拉伸、沉孔、翻边孔、加强筋、压印等。

例如,多任务多工位转塔式数控冲床,采用马拉松系统结构设计,采用数控系统控制。配备硬质合金冲模,应用 CAD 制图数据,CAM 编程为数据接口,可省去许多复杂模具的制造,减少许多道工序流程,大大提高数控冲床加工效率,适用于各种复杂钣金展料的冲裁。可一次安装 30 副模具,可优化冲裁、重复定位加工。最大加工面积可以达到 2500mm×1250mm,可加工厚度达到 3mm 的冷轧板,定位精度±0.1mm,垂直精度±0.1°,加工速率 50～200 次/min。

电气控制柜加工行业使用的宽台面数控冲床的先进特点有:采用高性能伺服液压驱动的专用液压系统;步冲次数高(步距 0.5mm 时,频率 600～1000Hz),冲压稳定性好;采用智能夹钳,减小冲裁死区;采用毛刷型工作台,确保板材表面质量;工作台移动速度快(轴向 80m/min,合成 120m/min);设有 2～4 个自动分度工位(大直径模设置其上,减小转塔换模惯性);采用开放式数控系统,用户界面友好,可扩展性高,并配有高效自动编程软件。此种冲床主要用于带多种尺寸规格孔型的大批量板冲件加工。

4. 数控折弯机

数控折弯机包括支架、工作台和夹紧板，工作台置于支架上，由底座和压板构成，底座由座壳、线圈和盖板组成，通过铰链与夹紧板相连，线圈置于座壳的凹陷内，凹陷顶部覆有盖板。使用时由导线对线圈通电，线圈通电后对压板产生吸力，从而实现对压板和底座之间薄板的夹持。由于采用了电磁力夹持，压板可以用于加工多种工件，而且可对有侧壁的工件进行加工。

数控折弯机由全闭环数控系统、两把光栅尺、一个光电编码器实时检测反馈、步进电机驱动丝杆组成。两把光栅尺，一把对后挡料，一把对滑块的位置实时检测并反馈纠正；光电编码器对油缸死挡块的位置进行检测并反馈给数控系统。

数控折弯机采用动态压力补偿系统、侧梁变形补偿系统、厚度及反弹在线检测及修正系统和温度补偿系统，提高了工作台与滑块的相对位置的精确性，保证滑块重复精度达到±0.01mm。成型精确的角度须采用精度良好的模具，数控板料折弯机可加工各种带有多规格弯曲角度的复杂盒形零件，可实现多种折弯工件的工艺存储及轮番生产。数控折弯机具有以下特点：

（1）Y1、Y2 伺服同步控制，精度达 0.01mm，极强的抗偏载能力、液压伺服饶度补偿；采用快速模具夹紧装置，更换模安全免调校；上刀快速夹紧，带安全槽沟，上刀更换免调校。

（2）有配置数据和图形编程、模拟演示折弯实物图形的功能，能自动计算板料展开长度。可实现机器工作时间与折弯过程图形模拟、自动计算折弯力、工件展开尺寸自动计算、大圆弧自动计算、二维图形编程。

（3）配有快速夹紧装置，模具防脱落，下模座带对中凹槽，换位迅速，适配各种模具，安全可靠。滑块的空程速度为 100mm/s，工作速度为 10mm/s；重复定位精度±0.01mm 左右。

（4）采用伺服电机和滚珠丝杆导轨组成的高刚性后挡料装置，保证折弯工作的尺寸精度。

（5）全方位防碰撞保护装置能有效自动保护机床及操作人员的安全。

3.1.3.3 大批量生产

大规模生产机柜，应采用传送带、开卷机、钢板校平机、数控剪板机、数控联动多任务位数控冲床、剪切校正机、数控折弯机、自动焊接机、箱体成型机、箱体自动焊接机组成的数控复合生产线，采用人工装卡和运送半成品。

超大规模生产机柜应使用由机械手、传送带连接开卷机、钢板校平机、数控剪板机、数控联动多任务位数控冲床、剪切校正机、数控折弯机、自动焊接机、箱体成型机、箱体自动焊接机等设备构成的自动化生产线，工人只需进行监控。

机柜生产加工设备的自动化程度越高，对操作工人的技术水平要求也越高，使用操作人员很少，但雇用工人的费用会增加。设备的自动化程度越高，进行维修的难度越大、时间越长，也会导致费用增加。

1. 数控复合生产线

数控复合生产线是由自动上下料系统、数控冲床、数控剪板机以及板材仓库所组成的柔性加工生产线，真正做到无人值守的柔性加工生产线，特别适合中小批量生产和柔性加工。整张板材通过编程加工一次性完成，省去了下料的工艺过程，经过剪切套裁从而节省了材料，而且提高了生产效率，并且预留了可与仓库、自动上料机械手和堆垛等装置配套的接口，进一步拓展了自动化程度。数控冲剪板材柔性加工生产线将是以后高集成化设备发展的趋势。数控复合生产线的主要组成设备如下所述。

1）自动上料系统

自动上料系统化替人工上料，提高了生产效率，降低了生产成本，并预留了可与仓库、自动上料机械手和堆垛等装置配套的接口，可进一步拓展自动化程度，构成数控冲剪板材柔性加工生产线。自动上料系统的主要特点如下：

（1）自动上料系统，通过吸盘把仓库板材吸到数控冲床上并把板材自动定位；
（2）自动上料系统吸料行程由电子感应器控制，感应灵敏、准确；
（3）自动上料系统吸盘底面装有电子感应器，用于在生产过程中感应板材仓库是否有板料；
（4）板材分张（含气吹）装置，把板料进行自动分离，避免板材的重叠。

2）数控冲剪复合机床

数控冲剪复合机由数控冲和数控角剪集合而成，板料的冲孔、成型和剪切可在其上一次完成，最适合后序有弯折工序的板件加工。多工序共享一套数控系统、液压系统和送料机械手，与数控冲和角剪机单机连线比较，不仅可以减少设备投资，节省占地面积，降低故障率，还可以作为主机组成冲剪复合柔性加工线。

数控冲剪复合机床采用了先冲压后剪切的工艺方式，完全不同于数控冲床的加工工艺。入口电气组件、液压组件保证了设备在运行过程中的稳定性。板材冲孔、成型及剪切过程一次完成，由原材料直接产出工件，替换了传统的冲剪分离加工工序，减少加工时间 40%以上，节省材料达 6%～10%，极大地提高了材料的利用率和加工效率。

数控冲剪复合机床具有板材厚度测量装置，可自动检测板材的厚度，保证冲床冲压工序的安全性。

3）数控液压前送料自动剪板机

数控前送料自动剪板机，通过自动上料系统把数控冲床上冲好的板料送到剪板机上并自动夹紧。

数控剪板机带前送料工作台，X轴前进送料，气压夹钳夹紧板料前送移动，按编好的程序尺寸进行剪切。数控剪板机具有直角剪切功能。

数控剪板机分料机构把剪切好的板料按大小进行自动分类。

数控剪板机采用专用高端数控系统，可以做到远程监控、远程诊断。整张板材通过编程加工一次性完成，省去了下料的工艺过程，经由剪切套裁从而节省了材料且提高了出产效率。

可靠的电气组件、液压组件保证了设备在运行过程中的稳定性。

2. 机柜柔性生产线

柔性生产线是把多台可以调整的数控钣金加工设备连接起来，配以自动运送装置组成的生产线。它依靠计算机管理，并将多种生产模式结合在一起，从而降低生产成本，做到物尽其用。

1）柔性生产线的构成

就机柜制造业的柔性生产线而言，其基本组成部分有：

（1）自动加工系统，指以成组技术为基础，把外形尺寸（形状不必完全一致）、重量大致相似，材料相同，工艺相似的零件集中在一台或数台数控机床或专用机床等设备上加工的系统。

（2）物流系统，指由多种运输装置，如传送带、轨道、转盘以及机械手等构成，完成工件、刀具等的供给与传送的系统，它是柔性生产线主要的组成部分。

（3）信息系统，指对加工和运输过程中所需各种信息进行收集、处理、反馈，并通过电子计算机或其他控制装置（液压、气压装置等），对机床或运输设备实行分级控制的系统。

（4）软件系统，指保证柔性生产线能用电子计算机进行有效管理的必不可少的组成部分。它包括设计、规划、生产控制和系统监督等软件。柔性生产线适合于年产量 1 000～100 000 件的中小批量生产。

2）柔性生产线的优点

柔性生产线是一种技术复杂、高度自动化的系统，它将微电子学、计算机和系统工程等技术有机地结合起来，理想和圆满地解决了机械制造高自动化与高柔性化之间的矛盾。具体优点如下：

（1）设备利用率高。一组数控设备编入柔性生产线后，产量比这组数控设备在分散单机作业时的产量高数倍。

（2）在制品减少 80% 左右。

（3）生产能力相对稳定。自动加工系统由多台数控钣金加工设备组成，发生故障时，有降级运转的能力，物料传送系统也有自行绕过故障设备的能力。

（4）产品质量高。零件在加工过程中，装卸一次完成，加工精度高，加工形式稳定。

（5）运行灵活。有些柔性生产线的检验、装卡和维护工作可在第一班完成，第二、第三班可在无人照看下正常生产。在理想的柔性生产线中，其监控系统还能处理诸如刀具的磨损调换、物流的堵塞疏通等运行过程中不可预料的问题。

（6）产品应变能力强。刀具、夹具及物料运输装置具有可调性，且系统平面布置合理，便于增减设备，满足市场需要。

3）钣金柔性生产线的组成

自动化钣金生产线=料库+冲剪中心+分料系统+弯板中心。

能够做到，给料库上足料，编完程序，开始工作，下班时锁门回家。

3.1.4　机柜生产设备的选择

3.1.4.1　冲剪设备

1. 剪床和冲床压力吨位的计算方法

根据冲孔形状及材料厚度可以计算出冲孔所需的冲切力。这是选择工艺设备的品种及规格的依据。

下面介绍无斜刃口冲芯的冲孔冲切力计算方法：

冲切力（kN）=冲芯周长（mm）×板材厚度（mm）×材料的剪切强度（kN/mm^2）

换算成吨：用 kN 除以 9.81。

注：冲芯周长——指任何形状的各个边长相加之和；

板材厚度——指冲芯要冲孔穿透的板材厚度；

材料的剪切强度——板材的物理性质，由板材的材质决定。常用材料的剪切强度见表3.1.1。

表3.1.1 常见材料的剪切强度

材　　料	铝（5052H32）	黄铜	低碳钢	不锈钢
剪切强度（kN/mm^2）	0.1724	0.2413	0.3447	0.5171

举例：在2mm厚的冷板上冲孔，形状圆Φ25，计算冲切力。

冲芯周长=3.14×25mm=78.5mm；材料厚度=2mm；剪切强度=0.3447kN/mm^2。

冲切力=78.5×2×0.3447kN=54.1179kN。

54.1179÷9.81=5.52t。

2．影响数控冲床加工质量的工艺因素

数控冲床以其冲压速度快、加工精度高、模具通用性强、产品灵活多样等特点，得到了广泛应用。数控冲床所使用的模具，由于精度及质量要求高，冲压速度快，用户在选购某种品质的模具后，其使用和维护的水平，直接影响到工件的加工质量和模具的使用寿命，对提高效益、降低成本，也会起到重要的作用。

1）模具间隙的影响

模具间隙是指凹模和凸模之间的尺寸差。模具间隙是一个重要的工艺参数，其大小除对冲裁件的断面质量和尺寸精度有影响外，还会对冲裁力和模具寿命有直接影响。冲裁间隙的影响见表3.1.2。

表3.1.2 冲裁间隙的影响

项　目	影　响　情　况		
	大　间　隙	正　常　间　隙	小　间　隙
断面品质	圆角大、毛刺大、撕裂角大	圆角正常、无毛刺、能满足一般冲压件要求	圆角小、有毛刺、断面与板料平面垂直
冲裁力	小	适中	大
模具寿命	降低	适中	小
制作尺寸	外形尺寸小于凹模尺寸，内形尺寸大于凸模尺寸	尺寸适中	外形尺寸大于凹模尺寸，内形尺寸小于凸模尺寸
卸料力和推件力	减小	合适	增大
模具制造	容易制造，若采用线切割机床加工凹凸模可一次加工成型	一般	不易制造
力态分布	挤压作用减弱，侧压力稍有降低	近于纯剪切	板料对模具的挤压力强，侧压力和摩擦力大，并随切入量增加而增大，直到断裂

用模具直接下料时，冲裁件的直角处通常可以做成圆角，不仅模具寿命会延长，零件做出来也不会留下安全隐患；直接用数控冲床加工时，因圆角较难加工，可以做成45°倒角。

2）适时刃磨可有效延长模具的使用寿命

如果工件出现过大的毛刺或冲压时产生异常噪音，可能是模具钝化了。检查冲头及下模，当其刃边磨损产生半径约 0.10mm 的圆弧时，就要刃磨了。

实践表明，经常进行微量的刃磨而不是等到非磨不可时再刃磨，不仅会保持良好的工件质量，减小冲裁力，而且可使模具寿命延长一倍以上。

3）消除和减少黏料的方法

冲水时的抹力和热量会将板料的细小颗粒黏结于冲头表面，导致冲孔质量差。要去除黏料可用细油石打磨，打磨方向应与冲头运动的方向相同，这样可以避免黏料的产生。不要用粗纱布等打磨，以免冲头表面更粗糙，更容易出现黏料。

合理的模具间隙、良好的冲压工艺，可以防止过热产生。一般采用润滑的方式及必要的板料润滑，这样会减少摩擦，减少黏料。如果无法润滑或出现废料回弹，可采取以下方法：使用多个相同尺寸的冲头轮流冲压，使其在被重复使用之前有较长的冷却时间。通过编程控制换模，将过热模具停歇使用，中断其长时间重复工作，或降低其冲压频率。

4）冲很多孔时防止板料变形的措施

如果在一张板上冲很多孔，由于冲切应力的累积，板材无法保持平整。每次冲孔时，孔周边的材料会向下变形，造成板料上表面出现拉应力，下表面则出现压应力。对于少量的冲孔，其影响并不明显，但当冲孔数量增加时，拉、压应力在某处累积，直至材料变形。

消除此类变形的一个方法是：先每隔一个孔冲切，然后返回冲切剩余的孔。这样虽然也会产生应力，但却缓解了在同一方向顺序冲压时的应力累积，也会使前后两组孔的应力相互抵消，从而防止板料的变形。

5）尽量避免冲切过窄条料

当模具用于冲切宽度小于板材厚度的板料时，会因侧向力作用而使冲头弯曲变形，令一侧的间隙过小或磨损加剧，严重时会刮伤下模，使上、下模同时损坏。

建议不要步冲宽度小于 2.5 倍板材厚度的窄条板料。剪切过窄条料时，板料会倾向于弯入下模开口中，而不是被完全剪掉，甚至会楔入冲模的侧面。如果无法避免上述情况，建议使用退料板对冲头有支撑作用的全导向模具。

6）冲头的表面硬化及其适用范围

虽然热处理和表面涂层可改善冲头表面特性，但并不是解决冲压问题和延长模具寿命的一般方法。一般来说，涂层提高了冲头表面硬度并使侧面的润滑性得到改善，但在大吨位、硬质材料冲压时，这些优点在大约 1000 次冲压后就消失了。

7）冲床模位对中性不好时的检修

如果冲床模位的对中性不好，造成模具快速钝化，工件加工质量差，可就以下几点检修：检查机床的水平情况，必要时重新调整；检查并润滑转盘上的模孔及导向键，如有损伤及时修复；清洁转盘的下模座，以便下模准确安装，并检查其键或键槽的磨损情况，必要时更换；使用专用芯棒校准模具工位，如有偏差及时调整。

上述内容是对通常的情形而言，鉴于冲床及模具的具体类型、规格不同，用户还要结合实际去认识和总结经验，发挥出模具的最佳使用性能。

3．模具的使用注意事项

1）标准模具的选用

（1）数冲模具的形状分类

为了降低模具的成本，目前已经对数冲模具的形状进行了标准化，以便进行专业化生产，进行机柜结构工艺设计也可以参考。数冲模具的名称和基本形状见表3.1.3。

表3.1.3 数冲模具的名称和基本形状

模具名称	基本形状	模具名称	基本形状	模具名称	基本形状
圆形 RO	○	长方形 RE	▭	倒圆角 CR	✧
长圆形 OB	⬭	正方形 SQ	□	单D形	⌀
双D形	⬯	长方形圆角刀（RE+RA）	▭	正方形圆角刀（SQ+RA）	○

（2）模具的刃口直径应尽量大于加工板厚的两倍，直径一般应大于 3mm，否则易折断，寿命极短；但也不是绝对的，直径 3mm 以下推荐使用进口高速钢作为模具材料。

（3）加工厚板的模具尺寸接近工位极限尺寸时应往上选用大一级的工位以保证有足够的退料力。

（4）加工厚板的模具刃口不允许有尖角，所有尖角应改为圆角过渡，否则极易磨损或塌角，推荐在一般情况下，尽可能用 $R>0.25t$ 的圆角半径来代替清角。

（5）当加工的板材为高 Cr 材料（如 1Cr13 等不锈钢）及热轧板材时，由于板材固有的特性，不宜采用国产高 Cr 模具，否则极易出现磨损、拉毛以及带料等一系列弊病，推荐使用进口高速工具钢来作为模具材料。

2）模具标准间隙

模具间隙是指冲头进入下模中，上模冲头与下模孔的配合间隙。模具间隙是影响模具寿命的一个重要因素，合适的模具间隙不但能够保证模具不过快地磨损，延长模具寿命，还可以加工出断面良好的成品。模具间隙与板厚、材质以及冲压工艺有关，选用合适的模具间隙，能够保证良好的冲孔质量，减少毛刺和塌陷，保持板料平整，有效防止带料，延长模具寿命。

冲床模具推荐间隙取值标准见表3.1.4。

表3.1.4 冲床模具推荐间隙取值标准

板厚 t 的百分数	机械冲床			液压冲床		
	软钢板	铝板	不锈钢	软钢板	铝板	不锈钢
选择范围	12%~18%	10%~16%	14%~22%	20%~25%	15%~20%	25%~30%
选择的标准值	15%	10%	20%	20%	15%	25%

当下模间隙较大时，冲头所受负荷较小，可延长冲头寿命，但是成品断面的圆角会较大，毛刺也较大，外观较差。当下模间隙较小时，冲头与下模对板材产生二次切断，负荷较大，影响模具寿命，孔的断面及精度也较差。当进行开槽、步冲、剪切等局部冲压时，侧向力将使冲头偏转而造成单边间隙过小，有时刃边偏移过大会刮伤下模，造成上下模快速磨损。模具以最佳间隙冲压时，废料的断裂面和光亮面具有相同的角度，并相互重合，这样可使冲裁力最小，冲孔的毛刺也很小。

冲床分为机械式驱动（曲轴或偏心式）冲床及液压式驱动冲床两种，两种冲床有着不同的间隙值，冲裁不同材料的模具间隙详见表3.1.5。

表3.1.5 冲裁不同材料的模具间隙

机械冲床				液压冲床			
板厚(mm)	推荐间隙（mm）			板厚(mm)	推荐间隙（mm）		
	软钢板	铝板	不锈钢		软钢板	铝板	不锈钢
0.8	0.8	0.15	0.15~0.18	0.8	0.15~0.2	0.15~0.16	0.20~0.24
1.0	0.15~0.18	0.15~0.16	0.15~0.22	1.0	0.20~0.25	0.15~0.2	0.25~0.30
1.5	0.18~0.27	0.15~0.24	0.21~0.33	1.5	0.30~0.38	0.23~0.30	0.38~045
2.0	0.24~0.36	0.20~0.32	0.28~044	2.0	0.40~0.50	0.30~0.40	0.50~0.60
2.5	0.30~0.45	0.25~0.40	0.35~0.55	2.5	0.50~0.63	0.38~0.50	0.63~0.75
3.0	0.36~0.54	0.30~0.48	0.42~0.63	3.0	0.60~0.75	0.45~0.60	0.75~0.90
3.2	0.38~0.58	0.32~0.51	0.45~0.70	3.2	0.64~0.80	0.48~0.64	0.80~0.96
3.5	0.42~0.63	0.35~0.56	0.49~0.77	3.5	0.70~0.88	0.53~0.70	0.88~1.05
4.0	0.48~0.72	0.40~0.64	0.56~0.88	4.0	0.80~1.00	0.60~0.80	1.00~1.20
4.5	0.54~0.81	0.45~0.72	0.63~0.99	4.5	0.90~1.13	0.68~0.90	1.13~1.35
5.0	0.60~0.90	0.50~0.80		5.0	1.00~1.25	0.75~1.00	/

通过检查冲压废料的情况，可以判定模具间隙是否合适。如果间隙过大，废料会出现粗糙起伏的断裂面和较小的光亮面。间隙越大，断裂面与光亮面形成的角度就越大，冲孔时会形成卷边和断裂，甚至出现一个薄缘突起。反之，如果间隙过小，废料会出现小角度断裂面和较大的光亮面。

3）模具的使用寿命

（1）影响模具寿命的因素

对用户来讲，提高模具的使用寿命可以大大降低使用成本。影响模具使用寿命有以下几个方面的因素：

① 模具的材料是否经过特殊处理；

② 模具的结构形式；

③ 下模的间隙；

④ 上下模的位置精度；
⑤ 调整垫片的合理使用；
⑥ 冲压板材是否有良好的润滑；
⑦ 冲压板材是否平整；
⑧ 冲压板材的类型及厚度；
⑨ 冲压机器每个转塔上下工位的对中性；
⑩ 机器转塔上的导向键是否完好无损。

以上诸因素中最直接的就是板越厚。材料越硬以及步冲加工，模具寿命会越短。另外把模具放入模位之前，模位的周围要擦干净，清扫完后，往凸模上喷一些油，然后插入模位里，凹模同样可放入模位里。在这里应特别注意的是上下模的方向一致性，安装前应仔细看清楚上下模规格是否相同，同时刃口方向应一致，如果放错，一次就会打碎模具，甚至会损伤机器。模具都安装好后，要边让转塔转动，边观察上下转塔间，特别是凹模有没有高低不平，若有高低不平，要仔细检查原因。

（2）下模间隙是根据加工的板厚确定的，如加工 2mm 板的下模不可加工 3mm 的板，也不可加工 1mm 的板，否则会加剧磨损甚至打坏模具。

（3）当模具弹簧发生歪斜或缩短时应及时更换。

（4）冲压时的入模量应控制在 1~2mm 之间。

（5）模具的闭合高度按图纸要求调整。

（6）成型模具应注意键槽的方向，试冲时严格按上述规定的调整步骤来进行，并参照用户模具订单上的要求，如拉伸高度、是否需预冲孔等，否则会损坏模具或不符合用户要求。

4）模具的刃磨

定期刃磨模具不仅能提高模具的使用寿命，而且能提高机器的使用寿命，所以说掌握正确合理的刃磨时间很重要。

模具如果在适当的时候刃磨，使用寿命可延长三倍，但不正确的刃磨，反而会急速加剧模具刃口的破坏，缩短其使用寿命。模具刃磨有其配套的模具刃磨机，选择合适的刃磨机器会极大地方便用户，提高生产效率。刃磨时每次磨削进给量不应超过 0.03mm，磨削量过大会造成模具表面过热及烧伤，相当于退火处理，模具变软，会大大缩短模具的使用寿命。刃磨时必须加足冷却液，应保证冲头和下模固定平稳，刃磨砂轮表面要清理干净，建议使用中软 46 粒度砂轮。模具刃磨量是一定的，正常最大为 4mm，如果达到该数值冲头就要报废，如果继续使用，容易造成模具和机器的损坏。最后，刃磨应由受过专业培训的人员操作。

（1）模具的研磨量

Amada 机床标准模具上模冲头的研磨量为 2mm，标准下模的研磨量为 1mm。

Trumpf 机床标准模具上模冲头的研磨量为 3mm，标准下模的研磨量为 1mm。

注意：刃磨完后应及时退磁，并将模具高度调整至和刃磨前一样。

（2）模具的研磨标准

在一般的冲裁加工中，零件的允许毛刺高度在 0.05mm 以下，实际上我们不可能用测量工具来测量毛刺高度，而是通过手感和目测，通常标准为：

① 通常 0.05mm 的毛刺容许高度是看不出来的，如果能看到材料孔边缘有较大毛刺，则说明毛刺已经很大。

② 用手指轻轻触摸材料孔边缘，如果感到毛刺很刮手并明显超过材料平面，或戴上手套轻轻从孔的边缘滑过，手套的纱线被毛刺挂住，也表明毛刺比较大。

如果上、下模刃口锋利的尖角部分已被磨损成细小的圆角，此时也需要进行研磨。

③ 冲孔累积到一定次数以后，检查冲孔是否有较大的毛刺产生，再检查上模刃口是否出现圆角（圆角半径不小于0.1mm），光泽是否消失，如有这种情况发生，说明冲头已钝，需要刃磨。

4．数控冲床模具使用方法

（1）模具安装使用前应严格检查，清除脏物，检查模具的导向套及模具是否润滑良好。

（2）定期对冲床的转盘及模具安装底座进行检查，确保上下转盘的同轴精度。

（3）按照模具的安装程序将凸凹模在转盘上安装好，保证凸凹模具的方向一致，特别是具有方向要求的（非圆形和正方形）模具更要用心，防止装错、装反。

（4）模具安装完后，应检查模具安装底座各紧固螺钉是否锁紧无误。

（5）冲床模具的凸模和凹模刃口磨损时应停止使用，及时刃磨，否则会加剧模具刃口的磨损程度，加速模具磨损，降低冲件质量，缩短模具寿命。

（6）对于批量生产所使用的通用模具，应有备份，以便轮换生产，保证生产所需。

（7）冲压人员安装模具应使用较软的金属（如铜、铝等）制成操作工具，防止安装过程中敲、砸时损坏模具。

（8）模具运送过程中要轻拿轻放，决不允许乱扔乱碰，以免损坏模具的刃口和导向。

（9）模具使用后应及时放回指定位置，并作涂油防锈处理。平时不常用的模具应定期防锈和涂油，用完模具后要将模具清洗干净，摆放整齐，用保护膜将其包好，装入模具盒内，放入固定的位置，以防模具被磕碰、起毛刺，或落入灰尘、生锈，影响下一次使用。

（10）保证模具的使用寿命，还应定期对模具的弹簧进行更换，防止弹簧疲劳损坏影响模具使用。

5．冲床模具的安装

1）安装前的检查

冲床模具是冲压生产设备的重要组成部分，在冲床安装模具进行冲压生产时，务必首先检查确认以下几点：

（1）冲床加工种类：打胚、冲孔、下料、剪切、弯曲、成型、压印等类，不同的加工类型其加工特性大不相同。

（2）冲床动作：单冲还是连续。

（3）模具大小。

（4）冲床模高：模具闭合后的高度。

（5）冲床性能是否能满足冲压力要求（加压能力、扭矩能力、做功能力）。

2）在确认以上几点后再对模具进行安装

（1）进行冲床模具安装面（冲床工作台面、滑块面）的清洁，不能有冲压后的废料、附着的油污、灰尘，以免影响模具水平精度。这点很容易被遗忘，但极为重要，它是确保冲床冲压生产精密不可或缺的一环。

（2）模具及导正销的安装面与冲床的工作台面及滑块面不可有凸出部。

因冲床模具表面均具有小孔，故模具使用面及加工面容易产生凸出部。在模具搬运作业中，常产生打痕或擦伤，打痕或擦伤会形成凹状，凹状外围也会产生凸出部。特别是在工作台面及滑块面进行模具脱离时，容易被工具打痕。凸出部的产生很常见，务必进行安装面确认。打痕及擦伤的凸出部如果没能及时去除，会导致模具水平精度不准；在冲压产品时，造成产品断面不均、尺寸及形状变形变大等冲压问题，在这种状态下，模具的使用寿命会大幅缩短，甚至会导致模具出现极大的损伤。

冲床工作台面、滑块面是否有凸出部，通常采用精细的砥石抽磨来予以确认。来回磨除模具表面的伤痕等瑕疵，磨除滑动的方向需与加工纹路相同。如有凸出部，砥石抽磨时会有不平顺感，要施力往复抽磨，凸出部才能被去除。

（3）导正销的位置的确定。

（4）把上下模合模放入冲床内。

（5）精密冲床模高及模具高度的状态确认。

（6）冲床滑块下降，使模具的模柄套进滑块的模柄安装孔里，一直到滑块的下死点停止不动为止。

（7）下模固定。将T型螺栓穿入冲床工作台上的T型槽内，再将T型螺栓穿入压板并用螺母锁紧，从而完成下模的紧固。

（8）上模固定，使用梅花扳手紧固滑块上紧固模柄的螺钉，紧固时不要一次锁紧位置，紧固力要分两次以上发力，并以对角线方式锁紧。锁紧工作中，遇到锁紧不顺畅的情况，不要强制固锁。

（9）冲床下死点的调整（在模具高度以上的模高，进行少量的调整使其慢慢靠近模具）。

（10）安装附属品（导柱、导槽及其他附属品）。

冲床空运行几圈，进行检查，如一切运转正常，则可进行正常的冲压生产了。

3.1.4.2 折弯设备

目前机柜加工的折弯机种类很多，按照传动方式不同可分为机械式（伺服马达）折弯机和液压式折弯机；按照控制系统不同可分为简易手动折弯机、普通国产数字定位折弯机和过程数字控制全功能折弯机；按照动作部位不同可分为4轴、8轴、12轴等折弯机。折弯机与剪板机不同，踩下脚踏开关开始折弯，可以随时松开，松开脚折弯机便停下，再踩则继续折弯。

1. 工件折弯的压力计算方法

计算公式：$P=650t^2L/V$

式中，P 为折弯机压力，单位为 kN；t 为板厚，单位为 mm；L 为板料折弯长度，单位为 m；V 为折弯下模 V 形开口尺寸，单位为 mm。

其中，下模槽口的计算方法是：6mm 厚以下的板材，$V=6t$；8mm 厚以上的板材，$V=10t$；12 个厚以上的板材，$V=12t$（S 为板材厚度）。

此式以 Q235 钢为例，按 $\sigma_b=450$MPa 计算。折弯时板料折弯压力 P 应小于折弯机的最大压力，并应小于折弯模具的最大承载力，否则将会损坏机床或压坏模具。

例如，如果我们要加工 4mm 厚，2.5m 长的板材，根据计算公式：

$P=650×16×2.5/(6×4)\text{kN}=1083.3\text{kN}$

再把单位换算成吨，吨位为 $P/9.8=110.5\text{t}$

因此，加工 4mm 厚，2.5m 长的板材，至少要用 125t2.5m 的折弯机。

首先应考虑的是购买一台能够完成加工任务而工作台最短、吨数最小的机器。仔细考虑材料牌号以及最大加工厚度和长度，如果大部分是厚度 1.5mm、最大长度 3m 的低碳钢，那么自由弯曲力不必大于 50t。不过，若是从事大量的有底凹模成型，也许应该考虑一台 160 吨位的机床。

假定最厚的材料是 6mm，最大长度 3m 自由弯曲需要 200t，而有底凹模弯曲（校正弯曲）至少需要 600t。如果大部分工件是 1.5m 或更短一些，吨数差不多减半，从而大大降低购置成本。零件长度对确定新机器的规格是相当重要的。

2．影响折弯机加工的工艺因素

在选购折弯机时一旦选择不当，生产成本就会攀升，折弯机也不能预期收回成本。因此，有几个因素须在决策时加以考虑。

1）挠变

在相同的载荷下，3m 机工作台和滑块出现的挠变是 1.5m 机的 4 倍。这就是说，较短的机器只需要较少的垫片调整，就能生产出合格的零件。减少垫片调整又缩短了准备时间。

材料牌号也是一个关键因素。与低碳钢相比，不锈钢需要的载荷通常多 50%左右，而大多数牌号的软铝少 50%左右。可以从折弯机厂商那里得到机器的吨数表，该表显示在不同厚度、不同材料下每英尺长度所需要的吨数估算。

2）零件的弯曲半径

采用自由弯曲时，弯曲半径为凹模开口距的 0.156 倍。在自由弯曲过程中，凹模开口距应是金属材料厚度的 8 倍。例如，使用 12.7mm 的开口距成型 1.5mm 低碳钢时，零件的弯曲半径约为 2mm。若弯曲半径差不多小到材料厚度，须进行有底凹模成型。不过，有底凹模成型所需的压力比自由弯曲大 4 倍左右。

如果弯曲半径小于材料厚度，须采用前端圆角半径小于材料厚度的凸模，并求助于压印弯曲法。这样，就需要 10 倍于自由弯曲的压力。

就自由弯曲而言，凸模和凹模按 85°或小于 85°加工（小一点为好）。采用这组模具时，须注意凸模与凹模在冲程底端的空隙，以及足以补偿回弹而使材料保持 90°左右的过度弯曲。

通常，自由弯曲模在新折弯机上产生的回弹角不大于 2°，弯曲半径等于凹模开口距的 0.156 倍。

对于有底凹模弯曲，模具角度一般为 86°～90°。在行程的底端，凸凹模之间应有一个略大于材料厚度的间隙。成型角度得以改善，因为有底凹模弯曲的吨数较大（约为自由弯曲的 4 倍），减小了弯曲半径范围内通常引起回弹的应力。

压印弯曲与有底凹模弯曲相同，只不过把凸模的前端加工成了需要的弯曲半径，而且冲程底端的凸凹模间隙小于材料厚度。由于施加足够的压力（大约是自由弯曲的 10 倍）迫使凸模前端接触材料，基本上避免了回弹。

为了选择最低的吨数规格，最好以大于材料厚度的弯曲半径计算，并尽可能地采用自由弯曲法。弯曲半径较大时，常常不影响成件的质量及其今后的使用。

3）弯曲精度

弯曲精度要求是一个需要慎重考虑的因素，正是这个因素，决定了需要考虑一台数控折弯机还是手控折弯机。如果弯曲精度要求±1°而且不能变，只能选用数控折弯机。

数控折弯机滑块重复精度是±0.01mm，成型精确的角度须采用这样的精度和良好的模具。手控折弯机滑块重复精度为±0.05mm，而且在采用合适的模具的条件下一般会产生±2°～3°的偏差。此外，数控折弯机可以为快速装模做好准备，当需要弯制许多小批量零件时，数控折弯机可以提高生产效率。

4）模具

必须检查每件模具的磨损，方法是测量凸模前端至台肩的长度和凹模台肩之间的长度。

对于常规模具，尺寸偏差应在±0.025mm 左右，而且总长度偏差应不大于±0.125mm。至于精磨模具，尺寸精度应该是±0.01mm，总精度不得低于±0.05mm。最好把精磨模具用于数控折弯机，常规模具用于手动折弯机。

5）弯曲件边长

假设将一张 1.5m×3m 的 3.5mm 低碳钢板折弯 90°，折弯机大概必须额外施加 7.5t 压力把钢板顶起来，而操作者必须为 105kg 重的直边下落做好准备。制造该零件可能需要好几个身强力壮的工人甚至一台起重机。折弯机操作者经常需要弯制长边零件，从事这种工作的车间应该采用一种托料装置，这种装置可以根据新老机器的需要加以改进。利用该装置，成型长边零件只需一人操作。

6）模具形状与零件折弯结构的关系

折弯件的各折边尺寸及折弯形状均受加工模具的限制。折弯时零件不能与下模发生干涉，但有时可巧妙利用下模侧面的 V 形槽来扩大零件的加工范围，或调整折弯件的折弯顺序，以满足某些折弯件的特殊结构要求。同样，各道折弯时零件均不能与上模发生干涉。模具形状与零件折弯结构的关系见图 3.1.2。

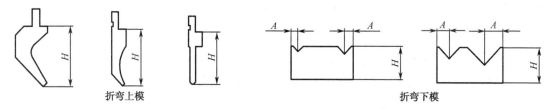

图 3.1.2　模具形状与零件折弯结构的关系

H 为上模的关键尺寸，特别是对四边封闭式零件的折边尺寸有较大影响。

A 和 H 为下模的关键尺寸，H 为下模高度，对于有小距离外翘边的折弯件尺寸有较大影响。一般折弯下模 A 尺寸为 5.5mm、7.5mm、9.5mm、14.5mm，5.5mm 一般用于折弯 1.5mm 以下的板料，7.5mm 用于折弯 1.5～2mm 的板料，9.5mm 用于折弯 2～2.5mm 的板料，14.5mm 用于折弯 2.5～3mm 的板料。

3. 选择折弯机的原则

（1）涉及机械系统工作时使用的精密度。原则上可以认为，弯角的误差从物理学上讲是不可避免的，所以重要的是用户可以接受多大的偏差。简单的零件有时精度稍低是可以接受的，但大多数零件往往要求很高的精度，特别是在折弯后还需要继续加工的情况下。

（2）新机械必须具有多大的灵活性。零件的范围越广，种类越多，那么机器在灵活性方面必须满足的要求也越多。换句话说，出于经济上的原因，折弯机在软、硬件方面的操作都必须非常简便，即便是在订单经常变化，且很少重复的情况下，调整时间也能够尽量缩短。

（3）需要确定机械系统的生产能力和规格大小。从零件的尺寸范围出发，必须对压力、弯曲长度、冲程和结构高度进行测算。

第一个应考虑的重要事项是您要生产的零件尺寸，要点是购买一台能够完成加工任务而工作台最短、吨数最小的机器。零件折弯长度对确定新机器的规格是相当重要的。

第二个应考虑的是材料牌号以及最大加工厚度和长度。如果大部分工件是厚度1.5mm、最大长度3m的低碳钢，那么自由弯曲力不必大于50t。不过，若是从事大量的有底凹模成型，也许应该考虑一台150t的机床。假定最厚的材料是6mm厚、3m长，则自由弯曲力需要165t而有底凹模弯曲（校正弯曲）至少需要600t。如果大部分工件是1.5m或更短，吨数差不多减半，从而大大降低购置成本。

4. 折弯模具的选择

1）折弯模具的类型

折弯模具有L型、R型、U型、Z型等折弯类型。

上模主要有90°、88°、45°、30°、20°、15°等不同角度。

下模有4～18V不同槽宽的双槽和单槽，有R下模、锐角下模、压平模等。

上下模分为分段和整体。

上模分段一般为：300mm、200mm、100mm、50mm、40mm、20mm、15mm、10mm，整体为835mm。

下模分段一般分为：400mm、200mm、100mm、50mm、40mm、20mm、15mm、10mm，整体为835mm。

2）绝对不能超过模具所标注的压力

折弯模具采用优质钢材，经特殊热处理制作而成，具有硬度高、不易磨损、承受压力大等特点，但每套模具都有它承受的极限压力，所以在使用模具时要正确选用模具的长度，即考虑每米要加多少压力，绝对不能超过模具所标注的压力。

模具标识的耐压是单位长度上的负荷。

模具能够承受的最大负荷=模具上标识的耐压×加压部分的长度。超过模具耐压最大负荷的话，模具破裂飞散的可能性非常大，是极其危险的违规使用。如果上模与下模耐压的标识不同，那么应该以耐压低的一方作为标准，来计算模具的最大耐压负荷。举例如下：

模具上的耐压标识为 MAXTONS 50/METER 时：

加压部分的长度是0.835m的情况下，模具可以使用的最大负荷是50t/m×0.835m=41.75t；

加压部分的长度是 0.415m 的情况下，模具可以使用的最大负荷是 50t/m×0.415m=20.75t。

3）根据工件的材质硬度、厚度、长度来选用上、下模

在使用模具时，要根据金属板料的材质硬度、厚度、长度来选用上、下模，一般按照 56T 的标准使用下模，长度要比板料长一些。材质越硬、厚度越大的料，应用槽较宽的下模。

4）有角度要求时

在作为锐角或压死角时，应选用 30°模具，先折锐角，后压死边。在作为 R 角时，应选用 R 上模和 R 下模进行。

5）工件较长时

工件较长时，最好不要使用分段模具，以减少接刀压痕；最好选用单槽的，因为单槽的下模 V 槽外角 R 大，不易产生折弯压痕。

6）选用上模时

在选用上模时，应对所有模具的参数进行了解，然后根据所需要成型的产品形状，来决定使用什么上模。

5. 折弯模具使用注意事项

折弯模具使用前应认真阅读折弯机的使用说明书，按照说明书的要求使用折弯模具。使用时必须遵守以下注意事项，如果违背，可能会造成模具破裂飞散，造成人身伤亡事故。

（1）作业前必须进行模具检查，如果模具的一部分缺损，或者有裂纹，应立即终止使用。

模具如果有破损、凹痕或裂缝，可视情况来判定处理方法是修磨或报废（判定应交由专业人员或模具制造厂家来处理）。

（2）更换模具的时候，首先做"对原点"，如果是数控折弯机，应对机床进行原点复归。

为了不损坏模具，机床规定了在对原点时，一定要用 300mm 以上长度的上下模，对好原点后才可以使用相同高度的上、下模。严禁使用分割小模进行对原点，而且对原点一定要以折弯机内部的原点压力为标准。

（3）在使用模具时，由于各种模具的高度不一致，所以在一台机器上选用模具时只能用同样高度的模具，不能用不同高度的模具。

（4）在使用模具时，应头脑清醒，在机器对完原点后锁死上、下模，不要让模具掉下来，伤到人或模具。操作过程中，要注意不可一下加太大压力，注意屏幕显示数据变化。

（5）使用 2V 下模的时候，考虑到模具破损时人员的安全性，使用的 V 槽必须是 2V 下模，靠后侧定位块的 V 槽（当使用压力超过模具使用的耐压最大负荷时，模具也有破损向后方飞出的危险）。

（6）在加工硬度特别硬或板料太厚的产品时，不准用模具来加工钢筋或其他圆柱体的产品。

（7）使用完模具要及时放回模具架上，并按照标识放好，经常清扫模具上的灰尘，并涂上防锈油，以免生锈，降低模具精度。

3.2 机柜的加工工艺

3.2.1 下料工艺

3.2.1.1 手工划线

1. 划线常用工具

1）米尺、钢板尺

它们是划线中常用的测量工具，尤其是在划直线时，更是不可缺少的。

2）划针

划针也是划线工作中必备工具之一，材质为中碳或高碳钢。为使其在板料上划出清晰的标记线，划针的尖端必须锐利，具有耐磨性，尖端的角度一般在15°～20°。

3）样冲

材料为高碳钢，亦可用废旧丝锥等改制。尖端可根据用途的不同磨成30°～40°和60°角，用来冲加工标记线和钻孔时冲中心眼。

4）划规

材料为高碳工具钢，用来划圆及等分线段距离。

2. 划线工艺规范

1）准确划线

（1）首先应熟悉图样要求，应首先确定基准面及基准线，它们是划线的根据。

（2）一般基准的平面度不大于 0.04mm，相邻基准的垂直度不大于 0.04mm。按图纸的位置尺寸要求，划出轮廓线、加工位置及十字中心线，要求线条清晰准确；线条越细，精度越高。

（3）由于划线的线条总有一定的宽度，而且划线的一般精度可达到 0.25～0.5mm，所以划完线以后要使用游标卡尺或钢板尺进行检验，要养成划完线后进行检验的好习惯。

2）打样冲眼

（1）工件按图纸的位置尺寸要求划完线后，在划出孔位的十字中心点处，应打上中心冲眼（要求冲眼要小，位置要准）。对于直径较大的孔还应划出孔的圆周线，以便钻孔时检查和校正钻孔位置。

（2）打样冲眼工艺技巧：将样冲倾斜着样冲尖放在十字中心线上的一侧并向另一侧缓慢移动，当感觉到某一点有阻塞的感觉时，停止移动直立样冲，则这一点就是十字中心线的中心；

此时在这一点打出的样冲眼就是十字中心线的中心。

3）样板划线

（1）对批量生产的工件，需制作出一个精确的样板用于划线，可以提高生产效率。

（2）划线样板作为工艺装备，必须经检查试验能稳定可靠地加工出合格产品后，才能作为样板使用。

（3）使用样板划线时，划线样板上应设置有工具的定位及固定装置，以保证线划的准确性。

（4）划线样板经过长时间使用，由于磨损会丧失精度，无法保证划线质量，因此必须定期对划线样板进行检查维修。当经过维修仍无法保证精度时应报废，启用新的划线样板。

3.2.1.2 手工下料操作工艺

1．下料要求

（1）金属板材型材应平直，不得有锈蚀现象。

（2）落料时要考虑加工余量，以保证下料尺寸的正确性。

2．设备及工艺装备、工具

（1）扳子、钳子、油壶、螺钉刀、手锤。

（2）游标卡尺、外径千分尺、钢板尺、钢卷尺、直角尺、划针。

（3）曲线锯、砂轮切割机、角磨机。

3．下料前的准备

（1）熟悉图纸和有关工艺要求，充分了解所加工的零件的几何形状和尺寸要求。

（2）按图纸要求的材料规格领料，并检查材料是否符合工艺要求。

（3）为了降低消耗，提高材料利用率，要通过计算采取合理的排料或套裁方法。

（4）将合格的材料整齐地堆放在机床旁。

4．下料工艺过程规范

（1）首件检查符合工艺卡片的规定后，方可进行生产。

（2）辅助人员应该配合好，在加工过程中要随时检查尺寸、毛刺、角度，并及时与操作人员联系。

（3）剪裁好的半成品或成品按不同规格整齐堆放，不可随意乱放，以防止规格混料及受压变形。

（4）根据生产批量采取合理的套裁方法，先下大料，后下小料，尽量提高材料的利用率。

（5）零件为弯曲件或有料纹要求的，应按其料纹、轧展的方向进行裁剪。

（6）钢板剪切截断的毛刺高度不得大于料厚的15%。

5．质量检查

（1）对于图纸和工艺卡片未注垂直度公差的零件，对角线长度不超过550mm的对角线之差不大于1mm，在550mm以上的对角线之差不大于2mm（按短边长度取值）。

(2）逐件检查所裁的板料，应符合工艺卡或图纸的要求。

6．安全及注意事项

（1）严格遵守操作规程，穿戴好规定的劳保用品。砂轮切割必须戴护目镜。
（2）工作前应空运转 2～3min 检查设备是否正常，若发现异常或杂音，应及时检修。
（3）在操作过程中，精神应集中，送料时严禁将手伸进切削区内。
（4）安装、更换、调整刃具时必须切断电源，以防失手发生事故，操作过程中要经常停车检查刀片、紧固螺钉钉及定位挡板是否松动、移位。
（5）下好的料应标记图号和规格，以防错乱。

3.2.1.3　板材剪切下料工艺

1．适用范围

（1）适用于各种金属板材直线边缘的材料毛坯的剪切及其他类似的下料。
（2）被剪切的材料厚基本尺寸为 0.5～6mm，最大宽度为 2500mm。

2．材料

（1）材料应符合技术条件要求。
（2）材料为冷轧钢板，不允许表面有严重的擦伤、划痕、杂质、锈斑。

3．设备及工艺装备、工具

（1）板子、钳子、油壶、螺钉刀、手锤。
（2）游标卡尺、外径千分尺、钢板尺、钢卷尺、直角尺、划针。

4．工艺准备

（1）熟悉图纸和有关工艺要求，充分了解所加工的零件的几何形状和尺寸要求。
（2）按图纸要求的材料规格领料，并检查材料是否符合工艺的要求。
（3）为了降低消耗，提高材料利用率，要合理计算采取套裁方法。
（4）将合格的材料整齐地堆放在机床旁。
（5）给剪板机各油孔加油。
（6）检查剪床刀片是否锋利及紧固牢靠，并按板料厚度调整刀片间隙，一般取板厚的 0.05～0.12 倍。刀片间隙与材质有关，对于 Q235 板，板厚在 4mm 以内时，刀隙约为板厚的 5%；板厚为 4～8mm 时，刀隙约为板厚的 8%；板厚为 8～12mm 时，刀隙约为板厚的 10%。

5．工艺过程

（1）首先用钢板尺量出刀口与挡料板两端之间的距离（按工艺卡片的规定），反复测量数次，然后先试剪一块小料核对尺寸正确与否，如尺寸公差在规定范围内，即可进行入料剪切，如不符合公差要求，应重新调整定位距离，直到符合规定要求为止。然后进行纵挡板调整，使纵挡板与横板或刀口成 90°角并紧牢。

（2）开车试剪进料时应注意板料各边互相垂直，首件检查符合工艺卡片的规定后，方可进行生产，否则应重新调整纵横挡板。

（3）辅助人员应该配合好，在加工过程中要随时检查尺寸、毛刺、角度，并及时与操作人员联系。

（4）剪裁好的半成品或成品按不同规格整齐堆放，不可随意乱放，以防止规格混料及受压变形。

（5）为减少刀片磨损，钢板板面及台面要保持清洁，剪板机床床面上严禁放置工具及其他材料。

（6）剪切板料的宽度不得小于20mm。

6. 工艺规范

（1）根据生产批量采取合理的套裁方法，先下大料，后下小料，尽量提高材料的利用率。

（2）零件为弯曲件或有料纹要求的，应按其料纹、轧展的方向进行裁剪。

（3）钢板剪切截断的毛刺应符合图纸的要求。

7. 质量检查

（1）对于图纸和工艺卡片未注垂直度公差的零件，对角线长度不超过550mm的对角线之差不大于1mm，在550mm以上的对角线之差不大于2mm（按短边长度取值）。

（2）检查材料应符合第2项的要求。

（3）逐件检查所裁的板料，应符合工艺卡或图纸的要求。

8. 安全及注意事项

（1）严格遵守操作规程，穿戴好规定的劳保用品。

（2）在操作过程中，精神应集中，送料时严禁将手伸进压板内。

（3）剪切所用的后挡板和纵挡板必须经机加工，外形平直。

（4）安装、更换、调整刀刃时必须切断电源，先用木板或其他垫板垫好刀刃，以防失手发生事故，操作过程中要经常停车检查刀片、紧固螺钉钉及定位挡板是否松动、移位。

（5）上班工作前应空车运转2～3min检查机床是否正常，若发现异常或杂音，应及时检修，运转过程要及时加注润滑油保持机床性能良好。

（6）启动机床前必须拿掉机床上所有工具量具及其他对象。

（7）操作中严禁辅助工脚踏闸板，操作者离开机床必须停车。

（8）剪好的原材料应标记图号和规格，以防错乱。

3.2.1.4　型材下料工艺

1. 适用范围

适用于机柜型材的下料。

2. 设备及工具

（1）根据型材规格使用的切割机、冲床及工装；

(2)型材校直机;

(3)切断模具、砂轮片;

(4)活动扳手、钢板尺、划针、宽座角尺、钢卷尺、手锤。

3. 准备工作

(1)按分配的任务熟悉图纸和有关工艺文件,弄懂图纸和工艺文件规定零件几何形状和各部分尺寸。

(2)不同规格的型材应分别放置,整齐堆放,防止堆放变形。

(3)根据施工批量进行套裁,先下长料,后下短料,充分提高材料利用率。

(4)所用型材 1m 内直线度超过 5mm 时,均需经过校直,方可下料。

4. 工艺过程

(1)根据零件图纸尺寸或下料明细的展开尺寸调整模具及定位装置,使型材端头紧靠定位板,先冲试样,进行首件检查看尺寸偏差是否在规定范围,符合图纸公差,才能正式加工,若不符合图纸尺寸,应调整定位板,必要时可调整模具。

(2)型材下料加工时应将原料型材首端和末端变形部分切除。

(3)需要进行冲孔、切角等工序的在制品件应分别堆放,便于搬运,防止混料。

(4)加工完的型材在制品或半成品件,应分清规格、型号,经检查合格后转下道工序或半成品库。

5. 工艺要求

(1)下料长度允许偏差见表 3.2.1。

表 3.2.1 下料长度允许偏差

下料长度(mm)		18～260	260～800	800～1250	1250～2000	2000～3150
允许偏差	料未校直(mm)	-1.0	-1.2	-1.5	-2.0	3.0
	料经校直(mm)	-0.5	-1.0	-1.2	-1.5	2.5

(2)切角斜度允许偏差见表 3.2.2。

表 3.2.2 切角斜度允许偏差

切角边高(mm)	≤25	25～40	40～63
切角允许偏差(°)	0.5	0.6	0.8

注:不等边角钢以长边尺寸为准。

6. 质量检查

在操作中应经常检查工件是否合格。成批的零件,每加工 30～40 件进行检查,若不合格,则立即停止施工,进行调整。

7. 技术安全及注意事项

（1）上班前要检查设备是否正常，空车运转 2~3min，加注润滑油，保持设备技术精度。

（2）操作过程中要经常检查砂轮片或下料冲模是否松动，若发现松动、错位应立即停车紧固；经常检查定位器是否移动，发现移动应立即校正。

（3）更换砂轮片及调节模具的闭合高度，校正冲模或调整定位器时应先切断电源。

（4）搞好车间文明生产，搬动长角钢件时应注意安全，防止人身设备发生事故。

3.2.2 孔的加工工艺

3.2.2.1 钻孔操作工艺

1. 适用范围

当面板及安装板上需要进行二次加工时，直径小于 16mm 的孔一般采用钻床进行孔加工。

2. 装夹

（1）工件钻孔时的装夹，要根据工件的不同形体以及钻削力的大小（或钻孔的直径大小）等情况，采用不同的装夹（定位和夹紧）方法，以保证钻孔的质量和安全。

（2）擦拭干净钻床台面、夹具表面、工件基准面，将工件夹紧，要求装夹平整、牢靠，便于观察和测量。应注意工件的装夹方式，以防工件因装夹而变形。

（3）常用的基本装夹方法如下：

平整的工件可用平口钳装夹时，应使工件表面与钻头垂直。钻直径大于 8mm 的孔时，必须将平口钳用螺栓、压板固定。用虎钳夹持工件钻通孔时，工件底部应垫上垫铁，空出落钻部位，以免钻坏虎钳。圆柱形的工件可用 V 形铁和压板进行装卡。

3. 试钻

（1）检查孔样冲眼的位置准确无误后方可钻孔。

（2）钻孔前必须先试钻：使钻头横刃对准孔中心样冲眼钻出一浅坑，然后目测该浅坑位置是否正确，并要不断纠偏，使浅坑与检验圆同轴。如果偏离较小，可在起钻的同时用力将工件向偏离的反方向推移，达到逐步校正。如果偏离过多，可以在偏离的反方向打几个样冲眼或用錾子錾出几条槽，这样做的目的是减少该部位切削阻力，从而在切削过程中使钻头产生偏离，调整钻头中心和孔中心的位置。试钻切去錾出的槽，再加深浅坑，浅坑和检验圆同心后，即可达到修正的目的再将孔钻出。

（3）注意：无论采用什么方法修正偏离，都必须在锥坑外圆小于钻头直径之前完成。如果不能完成，在条件允许的情况下，还可以在背面重新划线，重复上述操作。

4. 钻孔

（1）薄板钣金钻孔一般以手动进给操作为主，当试钻达到钻孔位置精度要求后，即可进行钻孔。

（2）在钻削过程中，钻小直径孔或深孔时，要经常退出钻头以排出切屑和进行冷却，否则可能使切屑堵塞或钻头过热磨损甚至折断，并影响加工质量。一般在钻孔深度达到直径的 3 倍时，一定要退钻排屑。

（3）钻削时的冷却润滑：钻削钢件时常用机油或乳化液；钻削铝件时常用乳化液或煤油；钻削铸铁时则用煤油。钻孔的表面粗糙度值要求很小时，还可以选用 3%～5%乳化液、7%硫化乳化液等起润滑作用的冷却润滑液。

（4）钻通孔，当孔即将被钻透时，手动进给用力必须减小，使进刀量也减小，避免增大切削抗力，使钻头在钻穿时的瞬间抖动，出现啃刀现象；以防止进给量突然过大，造成钻头折断或使工件随着钻头转动造成事故。

5．钻工安全操作规程

（1）钻工应持证上岗，工作时，应戴好护目眼镜，严禁戴手套操作。
（2）开机前，向导轨和各润滑部位加油，调整紧固工作台。
（3）开机后，检查钻床操作系统，如有异常现象，应找维修人员处理。

3.2.2.2　扩孔、铰孔与攻丝

1．扩孔工艺要求

（1）钻削直径大于 30mm 的孔时应分两次钻，第一次先钻第一个直径较小的孔（为加工孔径的 0.5～0.7 倍）；第二次用钻头将孔扩大到所要求的直径。

（2）第一次加工出的孔必须为扩孔留有 0.2～0.4mm 的加工余量。扩孔用于扩大已加工出的孔（铸出、锻出或钻出的孔），它可以校正孔的轴线偏差。

（3）扩孔时可用普通麻花钻头，但当孔精度要求较高时常用扩孔钻。扩孔钻的形状与钻头相似，不同的是扩孔钻有 3～4 个切削刃，且没有横刃，其顶端是平的，螺旋槽较浅，故钻芯粗实、刚性好，不易变形，导向性好。

2．铰孔工艺要求

（1）铰孔使用规定尺寸铰刀或可调尺寸铰刀。
（2）铰削工具：手铰一般使用铰杠，机械铰削工件较小时使用台钻，工件较大时使用手电钻。
（3）铰削将铰刀柄部夹持安装固定在铰削工具上。将铰刀刃部伸入待铰削的孔中，注意保持铰刀与孔所在平面的垂直度。
（4）顺时针方向旋转铰刀，并施加适当的轴向压力即可进行铰削工作。
（5）控制铰削旋转速度不可过快，否则会烧坏铰刀。铰孔时铰刀不能倒转，否则会卡在孔壁和切削刃之间，而使孔壁划伤或切削刃崩裂。
（6）铰孔时常用适当的冷却液来降低刀具和工件的温度，防止产生切屑瘤；并减少切屑细末黏附在铰刀和孔壁上，从而提高孔的质量。

3．攻丝工艺要求

（1）丝锥是攻丝的专用刀具，柄部装入适合的铰杠传递扭矩，便于攻丝。
（2）M6～M24 的手用丝锥通常制成两支一套，称为头锥和二锥。它们的主要区别在于切削

部分的锥度不同。直径小于 6mm 或大于 24mm 的一般制成三支一套,分别称为头锥、二锥和三锥。主要是小直径丝锥强度小,容易折断;大直径丝锥切削余量大,需要分多次切削,以降低切削力。丝锥校准部分主要用于引导丝锥和校准螺纹牙形。

(3)检查攻丝前钻出的底孔尺寸正确,以免造成丝锥被挤住,发生崩刃、折断及工件乱扣现象,所以首先要根据不同材料确定螺纹底孔的直径(即钻底孔所用钻头的直径)和深度,对此可查有关手册或按下列经验公式计算:

脆性材料(如铸铁、青铜等):底孔直径 D_0=螺纹大径 D−(1.05~1.10)×螺距 P

韧性材料(如钢、紫铜等):底孔直径 D_0=螺纹大径 D−螺距 P

攻盲孔(即不通孔)螺纹时,因丝锥不能攻到底,所以钻孔底深度要大于螺纹长度,即:底孔深度 L=螺纹的有效长度 L+0.7×螺纹大径 D

(4)钻削攻丝底孔时,必须对孔口进行倒角,其倒角尺寸一般为 1~1.5 螺距 P×45°。若是通孔则两端均要倒角。倒角有利于丝锥开始切削时切入,且可避免孔口螺纹牙齿崩裂。

对于抽芽形成的孔,孔口不必倒角。

(5)用头锥攻螺纹。开始时,将丝锥垂直插入孔内,然后用铰杠轻压旋入 1~2 圈,目测或用直角尺在两个方向上检查丝锥与孔端面的垂直情况。丝锥切入 3~4 圈后,只转动,不加压,每转 1~2 圈后再反转 1/4~1/2 圈,以便断屑。攻钢件螺纹时应加机油润滑,攻铸铁件可加煤油。

(6)然后用二锥攻螺纹。先将丝锥用手旋入孔内,当旋不动时再用铰杠转动,此时不要加压力。

(7)电动攻丝。

① 试验电钻进行电动攻丝时,电钻上必须安装专用攻丝卡头。

② 将丝锥柄部装卡在攻丝卡头上,使丝锥对正待攻丝的底孔。开电钻使其正转,略施压力丝锥即攻入孔中。此时不应再施加压力。

③ 待丝锥未磨削部分攻透全孔时,通过控制电钻开关使其倒转,丝锥即可退出螺纹孔。

3.2.2.3 开孔工艺

1. 开孔加工的要求

(1)当面板及安装板上需要进行二次加工时,对于矩形孔、不规则形状的孔只能使用开孔的方法。

(2)机柜开孔一般使用电动角磨机及锉刀。

(3)开孔位置应正确,如图纸无公差要求,位置偏差应小于 1mm,开角线误差应小于 1mm,对开孔、开角产生的毛刺需修整。

(4)因开孔、开角而引起面板、箱体变形时,必须整形。

2. 电动曲线锯开孔

1)钻工艺孔

使用电动曲线锯开孔首先必须在工件上钻出一些工艺孔,要求如下:

(1)在开孔线的折角部位每隔一处必须钻出一个工艺孔。

(2)钻工艺孔时,必须保证孔的边缘距离开孔线留有 0.5mm 的加工余量。

(3) 孔的最小直径以能够伸入曲线锯的锯条为准，在可能的条件下孔的直径大一些开孔操作比较方便。

2) 开孔工艺过程

(1) 开孔前，首先必须将工件支架平稳，以保证工作安全。
(2) 从工艺孔处伸入锯条，沿着开孔线的方向，使曲线锯的平面紧贴工件进行锯割加工。
(3) 进行锯割加工时，切割线距离开孔线应留有 0.5mm 的加工余量。因为曲线锯开孔不可能一次成型，因此锯割加工应保留开孔线，以便修整时使用。
(4) 从两个相近工艺孔处各自向同一钻有工艺孔的折角部位锯割加工，即可将孔开出。

3) 孔的修整

(1) 孔的修整一般使用电动角磨机及锉刀锉削。
(2) 使用电动角磨机应根据开孔边缘修整的需要选择安装不同形状的砂轮片或砂棒。
(3) 使用电动角磨机修整是一个慢工出巧匠的过程，切不可操之过急。大进给量磨削会产生高温，将工件烧变色变形。因此使用电动角磨机进行修整应小心谨慎，必要时采取适当的降温措施。
(4) 对于使用电动角磨机无法修整到的部位及使用电动角磨机修整无法达到技术要求的部位，只能使用合适形状的锉刀进行最后修整。

3.2.2.4 手动冲孔工艺

当面板及安装板上需要进行二次加工时，直径大于 16mm 的孔一般使用手动液压冲孔机进行加工。

1. 设备及工艺装备

(1) 液压冲孔机；
(2) 冲孔模具。

2. 冲孔工艺准备

(1) 消化图纸及工艺。
① 明确工序内容：材质与料厚、尺寸及公差要求、加工数量及工件数量、加工方向。
② 检查材料的宽、长、厚及料纹方向是否符合工艺卡片的要求。
(2) 检查模具是否符合图纸、工艺的要求。
① 明确模具编号，检查模具是否完好可用（是否需修模）。
② 安装模具并调整，注意模具间隙均匀，行程合理，装卡牢靠。
(3) 检查液压冲孔机有无异常状况。
(4) 准确定位：液压冲孔机冲模的定位一般采用定位孔的方式。检查所钻定位孔的位置是否正确。

3. 液压冲孔机冲孔工艺过程

(1) 将模具定位柱穿入导向孔中，反复压动液压泵的压杆，直至液压油缸内活塞杆推动模具将孔冲出。
(2) 生产过程中模具刃口应经常涂润滑油。

(3) 孔冲出后，应检查是否出现毛边及飞刺，若存在毛边及飞刺应及时更换模具，并对产生毛边及飞刺的模具进行刃磨。
(4) 操作者必须进行首件检查、中间抽查，合格才能继续加工。
(5) 检查工件上冲出的孔必须符合图纸和工艺的要求。

4. 冲孔安全操作规程

(1) 穿戴好规定的劳保用品。
(2) 在操作过程中，精神应集中。
(3) 在操作过程中，严禁将手伸入上下模之间。

3.2.2.5 机械冲孔工艺

1. 材料

(1) 材料应符合图纸要求。
(2) 应具有良好的表面质量，表面应光洁平整，无锈蚀等缺陷，厚度应符合公差规定。
(3) 冷轧钢板板面，不允许翘曲、表面有擦伤、划痕。

2. 设备及工艺装备

(1) 机械或液压冲床；
(2) 模具；
(3) 扳手、錾子、手钳、毛刷、油壶、螺丝刀、手锤；
(4) 游标卡尺、钢板尺、卷尺及其他测量工具。

3. 工艺准备

(1) 检查材料的宽、长、厚及料纹方向是否符合工艺卡片的要求。
(2) 检查模具是否符合图纸、工艺的要求。
(3) 按工艺需要选用冲压机。
(4) 检查冲压机有无异常状况，各种旋钮（按钮）位置是否正确，打料装置的位置是否正确，电动机开动前离合器一定要处于非工作状态。
(5) 给压力机各加油孔加油。
(6) 在安装调整冲模时，一定要使压力机的闭合高度大于冲模的闭合高度。
(7) 在安装冲模时，找好压力中心，调好间隙，紧固在机床上。在紧固螺栓时，要注意均衡紧固。模座下的垫板要适当、平整，不得堵塞漏件孔。为了防止在生产过程中下模座和垫板移动，应垫上纸或砂纸（一般裁料后在 3mm 以上，模具比较大时用砂纸）。
(8) 在进行冲压作业前要先开几个行程的空车，检查有无异常音响，当判定正常后再开始生产。
(9) 按工艺要求的顺序和要求调好定位装置（可用试冲零件、专用工具或常用量具调整）。

4. 操作工艺过程

(1) 生产过程中模具刃口应经常涂油。

(2) 操作者必须进行首件检查和中间抽查，合格才能继续加工。
(3) 在加工过程中必须经常检查紧固件是否松动，观察模具是否正常。
(4) 落料、冲孔、剪切、裁断毛刺应符合图纸的规定。
(5) 在检查零件时，发现其毛刺不符合图纸规定的应停止生产，解决后方可继续生产。
(6) 剪切、裁断模具的单面间间隙应符合图纸的规定。

5. 质量检查

(1) 所有加工的零件必须符合图纸和工艺的要求。
(2) 模具用完后检验尾件符合图纸要求一同入库。机柜通用模具不带尾件入库。

6. 安全生产注意事项

(1) 严格按操作规程操作，定人、定设备。
(2) 穿戴好规定的劳保用品。
(3) 在操作过程中，精神应集中。
(4) 在操作过程中，严禁将手伸入上下模之间；在没有采取保护措施前，尽量避免连发；加工小件时必须用镊子或其他专用工具操作。
(5) 加工弯曲时，取出模中零件前，不准放入第二件；落料、冲孔时要及时清除掉落在模具刃口上的零件，否则不准继续冲。
(6) 断电后，滑块自由下落及工作时打连发的冲床严禁使用。
(7) 模具未紧固、间隙未调好，不准开动机床。
(8) 易变形的弯曲件、表面易划伤件加工时要整齐排放装箱，不得堆放。
(9) 非金属的加工件，在加工前应把模具和工作台擦干净，以免弄脏工件表面。

7. 冲裁件常见质量问题改善对策

表 3.2.3 冲裁件常见质量问题改善对策

序号	质量问题	原因分析	解决办法
1	制件断面光亮带太宽，有齿状毛刺	冲裁间隙太小	减小落料模的凸模或加大冲孔模的凹模并保证合理间隙
2	制件断面粗糙圆角大，光亮带小，有拉长的毛刺	冲裁间隙太大	更换或返修落料模的凸模或冲孔模的凹模并保证合理间隙
3	制件断面光亮带不均匀或一边有带斜度的毛刺	冲裁间隙不均匀	返修凸模或凹模并调整到间隙均匀
4	冲压毛刺	① 设计或线割间隙不合理 ② 材质及热处理不当，导致凹模倒锥或刃口不锋利 ③ 冲压磨损或凸模进入凹模太深 ④ 导向结构不精密或操作不当	① 规范设计和线割间隙 ② 合理选材，模具工作部材料用硬质合金，合理热处理 ③ 研磨冲头或镶件，调整凸模进入凹模深度 ④ 检修模具内导柱导套及冲床导向精度，规范冲床操作

续表

序号	质量问题	原因分析	解决办法
5	冲压时跳废料	模具间隙较大、冲压速度太高、凸模较短、材质的影响（硬性、脆性）、冲压油过黏或油滴太快造成的附着作用、冲压振动产生料屑发散、真空吸附及模芯未充分消磁等均可造成废屑带到模面上	① 在冲头上加顶杆来防止跳废料，实用于比较规则的废料 ② 将冲头头部磨成异形，适用于料比较薄的不锈钢等材料 ③ 设计增大废料的复杂程度 ④ 查检其他影响因素
6	啃口	① 导柱与导套间隙过大 ② 推件块上的孔不垂直，使小凸模偏位 ③ 凸模或导柱安装不垂直 ④ 平行度误差积累	① 返修或更换导柱导套 ② 返修或更换推件块 ③ 重新装配，保证垂直度 ④ 重新修磨装配
7	脱料不正常	① 脱料板与凸模配合过紧，脱料板倾斜或其他脱料件装置不当 ② 弹簧或橡胶弹力不够 ③ 凹模落料孔与下模座漏料孔没有对正 ④ 凹模有倒锥	① 修整脱料件，脱料螺钉采用套管及内六角螺钉相结合的形式 ② 更换弹簧或橡胶 ③ 修整漏料孔 ④ 修整凹模
8	工件底部有压痕	① 料带或模面有废屑、油污 ② 模具表面不光滑 ③ 零件表面硬度不够 ④ 材料应变而失稳	① 清除废屑油污 ② 提高模具表面光洁度 ③ 表面镀铬、渗碳、渗硼 ④ 减少润滑，增加压应力，调节弹簧力
9	落料后制件呈弧形面	凹模有倒锥或顶板与制件接触面小	返修凹模，调整顶板
10	工件扭曲	① 材料内应力造成 ② 顶出制件时作用力不均匀	① 改变排样或对材料正火处理 ② 调整模具使顶板正常工作
11	工件成型部分尺寸偏差		修正上下模及送料步距精度
12	每批零件间的误差		对每批材料进行随机检查并加以区分后再用

3.2.3 钢板折弯

3.2.3.1 钢板折弯工艺

1. 适用范围

适用于折弯机床加工的各种黑色金属的各种角度的折弯加工。

2. 材料

（1）材料应符合图纸要求。

(2) 应具有良好的表面质量，表面应光洁平整，无锈蚀等缺陷，厚度应符合公差规定。

3. 设备及工艺装备

(1) 折弯机；
(2) 模具；
(3) 工具：扳手、毛刷、手锤、油壶、游标卡尺、钢板尺、卷尺、角度尺等。

4. 操作前工艺准备

(1) 检查材料的长、宽、厚，料纹方向应符合图纸要求，板材应清洁卫生。
(2) 根据图纸选用合适模具。
(3) 检查折弯机状况并进行卫生清理及保养。
(4) 工件加工完后应对折弯机及模具进行卫生清理。

5. 折弯加工顺序的基本原则

(1) 由内到外进行折弯；
(2) 由小到大进行折弯；
(3) 先折弯特殊形状（指不是 90°的形状），再折弯一般形状；
(4) 前工序成型后对后继工序不产生影响或干涉；
(5) 折弯与压铆工序关系：一般情况下先压铆后折弯，但有料件压铆后会干涉就要先折后压，又有些需折弯—压铆—再折弯等工序。

6. 常用折弯的加工工艺

1）L 折

按角度分为 90°折和非 90°折。
按加工分一般加工（$L>V/2$）和特殊加工（$L<V/2$）。
(1) 模具依材质、板厚、成型角度来选择。
(2) 靠位原则：
① 以两个后定规靠位为原则，并以工件外形定位。
② 一个后定规靠位时，注意偏斜，要求与工件折弯尺寸在同一中心线。
③ 小折折弯时，反靠位加工为佳。
④ 以靠后定规中间偏下为佳（靠位时后定规不易翘起）。
⑤ 靠位边以离后定规近则为佳。
⑥ 以长边靠位为佳。
⑦ 斜边及不规则靠位应以夹具辅助靠位。
(3) 注意事项：
① 要注意加工时的靠位方式和在各种靠位加工方式中后定规的运动方式。
② 模具正装时折弯，后定规要后拉，以防止工件在折弯时变形。
③ 大工件内部折弯时，因工件外形较大，而折弯区较小，使刀具和折弯区难以重合，造成工件定位难，或折弯工件损坏。

④ 为避免以上情况发生，可在加工的纵方向加一定位点，这样由两个方向定位加工，使加工定位方便，并提高加工安全性，避免工件损坏，提高生产效率。

2）N折

N折即两次内弯边，要根据形状不同采用不同的加工方式。折弯时，其料内尺寸要大于4mm。其内尺寸的大小因模具外形而受到限制。如果料内尺寸小于4mm，则采用特殊方法加工。

（1）根据料厚、尺寸、材质及折弯角度来选模。

（2）靠位原则保证工件不与刀具发生干涉。

① 保证靠位角度略小于90°。

② 最好用两个后定规靠位，特殊情况除外。

（3）注意事项：

① L折弯折后，其角度要保证在90°或略小于90°，以方便加工靠位。

② 第二折加工时，要求靠位位置以加工面为中心。

3）Z折

Z折又称之为段差，即一正一反的折弯。根据角度分斜边段差和直边段差。

折弯加工的最小尺寸是加工模具限制的，最大加工尺寸是由加工设备的外形决定的。一般情况下，Z折的料内尺寸小于$3.5t$时，采用段差模加工；大于$3.5t$时，则采用正常加工方法。

（1）靠位原则：

① W靠位方便，稳定性好。

② 一次靠位与L折相同。

③ 二次靠位时要求加工工件与下模贴平。

（2）注意事项：

① L折的加工角度一定要到位，一般要求在89.5°～90°。

② 后定规要后拉时，要注意工件的变形。

③ 加工的先后顺序一定要正确。

4）反折压平

反折压平又称为压死边。

（1）压死边的加工步骤为：

先折弯插深至35°左右，再用压平模压平至贴平贴紧。

（2）选模方式：

按5～6倍料厚选30°的插深下模的V槽宽度，根据加工死边的具体情况选择上模。

（3）注意事项：

死边要注意两边平行度，当死边加工尺寸较长时，压平边可先折一翘角后压平。

对于较短的死边，可采用垫料加工。

3.2.3.2 模具的调整

Q235钢板折弯时，下模V形开口尺寸一般为料厚的6～8倍，则零件折边尺寸A与下模V形开口的关系如图3.2.1所示。Z与下模V形开口处的倒角大小及板料厚度有关，一般取0.5～1

倍的板料厚度,因此不同板料厚度的零件或下模 V 形开口选择不同,则其最小折边尺寸 A 是不同的,一般以同一板料厚度下最小适用折弯 V 形开口所允许的尺寸为此料厚的最小折边尺寸;但如果折边上有孔,则如图 3.2.2 所示,孔中心距离边沿的尺寸 $K>R+d/2$,避免折弯时孔拉伸变形,这时最小折边尺寸还应根据孔的大小及其距板料边沿的工艺允许最小距离 C 进行相应的调整。工艺允许的最小孔边距离 C 参考表 2.4.23。

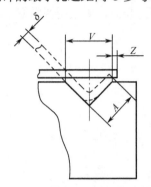

图 3.2.1　V 形开口与折边尺寸的关系

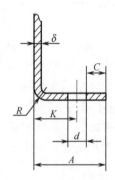

图 3.2.2　折边上有孔时

1．凸模圆角半径

一般情况下,凸模圆角半径取等于或略小于工件内侧的圆角半径 R;工件圆角半径较大（$R/t>10$）,而且精度较高时,应进行回弹计算。

2．凹模进口圆角半径

当凹模进口圆角半径过小时,弯矩的力臂减小,坯料沿凹模圆角滑进时的阻力增大,从而增加弯曲力,并使毛坯表面擦伤。在生产中,可按材料厚度,决定凹模圆角半径（表 3.2.4）。

表 3.2.4　凹模进口圆角半径 R_A

材料厚度 t（mm）	≤2	>2～4	>4
凹模进口圆角半径 R_A	(3～6)t	(2～3)t	$2t$

3．凹模深度

凹模深度过小,毛坯两边自由部分太多,弯曲件回弹大,不平直。但凹模深度增大,消耗模具钢材多,且需要压力机有较大的工作行程。凹模深度见表 3.2.5。

表 3.2.5　凹模深度 H

边长 L（mm）	材料厚度 t（mm）			
	0～0.5	0.5～2.0	2.0～4.0	4.0～7.0
10	6	10	10	—
20	8	12	15	20
35	12	15	20	25

续表

边长 L (mm)	材料厚度 t (mm)			
	0~0.5	0.5~2.0	2.0~4.0	4.0~7.0
50	15	20	25	30
75	20	25	30	35
100	—	30	35	40
150	—	35	40	50
200	—	45	55	65

3.2.3.3 折弯加工常见的问题及其解决方法

表 3.2.6 折弯加工常见的问题及其解决方法

序号	加工常见的问题	原因分析	解决方法
1	加工时产生滑料现象	① 折弯选模时一般选（4~6）t 的 V 槽宽。当折弯的尺寸小于所选 V 槽宽的一半时，就会产生滑料现象。 ② 选用的 V 槽过大。 ③ 工艺处理	① 中心线偏离法（偏心加工）。如果折弯的料内尺寸小于（4~6）$t/2$，小多少就补多少。 ② 垫料加工。 ③ 用小 V 槽折弯，大 V 槽加压。 ④ 选用较小的 V 槽
2	弯曲引起孔变形	采用弹压弯曲并以孔定位时弯臂外侧由于凹模表面和制件外表面摩擦而受拉，使定位孔变形	① 采用 V 形弯曲。 ② 加大顶料板压力。 ③ 在顶料板上加麻点格纹，以增大摩擦力，防止制件在弯曲时滑移
3	工件折弯后外表面擦伤	① 原材料表面不光滑。 ② 凸模弯曲半径太小。 ③ 弯曲间隙太小	① 提高凸凹模的光洁度。 ② 增大凸模弯曲半径。 ③ 调整弯曲间隙
4	N 折内部折弯宽度比标准模具宽度要窄	① 由于折床下模标准宽度最小为 10mm，所以折弯加工部分小于 10mm。 ② 若为 90°折弯，则其长度尺寸不得小于 $\sqrt{2}$（L+$V/2$）+t。 ③ 把模具固定在模座上，避免模具位移而导致工件报废或造成安全事故	① 加大尺寸（要与客户协商），即增大内部折的宽度。 ② 易模加工。 ③ 修磨刀具（此举导致加工成本上升）
5	孔离折弯线太近，折弯后抽孔处变形	假设孔离折弯线的距离为 L，当 L<（4~6）$T/2$ 时，孔就会拉料。主要是因为折弯过程中，抽孔受力而发生变形	① 增大尺寸，成型后修磨折边。 ② 将孔扩大至折弯线（必须对外观、功能无影响，且客户同意）。 ③ 割线处理或压线处理。 ④ 模具偏心加工（采用特殊模具加工）。 ⑤ 修改孔位尺寸

续表

序号	加工常见的问题	原因分析	解决方法
6	弯曲后不能保证孔位置尺寸精度	① 制件展开尺寸不对。 ② 材料回弹引起。 ③ 定位不稳定	① 准确计算毛坯尺寸。 ② 增加校正工序或改进弯曲模成型结构。 ③ 改变工艺加工方法或增加工艺定位
7	压长死边压平后有翘起	由于死边较长,在压平时贴不紧,从而导致其端部压平后翘起。这种情况发生,与压平的位置有很大的关系,所以在压平时要注意压平的位置	① 在折死边前先折一折翘角,而后压平。 ② 分多步压平: 先压端部,使死边向下弯曲。 压平根部。 注意:压平效果与操作者作业技能有关,故在压平时请留意实际情况
8	弯曲线与两孔中心联机不平行	弯曲高度小于最小弯曲极限高度时弯曲部位出现外胀现象	① 增加折弯件高度尺寸。 ② 改进折弯件工艺方法
9	弯曲后宽度方向变形,被弯曲部位在宽度方向出现弓形挠度	由于制件宽度方向的拉深和收缩量不一致而产生扭转和挠度	① 增加弯曲压力。 ② 增加校正工序。 ③ 保证材料纹向与弯曲方向有一定角度
10	下料总尺寸(指展开)偏小或偏大,与圆面不相符	① 工程展开错误。 ② 下料尺寸有误	① 根据偏差方向上偏差总量及折弯刀数,计算出每折所分配的偏差。 ② 如果计算出的分配公差在公差范围内,则该工件是允收的。 如果尺寸偏大,则可以用小 V 槽加工。 如果尺寸偏小,则可以用大 V 槽加工
11	弯曲角有裂缝	① 弯曲内半径太小。 ② 材料纹向与弯曲线平行。 ③ 毛坯的毛刺一面向外。 ④ 金属可塑性差	① 加大凸模弯曲半径。 ② 下料时,考虑将折材旋转与折弯垂直方向切割(即使材料折弯方向与纹路垂直)。 ③ 毛刺改在制件内圆角。 ④ 退火或采用软性材料
12	折弯边不平直,尺寸不稳定	① 没有安排压线或预折弯。 ② 材料压料力不够。 ③ 凸凹模圆角磨损不对称或折弯受力不均匀。 ④ 高度尺寸太小	① 设计压线或预折弯工艺。 ② 增加压料力。 ③ 凸凹模间隙均匀、圆角抛光。 ④ 高度尺寸不能小于最小极限尺寸
13	Z 折后两边不平行	① 模具未校正。 ② 上、下模垫片未调整好。 ③ 上、下模面取选择不同	① 重新校对模具。 ② 增减垫片(具体调整方法见"段差加工技术")。 ③ 模具偏心。 ④ 更换面取,使上、下模的面取一样

续表

序 号	加工常见的问题	原 因 分 析	解 决 方 法
14	产品表面折痕太深	① 下模 V 槽小。 ② 下模 V 槽的 R 角小。 ③ 材质太软	① 采用大 V 槽加工。 ② 使用大 R 角的模具加工。 ③ 垫料折弯（垫钢片或优力胶）
15	近折弯处在折弯后变形	折弯过程中设备运行快,工件变形过程中向上弯曲速度大于操作者手扶持工件运动的速度	① 降低设备运行速度。 ② 增大操作者手扶持速度

3.2.4 连接加工工艺

3.2.4.1 通用电焊工艺

1. 适用范围

适用于机柜及其附件的生产。

2. 焊接材料

（1）E4303：交流焊条。
（2）H08MnSiA：CO_2 气体保护焊丝。
（3）镀铜碳钢焊接螺柱。
（4）CO_2 气体。

3. 设备及工具

1）焊接设备

（1）BX 系列交流弧焊机。
（2）CO_2 气体保护焊机。
（3）电容储能式螺柱焊机及与焊机配套的压力式螺柱焊枪。

2）焊接工具

电焊钳；电焊帽；敲渣用手锤、尖锤、扁铲等；角磨机；劳动保护用品等。

4. 焊接准备

（1）掌握国家标准《焊缝符号表示法》。
（2）熟悉电焊工常用设备及工具的性能及保养方法。
（3）接受工作任务后要认真消化图纸和有关工艺文件。
（4）备齐所需的各种工艺装备，并检验工艺装备的完好性，保证正确无误。
（5）准备好各种焊接劳动保护用品。
（6）检查焊接设备、焊条、螺柱和辅助设备、气体储量是否齐全，合乎标准。
（7）清除焊件上的铁锈、油脂和水分。焊条如果潮湿，放在 250~450℃烘炉中烘烤 2h。

5. 焊接工艺要求

1）电弧焊工艺过程

（1）穿戴好焊接劳动保护用品。

（2）将地线可靠地连接在焊接工件上，将焊条装卡在焊钳上。

（3）戴好护目面罩，将焊条前端移至待焊接部位，调整好引弧距离，引燃电弧开始焊接。

（4）焊接时应根据不同的焊接位置不断调整焊条与焊接工件的角度、焊条与焊件间的距离以及焊条的移动速度，以保证最佳的焊接质量。

（5）焊接时应采取工艺措施避免和减小焊接变形，如采用点焊、分段焊接等方法，减少焊接热应力。应首先焊接薄的焊缝，再焊接厚的焊缝，对较长的焊缝应采取对称或反方向分段焊法，同时应以最快的速度焊接。

在焊接结构件时应先按照图纸把零件点焊在一起，经检查正确后再进行牢固焊接，以减小焊接变形。

（6）焊接过程中应注意不得出现焊不透、焊穿、裂纹、咬边、气孔、砂眼、溅渣等现象。

2）CO_2 气体保护焊操作工艺

（1）准备工作。

① 认真熟悉焊接有关图样，弄清焊接位置和技术要求。

② 焊前清理。CO_2 焊虽然没有钨极氩弧焊那样严格，但也应清理坡口及其两侧表面的油污、漆层、氧化皮以及铁金属等杂物。

③ 检查设备。检查电源线是否破损、地线接地是否可靠、导电嘴是否良好、送丝机构是否正常、极性是否选择正确。

④ 气路检查。CO_2 气体气路系统包括 CO_2 气瓶、预热器、干燥器、减压阀、电磁气阀、流量计。使用前检查各部连接处是否漏气，CO_2 气体是否畅通和均匀喷出。

（2）CO_2 气体保护焊安全操作规程。

① 穿好白色帆布工作服，戴好手套，选用合适的焊接面罩。

② 要保证有良好的通风条件，特别是在通风不良的小屋内或机柜内焊接时，要注意排风和通风，以防 CO_2 气体中毒。通风不良时应戴口罩或防毒面具。

③ CO_2 气瓶应远离热源，避免太阳曝晒，严禁对气瓶强烈撞击以免引起爆炸。

④ 焊接现场周围不应存放易燃易爆品。

（3）CO_2 气体保护焊机操作规程。

① 操作者必须持电焊操作证上岗。

② 打开配电箱开关，电源开关置于"开"的位置，供气开关置于"检查"位置。

③ 打开气瓶盖，将流量调节旋钮慢慢向"OPEN"方向旋转，直到流量表上的指示数为需要值。供气开关置于"焊接"位置。

④ 焊丝在安装中，要确认送丝轮的安装是否与丝径吻合，调整加压螺母，视丝径大小加压。

⑤ 将收弧转换开关置于"有收弧"处，先后两次将焊枪开关按下、放开进行焊接。

⑥ 焊枪开关"ON"，焊接电弧产生；焊枪开关"OFF"，切换为正常焊接条件的焊接电弧；焊枪开关再次"ON"，切换为收弧焊接条件的焊接电弧；焊枪开关再次"OFF"，焊接电弧停止。

⑦ 焊接完毕后,应及时关闭焊机电源,将 CO_2 气源总阀关闭。
⑧ 收回焊把线,及时清理现场。
⑨ 定期清理机上的灰尘,用空压或氧气吹机芯的积尘物,一般为一周一次。
(4) 二氧化碳气体保护焊操作禁忌。
① CO_2 焊不允许用普通 H08A 焊丝,否则焊缝的力学性能下降。
② 焊丝中硅和锰的含量不宜过高,否则会降低焊缝金属的塑性、冲击韧性及力学性能。
③ 由于大颗粒滴状过渡飞溅很大,电弧不稳定,焊缝成型也较差,因此在实际生产中不宜采用。
④ 不应在焊缝以外的母材上打火、引弧。

3)储能焊接工艺过程

(1) 连接储能式螺柱焊机电源,打开电源开关使储能焊机内的电容充电。
(2) 用螺柱焊枪将螺柱夹持好后,按照划线确定的螺柱焊接位置对正,并用手对螺柱焊枪施加压力,使焊枪前端面与焊接平面贴合。
(3) 板动螺柱焊枪上的焊接开关,即可完成一个螺柱的焊接工作。注意焊接过程中把持焊枪的手不得移动,否则会造成焊接失败。
(4) 检查螺柱的焊接位置是否超差,保证焊连接可靠性。若不合格必须返工割掉重焊。

6.焊后处理

焊完后应除去药皮进行检查,如发现不合格的应立即返修。对焊疤较大影响美观和装配的应予铲平、磨光。注意:在焊点小的情况下,不允许磨开焊点。
工件焊后如果出现变形现象,必须进行整形,以达到机柜质量标准。整形的工艺方法有:
(1) 通过试验预测工件变形范围,在焊接前强迫工件向反方向变形,以期焊后达到预定尺寸。
(2) 焊后用过正方法矫正。
(3) 锤击、挤压焊接后相对收缩部分,使应力平衡。
(4) 加热焊接后相对松凸部分,达到与焊接处同样收缩的目的。
(5) 必要时对构件进行整体热处理。另外,焊接点选择、焊缝走向、焊接次序、点焊定位对焊后变形现象都有一定的影响,如处理得当可减少变形,但这要视具体情况而定。

7.质量检验

1)焊接质量要求

(1) 焊件焊完后对照图纸或工艺文件检查焊缝是否符合要求。
(2) 焊接应牢固,焊缝应光洁均匀,无焊穿、裂纹、咬边、溅渣、气孔、砂眼等现象。
(3) 所有焊接后的变形大小,超过变形要求整形。

2)外观检验

不允许有气孔、裂纹、咬边、烧穿、夹渣、焊瘤、未熔合等缺陷。

3)外形尺寸要求

一般零部件按照图纸标注的尺寸测量、记录。

8. 安全操作注意事项

(1) 严格按设备的安全操作规程的有关规定进行操作。

因焊接过程中会产生电弧、金属熔渣，如果焊工焊接时没有穿戴好电焊专用的防护工作服、手套和皮鞋，尤其是在高处进行焊接时，因电焊火花飞溅，易造成焊工自身或作业面下方施工人员皮肤灼伤。

由于焊接时产生强烈的可见光和大量不可见的紫外线，对人的眼睛有很强的刺激伤害作用，长时间直接照射会引起眼睛疼痛、畏光、流泪、怕风等，易导致眼睛结膜和角膜发炎（俗称电旋光性眼炎）。

(2) 由于焊接过程中会产生电弧或明火，在有易燃物品的场所作业时，极易引发火灾。要求工作场所通风良好、无易燃易爆物品。

(3) 严格遵守电焊工操作规程。

3.2.4.2 工艺参数选择

1. 手工电弧焊

根据工件材料和焊缝要求选择工艺参数，主要包括焊条种类、焊条直径、焊接电流、焊接电压和焊接速度等。

1) 焊条选择

（1）焊条的种类

焊条的种类应依焊接材料及焊缝要求选择。

（2）焊条直径的选择

焊条直径的选择取决于焊件厚度、焊接接头和焊缝位置及焊接规范等因素，在不影响焊接质量的前提下为了提高劳动效率，提倡选用较大直径的焊条。焊条直径粗，生产效率高，但是容易导致未焊透和成型不良。表 3.2.7 所列数据可供参考。

表 3.2.7 焊条直径的选择

焊件厚度（mm）	1~1.5	1.5~2	2~2.5	2.5~3.5	4~6	8~12	>13
焊条直径（mm）	1.6	2	2.5	3.2	4	5	6
焊接电流（A）	25~45	40~65	50~80	110~130	160~210	200~270	260~300

2) 焊接电流的选择

应根据焊条的种类和规格选择焊接电流，在保证焊接质量的前提下（如焊件不过早发红、焊件不得焊穿等）提倡使用大电流焊接。

根据选择的焊条直径，参照焊机操作说明调节焊机电流。电流小，电弧不稳定并且易形成未焊透，生产效率低；电流大，易产生烧穿。

（1）焊件传热快，使用电流可小，回路电阻高，使用电流就要大。

（2）如果焊条直径不变，焊厚钢板比焊薄钢板电流要大。

（3）竖焊和仰焊用电流要比平焊小 15%~20%，角焊电流又要大于平焊电流。

3）电弧电压的选择

电弧电压与电弧长度成正比。电弧长，则电弧电压高；反之则低。

在焊接过程中，一般希望弧长始终保持一致，而且尽可能用短弧焊接。所谓短弧是指弧长是焊条直径的 0.5~1.0 倍，超过这个限度即为长弧。

4）焊接速度的选择

在保证质量的情况下，采用大直径焊条和大焊接电流的快速焊接。

2. CO_2 气体保护焊

CO_2 气体保护焊的工艺参数有焊接电流、电弧电压、焊丝直径、焊丝伸出长度、气体流量等。在其采用短路过渡焊接时还包括短路电流峰值和短路电流上升速度。

短路过渡焊接采用细丝焊，常用焊丝直径为 0.6~1.2mm，随着焊丝直径增大，飞溅颗粒都相应增大。短路过渡焊接时，主要的焊接工艺参数有电弧电压、焊接电流、焊接速度、气体流量及纯度、焊丝伸出长度。

1）电弧电压及焊接电流

电弧电压是短路过渡时的关键参数，短路过渡的特点是采用低电压。电弧电压与焊接电流相匹配，可以获得飞溅小、焊缝成型良好的稳定焊接过程。ϕ1.2mm 焊丝的一般参数为电压 19V，电流 120~135A。

短路过渡焊接时，焊接电流和电弧电压周期性地变化，电流和电压表上的数值是其有效值，而不是瞬时值。一定的焊丝直径具有一定的电流调节范围。

2）焊接速度

随着焊接速度的增加，焊缝熔宽、熔深和余高均减小。焊速过高，容易产生咬边和未焊透等缺陷，同时气体保护效果变坏，易产生气孔。焊接速度过低，易产生烧穿、组织粗大等缺陷，并且变形增大，生产效率降低。因此，应根据生产实践对焊接速度进行正确的选择。通常半自动焊的速度不超过 0.5m/min，自动焊的速度不超过 1.5m/min。

3）气体的流量及纯度

小电流时，气体流量通常为 5~15L/min；大电流时，气体流量通常为 10~20L/min。并不是流量越大保护效果越好；气体流量过小时，保护气体的挺度不足，焊缝容易产生气孔等缺陷；气体流量过大时，由于保护气流的紊流度增大，反而会把外界空气卷入焊接区，不仅浪费气体，而且氧化性增强，焊缝表面上会形成一层暗灰色的氧化皮，使焊缝质量下降。

为保证焊接区免受空气的污染，当焊接电流大或焊接速度快、焊丝伸出长度较长以及室外焊接时，应增大气体流量。通常细丝焊接时，气体流量在 15~25L/min，CO_2 气体的纯度不得低于 99.5%。同时，当气瓶内的压力低于 1MPa 时，就应停止使用，以免产生气孔。这是因为气瓶内压力降低时，溶于液态 CO_2 中的水分气化量也随之增大，从而混入 CO_2 气体中的水蒸气就越多。

4）焊丝伸出长度

焊丝伸出长度是指导电嘴端面至工件的距离。由于 CO_2 焊时选用焊丝较细，焊接电流流经此段所产生的电阻热对焊接过程有很大影响。生产经验表明，合适的伸出长度应为焊丝直径的 10～12 倍，细丝焊时以 8～15mm 为宜。

由于短路过渡均采用细焊丝，所以焊丝伸出长度上所产生的电阻热影响很大。伸出长度增加，焊丝上的电阻热增加，焊丝熔化加快，生产率提高。但伸出长度过大时，焊丝容易发生过热而成段熔断，飞溅严重，焊接过程不稳定。同时伸出增大后，喷嘴与焊件间的距离亦增大，因此气体保护效果变差。但伸出长度过小势必缩短喷嘴与焊件间的距离，飞溅金属容易堵塞喷嘴。

5）电源极性

CO_2 气体保护焊一般都采用直流反接，飞溅小，电弧稳定，成型好。

CO_2 气体保护焊的工艺规范见表 3.2.8。

表 3.2.8　CO_2 气体保护焊的工艺规范

焊接形式	气体流量（min）	板厚（mm）	焊丝直径（mm）	电流（A）	电压（V）	速度（cm/min）	焊嘴与母材的距离（mm）
I 型对接	10～20	1	0.8	50～60	16～17	40～50	8
		1.2	0.8	60～70	17～18	40～50	8
		1.6	0.8	80～100	18～20	40～50	8
		2.3	1	100～120	20～21	40～50	10
		3.2	1	130～150	20～23	30～40	10
		4.5	1.2	150～180	21～23	30～40	10～15
角对接	10-15	1.2	0.8	55～60	16～17	40～45	8
		1.6	1	65～75	16～18	40～45	8
		2.3	1	80～100	19～20	40～45	10
		3.2	1.2	130～150	20～22	33～40	10～15

3. 电容储能螺柱焊工艺参数的选择与调整

（1）充电电压的选择。

不同的螺柱需要不同的充电电压。具体数值见表 3.2.9。

表 3.2.9　不同的螺柱对应的充电电压

螺柱直径（mm）	3	4	5	6
对应的充电电压（V）	55～60	63～70	72～80	90～100

（2）螺柱夹持长度的选择。

螺柱底部露出导电嘴 2～4mm。

（3）导电嘴直径的选择。

导电嘴的直径必须与螺柱直径相同。

（4）电极压力的选择。

低碳钢螺柱直径为 3～8mm 时，选择 4.5kPa/mm^2；不锈钢螺柱直径为 3～6mm 时，选择 4.5kPa/mm^2。

3.2.4.3 箱体结构焊接工艺

1. 准备工作

(1) 接受生产任务单后应熟悉图纸,充分了解图纸中的技术要求和各部件焊接尺寸。
(2) 领取所有焊接部件,按图号分类堆放,便于操作时对号取件,准确无误。
(3) 所有半成品件在运输过程中应轻拿轻放,防止因受外力碰磕、挤压,造成工件变形。

2. 工艺过程

(1) 操作者应熟悉自己经常使用的设备、胎具、工夹具、量具的性能及操作保养方法。
(2) 接受任务后应熟悉图纸和工艺文件,在图纸和有关技术文件没有弄懂的情况下切勿盲目施工。
(3) 检查工序转来的半成品零件和部件是否符合图纸和其他技术文件要求,如不符合技术要求,应找出原因及时解决,切不可将不合格的零部件组装到骨架结构上。
(4) 检查所有使用的焊接工装夹具是否合格。
(5) 首件焊接的左右侧壁要按图纸严格检查,各部位尺寸、角度应正确,如发现错焊或严重扭曲变形,应及时改正和整形。
(6) 基本骨架完成后,按图纸要求焊接电气组件的安装梁、板、支承件、门板、铰链及其他零部件,其焊接顺序应是自上而下,由前到后,先关键件后一般件。

3. 质量检查

(1) 按照产品图纸认真检查箱体成型后的外观和内在焊接质量。
箱体结构的外形尺寸公差按图纸进行检查,如图纸无公差要求,其公差可按表 3.2.10 的要求执行。

表 3.2.10 箱体结构图纸无公差要求的外形尺寸公差

部 位	尺寸范围(mm)	同一缝隙均匀差平行缝隙均匀差(mm)
图纸无公差	<1000	1.2
要求的外形尺寸	≥1000	1.5～2.5

注:测量部位:高度测量四角,宽度测量前后两面上、中、下三处,深度测量左右两面上、中、下三处,偏差按每部位最大值计算,1m 内用钢尺,1m 以上用 2～3m 钢卷尺测量。

(2) 机柜结构侧面、后面及底面绝对值的偏差值按表 3.2.11 执行。

表 3.2.11 机柜结构侧面、后面及底面绝对值的偏差值

尺寸范围(mm)		400～1000	1001～2000	2001～3000
偏差值(mm)	高	±1.0	±2.2	±2.7
	宽	-1.4	-2.3	
	深	±1.5	±1.85	

(3) 门、面板与外露壳体的检查。

① 门与面板加工应平整，每米内的凹凸值不应超过 3mm，且无明显的凹凸不平现象。

测量方法：在锁好门之后，用 1m 钢直尺在任意部位测量（不计弯边尺寸部分），直尺与被测面两接触点间的距离要超过整个被测量面的一半，0.5～1m（不包括 1m），按比例计算，小于 0.5m 按 0.5m 计算。

② 门的检查：门在上锁之后应紧固，无晃动及撬角现象。门的开闭应转动灵活，开启角度不得小于 90°，转动部位不得与固定部位摩擦。

③ 箱体焊接应牢固，横平竖直，着地牢稳，无前俯后仰、左右摇晃现象；焊缝光洁均匀，无漏焊、焊穿、裂缝、咬边、溅渣、气孔等现象，焊渣药皮应清理干净。

④ 体内零部件边缘和开孔处应平整光滑，无毛刺和裂口。

⑤ 上述检查合格后，方可转入下道工序。

4．注意事项

严格遵守操作规程，防止人员和设备事故，确保安全生产。

3.2.4.4 焊接缺陷与防止方法

焊接缺陷与防止方法见表 3.2.12。

表 3.2.12 焊接缺陷与防止方法

缺陷类型	缺陷形成原因	防止措施
焊缝金属裂纹	① 焊缝深宽比太大。 ② 焊道太窄。 ③ 焊缝末端冷却快	① 增大焊接电弧电压，减小焊接电流。 ② 减慢焊接速度。 ③ 适当填充弧坑
夹杂	① 电弧长不稳，有接头。 ② 高的行走速度	① 仔细清理渣壳。 ② 减慢行走速度，提高电弧电压
气孔	① 保护气体覆盖不足。 ② 焊丝污染。 ③ 工件污染。 ④ 电弧电压太高。 ⑤ 喷嘴与工件距离太远	① 增加气体流量，清除喷嘴内的飞溅，减小工件到喷嘴的距离。 ② 清除焊丝上的润滑剂。 ③ 清除工件上的油锈等杂物。 ④ 降低电压。 ⑤ 减小焊丝的伸出长度
咬边	① 焊接速度太高。 ② 电弧电压太高。 ③ 电流过大。 ④ 停留时间不足。 ⑤ 焊枪角度不正确	① 减慢焊速。 ② 降低电压。 ③ 降低焊速。 ④ 增加在熔池边缘停留时间。 ⑤ 改变焊枪角度，使电弧力推动金属流动
未融合	① 焊缝区有氧化皮和锈。 ② 热输入不足。 ③ 焊接熔池太大。 ④ 焊接技术不高。 ⑤ 接头设计不合理	① 仔细清理氧化皮和锈。 ② 提高送丝速度和电弧电压，减慢焊接速度。 ③ 采用摆动技术时应在靠近坡口面的边缘停留，焊丝应指向熔池的前沿。 ④ 坡口角度应足够大，以便减小焊丝伸出长度，使电弧直接加热熔池底部

续表

缺 陷 类 型	缺陷形成原因	防止措施
未焊透	① 坡口加工不合适。 ② 焊接技术不高。 ③ 热输入不合适	① 加大坡口角度，减小钝边尺寸，增大间隙。 ② 调整行走角度。 ③ 提高送丝的速度以获得较大的焊接电流，保持喷嘴与工件的距离合适
飞溅	① 电压过低或过高。 ② 焊丝与工件清理不良。 ③ 焊丝不均匀。 ④ 导电嘴磨损。 ⑤ 焊机动特性不合适	① 根据电流调电压。 ② 清理焊丝和坡口。 ③ 检查送丝轮和送丝软管。 ④ 更新导电嘴。 ⑤ 调节直流电感
焊道蛇行	① 焊丝伸出过长。 ② 焊丝的矫正机构调整不良。 ③ 导电嘴磨损	① 调焊丝伸出长度。 ② 调整矫正机构。 ③ 更新导电

3.3 机柜加工设备的使用与维护

3.3.1 机柜生产设备的使用

3.3.1.1 数控剪床操作规程

1. 数控剪床安全操作规程

（1）严格执行定人定机制度，非剪切工严禁上岗操作，严禁非本机操作人员随意开动剪床。

（2）操作者必须经过培训，熟悉数控剪床性能和保养、操作方法，熟悉各种开关、按钮和指示灯的意义和作用，严格按使用说明书和操作规程正确地操作使用，并严禁超规格使用设备。考试合格经有关部门批准后方可上岗操作数控剪床。

（3）操作者应遵守一般冲剪机机械安全操作规程。操作时，要按规定穿戴手套、劳保鞋、安全帽等个人防护用品。

（4）不准一人独自操作数控剪床。操作时，应由2～3人为一组协调进行送料、控制尺寸精度及取料等，并确定一人为组长兼安全员统一指挥，负责安全生产管理，同组人员必须协调操作，听从指挥。

（5）剪切材料前，对加工的材料应进行检验，禁止裁剪超过剪床的工作能力的超厚材料及超长度的材料。应先用量具检查待剪切材料厚度，然后进行试剪切。

（6）不准用剪床剪切淬了火的钢、高速钢、合金工具钢、铸铁及脆性材料，以免损坏刀片。

（7）操作前检查启动踏板防护罩及剪刀前的防护栅栏是否牢固可靠。

（8）工作前要认真检查数控剪板机各部是否正常、电气设备是否完好、润滑系统是否畅通；清除台面及其周围放置的工具、量具等杂物以及边角废料。

（9）要根据规定的剪板厚度，调整数控剪板机的剪刀间隙。

① 不准同时剪切两种不同规格、不同材质的板料；不得叠料剪切。剪切的板料要求表面平整，不准剪切无法压紧的较窄板料。

② 剪切薄板时，刀片必须紧贴，刀片间的间隙不得大于板料厚度的 1/10，上下刀片应保持平行。

（10）数控剪床工作环境温度应保持在 10～40℃，机床液压油工作温度 20～60℃。

（11）操作者应保持现场及设备的整洁，道路畅通，严禁在危险区内堆放产品及其他物品。

（12）数控剪板机的飞轮、齿轮、轴、胶带等运动部分都应设防护罩。

（13）放置栅栏，防止操作者的手进入剪刀落下区域内。工作时严禁捡拾地上废料，以免被落下来的工件击伤。在剪板机上安置的防护栅栏不能挡住操作者眼睛，避免其看不到裁切的部位。

2．工作前注意事项

（1）操作者应按规定穿戴好劳动防护用品。

（2）操作前必须检查电源、电压，符合要求才能送电。

（3）操作前必须检查润滑系统、液压系统、油量、油压必须符合要求。必要时按规定油品加油。

（4）操作前检查启动踏板、防护罩及剪刀前的防护栅栏是否牢固可靠。

（5）工作前检查液压压力数值，达不到规定压力值不能开车。

（6）开机前打开油水分离器排放阀，放出积油、积水，并根据具体情况，定期更换油水分离器过滤材料。检查油箱油量多少，保持规定的储油量。

（7）开机时必须检查光电保护装置是否正常，光电保护装置不正常不能开机；启动剪床时，操作者必须保证剪床工作范围内无人。

（8）剪床保护装置应完好、齐全，床身接地良好，绝不允许越限或取消互锁保护装置运行。

（9）检查材料是否光洁、平整、均匀，加工工料不得黏有土垢。材料厚度和宽度是否超出剪床标定的工作能力。

（10）工作台面不准放置任何杂物，禁止一切丝制及线制品接近丝杠、导轨、齿轮、链条等传动部位。

（11）送电前，要根据剪切板件（材料）厚度及时调整剪口间隙距离。

（12）严禁直接送电启动。工作前用手搬动皮带轮数转，观察刀运动有无阻碍，再开空车检验正常后，才能开始剪料。

3．工作中操作注意事项

1）数控程序的输入

（1）必须有专人编程，专人核对，数控剪床程序输入前检查各控制开关旋钮是否放在正确位置。

（2）程序保护开关处于接通状态，接收程序或编程完毕，应接通程序保护开关然后取下钥匙，以防程序丢失。

（3）对于第一次使用的程序，必须首先进行不装工件的空运行，确保程序指令正确，剪床空运行正常无误后方可送入板料进行加工。

（4）每改变一次程序后，必须先进行空车运转，在确保程序指令正确，剪床空运行正常无误后方可装入工件进行加工。

（5）操纵箱电脑启动时不得触碰键盘，以免丢失数据，造成程序不可使用。

2）开机前必须检查

（1）上下刀片安装是否牢固，检查刀口是否无崩裂，间隙是否均匀，剪切刀具刃口应保持锋利。

（2）开机前应确认工作台及轴移行路线上无障碍物。

（3）使用前检查各保护装置，送料平台 X、Y 轴进行往复运动运转正常，定位正确后，才允许进行剪切工作。

3）剪床接通电源后

（1）剪床送电后，启动剪床空载运转 3～5min，观察各部位转动情况，应检查设备及电源开关、脚踏离合器、制动器等是否正常，设备运转正常、灵活可靠后，方能进行操作。

（2）试剪切前，必须清理好剪床台面和接料处。禁止在台面和接料处存放其他杂物。

（3）操作时，双手保持在安全区，即压料板以外。严禁将手伸进压板处、危险区。剪切时不准将手指靠近刀口，距离刀口不得少于 50mm。

（4）送料时要注意手指安全，特别是一张板料剪到末端时，不要将手指垫在板料下面送料或将手指送入刀口。

（5）剪床后面不准站人和接料，更不准将手从两刀口之间伸过去接料。

（6）操作者不准离开剪床，以便机床故障时能立即停机。操作者如离开应停机或切断电源开关。

（7）人接近剪床进行更换刀片、检测或调整间隙时，应按下停止键关闭电源。

4）在设备使用过程中

（1）各故障指示灯若有一个灯亮，机器不能工作，须立即排故障，才能重新工作。

（2）剪切较小的零件时，必须用压板压住，并将螺栓压紧。

（3）测量剪切长度时，不得将手伸过刀片底下，以免刀片突然落下伤人。

（4）下列情况严格禁止：

① 两人同时在一台剪床上剪切两个工件（板件）；

② 剪切剪床压板压不住的短件；

③ 用手触及剪床运转中的任何部位；

④ 将手伸入剪床压板下方摆放或移动工件；

（5）操作中发现传动部件、紧固件松动等异常状况时，例如发生连续剪切或刀片松动，应立即停止操作，并马上切断电源；及时报告维修车间派员检查修理。修复后方可继续作业，严禁带病强行作业。

（6）调整刀片间隙必须停车进行，调整之后应先手动进行试验然后再开空车检验。

（7）做好"首检"并经常自检工件作业质量。养成自检习惯，不能"一剪到底"。

（8）排除故障和修理时，应先切断电源，待剪床完全停止运转后，方可进行并在剪床显眼处挂好检修牌。禁止在设备运动时进行修理。

4．工作结束后注意事项

（1）工作结束后，要切断电源，包括断开电源箱中的空气开关及断开液压系统电源。
（2）工作完毕后清理好剪床表面油污。
（3）材料按指定位置存放有序，且留有安全通道。
（4）加工完毕应做好日常保养工作：
① 严格按润滑表部位对设备进行每班加润滑油保养，不进行日保不能开机。
② 清除作业后产生的废料，防止被刺伤、割伤。
③ 清洁工作台面，整理工作现场及工件，清扫工作场地。
（5）认真填写设备运行或交接班记录等有关表格。

3.3.1.2 数控冲床操作规程

1．数控冲床操作安全规则

为保证人身及设备安全，防止生产事故发生，请遵守以下安全规则：
（1）严格执行定人定机制度，严禁非本机操作人员随意开动数控冲床。
（2）操作者必须经过培训，熟悉数控冲床的结构、性能、保养、操作方法，熟悉操作规程并考试合格，经有关部门批准方可上岗独立操作数控冲床。
（3）操作者必须熟悉设备的结构性能，熟悉各种开关、按钮和指示灯的意义和作用，严格按使用说明书和操作规程正确地操作使用，并严禁超规格使用设备。
（4）操作者应认真学习各项安全制度，遵守一般冲剪机机械安全操作规程，正确使用设备上安全保护和控制装置，不得任意拆动。未经数控冲床生产厂家许可，请勿对该设备进行任何改造，以免造成设备的损坏及安全隐患的产生。
（5）数控冲床的环境温度应保持在10～40℃，机床液压油工作温度应保持在20～60℃。
（6）操作者应保持工作现场及冲床的整洁，道路畅通，严禁在危险区内堆放产品及其他物品。最好在数控冲床附近设立隔离物及安全警示标志，使数控冲床周围围成一工作区域。
（7）数控冲床开始运行之前，请检查该设备以及所配冲床和模具等部件，确保各部件满足设备正常运行的条件。不允许压缩空气未接通就机动或手动转动转盘。
（8）在设备工作过程中，有运动部件探出平台，如有人不小心经过，可能受到损伤。如在设备周围设立隔离物，将工作区域围起来，操作者在安全区域进行操作，则可以减少生产事故的发生。
（9）严禁超负荷冲压，防止损伤数控冲床。一般数控冲床核定冲压板厚为：铁料1.0～4.0mm；不锈钢料 1.0～3.0mm。加工时操作工应严格执行此标准。禁止重叠冲切，避免冲床超负荷工作。

2．工作前注意事项

（1）操作者应按本工种规定穿戴好劳动防护用品。
（2）操作前必须检查电源、电压，符合要求才能送电。
（3）操作前必须检查润滑系统、液压系统及压缩空气系统，油量、油压、气压必须符合要求。必要时按规定油品加油。

（4）工作前检查气压数值，达不到规定压力值（0.45～0.55kPa）不能开车。

（5）开机前打开油水分离器排放阀，放出积油、积水，并根据具体情况，定期更换油水分离器过滤材料。检查油雾器油量多少，经常保持充足储油量。

（6）开机时必须检查光电保护装置是否正常，光电保护装置不正常不能开机。启动冲床时，操作者必须保证冲床工作范围内无人。

（7）检查机床各传动、连接、润滑等部位及防护保险装置是否正常，装模具螺钉必须牢固，不得松动。冲床保护装置应完好、齐全，床身接地良好，绝不允许越限或取消互锁保护装置运行。

（8）材料应光洁、平整、均匀，工件加工不得超出工作机床的工作能力。

（9）工作台面不准放置任何杂物，禁止一切丝制及线制品接近丝杠、导轨、齿轮、链条等传动部位。加工工料不得黏有土垢。开车前要注意润滑，取下床面上的一切浮放物品。

（10）在加工特大工件时应对机床周围 2m 以内的危险区域进行标示，禁止非操作人员进入。

3．数控冲床操作方法

先通过机械操作面板启动数控冲床，接着由 CRT/MDI 控制面板输入加工程序，然后运行加工程序。

1）启动数控机床操作

（1）机床启动按钮【ON】。

（2）程序锁定按钮【OFF】。

2）数控程序的输入

将编制的加工程序输入数控系统，具体的操作方法是：

（1）必须有专人编程，专人核对，数控转塔冲床程序输入前检查各控制开关旋钮是否放在正确位置。

（2）程序保护开关处于接通状态，接收程序或编程完毕，应接通程序保护开关然后取下钥匙，以防程序丢失。

（3）对于第一次使用的程序，必须首先进行不装工件的空运行，在确保程序指令正确、冲床空运行正常无误后方可装入工件进行加工。

（4）每改变一次程序，必须先进行空车运转，在确保程序指令正确、冲床空运行正常无误后方可装入工件进行加工。

（5）操纵箱电脑启动时不得触碰键盘，以免丢失数据，造成程序不可使用。

3）编辑调用程序操作

编辑或调用已储存在数控系统中的加工程序，具体的操作方法如下：

（1）选择 MDI 方式或 EDIT 方式。

（2）按（PRGRM）键。

（3）输入程序名。键入程序地址符、程序号字符后按（INSRT）键。

（4）键入程序段。

（5）调用程序。键入程序地址符、程序号字符（程序段号）、操作指令代码后按（INPUT）键。

4）运行程序操作

（1）程序锁定按钮【ON】。

（2）选择自动循环方式。

（3）按自动循环按钮。

4．操作工作中注意事项

1）开机前必须检查

（1）上下模具的出料口，不能有铁屑。检查刀具架组件、脱料盘、刀具、中间环、调整环是否完好，检查剪切刀具及冲孔模具是否完好无崩裂，冲头和模孔壁间隙应均匀，剪切刀具刃口应保持锋利。

（2）开车前要注意润滑，并应确认工作台及轴移行路线上无障碍物，取下床面上的一切浮放物品。

（3）使用前检查各保护装置，主机空车 X、Y 轴进行往复运行，运转正常，各轴能正确定位后，才允许进行冲压工作。

（4）模具要紧牢固，上、下模对正，保证位置正确，用手扳转机床试冲（空车），确保在模具良好的情况下工作。

2）冲床接通电源后注意事项

开机时先打开总控制开关，再合上电气柜右侧总电源开关并打开气源，按控制面板上的【POWER ON】按钮，接通 MC 电源，进入主画面，释放急停按钮，确认伺服启动正常，合上脚踏开关，在参考点方式下回零，启动油泵电动机，使滑块回零。

（1）不允许将工件或模具放在或斜靠在机床工作台上。

（2）不允许将手指、撬棒或任何其他东西插入转塔或工作台面。

（3）操作者不准离开控制台或托人代管，更不得离岗，以便机床故障时立即停机。操作者如离开应停机或切断电源开关。

（4）机床开动后按【feed-hold】按钮，或升起侧定位块，或张开夹钳，使机床处于全保持状态，不允许靠近工作台。

（5）人接近机床进行更换模具、检测或调整时，要把速度调至零且按下停止键关闭电源。

（6）冲床在工作前应作空运转 2~3min，检查手（脚）闸等控制装置的灵活性，确认正常后方可使用，不得带病运转。

（7）在设备使用过程中，各故障指示灯若有一个灯亮，机器不能工作，须立即排故障，才能重新工作。

（8）操作人员如要站在工作台上，下面必须垫尺寸大于 1m×1m 的 2mm 厚钢板方可操作，否则会损坏工作台以及毛刷。

3）操作工作中注意事项

在没有报警的情况下，选择已编好的零件程序进行加工。

（1）在冲床运转冲制过程中，操作者站立要恰当，手和头部应与冲床保持一定的距离，并时刻注意冲头动作，严禁与他人闲谈。

(2)冲制或猥制短小工件时，应用专门工具，不得用手直接送料或取件。

(3)冲制或猥制长体零件时，应设置安全托料架或采取其他安全措施，以免掘伤。

(4)冲床连冲时必须有自动送料防护装置或其他防护措施。

(5)单冲时，手脚不准放在手、脚闸上，必须冲一次扳（踏）一下，严防事故。

(6)两人以上共同操作时，负责扳（踏）闸者，必须注意送料人的动作，严禁一面取件，一面扳（踏）闸。

(7)充分利用防护装置，运转时不准触摸冲头等连动部位，禁止隔传动部位传送物料。

(8)机床发生故障时，应找维修人员检查修理，不得自行拆卸。

(9)工作中遇有下列情况之一时应停车或拉下电源：

① 工作间断，临时停电和离开工作岗位时；

② 润滑、修理和清扫机床时；

③ 调整设备工卡模具时，取运工件和发现冲床模具有松动异常现象时。

4）工作结束后注意事项

(1)工作结束后应及时停车，并切断电源，包括断开电源箱中的空气开关及断开空压机电源。

工作完成后关机时，应按照选择手动方式，T销插入，关闭油泵电动机，按下急停按钮，关闭NC电源，关闭总电源开关，关闭气源的步骤进行。

(2)将设备各部归位，放置原点。各手柄放在工作位置，各个门柜的锁要锁好。

(3)加工完毕应擦拭机床，做好日常保养工作。

① 严格按润滑表部位对设备进行每班加润滑油保养，不进行日保不能开机。

② 清洁工作台面，整理工件及工作现场环境。

③ 清除转塔上的碎屑余料，倒干净余料箱中碎屑，清扫工作场地。

(4)认真执行交接班制度，认真填写设备运行或交接班记录等有关表格。

3.3.1.3 数控折弯机操作规程

1. 普通折弯机的使用方法

1）接通电源

在控制面板上打开钥匙开关，再按油泵启动，这样就能听到油泵的转动声音（此时机器不动作）。

2）行程调节

折弯机使用时必须要注意调节行程，在折弯前一定要试车。折弯机上模下行至最底部时必须保证有一个板厚的间隙，否则会对模具和机器造成损坏。行程的调节也分为电动快速调整和手动微调。

3）折弯槽口选择

一般要选择板厚的8倍宽度的槽口。如折弯4mm的板料，需选择32mm左右的槽口。

4）后挡料调整

一般都有电动快速调整和手动微调，方法同剪板机。

5）踩下脚踏开关

踩下脚踏开关开始折弯，可以随时松开，松开脚便停下，再踩继续下行。

2．数控折弯机的使用方法

（1）在使用数控折弯机前，应首先检查电源是否接通，气压和液压是否足够，机器是否清洁，滑道部分有无障碍物，确认后方可进行后续的程序。

（2）打开机器电源开关，启动油泵，对好 L 轴、D 轴、CC 轴、Z 轴的原点，完成启动过程。

（3）进行模具安装。选好模具后，把机器的挡位开关置于"折"的位置，安装好底座和下模、上模后，再把机器的挡位开关置于寸动或单动位置状态，脚踏上升开关、摇动上升摇柄或按钮，使上下模贴合并加压对好 D 轴零点，锁死下模完成安装模具过程。

（4）熟悉图纸，了解折弯顺序和折弯尺寸，开始对折弯机进行程序编排。进行程序编排有两种输入法，一种为角度输入，另一种为深度输入，一般常用深度输入法。首先让电脑进入记忆状态，输入折弯尺寸 L 值、D 值、Z 值、速度、时间、次数等数值；接着检查确认程序，无误后让电脑进入运转状态，然后利用废料进行试折并进行程序的修改，让角度、尺寸调整到最佳状态；最后进行产品试折，试折品经检查无误后就可以批量生产了。

（5）在折弯过程中如果要提高折弯速度，可以把挡位开关置于单动或连动状态，但是为了安全起见，一般只用单动就可以了。在加工较长工件时，往往中间角度很大，可以调整 CC 轴来改变中间角度，达到和左右两边角度一致。折弯过程中还应注意，中心折弯原则是保证折弯加工精度的重要前提条件，不允许在折弯机的一端折弯，这样不但角度不好，还会损坏机器。

（6）短时间休息时不允许关断整机电源，关掉油泵就可以了，这样可以节省电费，还可以免除再次工作时重新对原点的工作，节省时间，提高效率。

（7）做完产品或下班时需要停机，首先把下模放到最低位，然后关掉油泵，再关掉电源。若这批产品已完成，还必须取下模具，并放回模具架上，并复位操作面板。

（8）严禁违章操作折弯机，以免给人身和设备及模具带来不必要的伤害。平时要注意机器的清洁和保养，养成爱护设备和模具的好习惯。

3．折弯机安全操作规程

（1）操作者必须经过培训并获取操作资格方可操作；实习生使用折弯机必须在实习指导人员的监督和指导下方可使用。

（2）严格遵守数控设备安全操作规程，按规定穿戴好劳动防护用品。

（3）启动前须认真检查电动机、开关、线路和接地是否正常和牢固，检查设备各操纵部位、按钮是否在正确位置。

（4）使用折弯机要注意安全，谁使用谁操作，其他人不得随意触动各个按键。不得多人同时操作折弯机，非操作者应远离折弯机。

（5）当工件较大需要多人协同工作时，应由一人统一指挥，使操作人员与送料压制人员密切配合，确保配合人员均在安全位置方准发出折弯信号。

（6）折弯机工作时，机床后部不允许站人。

（7）严禁单独在一端处压折板料。

（8）禁止折超厚的铁板或淬过火的钢板、高级合金钢、方钢和超过折弯机性能的板料，以免损坏机床。

（9）脚踏开关应放在便于操作且不易误碰的位置，以防止事故发生。

4．折弯机操作规程

1）工作前注意事项

（1）启动前须认真检查电动机、开关、线路和接地是否正常和牢固，检查设备各操纵部位、按钮是否均在正确位置。

（2）检查上、下模具的重合度和坚固性；检查各定位装置是否符合被加工的要求；压力表的指示是否符合规定。

（3）开机前须检查机器运动部件和运动方向有无障碍物，若有应及时予以清理。

（4）每次开机时，应注意让系统进行自检，恢复 X、Y 轴坐标系。

（5）系统自检和恢复 X、Y 轴坐标系后，启动折弯机的液压系统，在单折的状态下，踩下行踏板使滑块下行，当滑块压到滑块挡块并保压时，按"等于"键，使 Y 轴、Y_1 轴数值相同，初始化 Y_1 轴坐标值完毕，完成 Y_1 轴坐标的确认。然后踩上行踏板使滑块上行到最高处。

（6）上滑板和各定位轴均未在原点时，运行回原点程序。

2）操作工作中注意事项

（1）设备启动后空运转 1～2min，上滑板满行程运动 2～3 次，如发现有不正常声音或有故障应立即停车，将故障排除，一切正常后方可工作。

（2）按"输入"键输入加工程序。

（3）按"调用"键调用程序进行加工。

（4）板料折弯时必须压实，以防在折弯时板料翘起伤人。

（5）调整板料压模时必须切断电源，停止运转后再进行。

（6）在改变可变下模的开口时，不允许有任何料与下模接触。

（7）运转时发现工件或模具不正，应停车校正，严禁运转中用手校正以防伤手。

（8）严禁将手或人体其他部位伸入上下模之间，以免机器因误动作而发生人身伤亡事故。

（9）防止任何物品误碰操作按钮，以免折弯机误动而发生事故。

（10）工作中发生异常应立即停机，检查原因并及时排除。

（11）如遇到紧急情况，应立即按下红色的急停按钮，使机器停止。

3）工作结束后注意事项

（1）关机前，要在两侧油缸下方的下模上放置木块，将上滑板下降到木块上。

（2）先退出控制系统程序，后切断电源。

（3）清理工作场所，把设备的各种物品整理好，并做好设备清洁和日常设备维护工作。

（4）做好防火、防盗工作，检查门窗是否关好，相关设备和照明电源开关是否关好。

3.3.2 数控设备的保养与维护

数控剪床、数控冲床和数控折弯机，都是机电一体化的机械加工设备。数控冲、剪、折机床集机械、电气、液压于一身，操作复杂，操作人员必须熟悉它们的操作规程，尽量避免操作不当引起的故障。每台数控设备在工作一段时间以后有些零部件要损坏，为了延长各元器件的寿命和正常机械磨损周期，防止意外恶性事故的发生，争取冲床能在较长时间内正常工作，减少故障、争取早期发现故障，必须对数控冲床进行维护和保养；只有做好它们的保养与维护，才能保证设备具有可靠的工作精度和良好的工作状态，才能够可靠地加工出达到图纸要求的机柜零部件来。

3.3.2.1 维修保养的安全要求

（1）应设置专门维修人员进行定人维修。
（2）进行维修保养前必须保证机床处于断电状态，并做到以下几点：
① 确认电源已关断，空气开关已锁住。
② 电气维修应在停电 2min 后进行。
③ 关断主气管并排气。
（3）在进行设备保养前，应将上模对准下模后放下关机，并将模式选择在手动，确保安全。
（4）在没有加工任务时，每天也要通电 2h 以上，以保护数控系统的正常工作状态。
（5）在拆除液压阀之前：
① 关闭油泵。
② 降低滑块到油缸内无油。
③ 如果不能降低滑块，则用木块垫住，注意由于滑块移动以及阀卸去产生的系统内压力。
（6）应尽量少开数控柜的门。在清理电气柜时，不能直接用压缩空气清理电气柜内部灰尘，而应采用干燥洁净的气体。

3.3.2.2 数控设备维护与保养的内容

预防性维护的关键是加强日常保养，工作时间按每周工作 5d，每天工作 8h 计算。主要的保养工作有下列内容：

1. 日检

其主要项目包括液压系统、主轴润滑系统、导轨润滑系统、冷却系统、气压系统等。日检就是根据各系统的正常情况来加以检测。例如，当进行主轴润滑系统的过程检测时，电源灯应亮，油压泵应正常运转；若电源灯不亮，则应保持主轴停止状态，与机械工程师联系，进行维修。

（1）每日按《设备日常点检、保养记录表》要求项目进行检验，并将结果记录在表上，保养人签名确认。
（2）每次开机需将开机时间、关机时间、异常问题、异常问题处理记录在《设备运行卡》上，操作人员需签名确认。

日检内容及维护保养要求见表 3.3.1。

表 3.3.1 日检内容及维护保养要求

序 号	检查部位	维护保养要求
1	导轨润滑油箱	检查油量,及时添加润滑油,润滑泵定时启动、打油及停止
2	润滑油箱	工作正常,油量充足,温度范围合适
3	液压系统	油箱、油泵无异常噪声,工作油面合适,压力表指示正常,油路及各接头有无泄漏。系统油温应在 35~60℃之间,不得超过 70℃,如过高会导致油质及配件变质损坏
4	压缩空气气源压力	气动控制系统压力在正常范围之内
5	气源自动分水滤气器,自动空气干燥器	每天开机前去掉空气过滤器中的水分,保证自动空气干燥器工作正常
6	气液转换器和增压器油面	油量不足时要及时补足
7	X、Y、Z 轴导轨面	清除切屑和脏物,检查导轨面有无划伤损坏,润滑油充足
8	液压平衡系统	平衡压力指示正常,快速移动时平衡阀工作正常
9	CNC 输入/输出单元	各按钮、键盘工作正常,屏幕显示正常
10	各防护装置	导轨等防护罩齐全有效
11	电气柜各通风散热装置	各电气柜中散热风扇工作正常,风道、过滤网无堵塞,及时清洗过滤器
12	冷却油箱、水箱	随时检查液面高度,及时添加油(或水),太脏时需更换过滤器,清洗油箱(或水箱)
13	废油池	及时取走积存的废油,避免溢出
14	排屑器	经常清理切屑,检查有无卡住等现象
15	各运动部件	工作状态正常
16	导轨上的镶条、压紧滚轮	按照使用说明书要求调整松紧状态
17	主轴驱动皮带	按照使用说明书要求调整皮带的松紧程度

2. 周检

其主要项目包括设备零件、主轴润滑系统等,应该每周对其进行正确的检查,特别是对设备零件要进行外部杂物清扫,清除铁屑。

周检内容及维护保养要求见表 3.3.2。

表 3.3.2 周检内容及维护保养要求

序 号	检 查 部 位	维护保养要求
1	床身	刷去床身上的灰尘、污物等,涂上防锈油
2	滑块	用油枪润滑
3	后挡料支撑轴承、滚珠丝杠	用油枪润滑
4	液压油箱油位	低于规定油位时应及时添加液压油
5	各电气柜空气过滤网	清洗黏附的尘土
6	直线导轨和滚珠丝杠工作面	用干净的毛巾擦净

3. 月检

主要是对电源和空气干燥器进行检查。电源电压在正常情况下额定值为 180～220V，频率 50Hz，如有异常，要对其进行测量、调整。空气干燥器应该每月拆一次，然后进行清洗、装配。

月检内容及维护保养要求见表 3.3.3。

表 3.3.3 月检内容及维护保养要求

序 号	检查部位	维护保养要求
1	脚踏开关	检查脚踏开关踏板，以防变形、断线等
2	手指保护装置	检查剪床保护装置，防止手指进入危险区域
3	空气油雾器	油面高度及供油情况符合要求
4	消声器	清洗一次

4. 季检

季检应该主要从设备床身、液压系统、主轴润滑系统三方面进行检查。例如，对机床床身进行检查时，主要看设备精度水平是否符合使用手册中的要求，如有问题，应马上和机械工程师联系。

季检内容及维护保养要求见表 3.3.4。

表 3.3.4 季检内容及维护保养要求

序 号	检查部位	维护保养要求
1	滑块导轨	检查吊杆调节
2	后挡料定位	若后挡料块位置误差超过±0.01mm，应重新设定
3	液压管路	检查所有的阀体、油管及接头，以防渗漏、堵塞，必要时更换
4	过滤器	检查过滤器进出口清洁情况，必要时更换过滤器。过滤器等级为 20μm
5	电气控制设备	检查电气控制柜内外所有控制设备的限位开关、磨损、松动及烧伤的元件必须及时更换

5. 年检

每年应该对机床的液压系统、主轴润滑系统以及 X 轴进行检查，如出现毛病，应该更换新油，然后进行清洗工作。

年检内容及维护保养要求见表 3.3.5。

表 3.3.5 年检内容及维护保养要求

序 号	检查部位	维护保养要求
1	直流伺服电动机	检查换向器表面，去除毛刺，吹净碳粉，电刷短于10mm应予以更换
2	液压油路	清洗溢流阀、减压阀、滤油器、油箱，过滤或更换液压油
3	润滑系统	清洗过滤器或更换过滤器、清洗润滑油池及油箱，更换润滑油
4	滚珠丝杠	清洗丝杠上旧的润滑脂，涂上新油脂
5	数控装置电源电池	更换
6	机械磨损	机械磨损及异常情况应及时修理
7	光电式安全装置	性能测试及投射角及区域的测试调整
8	电气系统	检查元件外观、触点磨耗、连线松脱等，测试急停功能

3.3.2.3 数控设备的测试与调整

（1）传动系统各部位注油点吐出油量及压力测试与调整。

（2）系统滤清器、给油器调整阀等功能及水分杂质测试检查与必要调整。

（3）空气压力开关设定值检查及压力检知功能测试与调整。

（4）模高指示开关设定值检查与实测值检查与调整。

（5）模高调整装置、链轮，链条、传动轴、蜗轮蜗杆等零部件有无松脱、异常及链条张力检查与调整。

（6）齿轮传动箱上盖拆卸、内部机件磨损及键位松动状况检查，并进行油槽清洗、润滑油换新及运转状况、噪声、振动测试检查。

（7）离刹机构活塞动作、刹车角度、离刹间隙及摩擦片磨损量的检查与必要调整。

（8）滑快导轨与导路间隙测量及摩擦面检查，必要时作调整校正。

（9）飞轮轴承等手动添加润滑油脂的管路、接头等检查。

（10）平衡气缸动作状况及其机油润滑系统油路、接头等测试检查。

（11）马达回路及电器操作回路绝缘阻抗测试检查。整机精度（垂直度，平行度，配合间隙等）测试，必要时调整校正。

（12）设备基础紧固螺钉、螺帽锁紧及水平检查，必要时调整。

（13）超负荷保护装置油路清洁、油室清洗、油品换新及压力动作与功能测试调整。

（14）主马达Ｖ形皮带磨耗及张力状况检查、调整。

（15）离刹机构各部件（飞轮不含）拆卸分解、清洁保养、间隙检查调整及装复调试。

（16）平衡器及部件拆卸分解、清洁检查及装复调试。

3.4 机柜的表面处理

3.4.1 机柜表面处理概述

表面处理是指采用某种工艺方法，在金属材料或金属零件表面生成或覆盖上一层物质（金属、非金属或氧化物）的加工工艺方法，主要目的是对金属基体起防护作用，故又常称之为表面防护。

表面处理是防锈涂装的重要工序之一。机柜防锈涂装质量在很大程度上取决于表面处理的方式好坏。涂层寿命受三方面因素制约：表面处理，占60%；涂装施工，占25%；涂料本身质量，占15%。薄板冲压零件一般用电化学表面处理。

3.4.1.1 表面处理的主要作用

1. 提高材料表面的耐腐蚀能力，防止金属基体被腐蚀

金属材料和金属零件在储存、运输和使用过程中，与环境介质接触，发生化学作用或电化学作用而被腐蚀。金属零件被腐蚀后，不仅失去金属光泽、表面起伏不平、外形和尺寸发生变化，而且强度、导电性和导热性也会大大降低，甚至导致构件失效，造成事故。因此，必须充分重视金属表面防护。

长期以来，人们不断深入研究金属腐蚀的发生与发展，分析它们变化的条件，采取适宜的防护措施。根据金属腐蚀产生的原理及腐蚀的破坏形式，可从以下几个方面进行防护：

(1) 研制耐腐蚀金属，改善材料的组织状态，提高材料本身的抗腐蚀能力。
(2) 改善机械产品的工作环境，减轻环境介质的腐蚀作用。
(3) 采用表面覆盖防腐层或表面钝化以及强化表面等方法提高金属的耐腐蚀能力。

2．提高零件表面机械性能（硬度、耐磨性等）

零件失效的主要原因是腐蚀、磨损和断裂，尤其是对于一些挤压模具，磨损是其失效的最主要的原因。因此，采用一些表面处理的工艺方法来提高模具的工作表面的硬度和耐磨性，就能有效地延长模具的使用寿命，降低生产成本。例如，采用模具挤压5454铝合金管材，一套模具只能挤压几十千克，而对模具进行硼碳氮三元共渗处理后，模具工作表面的硬度大大提高，可达2000HV，一套模具可以挤压型材1~2t。

3．调整工件的表面尺寸

许多工件在使用过程中，磨损到一定程度就要报废掉，对于这些报废的工件，如果我们采用一些表面处理工艺方法调整其表面尺寸，使之满足使用要求而重新加以利用，则可以降低生产成本、提高经济效益。例如，一套模具的价格一般在几千至几万元之间，而模具在使用过程中会发生磨损，工作表面一般磨损到10~20μm，模具就要报废，这时如果采用热喷镀或激光熔覆等表面处理工艺使模具尺寸恢复，就能重新加以利用，取得极好的经济效益。

4．使工件表面美观的装饰作用

随着人们生活水平的提高，对产品美观方面的要求越来越高，通过表面处理可以满足这些要求。例如，通过氧化着色处理，铝合金型材表层不仅可以形成氧化层，提高其耐蚀性，而且可以改变其表面颜色，如银白、黑色、古铜色、仿不锈钢色等。

3.4.1.2 表面处理工艺方法

生产中常用的金属表面处理工艺方法有：镀金属法、包覆金属法、化学转化膜法、喷丸处理、离子注入、激光熔覆、电子束表面处理、高密度太阳能表面处理、非金属涂层法、表面合金化法等。

机柜的表面处理通常采用以下三种方法：表面电化学处理；表层涂覆；表面机械加工处理。下面简单介绍这三种方法。

1．表面电化学处理

1) 电镀

电镀是利用电解的方法在零件的表面上沉积一层其他金属的表面处理方法。

电镀法的优点是适应性广，不仅可在铁基金属上镀覆，而且可在非铁基金属、塑料、石墨等基体上镀覆；镀层厚度易于控制，消耗金属少；镀层均匀光洁，与基体结合牢固。其缺点是镀层密度小，镀覆速度慢。常用作镀层的金属有锌、锡、铬、镍、镉等。

现比较几种常用的镀种。

镀锌层在空气中及水中有很好的防腐蚀能力，且成本较低，是一般钢质机械零件常用的表面处理方法。但镀层较软，不耐冲击和摩擦，使用温度不宜太高。

镀铬和镀镍不仅具有很好的抗腐蚀能力，而且镀层硬度高、耐磨性好、易于抛光，常用于量具、模具和需要装饰的机件。但镀铬和镀镍成本高，且镀层常有微孔，所以镀前往往先进行镀铜。

镀镉层在空气、水、碱、盐及海水中均具有良好的抗腐蚀能力，而且允许使用温度比较高。但此法成本较高、环境污染较严重，一般情况下应用较少。

热浸镀又称热浸涂覆，是将经过表面净化处理后的工件浸入熔融的液态金属中一段时间而得到涂镀层的方法，优点是方法简单、生产率高、镀层与基体结合牢固。其缺点是不易控制镀层厚度，也不易获得均匀的镀层，且只适用于涂覆锌、锡、铅等低熔点金属。

2）阳极化处理

将铝合金浸入电解液（一般为 15%～20%的硫酸水溶液）中，工件同电源正极（阳极）相连，阴极用铝板，通电后，阳极（铝件）上聚集大量新生态的氧原子，其氧化能力很强，使工件表面生成一层致密的 Al_2O_3 氧化膜。这种表面处理工艺方法属于电化学处理，由于工件接阳极，所以又称为阳极氧化，简称阳极化处理。

氧化膜稳定性好，硬而致密，是铝合金广泛使用的表面处理方法，若用重铬酸钾进行钝化处理，使氧化膜微孔封闭，防护效果更好；若在钝化处理时加入染料，则可起装饰作用，得到各种不同颜色的铝合金件。

3）机柜常用零件电、化学处理推荐见表 3.4.1。

表 3.4.1 机柜常用零件电、化学处理推荐

序 号	零件特征或材料	推荐处理方式
1	冷轧钢板门板、立柱、横梁、托架、走线架	镀锌彩色钝化
2	铝合金插箱、挡板、盖板	导电氧化银白色
3	压铸铝屏蔽盒	导电氧化黄绿色
4	插销、铰链	装饰铬
5	门锁拉手、扳手	装饰铬、珍珠铬
6	导电板、焊接铜排	镀锡、镀镍
7	铝合金散热片	阳极氧化
8	钢紧固件	电镀彩锌、黑锌、达克罗
9	铜紧固件	镀亮镍
10	覆板、面板、门板及户外工程安装附件	热镀锌、防腐涂料

2. 表面涂覆

非金属涂层法是用无机或有机材料涂覆在工件表面而形成防护层的方法。无机涂层有水溶性颜料涂层、水泥和搪瓷等，有机涂层有各种有机涂料（俗称油漆）、塑料、橡胶、树脂等。这

类涂层须有一定的韧性和硬度，以免在偶然受到摩擦、冲击或基体热胀冷缩时损坏剥落。涂覆的方法有喷涂、刷涂、浸涂、胶涂等。各种工件的基体和工作条件不同，对所用涂层材料的性能要求也有差别，合理选用才能收到预期效果。

1）表面喷漆

用有机涂料涂覆金属工件表面，施工方便、成本低，应用十分广泛。最早使用的有机涂料是以桐油和漆为主要原料加工制成的油漆，现在使用最多的是以合成树脂和有机溶剂为主要原料制成的"油漆"，所以称为"涂料"更为合适。有机涂料的种类很多，要根据使用条件和要求选用具有不同物理化学性能的涂料。涂料的性能是指其耐磨性、耐酸性、耐碱性、耐热性及绝缘性、附着力等。

2）表面喷塑

把塑料薄膜直接黏合在金属表面作为防护层，或用静电喷涂的方法把极细的塑料粉涂覆在工件表面，能有效地抵抗酸、碱、盐等介质的腐蚀。塑料中用得最多的是聚氯乙烯，抗腐蚀性最好的是聚四氟乙烯，能抵抗王水、沸腾硝酸等强腐蚀性介质的腐蚀作用。

3. 表面机械加工

生产中常采用机械处理方法来清理、强化及光整金属表面。常用的机械加工表面处理方法有：喷丸处理、滚压加工、拉丝、激光雕刻以及磨光和抛光等，其中喷丸处理、抛光处理在生产中应用很广泛。

1）喷丸处理

喷丸处理是利用高速喷射的沙丸或铁丸，对工件表面进行强烈的冲击，使其表面发生塑性变形，从而达到强化表面和改变表面状态的一种工艺方法。喷丸的方法通常有手工操作和机械操作两种。常用的喷丸有铸铁弹丸、钢弹丸、玻璃弹丸、砂丸等，其中黑色金属常选用铸铁弹丸、钢弹丸和玻璃弹丸，而有色金属与不锈钢常用玻璃弹丸和不锈钢弹丸。

喷丸广泛用于提高零件机械强度以及耐磨性、抗疲劳和耐腐蚀性等，还可用于表面消光、去氧化皮和消除铸、锻、焊件的残余应力等。喷丸处理是工厂广泛采用的一种表面强化工艺，其设备简单、成本低廉，不受工件形状和位置限制，操作方便，但工作环境较差。

2）磨光和抛光

（1）磨光

磨光是用磨光轮对零件表面进行加工，以获得平整光滑磨面的一种表面处理方法。其作用在于去掉零件表面的锈蚀、砂眼、焊渣、划痕等缺陷，提高零件的表面平整度。

磨光分粗磨和细磨两种。粗磨是将粗糙的表面和不规则的外形修正成型，可用手工或机械操作。手工操作多数用于有色金属；机械操作用于钢材，一般用砂轮上进行；经过粗磨后金属表面磨痕很深，需要通过细磨加以消除，为抛光做准备。细磨有手工细磨和机械细磨。手工细磨是由粗到细在各号金相砂轮上进行；机械细磨常用预磨机、蜡盘、抛光膏加速细磨过程。

磨光用的磨料，对于青铜、黄铜、铸铁、锌等软材料用人造金刚砂；对于钢用人造刚玉。金刚砂可用于所有金属的磨光，尤其适用于软韧金属材料。

（2）抛光

抛光是镀层表面或零件表面装饰加工的最后一道工序，其目的是消除磨光工序后残留在表面上的细微磨痕，获得光亮的外观。

抛光方法有机械、化学、电解等多种，常用的方法是抛光轮抛光，它是将数层圆形的布、呢绒、毛毯等叠缝成车轮状，安装在抛光机轴上使其旋转进行抛光。抛光轮的载体种类很多，有棉、麻、毛、纸、皮革、塑料及其混合物等；研磨材料颗粒细而均匀，外形呈多角形，刃口锋利。常用抛光粉的种类、性能、用途如表 3.4.2 所示。粗抛光时用黏结剂将研磨粉黏在抛光轮上，可用金刚石、氧化铁研磨粉，也可用氧化铬研磨粉，或者使用半固态或液态的研磨剂。

表 3.4.2 常用抛光粉的种类、性能、用途

材 料	莫氏硬度	特 点	应 用 范 围
Al_2O_3	9	白色，平均持仓 0.3μm	通用粗、精抛光
MgO	5.5～6	白色，颗粒细小均匀	适用于 Al、Mg 合金
Cr_2O_3	8	绿色，高硬度，抛光能力差	淬火后合金钢、钛合金
Fe_2O_3	6	红色	抛光较软金属合金
金刚石粉	10	磨削极佳，寿命长	适用于各种材料粗、精抛光

3）表面拉丝工艺

拉丝可根据装饰需要，制成直纹、乱纹、螺纹、波纹和旋纹等几种。

直纹拉丝是指在铝板表面用机械磨擦的方法加工出直线纹路。它具有刷除铝板表面划痕和装饰铝板表面的双重作用。直纹拉丝有连续丝纹和断续丝纹两种。连续丝纹可通过用百洁布或不锈钢刷对铝板表面进行连续水平直线磨擦（如在有装置的条件下手工技磨或用刨床夹住钢丝刷在铝板上磨刷）获取。改变不锈钢刷的钢丝直径，可获得不同粗细的纹路。断续丝纹一般在刷光机或擦纹机上加工制得。制取原理：采用两组同向旋转的差动轮，上组为快速旋转的磨辊，下组为慢速转动的胶辊，铝或铝合金板从两组辊轮中经过，被刷出细腻的断续直纹。

乱纹拉丝是在高速运转的铜丝刷下，使铝板前后左右移动磨擦所获得的一种无规则、无明显纹路的亚光丝纹。这种加工，对铝或铝合金板的表面要求较高。

波纹一般在刷光机或擦纹机上制取。利用上组磨辊的轴向运动，在铝或铝合金板表面磨刷，得到波浪式纹路。

旋纹也称旋光，是将圆柱状毛毡或研石尼龙轮装在钻床上，用煤油调和抛光油膏，对铝或铝合金板表面进行旋转抛磨所获取的一种丝纹。它多用于圆形标牌和小型装饰性表盘的装饰性加工。

螺纹是用一台在轴上装有圆形毛毡的小电动机，将其固定在桌面上，与桌子边沿成 60°左右的角度；另外做一个装有固定铝板压板的拖板，在拖板上贴一条边沿齐直的聚酯薄膜用来限制螺纹深度；利用毛毡的旋转与拖板的直线移动，在铝板表面旋擦出宽度一致的螺纹纹路。

3.4.1.3 表面处理典型工艺过程

1. 表面前处理

在对材料或制品进行表面处理之前，应有前处理或预处理工序，以使材料或制品的表面达

到可以给以表面处理的状态。前处理的质量好坏是能否获得优质表面处理效果的重要因素。

油污及某些吸附物，较薄的氧化层可先后用溶剂清洗、化学处理和机械处理，或直接用化学处理。对于严重氧化的金属表面，氧化层较厚，就不能直接用溶剂清洗和化学处理，而最好先进行机械处理。

应根据机柜零部件的油、锈情况适当调整上述工艺过程，也可不用酸洗工序，或不用预脱脂工序。而脱脂和磷化是化学处理工艺中的关键工序，这两道工序直接影响工件化学处理的质量和防锈涂层的质量。有关工艺参数和相关辅助设备也是影响表面处理质量的不可忽视的因素。

2．表面处理

3．表面后处理

表面后处理包括钝化、脱氢和着色等工艺。

3.4.2 机柜表面的机械处理

机柜表面的机械处理通常用于不锈钢和铝合金机柜零部件的加工。其目的，一是强化材料表面的组织结构，二是获得装饰效果。

3.4.2.1 表面机械加工常识

1．表面机械加工的种类

可以用于不锈钢机箱机柜的表面加工大致有五种，它们可以结合起来使用，变换出更多的最终产品。

五个种类有：轧制表面加工、机械表面加工、化学表面加工、网纹表面加工和彩色表面加工。

2．表面机械加工的注意事项

（1）与制造厂家一起商定需要的表面加工，最好准备一个样品，作为今后批量生产的标准。

（2）大面积使用时，必须保证所用的基底卷板或卷材采用的是同一批次。

（3）尽管机柜上手印可以擦掉，但很不美观。如果选用布纹表面，就不那么明显了。在这些敏感的地方一定不能使用镜面。

（4）选择表面加工时应考虑到制作工艺，例如，为了除去焊珠，可能要对焊缝进行修磨，而且还要恢复原有的表面加工。花纹板很难甚至无法满足这一要求。

（5）有些表面加工、修磨或抛光的纹路是有方向性的，被称为单向的；如果使用时使这种纹路垂直而不是水平，污物就不易附着在上面，而且容易清洗。

（6）无论采用哪种精加工都需要增加工艺步骤，因此要增加费用，所以，选择表面加工时要慎重。

（7）根据经验，不建议使用氧化铝作磨料，除非在使用过程中十分小心。最好是使用碳化硅磨料。

3. 表面粗糙度

轧制表面加工和抛光表面加工的分类是说明能够达到的程度，另一个有效的表示方法是测量表面粗糙度。标准的测量方法被称为 CLA（中心线平均值），测量仪在钢板表面横向移动，记录下峰谷的变化幅度。CLA 的编号越小，表面越光滑。从下表中的表面加工 CLA 编号可以看出不同等级的最终结果。CLA 编号与测量表面粗糙度的对关系见表 3.4.3。

表 3.4.3 CLA 编号与测量表面粗糙度的对应关系

表面加工 CLA	2A	2B	2D	3	4	8
表面粗糙度（μm）	0.05～0.1	0.1～0.5	0.4～1.0	0.4～1.5	0.2～1.5	0.2

3.4.2.2 抛光

1. 机械抛光

研磨操作中用砂纸或砂带进行的研磨基本上属于磨光切割操作，在钢板表面留下很细的纹路。

设备的任何研磨部件，如砂带、磨轮和布轮等，使用前绝不能用于其他非同种材料的机箱机柜，因为这样会污染机柜材料表面。

为了保证表面加工的一致性，新砂轮或砂带应先在成分相同的废料上试用，以便同样品进行比较。

2. 电解抛光

电解抛光工艺是将不锈钢浸泡在加热的液体中，液体的配比涉及许多专有技术和专利技术。

电解抛光是一种金属清除工艺，在此工艺中不锈钢作为电解液中的阳极，通电后金属从表层除去。奥氏体不锈钢机箱机柜的电解抛光效果很好。电解抛光，大致可将峰谷的变化幅度减少到原表面的 1/2。

电解抛光工艺通常用于形状复杂零部件的加工，因为它们的形状难以用传统方法进行抛光。

但是电解抛光会使表面的杂质更明显，特别是钛和铌稳化的材料会由于粒状杂质使焊缝区出现差异。小焊疤和锐棱可以通过该工艺清除掉。该工艺着重处理表面上的突出部分，优先对它们进行溶解。

3.4.2.3 网纹表面加工

不锈钢机箱机柜可以采用的花纹种类很多。网纹的图案包括布纹、镶嵌图案、珍珠状和皮革纹，还可以使用波纹和线状图案。花纹表面特别适合于外部装饰。

使加工表面具有添加花纹或网纹表面加工的优点如下：

（1）减少"金属屋面材料皱缩"。"金属屋面材料皱缩"是一个用来描述光亮材料表面的术语，这种表面从光学角度看不平。例如，大面积的装饰板，即使经过拉伸矫直或张力拉矫也很难使表面完全平直，因而会出现金属屋面材料皱缩。

（2）网纹图案可以减少在阳光下发出的眩光。

（3）花纹板如果有轻微的划痕和小面积压痕都不太明显。
（4）增大钢板的强度。

外部应用时应考虑到使铝合金或不锈钢机箱机柜能够通过雨水和人工冲刷清洗表面，避免有易聚集污物和空中杂质的死角，以免造成腐蚀，影响美观。

3.4.2.4 毛面表面加工

毛面表面加工是最常用的表面加工之一，它是一种非光亮表面加工工艺。

1. 喷玻璃球或喷丸

这种混合工艺是通过喷玻璃球形成无泽表面，然后通过掩饰处理，覆上塑料膜，最后形成抛光和无泽的混合表面。要使用的玻璃球或丸粒事先不能在其他材料上使用，尤其不能在碳钢上使用，因为碳钢的粉粒会嵌入铝合金或不锈钢表面，很容易造成腐蚀。陶瓷球也可以作为喷料。

铝合金或不锈钢机箱机柜可采用此工艺。

2. 混合表面加工

用刚玉砂带除去"突出"部分，这样，最终的结果是将铝合金或不锈钢表面的自然之美与彩色图案的色彩结合在一起。

3.4.2.5 蚀刻表面加工

通过丝网印制工艺将图案或文字印制在铝合金或不锈钢板材表面，再将板材浸在三氯化铁酸液中，将未覆膜的部分浸蚀掉，在机箱机柜的表面形成美丽的图案或文字。

3.4.3 表面前处理

在各种热处理、机械加工、运输及保管过程中，机箱机柜的表面不可避免地会被氧化，产生一层厚薄不均的氧化层，同时也容易受到各种油类污染和吸附一些其他的杂质，因此在表面处理前，必须有保证质量的前处理工序。实践证明，经过表面处理获得的镀层、涂层或化学处理膜，有时会出现防蚀性差、结合力低、耐用寿命短、表面不平滑光亮、起泡或剥落等现象，这常常是前处理不当而造成的后果。

典型表面前处理工艺流程为：预脱脂→脱脂→热水洗→冷水洗→酸洗→冷水洗→中和→冷水洗→表面调整→磷化→冷水洗→热水洗→纯水洗→干燥。

3.4.3.1 表面前处理的方法

常用的表面前处理方法有磨抛光、除油、除锈、活化等。

1. 磨抛光

常用的有喷砂处理、磨光工艺、抛光工艺、化学抛光、电化学抛光几种方法。

2. 除油

除油方法有三种，分别是有机溶剂除油、化学除油、电化学除油。

3. 除锈

电镀前化学除锈是利用化学或电化学反应，除去工件表面上的厚层氧化皮和不良表层组织的处理方法。除锈是电镀工艺中的重要工序之一，根据对象性质分为一般浸蚀、光亮浸蚀、强浸蚀三种。

4. 活化

活化就是在稀的浸蚀溶剂中除去金属表面上的极薄的氧化膜，使工件暴露出金属表面。活化的实质是弱浸蚀，是电镀前最后一道工序。

3.4.3.2 表面前处理的工艺

金属制品的材料品种繁多，它们的原始表面状态各不相同，而且不同的表面处理对其前处理的要求也不一样，因此金属制品表面的前处理工艺和方法很多，其中主要包括金属表面的机械处理、化学处理和电化学处理等。

1. 喷砂

喷砂是一种机械处理方法。喷砂的目的是克服和掩盖金属材料在机械加工过程中产生的一些缺陷以及满足客户对产品外观的一些特殊要求。

机械清理可有效去除工件上的铁锈、焊渣、氧化皮，消除焊接应力，增加防锈涂膜与金属基体的结合力，从而大大提高零部件的防锈质量。机械清理标准要求达到 Sa2.5 级。表面粗糙度要达到防锈涂层厚度的 1/3。喷、抛丸所用钢丸要达到国家标准的要求。

1）气压喷枪的原理

喷砂原理是将加速的磨料颗粒向金属表面撞击，从而达到除锈、去毛刺、去氧化层或作表面预处理的目的等。它能改变金属表面的光洁度和应力状态。

喷砂工艺可分为气压喷枪及叶轮抛丸两种。常用的砂材有玻璃砂、金刚砂、钢珠、碳化硅等。

喷枪的气压输入主要分直接压力缸及间接注射式。直接压力缸将磨料放于压力罐内，并施以 6～7bar 大气压力，直接喷出磨料。它的好处是压力大，缺点是当要添加磨料时需要暂停操作。但如需要长时间连续喷砂而不受间断，可使用双压力缸设计，使添加磨料不必停止操作。而间接注射式则利用高速气流吸入磨料，它的好处是添加磨料时不会干扰正常生产，设备简单且投资小，因此最为普遍。

在各喷砂机类型中，最简单的是密封喷砂室式，操作人员可透过橡胶手套持着工件，脚踏喷枪开关，透过窗口观察喷砂过程。这类喷枪常与叶轮抛丸共同使用，喷枪一般与工件距离 150～200mm，处理直径范围约 30mm。其次，喷砂亦可分为干式和湿式，例如真空吸回型是属于直接压力型和干式的，它直接吸回磨料，主要用于现场维修工作。而湿式喷流型是属于间接注射式的，它利用液体（水或油性液体）与较细磨料混合进行喷砂处理，能提供较细致的表面质感。但湿式喷砂有不少缺点，如不适宜于黑色金属工件；因较易造成腐蚀，亦不可使用钢丸作为磨料；处理时间较长等。如果工艺参数控制良好，干式喷砂亦可达到大部分湿式喷砂的效果，除非是一些特别工艺或效果。

2）喷砂功能或用途

（1）工件表面的清理。

可用作对金属的锈蚀层、热处理件表面的残盐和氧化层、轧制件表面的氧化层、锻造件表面的氧化层、焊接件表面的氧化层、铸件表面的型砂及氧化层、机加工件表面的残留污物和微小毛刺、旧机件表面等进行处理，以去除表面附着层，显露基体本色，表面清理质量可达到 Sa3 级。

（2）工件表面涂覆前的预处理。

可用作各种电镀工艺、刷镀工艺、喷涂工艺和黏结工艺的前处理工序，以获得活性表面，提高镀层、涂层和黏结件之间的附着力。

（3）改变工件的物理机械性能。

可以改变工件表面应力状态，改善配合偶件的润滑条件，减小偶件运动过程中的噪音。可使工件表面硬化，提高零件的耐磨性和抗疲劳强度。

（4）工件表面的光饰加工。

可以改变工件表面粗糙度 R_a 值。可以产生亚光或漫反射的工件表面，以达到光饰加工的目的。

3）影响喷砂加工的主要因素

影响喷砂加工的主要因素有磨料种类、磨料粒度、磨液浓度、喷射距离、喷射角度、喷射时间、压缩空气压力等。

4）常用喷砂工艺参数

影响喷砂加工表面质量的三要素：

（1）喷砂压力（P）大小的调节对表面结果的影响。

压缩空气对喷射流的加速作用：在磨料类型 S、喷枪的距离 H、喷枪的角度 θ 三个量设定后，P 值越大，喷射流的速度越高，喷砂效率亦越高，被加工件表面越粗糙；反之，表面相对较光滑。

（2）喷枪的距离（H）、角度（θ）的变化对表面结果的影响。

在 P、S 值设定后，此项为手工喷砂技术的关键，喷枪距工件一般为 50～150mm，喷枪距工件越远，喷射流的效率越低，工件表面越光滑。喷枪与工件的夹角越小，喷射流的效率亦越低，工件表面也越光滑。

（3）磨料类型（S）对表面结果的影响。

磨料按颗粒状态分为球形和菱形两类，喷砂通常采用的金刚砂（白刚玉、棕刚玉）为菱形磨料，玻璃珠为球形磨料。在 P、H、θ 三值设定后，球形磨料喷砂得到的表面结果较光滑，菱形磨料得到的表面则相对较粗糙。而同一种磨料又有粗细之分，国内按筛网数目划分磨料的粗细度，一般称为多少号，号数越高，颗粒度越小。在 P、H、θ 值设定后，同一种磨料喷砂号数越高，得到的表面结果越光滑。

5）喷砂不良原因及对策

喷砂不良原因及对策见表 3.4.4。

表 3.4.4 喷砂不良原因及对策

缺 陷	产 生 原 因	应 对 措 施
喷砂不均	① 枪角、转速、摆速配合不良。 ② 活具运行不畅，打滑或阻塞等。 ③ 产品表面油污造成砂材打滑	① 调整各项参数。 ② 检查活具与输送带间有无阻碍，产品运行是否匀速、稳定。 ③ 清洗素材
打点	① 砂材中有杂质。 ② 工件中有瑕	① 筛选砂材。 ② 全检区分素材
刮伤	① 操作不当	① 注意作业方法
局部无砂面	① 砂材量太少。 ② 砂管、气管破损	① 检查砂量，适时添加。 ② 更换砂管、气管等

2. 机柜零部件的酸洗工艺

酸洗属于化学处理方法。化学处理的作用主要是清理制品表面的油污、锈蚀及氧化皮等。其中包括制品在有机溶剂和无机试剂中的除油，在适当的化学试剂中的化学强浸蚀和化学弱浸蚀。

1）酸洗的工艺要求

钢铁制品与大气长期接触或进行热处理时，其表面会覆盖上一层锈蚀物或黑色氧化皮，其化学组成是各种铁的氧化物。在进行各种表面处理时，必须预先除去这些氧化物，其方法有手工除锈、机械除锈和喷砂除锈等，而最通用的方法是采用各种酸类试剂来除锈。这种处理的实质是通过酸类对锈蚀物的溶解作用，以及在处理过程中酸类与金属基体反应产生的氢气对锈蚀物的机械剥离作用而从金属表面将锈蚀物清洗干净。

用酸类清除表面大量氧化物的过程称为强浸蚀，或称为酸洗；清除表面上肉眼不易觉察的薄氧化膜的过程称为弱浸蚀。有时在浸蚀过程中也通以电流，则称为电化学浸蚀，电化学浸蚀既用于强浸蚀，也用于弱浸蚀，弱浸蚀一般是在强浸蚀后进入电镀槽之前进行的，该工序之后就不允许金属制品在大气中停留太久，特别是金属制品表面不应处于干燥状态。为保证浸蚀过程顺利进行，在浸蚀之前须先行除油，否则酸与金属氧化物不能充分接触，会使化学溶解反应受到抑制。

2）酸洗工艺方法

在黑色金属强浸蚀中，常用的酸有硫酸、盐酸，或两者按一定比例混合的"混酸"。

根据钢铁制品表面氧化物的组成和结构，当金属制品表面只带有疏松的锈蚀物（其中主要是 Fe_2O_3）时，可单独用盐酸来浸蚀，因为盐酸对制品的浸蚀速度快，基体溶解少，渗氢程度也小些。当金属制品表面为紧密的氧化皮时，使用硫酸浸蚀比单独用盐酸时的酸耗量要小些，成本也低，这是因为硫酸浸蚀时的机械剥离作用要比盐酸的强。当金属表面的锈和氧化皮含高价铁的氧化物较多时，可采用混合酸进行浸蚀，这样既可发挥氢对氧化皮的撕裂作用，又可加速 Fe_2O_3 和 Fe_3O_4 的化学溶解，加速洗净表面锈蚀物。影响强化学浸蚀效果的因素很多，其中主要是浓度、浸蚀温度等。

实践证明，对应于最大浸蚀速度有一个最适宜的硫酸浓度，此值约为 25%（重量）。为了减少铁基体的损失，生产中一般使用的硫酸浓度为 20%（重量）。

3. 机柜零部件的除油

由于机柜零部件在机械加工和中间过程防锈的需要，一般其表面上都黏附或涂有各种压延油、切削油、抛光膏和防锈油等油脂性物质，在进行各种表面处理之前，应将这些油污清洗干净，以免影响表面处理的效果。

油污按其性质可分为皂化油和非皂化油两类。皂化油是来源于动植物的油脂，能与碱液起化学反应生成皂；非皂化油是不与碱液起化学反应的矿物油脂，如凡士林、润滑油和石蜡等。两类油脂都不溶解于水，因此无法直接用水把它们清洗干净，一般是采用有机溶剂处理、碱液处理或电化学处理的方法除油或脱脂。

1）有机溶剂除油

使用有机溶剂除油可同时除去皂化油和非皂化油。对于溶剂，要求其溶解力强，不易燃易爆，毒性小，挥发较慢，且价格低廉。实际上使用的有机溶剂很难全面满足上述要求。生产中常用的有机溶剂有汽油、溶剂汽油、松节油、甲苯、二甲苯、二氯乙烷、三氯乙烯、四氯乙烯等。其中应用较广的是氯化烃，它的优点是溶解力强，不易燃易爆，缺点是有毒，成本高，在有水存在时会分解出氯化氢，有腐蚀作用，在使用时要注意防潮防湿。石油溶剂中最常用的是200号溶剂汽油，一般用浸洗或擦洗的方法脱脂。使用有机溶剂脱脂时，在溶剂挥发后，制品表面往往还留有一薄层油膜，所以还要把工件浸入碱液中作补充处理。

使用有机溶剂除油，最简单的方法是用棉纱蘸有机溶剂对金属表面进行擦洗（适用于大型工件）；也可将制品浸入盛有有机溶剂的槽中，通过浸渍来除油，这种方法可在专用的脱脂机中进行。在脱脂机内放有若干个槽子，分别都装有有机溶剂，用机械传送的方式，使工件依次浸入其中脱脂。

在脱脂机中脱脂，溶剂多用三氯乙烯，因为它在低温时具有很强的脱脂能力，并且随温度的升高，脱脂能力剧增。另外，由于它的沸点低，已含有大量油污的三氯乙烯可通过分馏提纯后重新被利用，使脱脂处理的成本降低。

用有机溶剂除油的优点是效率高。在使用脱脂机的情况下，溶剂消耗少，因而成本并不高。若不使用脱脂机，则溶剂消耗大，成本增加，且易燃并有毒。由于有机溶剂除油有这些缺点，在不使用脱脂机的情况下，应尽量不用有机溶剂除油。

2）碱液除油

目前金属表面前处理除油工艺中，普遍使用的方法是碱性溶液化学除油。

碱液除油是由碱液的皂化和乳化作用来完成的，皂化可除去制品表面的动植物油，乳化可除去制品表面的矿物油。由于碱液本身的乳化作用较弱，乳化除油的时间较长，因此经常在碱液中加入各种乳化剂，如肥皂、水玻璃、OP乳化剂等，用于提高乳化除油的效率。

当碱液除油的配方和工艺条件选择适当时，皂化油和非皂化油都可顺利地从制品表面清洗干净。碱液除油时碱的浓度不宜过高，因为浓度偏高，会使肥皂的溶解度和乳液的稳定性下降，一般用5%～10%的苛性钠溶液较适宜。碱液除油的配方包括以下组分：氢氧化钠、碳酸钠、磷酸三钠、水玻璃和肥皂等，其中氢氧化钠起皂化作用，碳酸钠和磷酸三钠使溶液维持一定的碱度，水玻璃和肥皂主要起乳化作用。鉴别金属表面油污除净与否，可视表面被水润湿的情况而定；当金属表面油污被除净时，则有一层连续的水膜存在，否则水将聚集成滴状。

生产实践证明，采用这种除油方法是合理的，虽然应用这一除油工艺，在时间上要比用有机溶剂除油长一些，但无毒和不易燃却是它的一大优点，其所用的生产设备较简单，且经济。

3）电化学除油

电化学除油处理主要用于强化化学除油和浸蚀的过程，有时也可用于弱浸蚀时活化金属制品的表面状态。

电化学除油是将制品放在碱性溶液中作为阴极或阳极而进行电解除油。一般采用的方法是阴极除油或先在阴极上除油，然后再在阳极上除油。所用除油的碱液含有氢氧化钠、碳酸钠、磷酸钠及硅酸钠等组分。电化学除油的第二电极最好用镀镍钢板或镍板。在阴极除油时，如用铁板作阳极，铁会出现溶解而脏污溶液，并在阴极上产生沉积物。

电化除油的原理是：阴极上析出的氢气或阳极上析出的氧气，对金属表面的溶液产生搅动作用，促进油污脱离金属表面，同时金属表面的溶液不断更新，加速了皂化和乳化作用；电极上析出的气体，把附着于表面的油膜薄层破坏，小气泡从油滴附近的电极上脱离而滞留于油滴的表面上，并停留在油与溶液的界面上；由于新的气泡不断析出，小气泡逐渐变大，使油滴在气泡的影响下脱离金属表面，而被气泡带到溶液表面上来。因此电化学除油比碱液除油的效果要好。电化学除油时，提高溶液的温度和提高电流密度都能提高除油的效果。

阴极除油的缺点是阴极上析出的氢气会渗到金属内部而引起金属变脆。因此，对于硬质高碳钢制件，如弹簧、弹性薄片等，可利用阳极除油，但阳极除油速度比阴极除油慢，这是因为：

（1）阳极附近的碱度较低，减弱了皂化作用；

（2）阳极上析出的氧气较少；

（3）由于氧气泡较大，滞留于液滴表面上的能力小，对油滴的作用弱于氢气泡的作用。根据阳极除油和阴极除油的特点，在生产上可采用先在阴极上除油，然后再在阳极上除油。在这种情况下，渗入金属表面的氢几乎在很短的时间内就能完全除去而恢复制品的弹性。

4. 磷化处理

把钢件浸入磷酸盐为主的溶液中使其在表面沉积，形成不溶于水的结晶型磷酸盐转化膜的过程称为磷化处理。磷化处理所需设备简单，操作方便，成本低，生产效率高。

常用的磷化处理溶液为磷酸锰铁盐和磷酸锌溶液，磷化处理后的磷化膜厚度一般为 5～15mm，其抗腐蚀能力是发蓝处理的 2～10 倍。磷化膜与基体结合力较强，有较好的防蚀能力和绝缘性能，在大气、油类、苯及甲苯等介质中均有很好的抗蚀能力，对油、蜡、颜料及漆等具有极佳的吸收力，适合做油漆底层。但磷化膜本身的强度、硬度较低，有一定的脆性，当钢材变形较大时易出现细小裂纹，不耐冲击，在酸、碱、海水及水蒸气中耐蚀性较差。在磷化处理后进行表面浸漆、浸油处理，抗蚀能力可得到较大提高。

3.4.3.3 表面前处理后的保管期

通常，经过处理的金属表面具有很高的活性，更容易再度受到灰尘、湿气等的污染。为此，处理后的金属表面应尽可能快地进行表面处理。

如果暂时不能进行表面处理，经不同前处理的机柜零部件保管期如下：

（1）湿法喷砂处理的铝合金：72h；

（2）铬酸—硫酸处理的铝合金：6h；

(3) 阳极化处理的铝合金：30d；
(4) 硫酸处理的不锈钢：20d；
(5) 喷砂处理的钢：4h；
(6) 湿法喷砂处理的黄铜：8h。

3.5 电化学处理与涂覆

3.5.1 电化学表面处理

3.5.1.1 电镀概述

电镀是指在含有欲镀金属的盐类溶液中，以被镀基体金属为阴极，通过电解作用，使镀液中欲镀金属的阳离子在基体金属表面沉积出来，形成镀层的一种表面加工方法。镀层性能不同于基体金属，具有新的特征。镀层根据功能可分为防护性镀层、装饰性镀层及其他功能性镀层。

1．对电镀层的要求

（1）镀层与基体金属、镀层与镀层之间，应有良好的结合力。
（2）镀层应结晶细致、平整、厚度均匀。
（3）镀层应具有规定的厚度和尽可能少的孔隙。
（4）镀层应具有规定的各项指标，如光亮度、硬度、导电性等。

2．影响质量的因素

pH 值；添加剂；电流密度；电流波形；温度；搅拌。

3．电镀工艺流程的要求

电镀工艺流程主要包括三个部分：电镀前预处理，电镀，镀后处理。
（1）凡批量生产的新产品，在样机试制签订后批量生产前，均须通过小批量生产进行工艺验证。
（2）通过小批量试生产考核工艺文件和工艺装备的合理性和适应性，以确保今后批量生产中产品质量稳定，成本低廉，符合安全生产和环境保护要求。
（3）验证要求：
① 关键件的工艺路线和工艺要求是否合理和可行；
② 所选用的设备和工艺装备是否能够满足工艺要求；
③ 验证手段是否满足要求；
④ 安全生产和环保要求是否能达标。

3.5.1.2 镀锌知识

镀锌是指在金属、合金或者其他材料的表面镀一层锌以起美观、防锈等作用的表面处理技术。随着镀锌工艺的发展和高性能镀锌光亮剂的采用，镀锌已从单纯的防护目的进入防护—装饰性应用。

镀锌是机柜零部件表面处理应用最为广泛的一种工艺。

1．锌的特性

锌易溶于酸，也能溶于碱，故称它为两性金属。锌在干燥的空气中几乎不发生变化。在潮湿的空气中，锌表面会生成致密的碱式碳酸锌膜。在含二氧化硫、硫化氢以及海洋性气氛中，锌的耐蚀性较差；尤其在高温高湿含有机酸的气氛里，锌镀层极易被腐蚀。锌的标准电极电位为-0.76V，对钢铁基体来说，锌镀层属于阳极性镀层，它主要用于防止钢铁的腐蚀，其防护性能的优劣与镀层厚度关系甚大。锌镀层经钝化处理、染色或涂覆护光剂后，能显著提高其防护性和装饰性。

与其他金属相比，锌是相对便宜而又易镀覆的一种金属，属低值防蚀电镀层，被广泛用于保护钢铁件，特别是防止大气腐蚀，并用于装饰。镀覆技术包括槽镀（或挂镀）、滚镀（适合小零件）、自动镀和连续镀（适合线材、带材）。

2．镀锌原理

电镀锌：利用电解，在制件表面形成均匀、致密、结合良好的金属或合金沉积层的过程。

在盛有镀锌液的镀槽中，经过清理和特殊预处理的待镀件作为阴极，用镀覆金属制成阳极，两极分别与直流电源的正极和负极连接。镀锌液由含有镀覆金属的化合物、导电的盐类、缓冲剂、pH调节剂和添加剂等的水溶液组成。通电后，镀锌液中的金属离子在电位差的作用下移动到阴极上形成镀层，阳极的金属形成金属离子进入镀锌液，以保持被镀覆的金属离子的浓度。镀锌时，阳极材料的质量、镀锌液的成分、温度、电流密度、通电时间、搅拌强度、析出的杂质、电源波形等都会影响镀层的质量，需要适时进行控制。

3．电镀锌溶液分类

镀锌溶液有氰化物镀液和无氰镀液两类。氰化物镀液分微氰、低氰、中氰、和高氰几类；无氰镀液有碱性锌酸盐镀液、铵盐镀液、硫酸盐镀液及无氨氯化物镀液等。

目前，国内按电镀溶液将镀锌分为以下四大类。

1）氰化物镀锌

氰化镀锌溶液均镀能力好，得到的镀层光滑细致，在生产中被长期采用。

采用氰化物镀锌，产品质量好，特别是彩镀，经钝化后色彩保持好。但是由于氰化物（CN）有剧毒，对环境污染严重，所以环境保护对电镀锌中使用氰化物提出了严格限制，不断促进减少氰化物和取代氰化物电镀锌镀液体系的发展，近年来已趋向于采用低氰、微氰、无氰镀锌溶液。

2）锌酸盐镀锌

锌酸盐镀锌工艺是由氰化物镀锌演化而来的。目前国内形成两大派系，分别为武汉材保所的"DPE"系列和广电所的"DE"系列。两者都属于碱性添加剂的锌酸盐镀锌，pH值为

12.5～13。

采用此工艺，镀层晶格结构为柱状，耐腐蚀性好，适合彩色镀锌。

注意：产品出槽后→水洗→出光（硝酸+盐酸）→水洗→钝化→水洗→水洗→烫干→烘干→老化处理（烘箱内 80～90℃）。

3）氯化物镀锌

氯化物镀锌工艺在电镀行业应用比较广泛，所占比例高达 40%。

氯化物镀锌钝化后（蓝白）可以锌代铬（与镀铬相媲美），特别是在外加水溶性清漆后，外行人很难辨认出是镀锌还是镀铬。此工艺适合于白色钝化（蓝白、银白）。

4）硫酸盐镀锌

硫酸盐镀锌工艺适合于连续镀（线材、带材及简单、粗大型零部件），成本低廉。

4. 电镀锌工艺

镀锌工艺分为冷镀锌和热镀锌两种。

3.5.1.3 冷镀锌

冷镀锌也叫电镀锌，是利用电解设备将管件经过除油、酸洗后放入成分为锌盐的溶液中，并连接电解设备的负极，在镀件的对面放置锌版，连接在电解设备的正极，接通电源，利用电流从正极向负极的定向移动在管件上沉积一层锌。冷镀管件是先加工后镀锌。

电镀锌分两部分：镀锌和钝化。如果是高强度材料，则电镀锌 4h 内，在钝化之前应进行去氢处理。

1. 冷镀锌工艺原理

锌在干燥空气中不易变化，而在潮湿的空气中，表面能生成一种很致密的碳酸锌薄膜，这种薄膜能有效保护内部不再受到腐蚀，并且当某种原因使镀层发生破坏而露出不太大的基体时，锌与钢基体形成微电池，使紧固件基体成为阴极而受到保护。

以镀锌铁合金为例，冷镀锌工艺流程如下：

化学除油→热水洗→水洗→电解除油→热水洗→水洗→强腐蚀→水洗→电镀锌铁合金→水洗→水洗→出光→钝化→水洗→干燥。

2. 冷镀锌的特点

1）性能特点

锌镀层较厚，结晶细致、均匀且无孔隙，抗腐蚀性良好；电镀所得锌层较纯，在酸、碱等雾气中腐蚀较慢，能有效保护镀件基体；镀锌层经铬酸钝化后变成白色、彩色、军绿色等，美观大方，具有一定的装饰性；由于镀锌层具有良好的延展性，因此可进行冷冲、轧制、折弯等各种成型而不损坏镀层。如果采用美国 ASTM B695—2000 及军用 C-81562 机械镀锌技术标准，锌镀层质量有以下特点：

（1）外观光滑，无锌瘤、毛刺，呈银白色；

（2）厚度均为可控，在 5～107μm 之内任意选择；

(3) 无氢脆,无温度危害,可保证材料力学性能不变;

(4) 可代替部分需热镀锌的工艺;

(5) 耐腐蚀性好,中性盐雾试验达 240h。

2) 镀锌件的使用温度限制

相关标准对镀锌紧固件的使用温度进行了指导性的限制:在高于熔点温度一半的温度下使用的加涂层的紧固件,不推荐加涂层。锌元素的熔点约 415℃,因此锌涂层的紧固件宜限制在低于 210℃以下温度使用。

3) 镀锌层的厚度

镀锌层厚度的具体要求见表 3.5.1。

表 3.5.1 镀锌层厚度的要求

材 料	镀锌层最小厚度的要求（μm）		
	使用条件Ⅰ 腐蚀较严重的环境	使用条件Ⅱ 腐蚀中等的环境	使用条件Ⅲ 腐蚀较轻微的环境
碳钢结构零件	24	12	6
紧固件	12	9	6
弹性零件（去氢）	12	12	6

注:细弹簧建议用不锈钢制造,不进行镀锌。
带弹纹结构的零件,按零件的具体要求选镀层厚度

3. 锌酸盐镀锌工艺

1) 工艺配方及操作规范

无氰碱性锌酸盐镀锌工艺配方及操作条件见表 3.5.2。

表 3.5.2 无氰碱性锌酸盐工艺配方及操作条件

镀液成分和操作条件	配 方 1
氧化锌 ZnO（g/l）	10~12
氢氧化钠 NaOH（g/l）	100~120
添加剂（ml/l）	s 适量
电流密度 DK（A/dm²）	1~2
DA	0.5~2
温度（℃）	10~35
阳极	纯锌

目前碱性镀锌工艺品类繁多,但各种工艺的氢氧化钠、氧化锌含量基本相同,区别仅是添加剂种类、用量不同。常用的添加剂有 DPE-Ⅲ、ZB80、GT、EDTA 二钠、香草醛、三乙醇胺、酒石酸钾钠、十二烷基硫酸钠等。

2) 镀液配制

(1) 在槽内加入占总体积 1/5~1/4 的水,将计量的烧碱倒入槽中,并搅拌到溶解为止。

（2）将计算量的氧化锌用少量水调成糊状，不断搅拌，逐渐加入热的碱溶液中，至完全溶解，加水至总体积。

（3）待镀液冷至35℃左右时，用约3g/L的锌粉撒入槽中，不断搅拌30min，澄清过滤。

（4）加入计量的添加剂和掩蔽剂，充分搅匀，小电流电解处理数小时后即可试镀。

3）各组分作用及其含量的影响

（1）氢氧化钠

它是碱性锌酸盐镀锌液中的络合剂，与锌可以生成三种可溶性的络离子：$Zn(OH)^+$、$Zn(OH)_3^-$和$Zn(OH)_4^{2-}$。氢氧化钠除了络合锌以外，还保持一定数量的游离量，所以实际上氢氧化钠与锌的络合形式是$Zn(OH)_4^{2-}$。它们的络合反应式如下：

$$ZnO+2NaOH+H_2O=Na_2[Zn(OH)_4]$$

氢氧化钠除了起络合作用外，还能促使阳极溶解，提高溶液的导电性，所以溶液中维持一定量的氢氧化钠是必要的。但氢氧化钠含量过高，促使锌阳极溶解过快，造成锌含量不断上升而使镀层质量下降；氢氧化钠含量过低，溶液导电性差，阳极容易钝化，槽电压容易上升，电流密度范围狭小，还会使镀层发暗、粗糙。锌与氢氧化钠的相对含量一般控制在 Zn：NaOH=1：10左右比较适当。

（2）氧化锌

锌酸盐镀锌中，锌含量范围较宽，可在8~12g/L之间。锌含量高，允许电流密度范围大，电流效率高，沉积速度快；但锌含量过高，会导致镀层发暗粗糙、镀液的分散能力和覆盖能力差。锌含量低时，镀层结晶细致，光泽度均匀，镀液分散能力好；但锌含量过低，会使电流密度范围狭小，电流效率低，沉积速度变慢。

（3）添加剂

在这类镀液中添加剂起着重要的作用。没有添加剂存在时，获得的镀层是粗糙的，甚至是疏松的海绵状镀层。加入一定量的添加剂后，可以使镀层结晶细致、光亮，扩大阴极电流密度范围，改善镀液的分散能力和深镀能力。但是，添加剂含量过多时，将增大镀层的脆性，容易引起镀层起泡。

（4）乙二胺四乙酸二钠（EDTA二钠）。

三乙醇胺镀液中加入一定量的EDTA二钠、三乙醇胺或3~5g/L的氰化钠，可促使镀层细致、光亮。它们的贡献主要是掩蔽镀液中异金属杂质的影响，能明显改善镀液、镀层性能。

4．影响冷镀锌质量的因素

表3.5.3 影响冷镀锌质量的因素

序 号	因 素	影 响
1	锌含量	锌含量太高，光亮范围窄，容易获得厚的镀层，镀层中铁含量降低；锌含量太低，光亮范围宽，要达到所需的厚度需要较长的时间，镀层中铁含量高
2	氢氧化钠	氢氧化钠含量太高时，高温操作容易烧焦；氢氧化钠含量太低时，分散能力差
3	铁含量	铁含量太高，镀层中铁含量高，钝化膜不亮；铁含量太低，镀层中铁含量低，耐蚀性降低，颜色偏橄榄色

续表

序号	因素	影响
4	光亮剂	ZF-IOOA太高，镀层脆性大；太低，低电流区域无镀层，钝化颜色不均匀；ZF-100B太高，镀层脆性大；太低，整个镀层不亮
5	温度	温度太高，分散能力下降，镀层中铁含量高，耐蚀性降低，钝化膜颜色不均匀，发花；温度太低，高电流密度区烧焦，镀层脆性大，沉积速度慢
6	阴极移动	必须采用阴极移动。移动太快，高电流密度区镀层粗糙；太慢，可能产生气流，局部无镀层

3.5.1.4 热镀锌

热镀锌也称热浸镀锌，是把钢铁构件浸入熔融的锌液中获得金属覆盖层的一种方法。近年来高压输电、交通、通信事业迅速发展，对钢铁件防护要求越来越高，热镀锌需求量也不断增加。

应用范围：这种镀法特别适用于各种强酸、碱雾气等强腐蚀性环境中。

1. 原理

1) 热镀锌层形成过程

热浸锌层是锌在液态下，分三个步骤形成的：铁基表面被锌液溶解形成锌、铁合金相层；合金层中的锌离子进一步向基体扩散形成锌、铁互溶层；合金层表面包裹着锌层。

2) 热镀锌的生产工序

主要包括：镀件准备、镀前处理、热浸镀、镀后处理、成品检验等。

2. 性能特点

通常电镀锌层厚度为 5～15μm，而热镀锌层一般在 35μm 以上，甚至高达 200μm。热镀锌覆盖能力好，镀层致密，无有机物夹杂。当锌层破坏严重，危及到铁基体时，锌对基体产生电化学保护：锌的标准电位-0.76V，铁的标准电位-0.44V，锌与铁形成微电池时锌作为阳极被溶解，铁作为阴极受到保护。显然热镀锌对基体金属铁的抗大气腐蚀能力优于电镀锌。

热镀锌将较厚致密的纯锌层覆盖在钢铁紧固件表面上，它可以避免钢铁基体与任何腐蚀溶液的接触，保护钢铁紧固件基体免受腐蚀。如果氧化锌与大气中其他成分生成不溶性锌盐，则防腐蚀作用更理想；具有锌、铁合金层，结合致密，在海洋性盐雾大气及工业性大气中表现特有抗腐蚀性。由于结合牢固，锌、铁互溶，具有很强的耐磨性；由于锌具有良好的延展性，其合金层与钢铁基体附着牢固，因此热镀锌可进行冷冲、轧制、拉丝、弯曲等各种成型工序，不损伤镀层。钢结构件热浸锌后，相当于一次退火处理，能有效改善钢铁基体的机械性能，消除钢件成型焊接时的应力，有利于对钢结构件进行切削加工。热浸锌后的紧固件表面光亮美观；纯锌层是热浸锌中最富有塑性的一层，其性质基本接近于纯锌，具有良好的延展性。

3. 热镀锌工艺过程及有关说明

1) 工艺过程

工件→脱脂→水洗→酸洗→水洗→浸助镀溶剂→烘干预热→热镀锌→整理→冷却→钝化→

漂洗→干燥→检验。

2）有关工艺过程说明

（1）脱脂。

可采用化学去油或水基金属脱脂清洗剂去油，直到工件完全被水浸润为止。

（2）酸洗。

可采用 H_2SO_4 15%，硫脲 0.1%，40～60℃或用 HCl 20%，乌洛托品 3～5g/L，20～40℃进行酸洗。加入缓蚀剂可防止基体过腐蚀并减少铁基体吸氢量，同时加入抑雾剂抑制酸雾逸出。脱脂及酸洗处理不好都会造成镀层附着力不好，镀不上锌或锌层脱落。

（3）浸助镀剂。

也称溶剂，可保证在浸镀前工件具有一定活性，避免二次氧化，以增强镀层与基体结合。可采用 NH_4Cl 100～150g/L，$ZnCl_2$ 150～180g/L，70～80℃，1～2min，并加入一定量的防爆剂。

（4）烘干预热。

防止工件在浸镀时由于温度急剧升高而变形，并除去残余水分，防止产生爆锌，造成锌液爆溅。预热一般为 80～140℃。

（5）热镀锌。

要控制好锌液温度、浸镀时间及工件从锌液中引出的速度。引出速度一般为 1.5m/min。温度过低，锌液流动性差，镀层厚且不均匀，易产生流挂，外观质量差；温度高，锌液流动性好，易脱离工件，减少流挂及皱皮现象发生，附着力强，镀层薄，外观好，生产效率高；但温度过高，工件及锌锅铁损严重，产生大量锌渣，影响浸锌层质量并且容易造成色差使表面颜色难看，锌耗高。

锌层厚度取决于锌液温度、浸锌时间、钢材材质和锌液成分。

一般厂家为了防止工件高温变形及减少由于铁损造成的锌渣，都采用 450～470℃，0.5～1.5min。有些工厂对大工件及铸铁件采用较高温度，但要避开铁损高峰的温度范围。建议在锌液中添加有除铁功能且能降低共晶温度的合金并且把镀锌温度降低至 435～445℃。

（6）整理。

镀后对工件进行整理，主要是去除表面余锌及锌瘤，采用热镀锌专用振动器来完成。

（7）钝化。

目的是提高工件表面抗大气腐蚀性能、减少或延长白锈出现时间、保持镀层具有良好的外观。都用铬酸盐钝化，如 $Na_2Cr_2O_7$ 80～100g/L，H_2SO_4 3～4ml/L。但这种钝化液严重影响环境，最好采用无铬钝化。

（8）冷却。

一般用水冷，但温度不可过低也不可过高，一般不低于 30℃，不高于 70℃。

（9）检验。

镀层外观光亮、细致、无流挂、皱皮现象。厚度检验可采用涂层测厚仪，方法比较简便；也可通过锌附着量进行换算得到镀层厚度。结合强度可采用弯曲压力机，将样件进行 90°～180°弯曲，应无裂纹或镀层脱落。也可用重锤敲击检验，并且分批做盐雾试验和硫酸铜浸蚀试验。

4. 锌灰、锌渣的形成及控制

1）锌灰、锌渣的形成

锌灰、锌渣不仅严重影响到浸锌层质量，造成镀层粗糙，产生锌瘤，而且使热镀锌成本大大增加。通常每镀 1t 工件耗锌 40～80kg，如果锌灰、锌渣严重，其耗锌量会高达 100～140kg。控制锌渣主要是控制好温度，减少锌液表面氧化产生的浮渣，所以更要采用有除铁功能和抗氧化功能的合金并且用热传导率小、熔点高、比重小、与锌液不发生反应，既可减少热量失散又可防止氧化的陶瓷珠或玻璃球覆盖，这种球状物易被工件推开，又对工件无黏附作用。

锌液中形成的锌渣主要是溶解在锌液中的铁含量超过该温度下的溶解度时所形成的流动性极差的锌铁合金。锌渣中锌含量可高达 94%，这是热镀锌成本高的关键所在。

从铁在锌液中的溶解度曲线可以看出，不同的温度及不同的保温时间，其溶铁量即铁损量是不一样的。在 500℃附近时，铁损量随着加温及保温时间急剧增加，几乎成直线关系；低于或高于 480～510℃范围时，随时间延长，铁损提高缓慢。因此，人们将 480～510℃称为恶性溶解区，在此温度范围内锌液对工件及锌锅浸蚀最为严重。超过 560℃铁损又明显增加，达到 660℃以上时，锌对铁基体是破坏性浸蚀，锌渣会急剧增加，镀镀无法进行。因此，镀镀目前多在 430～450℃及 540～600℃两个区间内进行。

2）锌渣量的控制

要减少锌渣就要减少锌液中铁的含量，就是要从减少铁溶解的诸因素着手：

（1）镀锌及保温要避开铁的溶解高峰区，即不要在 480～510℃时进行作业。

（2）锌锅材料尽可能选用含碳、硅量低的钢板焊接。含碳量高，锌液对铁锅浸蚀会加快，硅含量高也能促进锌液对铁的腐蚀。目前多采用含有能抑制铁被浸蚀的元素镍、铬等的不锈钢。不可用普通碳素钢，否则耗锌量大，锌锅寿命短。也有人提出用碳化硅制作熔锌槽，虽然可解决铁损量，但造型工艺是一个难题，目前工业陶瓷所制作的锌锅仅能做成圆柱形且体积很小，虽然可以满足小件镀锌的要求，但无法保证大型工件的镀锌。

（3）要经常捞渣。先将温度升高至工艺温度上限以便锌渣与锌液分离，使锌渣沉于槽底后用捞锌勺或专用捞渣机捞取。落入锌液中的镀件更要及时打捞。

（4）要防止助镀剂中铁随工件带入锌槽，助镀剂要进行在线再生循环处理，严格控制亚铁含量，不允许高于 4g/L，pH 值应始终保持在 4.5～5.5。

（5）加热、升温要均匀，防止局部过热。

3.5.1.5 镀后处理

1. 除氢处理

有些金属如锌，在电沉积过程中，除自身沉积出来外，还会析出一部分氢，这部分氢渗入镀层中，使镀件产生脆性，甚至断裂，称为氢脆。为了消除氢脆，往往在电镀后，将镀件在一定的温度下热处理数小时，称为除氢处理。除氢这个工序一般在钝化之前。

除氢处理的方法比较单一和简单，一般都是采用热处理的方式把原子态的氢驱逐出来。对于常用的镀锌构件，应在镀后立即或 4h 内进行去氢处理。一般在带风机的烘箱中，即在 200～215℃温度条件下保温 2h，即可达到去氢目的。如果保温时间过长则容易产生铬脆。除氢后再进行钝化，这样不会造成由于氢脆而导致钝化层破裂。

2. 钝化处理

所谓钝化处理是指在一定的溶液中进行化学处理，在镀层上形成一层坚实致密的、稳定性高的薄膜的表面处理方法。钝化使镀层耐蚀性大大提高，并能增加表面光泽和抗污染能力。这种方法用途很广，镀锌，铜等后，都可进行钝化处理。

按照钝化膜的化学成分钝化处理可分为无机盐钝化和有机类钝化两类；根据钝化膜组成成分对人体的危害性可分为铬酸钝化和无铬钝化。铬酸钝化是无机盐钝化的一个分支，目前国内外采用较多的无铬钝化有钼酸盐溶液、钨酸盐溶液、硅酸盐溶液、钛盐钝化、含锆溶液、含钴溶液、稀土金属盐溶液、三价铬溶液、磷酸盐钝化（磷化处理）等无机盐钝化和有机类钝化等。

1）无机盐钝化处理

无机盐钝化处理研究比较成熟和应用较早的是铬酸盐钝化。在含铬钝化膜中，Cr_{3+} 起骨骼作用，Cr_{6+} 起血肉作用，Cr_{6+} 在空气中具有良好的自修复功能，因而对镀层具有很好的保护作用，而且，改变 Cr_{6+} 和 Cr_{3+} 的不同配比，还可以得到不同色彩的钝化膜。

这些突出的优点使得铬酸钝化仍然是目前应用最广的钝化工艺。但是由于 Cr_{6+} 具有相当高的毒性且易致癌，随着环境保护意识的增强，人们越来越希望寻找可以代替铬酸钝化的新配方和新工艺。

钼和铬是同族元素，因此，它与铬具有相似的化学性质。钼酸盐已经广泛用于钢铁以及有色金属的缓蚀剂和钝化剂。钼酸盐钝化处理方法主要有阳极极化处理、阴极极化处理和化学浸泡处理。把镀锌件在钼酸盐中进行化学浸泡处理，测试结果表明钼酸盐钝化比不上铬酸盐钝化，但可以明显提高锌层的耐蚀性。使用钼酸盐/磷酸盐体系处理镀锌件，腐蚀试验结果显示，在中性和碱性环境中，其钝化效果没有铬酸钝化好，但是在酸性环境中却优于铬酸钝化，室外暴露试验结果相当。锌镍合金镀层经过钼酸盐钝化处理，其耐腐蚀性能也不如铬酸钝化，并且不具有自修复作用，不过还是可以明显提高合金的耐腐蚀性能。

钨酸盐作为金属的缓蚀剂同钼酸盐具有相似性，锌、锡合金经钨酸盐钝化形成的钝化膜，盐雾试验显示其耐腐蚀性能要逊于铬酸盐钝化形成的钝化膜。用于钝化锡-锌合金时，其抗盐雾性能和抗湿热循环试验性能比铬酸盐和钼酸盐都要差。

硅酸盐钝化处理具有价格低廉、无毒、无污染、化学稳定性好等优点，但是其耐腐蚀性能比较差。

含锆溶液已经代替铬酸盐用于铝基表面的预处理，但很少用在锌基金属的处理，一般可以用来作为镀锌件涂漆的前处理，而不作为锌基表面的后处理。但是含锆溶液还存在成本较高的问题。

含钴溶液一般应用于铝及铝合金表面的钝化处理，用于锌基金属表面钝化处理的不多。

含有稀土金属如铈、镧等的盐类是铝合金在含氯溶液中有效的缓蚀剂，研究表明铈的氧化物和氢氧化物能对镀锌层起到很好的保护作用。

对于三价铬溶液，虽然其毒性只有六价铬的 1%，对三价铬的钝化研究也有不少，不过其耐腐蚀性能还远远达不到要求；再者，使用三价铬也没有从根本上解决铬的污染问题，因此很难普及。

2)有机类钝化

有机类钝化是很有希望代替铬酸钝化的一种无铬钝化工艺,主要使用二氨基三氮杂茂(BAT4)及其衍生物的钝化、丙烯酸树脂钝化、环氧树脂钝化、单宁酸钝化、植酸钝化和有机钼酸盐钝化等。

单宁酸是一种多元苯酚的复杂化合物,水解后溶液呈酸性,可以用于镀锌层的钝化处理。成膜过程中,单宁酸提供膜中所需要的羟基和羧基,一般来说,浓度高对成膜有利,随膜层变厚,颜色变深,耐蚀性能增强,但是浓度超过 40%,虽然膜层颜色加深,但是对耐腐蚀性能影响不大。不过单宁酸价格较贵,与大规模的生产应用还存在一定距离。

3)有机物与无机盐混合钝化处理

为了进一步提高无铬钝化膜的耐腐蚀性能,将有机物与无机盐混合后对镀层进行钝化处理。使用混合钝化液所获得的钝化膜,其耐腐蚀性能通常要比单一的无机盐钝化或有机物钝化更加优良。

单宁酸可以用于镀锌件的钝化处理,但是如果在钝化液中加入金属盐类、有机或无机缓蚀剂,可以进一步增强钝膜的耐腐蚀性能。

无机钼酸盐钝化大多数是采用单一的钝化液试剂处理金属表层,所获得的涂层的耐腐蚀性能相对于铬酸钝化还不是很好。采用钼酸盐与多种组分复合配方,借分子间协同缓蚀作用可以提高耐腐蚀性。

由于有机物能在锌表面形成一层不溶性的复合物薄膜,当加入适量的无机缓蚀剂时,有机膜内的分子与无机金属盐及金属基体相结合,构成屏蔽层,使膜比起单独使用无机物缓蚀剂或有机物所形成的膜层致密的多,从而增强了膜的抗腐蚀性能。由于采用的无机物及加入的各种无机缓蚀剂都是无毒的,所以用来代替有毒的铬酸盐钝化是有希望的。

4)钝化时的注意事项

(1)镀锌层质量应力求一致。
(2)高铬钝化属于气相成膜,镀锌件在钝化液中停留 5~10s,在空气中停留 10~15s。
(3)钝化后工件应彻底清洗。
(4)钝化后工件应烘烤老化,烘烤温度一般不超过 65℃。

5)镀锌钝化后变色的原因

(1)镀锌液体系的影响
研究认为铵盐镀锌钝化后容易变色。
(2)镀锌层厚度的影响
镀锌层厚度过小,即镀层过薄(如小于 3μm),钝化后容易变色。以滚镀件为多。
(3)镀锌液维护的影响
镀液维护不当,添加剂使用过多导致镀层中有机物夹杂过多,钝化后易变色。
(4)镀锌层清洗的影响
镀锌后的清洗不彻底,吸附在镀层上的有机物等未能洗净,钝化后易变色。以设备条件较不完善和手工操作的为多。

(5) 溶液中杂质的影响

镀锌液和钝化液中杂质过多，钝化后容易变色。

(6) 镀锌钝化后续工艺的影响

如钝化后经过高温（如对工件进行除氢）处理后钝化膜会变色。

(7) 其他原因

存放环境、与其他材料、镀层的组合或接触也会使镀层变色等。

3.5.1.6 铝及铝合金机柜表面处理方法

铝及其合金在自然条件下很容易生成致密的氧化膜，可以防止空气中水分和有害气体的氧化和侵蚀，但是在碱性和酸性溶液中易被腐蚀。为了在铝和铝合金表面获得更好的保护氧化膜，应该进行氧化处理。氧化处理可以提高工件防腐蚀的能力，增加装饰作用。为了在铝及铝合金表面获得不同性质的氧化膜，常采用不同种类的电解液来实现。常用的电解液有硫酸、铬酸和草酸等。

1. 铝及铝合金氧化处理的基本工艺过程

常用的处理方法有化学氧化法与电化学氧化法。

1）化学氧化法

化学氧化法是把铝（或铝合金）零件放入化学溶液中进行氧化处理而获得牢固的氧化膜，其厚度为 0.03~0.04mm。按处理溶液的性质可把化学氧化法分为碱性溶液氧化处理和酸性溶液氧化处理。例如，碱性氧化液为 Na_2CO_3（50g/L）、Na_2CrO_4（15g/L）、NaOH（25g/L），处理温度：80~100℃，处理时间：10~20min。经氧化处理后的铝表面呈现厚度为 0.05~0.1mm 的金黄色氧化膜。此方法适用于纯铝和铝镁、铝锰合金。化学氧化法主要用于提高铝和铝合金的耐蚀性和耐磨性，并且此工艺操作方法简单，成本低，适于大批量生产。

2）电化学氧化法

电化学氧化法是在电解液中使铝和铝合金表面形成氧化膜的方法，又称阳极氧化法。将以铝（或铝合金）为阳极的工件置于电解液中，通电后阳极上产生氧气，使铝或铝合金发生化学或电化学溶解，在阳极表面形成一层氧化膜。阳极氧化膜不仅具有良好的力学性能与抗蚀性能，而且还具有较强的吸附性，采用不同的着色方法还可获得各种不同颜色的装饰外观。

2. 氧化膜的封闭处理

由于阳极氧化膜的多孔结构和强吸附性能，表面易被污染，特别是腐蚀介质进入孔内易引起腐蚀，因此阳极氧化膜形成后，必须进行封闭处理。封闭氧化膜的孔隙，提高抗蚀、绝缘和耐磨等性能，减弱对杂质或油污的吸附。常用的封闭方法有蒸汽封闭法和石蜡、油类、树脂封闭法等。

3.5.2 涂覆

3.5.2.1 涂覆概述

机柜零部件一般采用喷涂方式进行涂装。涂装有以下分类。

(1) 按涂料分类：溶剂型涂料涂装、电泳涂装、粉末涂装。
(2) 按涂装方式分类：空气喷涂、无气喷涂、静电喷涂、电泳涂装。
(3) 按涂料功能分类：底漆涂装、中涂涂装、面漆涂装。

3.5.2.2 金属表面喷漆

金属表面喷漆，是一种保护金属不被氧化腐蚀的方法。发生在我们周围的腐蚀现象是指各类材料在环境作用下（有化学、电化学和若干物理因素的综合作用）发生损坏，导致性能下降或状态劣化。良好的喷漆涂装保护层保持连续完整无损，与材料结合良好，能够成为抑制腐蚀介质侵入的屏障。

1．机柜金属表面喷漆的重要性

由于腐蚀是不可逆转的自发过程，即使是优质的喷漆涂装保持层，也难以保护金属不发生腐蚀，尤其是当金属表面喷漆涂装层与材料结合不良，受到损坏，或有针孔、鼓泡、龟裂、脱落等缺陷时，喷漆涂层的保护作用将大大下降，甚至造成金属腐蚀加剧的恶果。所以对喷漆涂装金属腐蚀因素进行认真分析，并采取有效的对策预防是十分必要的。

涂漆应有良好的附着力，在控制柜的正面和侧面的漆膜不得有皱纹、流痕、针孔、起泡、透底漆等缺陷。漆膜的外观要求均匀、平整、光滑，用肉眼看不到刷痕、伤痕、修整痕迹和明显的机械杂质等。面板有两种以上颜色的，要求界限分明。

2．喷漆涂装与金属腐蚀机理

一般来说，金属的腐蚀是多种因素共同作用的结果，而其中某种因素在腐蚀过程中起着重要的作用。金属表面喷漆形成涂装保护层，其金属发生腐蚀的区域是涂装漆膜与金属表面的界面区域，并不断向金属基体深处侵蚀扩张。

若金属表面喷漆涂装层能够有效地隔离水、氧以及电子、杂散离子等的渗透，就可以大大减缓或避免发生涂装金属的腐蚀；若隔离效果不佳，则涂装保持层对金属的防腐抗蚀保护作用就不好。生产实践表明，喷漆涂装保护层对水的渗透率严重影响金属喷漆涂装表层的附着力，而氧的渗透率则很大程度上影响金属的抗腐蚀性能。喷漆涂装金属的腐蚀形式多种多样，但都与化学和电化学作用有密切的关系。

3．机柜材质等因素对喷漆的影响

喷漆涂装金属的腐蚀与金属材质本身耐蚀性有很大关系。用于喷漆涂装的金属有钢铁材料、铝合金、铜合金或镁合金等；无疑金属材质不同，金属喷漆涂装的抗蚀防腐性能也不尽相同。金属材料表面状态的差异，经喷漆涂装，其涂层的防腐抗蚀保护效果有明显的不同。比如将经喷砂净化处理的钢板材零件和自然锈蚀的同牌号钢板零件进行同类喷漆涂装保护，由于锈蚀的不利影响，天然锈蚀钢板零件的腐蚀速率较经喷砂的钢板零件高出数十倍，其抗蚀防护效果明显差于后者。金属表面所存在的缺陷如夹杂、微裂、应力等和大气中水分及活性离子（Cl^-、Br^-等）的吸附都会不同程度地影响甚至加速喷漆涂装金属的腐蚀。

金属表面喷漆涂装前的净化脱脂、活化除锈等表面前处理工艺的应用都可以有效地改善喷漆涂装金属的防腐抗蚀性能。生产实践证明喷漆涂装金属防腐性的优劣与其涂装前基体前处理质量的好坏密切相关，金属（尤其是铸件）表面涂装前所进行的有效除油脱脂、除锈或采用喷砂喷丸等可以净化活化表面，保证涂装漆膜与基体金属良好的结合力，对提高喷漆涂装金属的耐腐蚀性能是十分有益的。

钢铁材料涂装前处理工序中的磷化处理广泛地作为喷漆涂装的底层，对提高涂装层附着力和提高涂装金属的防腐抗蚀性能的作用是无可非议的。铝合金的磷化、化学氧化、阳极氧化处理等都可作为喷漆涂装的底层，对改善和提高涂装金属耐蚀性能无疑是优良的。

总之，对金属基材良好的表面进行前处理工艺是提高喷漆涂装金属耐腐蚀性的重要一环和可靠基础。

4．机柜喷漆涂装施工工艺及环境的影响

金属表面的清洁程度严重影响涂装喷漆层的结合力，制件表面残留或吸附的水、油污及其他异物等消除不净，往往会导致针孔、结瘤、起皮或结合不良等故障。

钢铁零件磷化处理后，铝合金零件化学氧化或阳极化处理后，镁合金零件化学氧化处理后等，均应在 24h 内及时进行喷漆涂装；钢铁零件经喷砂、喷丸处理也必须在 6h 内进行喷漆涂装。这一工艺措施是实践证明的有助于提高涂装膜层与基体附着力，增强其抗蚀性能的好办法。

若喷涂使用的压缩空气中油水分离不充分不彻底，使压缩空气中含超量的水和油，必然影响喷漆涂装膜层的质量，产生各种故障缺陷。因此坚持定期清理更换油水分离设施中的滤物，保持压缩空气净洁，对改善涂装喷漆层的性能是有益的。

喷漆涂装现场的温度、湿度对喷漆涂装膜层质量的影响十分明显。温度过高，相对湿度大，涂装喷漆层易发白，呈现橘皮状等；而温度过低，则漆层易流淌，对涂装金属表面涂层质量有不利的影响。应注意保持喷漆施工现场的温度在 10～30℃范围内，相对湿度以 80%为限，施工现场必须保持清洁卫生、整洁有序。

金属表面喷漆涂装操作一般采用空气喷涂。注意保持喷枪与被喷表面的距离在 200～300mm 范围内，压缩空气压力控制在 $2～4kg/cm^2$，这样才能够较为有效地保障喷漆涂装质量。

5．机柜表面喷漆工艺

机柜表面的三涂层体系：电泳底漆、中涂、面漆（金属漆种漆膜最外层加喷罩光清漆）。

涂装的整个工艺流程如下：

机柜部件→手工预清理→前处理→阴极电泳及后清洗→烘烤→电泳底漆打磨→除尘→中涂漆喷涂→中涂漆烘烤→中涂打磨→除尘→面漆喷涂→修饰过检

（1）底漆

喷漆用的底漆可选用酚醛底漆、酯胶底漆、硝基底漆、醇酸底漆等，其中醇酸底漆具有良好的附着力和防锈性能，而且与硝基清漆的结合性能也比较好。底漆兑稀可用相配套的稀释剂或松香水、松节油等。

（2）腻子

喷漆用的腻子配合比如下：

石膏粉：30；白厚漆：15；熟桐油：10；松香水：6；水：适量；液体催干剂：0.25～0.5。

腻子调匀后，平面处可用牛角片或刮刀批嵌，曲面处和楞角处可用橡皮嵌批。腻子不能来回多刮。第一道腻子略稠些，第二、三道腻子略稀些。腻子干后用砂纸打磨使其平整。

(3) 喷漆

喷漆用的设备有气泵、滤气罐、风管和喷枪等。常用喷枪有吸出式、对嘴式和流出式。

喷涂时将手把揿压，压缩空气就从出气嘴中喷出，使漆液均匀地喷涂在物面上。

喷枪与物面距离应控制在 200~300mm，喷第一遍要近些，以后每遍略远些。

气压应保持在 0.3~0.4MPa，喷第一遍后逐渐减小。

漆的黏度直接影响喷漆质量，因此，底漆、喷漆使用时都要用稀释剂兑稀，在没有黏度计测定的情况下，可根据漆液重量的 100%加入稀释剂，以使漆液能顺利喷出，不致过稀或过稠。醇酸底漆可用松香水对稀；硝基清漆可用香蕉水对稀。

喷第一遍硝基清漆时，因底漆和腻子是油性的，容易被稀释剂溶化而产生气泡、皱皮，所以喷涂速度要稍快，喷得要薄。喷完一遍后，待其干燥，经水砂纸打磨后再喷一遍。

6. 涂料性能的影响

涂料的性能对涂装金属防腐抗蚀性能有很大影响，优质涂料甚至在恶劣条件下都可以有效保护金属。涂料的种类不同则性能各异。影响涂装保护层性能的因素主要有构成涂膜的合成树脂、填料等及结晶度、溶解度。根据涂料性能、适用环境等条件有的放矢地选择涂料的种类，才能够更有效地发挥喷漆装膜层的抗蚀保护作用。

漆基、溶剂和助剂的选择要恰当，混合比例必须严格按照工艺要求，要确保搅拌充分均匀，确保稀释至规定的工作黏度。

近年来研制、开发的带锈防锈涂料的广泛应用，使喷漆涂装金属的适用范围和抗蚀保护性得以进一步改善，很有必要大力推广完善。

加强金属喷漆涂装的前处理和表面处理的工艺规范，加强涂装工艺的控制与管理，确保喷漆涂装保护层与基体金属良好的结合力，克服和避免涂装保护层产生针孔、鼓泡、起皱、龟裂、脱落等故障缺陷，使喷漆涂装保护层成为抑制腐蚀介质侵入的优良屏障，无疑是提高喷漆涂装金属防腐抗蚀性能的有效措施。

3.5.2.3 喷塑

1. 喷塑定义

将塑料粉末喷涂在零件上的一种表面处理方法。

喷塑也就是我们常讲的静电粉末喷涂，它利用静电发生器使塑料粉末带电，吸附在铁板表面，然后经过 180~220℃的烘烤，使粉末熔化黏附在金属表面。喷塑产品多见于户内使用的箱体，漆膜呈现平光或亚光效果。喷塑粉主要有丙烯酸粉末、聚酯粉末等。

2. 静电喷塑的工艺原理

静电喷塑是利用电晕放电现象使粉末涂料吸附在工件上的。其过程是这样的：

粉末涂料由供粉系统借压缩空气送入喷枪，在喷枪前端加有高压静电发生器产生的高压，由于电晕放电，在其附近产生密集的电荷，粉末由枪嘴喷出时，形成带电涂料粒子，它受静电力的作用，被吸到与其极性相反的工件上去；随着喷上的粉末增多，电荷积聚也越多，当达到一定厚度时，由于产生静电排斥作用，便不继续吸附，从而使整个工件获得一定厚度的粉末涂层，然后经过热使粉末熔融、流平、固化，即在工件表面形成坚硬的涂膜。

3. 静电喷塑具有的优势

不需稀料，施工对环境无污染，对人体无毒害；涂层外观质量优异，附着力及机械强度强；喷涂施工固化时间短；涂层耐腐耐磨能力强；不需底漆；施工简便，对工人技术要求低；成本低于喷漆工艺；有些施工场合已经明确提出必须使用静电喷塑工艺处理；静电喷粉喷涂过程中不会出现喷漆工艺中常见的流淌现象；静电喷塑效果在机械强度、附着力、耐腐蚀、耐老化等方面优于喷漆工艺，成本也在同效果的喷漆之下。

4. 静电喷塑的工艺流程

1）前处理工序

目的：除掉工件表面的油污、灰尘、锈迹，并在工件表面生成一层抗腐蚀且能够增加喷涂涂层附着力的"磷化层"。

主要工艺步骤：除油、除锈、磷化、钝化。工件经前处理后不但表面没有油、锈、尘，而且原来银白色有光泽的表面上生成一层均匀而粗糙的不容易生锈的灰色磷化膜，既能防锈又能增加喷塑层的附着力。

相关设备：前处理槽（混凝土做槽，数量等同于前处理工序数）。

相关材料（化学药品）：硫酸、盐酸、纯碱（Na_2CO_3）、酸性除油剂、磷化液、钝化液。

2）静电喷涂工序

目的：将粉末涂料均匀地喷涂到工件的表面上，特殊工件（包含容易产生静电屏蔽的位置）应该采用高性能的静电喷塑机来完成喷涂。

工艺步骤：
(1) 利用静电吸附原理，在工件的表面均匀地喷上一层粉末涂料；
(2) 落下的粉末通过回收系统回收，过筛后可以再用。

相关设备：
(1) 静电喷塑机（静电粉末喷涂机）一台或多台；
(2) 具有粉末回收功能的喷房（单工位或双工位）；
(3) 空气压缩机和压缩空气净化器（油水过滤器）。

相关材料：

粉末涂料（喷涂原料，俗称"塑粉"，有高光、亮光、半亚光、亚光、砂纹、锤纹、裂纹等不同效果及不同颜色）。

3）高温固化工序

目的：将工件表面的粉末涂料加热到规定的温度并保温相应的时间，使之熔化、流平、固化，从而得到我们想要的工件表面效果。

工艺步骤：将喷涂好的工件推入固化炉，加热到预定的温度（一般为185℃），并保温相应的时间（15min）；开炉取出冷却即得到成品。

提示：加热及控制系统（包括电加热、燃油、燃气、燃煤等各种加热方式）+保温箱体=固化炉。

相关设备：能够把温度和保温时间控制在合理范围内的高温固化炉（或称烘箱、烤箱）。需要自动控制的参数有温度和保温时间，加热方式可以采用电加热、燃油加热、燃气加热、燃煤加热等。

4）装饰处理工序

目的：使经过静电喷涂后的工件达到某一种特殊的外观效果，如各种木纹、花纹、增光等（可以通过选择不同的塑粉来实现）。

工艺步骤：罩光；转印等。

3.5.2.4 喷涂设备

静电喷涂设备常用来指代静电喷涂工艺中的核心设备，如液体喷涂的静电喷漆枪和粉末喷涂的静电粉末喷枪（静电喷塑机）。

1．手工喷涂设备

1）喷漆

喷漆设备为喷漆枪和空气压缩机。

喷涂工具有空气喷枪、高压无气喷枪、空气辅助式喷枪及手提式静电喷枪等。空气喷枪喷涂效率低（30%左右），高压无气喷枪浪费涂料，两者共同的特点是环境污染较严重，所以已经和正在被空气辅助式喷枪和手提式静电喷枪所取代。

2）静电喷塑

静电喷塑主要设备是静电粉末喷涂机（静电喷塑机）。要求应具有出粉均匀、上粉率高、换色方便等优点，适用于各种类型的手工喷涂。

静电喷涂由于工艺要求，除了核心设备（静电喷枪）之外，往往还需要前处理设备、粉末或油漆回收设备、高温固化设备、工件传输设备等。

3）涂装设备

涂装设备一般采用较为先进的水旋喷漆室，中小零部件也可采用水帘喷漆室或无泵喷漆室，前者具有先进的性能，后者经济实惠、方便实用。由于机柜零部件尺寸大，其防锈涂层的干燥一般采用烘烤均匀的热风对流的烘干方式。热源可因地制宜，选用蒸汽、电、轻柴油、天然气和液化石油气等。

2．大型机箱机柜自动喷涂线

1）自动喷涂线的组成

大型机箱机柜自动喷涂线分为悬挂式自动喷漆生产线和悬挂式自动喷粉生产线。

喷涂生产线一般由喷房、悬挂链和烘箱组成，还包括前道水处理，需要特别注意的就是污水排放问题。涂装生产线主要由以下几部分构成：

（1）自动输送系统；

（2）磷化前处理系统；

（3）脱水烘干系统；

(4)加热设备系统；

(5)静电喷粉/喷漆系统；

(6)烘干固化系统；

(7)粉末回收设备；

(8)集中电气控制系统。

2）涂装生产线工艺流程

上件→前处理→脱水烘干→冷却→静电喷粉/喷漆→烤漆固化→冷却→检验→下件。

3）喷涂质量的控制

高压静电喷涂自动线，膜厚为 50～70μm，绝缘性能好，耐冲击。喷涂质量的好坏与水处理、工件的表面清理、挂钩的导电性能、气量的大小、喷粉的多少、操作工的水平等因素有关。使用喷涂生产线应注意的关键问题有：

(1)涂料或粉末本身的质量；

(2)烤箱的温度；

(3)烤的时间；

(4)喷涂是否到位。

4）涂装生产线操作注意事项

(1)前处理段。前处理段包括预脱、主脱、表调等，如果是在北方，主脱部分的温度不能太低，需要保温，否则处理效果就不理想。

(2)预热段。前处理后就要进入预热段，一般需要 8～10min，最好在到达喷粉室时使受喷工件有一定的余热，以便增加粉沫的附着力。

(3)吹灰净化段。若所喷工件的工艺要求比较高，此段必不可少，否则工件上若吸附有很多尘埃，加工后的工件表面就会有很多颗粒状，使品质降低。

(4)喷粉段。此段最关键的就是喷粉师傅的技术问题了，要想创造优良品质，花钱请技术好的师傅还是很划算的。

(5)烘干段。此段要注意的就是温度和烘烤时间，粉末一般 180～200℃为佳，具体要看工件的材质。还有烘干炉距喷粉室不宜太远，一般 6m 为宜。

3.5.2.5 电泳涂装

电泳涂装是利用外加电场使悬浮于电泳液中的颜料和树脂等微粒定向迁移并沉积于电极之一的基底表面的涂装方法。它是一种专门的涂膜形成方法，是对水性涂料最具有实际意义的施工工艺，具有水溶性、无毒、易于自动化控制等特点，在大批量生产机柜的企业得到广泛的应用，用于替代喷涂底漆的工序。

1. 基本原理

电泳涂装是把工件和对应的电极放入水溶性涂料中，接上电源后，依靠电场所产生的物理化学作用，使涂料中的树脂、颜填料在以被涂物为电极的表面上均匀析出，沉积形成不溶于水的漆膜的一种涂装方法。电泳涂装按沉积性能可分为阳极电泳（工件是阳极，涂料是阴离子型）和阴极电泳（工件是阴极，涂料是阳离子型）；按电源可分为直流电泳和交流电泳；按工艺方法又有定电压和定电流法。目前在工业上采用较为广泛的是直流电源定电压法的阳极电泳。

阴极电泳涂料所含的树脂带有碱性基团，经酸中和后形成盐而溶于水。通直流电后，酸根负离子向阳极移动，树脂离子及其包裹的颜料粒子带正电荷向阴极移动，并沉积在阴极上，这就是电泳涂装的基本原理（俗称镀漆）。

2．涂覆过程

电泳涂装是一个很复杂的电化学反应，一般认为至少有电解、电泳、电沉积、电渗这四种作用同时发生，因此它包括四个过程：

1）电解（分解）

任何一种导电液体在通电时都会发生分解，如水的电解能分解成 H 和 O_2。

在阴极反应最初为电解反应，生成氢气及氢氧根离子 OH^-，此反应造成阴极面形成一高碱性边界层，阳离子与氢氧根离子作用成为不溶于水的物质，涂膜沉积。方程式为 $H_2O \rightarrow OH^- + H^+$

2）电泳

在导电介质中，带电荷的胶体粒子在电场的作用下向相反电极移动，如阴极电泳中带正电荷的胶体粒子（R_3NH）夹带和吸附颜料粒子移向阴极。

3）电沉积（析出）

漆粒子在电极上的沉积现象：在被涂工件表面，阳离子树脂与阴极表面碱性离子作用，中和而析出不溶物，沉积于被涂工件上。电沉积的第一步是 H_2O 的电化学分解，这一反应阴极表面区产生高碱性（OH^-）界面层，当阳离子（树脂和颜料）与 OH^- 反应变成不溶物时，就产生涂膜的沉积。

4）电渗（脱水）

刚沉积到被涂物表面的涂膜是半渗透的膜，在电场的持续作用下，涂膜内部所含的水分从涂膜中渗析出来移向槽液，使涂膜脱水，这种现象称为电渗。电渗使亲水的涂膜变为脱水涂膜，涂膜脱水而致密化，从而完成整个电泳过程。

3．电泳表面处理工艺的特点

电泳漆膜具有涂层丰满、均匀、平整、光滑的优点，其硬度、附着力、耐腐、冲击性能、渗透性能明显优于其他涂装工艺。

（1）采用水溶性涂料，以水为溶解介质，节省了大量有机溶剂，大大减少了大气污染和环境危害，安全卫生，同时避免了火灾的隐患。

（2）涂装效率高，涂料损失小，涂料的利用率可达 90%～95%。

（3）涂膜厚度均匀，附着力强，涂装质量好，工件各个部位如内层、凹陷、焊缝等处都能获得均匀、平滑的漆膜，解决了其他涂装方法对复杂形状工件的涂装难题。

（4）生产效率高，施工可实现自动化连续生产，大大提高劳动效率。

（5）设备复杂，投资费用高，耗电量大，其烘干固化要求的温度较高，涂料、涂装的管理复杂，施工条件严格，并需进行污水处理。

（6）只能采用水溶性涂料，在涂装过程中不能改变颜色，涂料储存过久稳定性不易控制。

(7) 电泳涂装设备复杂，科技含量较高，适用于颜色固定的生产。

4. 电泳涂装工艺

电泳涂装工艺一般由涂装前预处理、电泳涂装、电泳后清洗、电泳涂膜的烘干等四道主要工艺组成。机柜零部件表面的电泳涂装，其工艺流程为：

预清理→上线→除油→水洗→除锈→水洗→中和→水洗→磷化→水洗→钝化→电泳涂装→槽上清洗→超滤水洗→烘干→下线。

1）工件涂装前金属表面处理

涂装前工件的表面处理，是电泳涂装的一个重要环节，主要涉及除油、除锈、表调、磷化等工序。其处理好坏，不仅影响膜外观和膜的防腐性能，处理不当还会破坏漆液的稳定性。因此，对于涂装前工件表面，要求无油污、锈痕，无前处理药品及磷化沉渣等，且磷化膜结晶致密均匀。

前处理各工序注意事项：

（1）如除油、锈不干净，不仅阻碍磷化膜的形成，还会影响涂层的结合力、装饰性能和耐蚀性，漆膜易出现缩孔、针孔、"花脸"等弊病。

（2）磷化的目的是提高电泳膜的附着力和防腐能力，其作用如下：

① 由于物理和化学作用，增强了有机涂膜对基材的附着力。

② 磷化膜使金属表面由优良导体变为不良导体，从而抑制金属表面微电池的形成，有效地阻碍了涂层腐蚀，成倍地提高了涂层的耐腐蚀性和耐水性。

另外，只有在彻底脱锈脱脂的基础上，在一清洁、均匀、无油脂的表面上才能形成令人满意的磷化膜。从这方面讲，磷化膜本身就是对前处理工艺效果的最直观可靠的自检。

（3）水洗：前处理各阶段水洗好坏将对整个前处理及漆膜质量产生很大影响。涂装前最后一道去离子水清洗，要确保被涂物的滴水电导率不大于 $30\mu s/cm$。清洗不干净，会使工件：

① 残留余酸、磷化药液，漆液中树脂发生絮凝，稳定性变坏；

② 残留异物（油污、尘埃等），漆膜出现缩孔、颗粒等弊病；

③ 残留电解质、盐类，导致电解反应加剧，产生针孔等弊病。

2）电泳涂装工艺条件及重点参数管理

电泳涂装工艺条件包括以下四个方面的十三个条件（参数）：

（1）槽液的组成方面：固体份、灰份、MEQ 和有机溶剂含量（MEQ 是指在阴极电泳涂装中，对含 100g 固体份的涂料进行滴定所需的酸的毫摩尔数，单位为 mmol/100g。常规范围为 0.19～0.29mmol/100g）；

（2）电泳条件方面：槽液温度、泳涂电压、泳涂时间；

（3）槽液特性方面：pH 值、电导率；

（4）电泳特性方面：沉积效率、最大电流值、膜厚和泳透力。

其中，泳涂电压和时间、槽液固体份、温度、pH 值和电导率是现场控制和管理的主要项目。

5. 电泳设备组成

1）电泳设备组成

槽体，搅拌循环系统，电极装置，漆液温度调节装置，涂料补给装置，超滤装置，通风装置，电源供给装置，泳后水洗装置，储漆装置。

2）电泳涂装一般可分为连续生产的通过和间歇的固定式两类

对于连续生产的通过式电泳涂装设备，工件借助于悬挂输送机和其他工序（前处理-烘干）组成连续生产的涂装生产线，此类设备适用于大批量生产。

对于间歇生产固定式电泳涂装设备，工件借助于单轨电葫芦或其他形式的输送机，和其他工序（前处理-烘干）组成间歇式涂装生产线，适用于中等批量的涂装生产。

在涂装工程中，电泳电压、时间、温度、阴阳极面积比及漆液的pH值等都会影响涂层的质量；在实际中，应根据客户的工艺参数来确定上述参数。

阴极电泳涂装中，金属处在阴极不易氧化，相对阳极电泳来说涂层更具有普遍性，采用超滤系统使槽液不会受到污染，维护简单，涂层具有更好的防腐蚀效果。

3）固化设备

涂装在固化炉内进行固化。固化炉可以分为连续式和间歇式两种。

固化过程的温度曲线对质量有很大的影响。一般需要使用炉温跟踪仪对烘烤过程的温度曲线进行定时检测，确保温度曲线满足工艺要求。

6. 电泳涂装工艺的关键控制因素

（1）被涂物的底材及前处理对电泳涂膜有极大影响。

铸件一般采用喷砂或喷丸进行除锈，使用棉纱清除工件表面的灰尘，用80#～120#砂纸清除表面残留的钢丸等杂物。钢铁表面进行除油和除锈处理，对表面要求高时，进行磷化和钝化表面处理。黑色金属工件在阳极电泳前必须进行磷化处理，否则漆膜的耐腐蚀性能较差。磷化处理时，一般选用锌盐磷化膜，厚度为1～2μm，要求磷化膜结晶细而均匀。

（2）在过滤系统中，一般采用一级过滤，过滤器为网袋式结构，孔径为25～75μm。

电泳涂料通过立式泵输送到过滤器进行过滤。从综合更换周期和漆膜质量等因素考虑，孔径50μm的过滤袋最佳，它不但能满足漆膜的质量要求，而且解决了过滤袋的堵塞问题。

（3）电泳涂装的循环系统循环量的大小，直接影响着槽液的稳定性和漆膜的质量。

加大循环量，槽液的沉淀和气泡减少，但槽液老化加快，能源消耗增加，槽液的稳定性变差。将槽液的循环次数控制在6～8次/h较为理想，不但可以保证漆膜质量，而且能确保槽液的稳定运行。

（4）随着生产时间的延长，阳极隔膜的阻抗会增加，有效的工作电压下降。因此，生产中应根据电压的损失情况，逐步调高电源的工作电压，以补偿阳极隔膜的电压降。

（5）超滤系统控制工件带入的杂质离子的浓度应能保证涂装质量。在此系统的运行过程中应注意，系统一经运行后应连续运行，严禁间断运行，以防超滤膜干黏。干黏后的树脂和颜料附着在超滤膜上，无法彻底清洗，将严重影响超滤膜的透水率和使用寿命。超滤膜的出水率随运行时间而呈下降趋势，连续工作30～40天应清洗一次，以保证超滤浸洗和冲洗所需的超滤水。

（6）电泳涂装法适用于拥有大量流水线的生产工艺。电泳槽液的更新周期应在3个月以内。以一年产30万份钢圈的电泳生产线为例，对槽液的科学管理极为重要，应定期对槽液的各种参数进行检测，并根据检测结果对槽液进行调整和更新。一般按如下频率测量槽液的参数：

① 电泳液、超滤液及超滤清洗液、阴（阳）极液、循环洗液、去离子清洗液的pH值、固

体含量和电导率每天一次；

② 颜基比、有机溶剂含量、试验室小槽试验每周两次。

（7）对漆膜质量的管理，应经常检查涂膜的均一性和膜厚，外观不应有针孔、流挂、橘皮、皱纹等现象；定期检查涂膜的附着力、耐腐蚀性能等物理化学指标。检验周期按生产厂家的检验标准，一般每个批次都需检测。

电泳涂装是大量操作变量的动态平衡，操作人员不时地对电泳涂装工艺的控制参数进行监控和调整，就可以获得良好的外观、膜厚和物理特性。因此，当检测出漆膜缺陷时，就应对它进行一系列准确、可靠的分析，然后及时提出解决办法。

第4章 装配与安装

4.1 机柜的装配与安装

4.1.1 机柜装配

4.1.1.1 柜体装配安全操作规程

(1) 装配前,应仔细阅读装配工艺等资料。
(2) 按规定领取半成品、附件、外购件等材料,用后专人管理清点入库,避免浪费和丢失。
(3) 在装配过程中,工序顺序应当合理,必须经工艺技术部门同意方能修改。操作时,应顾及左右,注意操作人员的配合,避免碰坏工件。
(4) 在装配过程中,需现场返修的工件,应经有关部门同意,方能修改。
(5) 在装配过程中,严禁将半成品、工具等放置在较高的地方,避免物品滑下砸伤人或产品。
(6) 对较重的大型工件,竖起、移动或放倒时,应有专人指挥,以免发生意外事故。

4.1.1.2 机柜装配的技术要求

(1) 机柜的强度与刚度应满足产品要求。
(2) 机柜骨架对底部基准面的垂直度和骨架立柱间的平行度按国家标准在《产品几何技术规范几何公差形状、方向、位置和跳动公差标注》中的规定,其精度不低于 C 级。
(3) 可拆面板、侧板、底板、构架等装配要牢固,拆卸要方便。
(4) 门开启角度一般不小于 90°,启闭应灵活。装有仪表的面板和有开启角度要求的门应设有门撑。
(5) 机柜用螺钉末端伸出螺母的长度,一般不大于螺钉直径且不小于两个螺距。
(6) 机柜上所有零部件的机械连接均应牢固可靠,在环境试验后,不允许有裂纹、松脱、移动和锈蚀,可拆卸连接应装拆方便。

4.1.1.3 机柜装配工艺流程

(1) 在设备钣金件领到车间时,装配人员应按照图纸要求检查所有电气柜、电气底板、电气面板、按钮盒及电气小配件的尺寸是否正确,走线孔是否缺少,所有安装孔大小是否正确。
(2) 钣金件检查无误后,电气装配人员需向车间主任说明,并立即送去喷漆或喷塑。
(3) 喷漆或喷塑后的电气面板如需要进行丝网印制,应立即送去丝网印制。

(4) 机柜零部件齐全后进行装配。

4.1.1.4 柜体装配的工艺

1. 机柜框架的安装

(1) 装配需注意对构件的保护，不可划伤或碰伤。
(2) 装配应当符合该型号产品构造的要求，应利用成模数关系的安装孔固定。
(3) 外形尺寸要求如下所述。
柜体及部件按照图纸标注的尺寸测量、记录。柜体属于规则型工件和尺寸大的情况，按下面要求检验：
① 高、宽、深尺寸要求及检验部位。
高：在工件正反面两面四角测量。
宽：在工件正反面离边缘 10cm 处分三处测量。
深：在工件两侧离边缘 10cm 处分三处测量。
图纸未注公差的按表 4.1.1 规定检验。

表 4.1.1 图纸未注公差的检验规定

尺寸范围（mm）	高（mm）	深（mm）	前宽（mm）	后宽（mm）
400~1000	±1	±1	-1.5	-2
1000~1500	±1.5	±1.5	-2	-2.5
1500~2000	±2	±2	-2.5	-3
2000~2500	±2.5	±2.5	-3	-3.5

② 外观垂直度检验。
柜体在未注垂直度要求的情况下，垂直度只允许向后倾斜 4~5mm。
③ 柜体对角尺寸偏差要求见表 4.1.2。

表 4.1.2 柜体对角尺寸偏差要求

尺寸范围（mm）	400~1000	1000~1500	1500~2000	2000~2500
偏差（mm）	3	4	4.5	5

2. 柜门及面板的安装

1) 柜门及面板的安装要求

(1) 机柜的门装配后，其间隙应均匀一致，开启灵活。开启角度不得小于 90°，但不宜过大。门在转动过程中不应损坏漆膜，不应使电气元件受到冲击，门锁上后不应有明显的晃动。
(2) 门锁、快锁、铰链、活动导轨等部件装配后，应启动灵活，推拉方便，牢固可靠。
检验办法：手执门锁轻轻推拉，移动量不超过 2mm。
(3) 门与门及门与框架之间的缝隙检验：门与门之间的缝隙均匀差小于 1000mm 为 1mm，大于 1000mm 为 1.5mm；门与门框之间缝隙均匀差小于 1000mm 为 2mm，大于 1000mm 为 2.5mm。

2）机柜前后门的安装如图 4.1.1 所示，安装步骤如下：

（1）将门的底部轴销与机柜下围框的轴销孔对准，将门的底部装上。

（2）用手拉下门的顶部轴销，将轴销的通孔与机柜上门楣的轴销孔对齐。

（3）松开手，在弹簧作用下轴销往上复位，使门的上部轴销插入机柜上门楣的对应孔位，从而将门安装在机柜上。

（4）按照上面步骤，完成其他机柜门的安装。

说明：

① 活动轴销在出厂前已安装在门板上，现场安装的时候不用再装。

② 机柜同侧左右两扇门完成安装后，它们与门楣之间的缝隙可能不均匀，这时需要调整两者之间的间隙。调整方法：在机柜的下围框轴销孔和机柜门下端轴销之间增加垫片（机柜门包装中自带）。

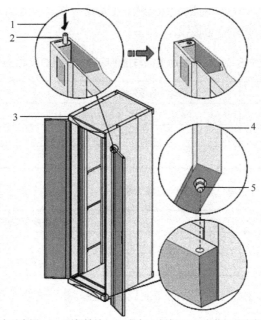

1—安装门的顶部轴销放大示意图；2—顶部轴销；3—机柜上门楣；4—安装门的底部轴销放大示意图；5—底部轴销

图 4.1.1　机柜前后门安装示意图

3．柜体上线槽的安装

（1）标准柜体上的线槽一般都是利用框架上冲出的模数安装孔进行安装。

这时应根据框架上模数安装孔的尺寸来确定线槽上的钻孔位置。如果可能的话最好采用号眼配打的加工方式，在号眼有困难的地方只能通过测量计算，然后划线打眼。

（2）自制的非标柜体如果框架上没有模数安装孔，应按照下述方法进行安装：

线槽安装孔之间的距离一般控制在线槽宽度的 5～6 倍。当线槽宽度大于 50mm 时，孔的位置应分成两排"之"字形分布；当线槽宽度大于 100mm 时，孔的位置应分成两排平行分布。

首先在线槽的安装面按要求划线，打出样冲眼后，用电钻钻出线槽上的孔。

将线槽按照电气布置图要求放置在柜内框架上，用黑色记号笔将孔定位的位置画在电气框架上。先在框架上用样冲打出样冲眼，然后用手电钻在样冲眼上打孔。钻孔使用钻头的尺寸应根据安装用螺栓或螺钉的尺寸决定。

4.1.1.5 柜体接地工艺

1. 柜体接地技术要求

（1）柜、框架结构需备有供可靠接地，且直径不小于6mm的螺母（或螺钉，或接地用的结构组件）。结构上的各个金属件与接地螺母（或螺钉，或接地组件）间的连通电阻实测值不得超过0.01Ω（允许并接紫铜线带或采取其他措施）。

（2）箱门上装有电气元件时，箱体与门之间必须有接地跨接线。跨接线截面应按要求，如面板上仅装控制电气元件则采用多股1.5mm²紫铜编织线。

（3）箱体上应设有专用接地螺柱，并有接地标记。接地螺柱的直径与接地铜导体截面 Q、电气设备电源线的截面 S 的关系，对固定安装的电气设备按表4.1.3；对可携式电气设备按表4.1.4，且其电源线应设有专用接地芯线。

表4.1.3 固定安装的电气设备接地螺柱的直径与接地铜导体截面 Q、电源线的截面 S 的关系

电源线导体截面 S（mm²）	接地铜导体件最小截面 Q（mm²）	接地螺拴规格
$S<4$	$Q=S$，且 $Q \geqslant 1.5$	M6
$4<S<120$	$Q=1/2S$，且 $Q \geqslant 4$	M8
$S>120$	$Q=70$	M10

表4.1.4 可携式电气设备接地铜导体截面 Q 与电源线的截面 S 的关系

载流导体截面 S（mm²）	接地铜导体连接截面 Q（mm²）
$S<16$	$Q=S$
$S>16$	$Q=1/2S$，且 $Q \geqslant 16$

（4）接地装置的接触面均须光洁平贴，保证良好接触，并应有防止松动和生锈的措施。

2. 柜体接地的安装

1）柜体接地工艺要求

（1）与接地点连接的导线必须是黄、绿双色线。不能明显表明的接地点，应在附近标注明显的接地符号"⊥"。

（2）所有接地装置的接触面均须光洁平贴，紧固应牢靠，保证接触良好，并应设有弹簧垫圈或锁紧螺母，以防松动。

（3）对于已经进行喷漆处理的柜体部件表面的接地点，其螺钉或螺栓下必须使用带棘齿的垫圈，以保证接地的可靠性。

（4）接地装置紧固后，应随即在接触面的四周涂以防锈漆，以防锈蚀。

2）机柜门接地线安装步骤

机柜前后门安装完成后，需要在其下端轴销的位置附近安装门接地线，使机柜前后门可靠

接地。门接地线连接门接地点和机柜下围框上的接地螺钉，如图 4.1.2 所示。

（1）安装门接地线前，先确认机柜前后门已经完成安装。

（2）旋开机柜某一扇门下部接地螺柱上的螺母。

（3）将相邻的门接地线（一端与机柜下围框连接，一端悬空）的自由端套在该门的接地螺柱上。

（4）装上螺母，然后拧紧，如图 4.1.3 所示，完成一条门接地线的安装。

（5）按照上面步骤，完成其他门接地线的安装。

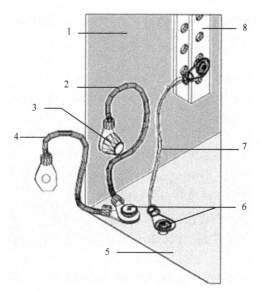
1—机柜侧门；2—机柜侧门接地线；3—侧门接地点；
4—门接地线；5—机柜下围框；6—机柜下围框接地点；
7—下围框接地线；8—机柜接地条

图 4.1.2　机柜门接地线安装前示意图

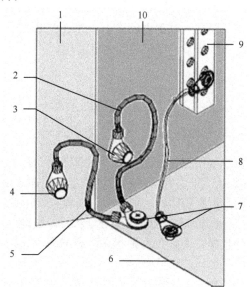
1—机柜前/后门；2—侧门接地线；3—门接地点；
4—前/后门接地点；5—门接地线；6—机柜下围框；
7—下围框接地点；8—下围框接地线；9—机柜接地条；10—机柜侧门

图 4.1.3　机柜门接地线安装后示意图

说明：对于自购机柜，机柜到机房的接地线要求采用标称截面积不小于 6 mm² 的黄绿双色多股软线，长度不能超过 30m。

3．接地质量检验

（1）柜、框架结构间接地连接电阻的检验使用电桥测量。

（2）各接地点之间的电阻不得超过 0.1Ω。

（3）在一般情况下，其接地引出线处的直流搭接电阻应不大于 $10m\Omega$。

4.1.1.6　柜体的标记、标识与丝网印制

1．柜体标记、标识的要求

（1）在柜体的醒目位置上，标注产品型号及制造厂名。

（2）柜体标记、标识可以在柜体表面采用丝网印制，也可以制成标牌安装在柜体表面。具体采用哪种形式及位置须与用户协商确定。

（3）标牌应正确、清晰，易于识别，安装牢固。

(4)机柜铭牌安装应选择在门楣位置。

2. LOGO 的丝网印制工艺

1）固定丝网框架

丝网框架的外形尺寸按网印图形每边放大 150～200mm 选用。

2）试印

将印料倒入框架内丝网上，先在白纸上试印。发现问题，对症调整，再行试印。再发现问题，进一步调整，直至丝印合格为止。

3）定位

一般采用边定位，先在底板上丝印一个图形，再根据图形位置，固定定位板条或定位角铁。

4）丝印操作工艺

(1) 丝印工艺对面板表面的清洁处理要求不太严格，一般擦拭干净即可。

(2) 丝印时，将印版按定位要求放置在固定位置，丝网与面板之间的合适距离为 1.5～2mm；然后用刮板刮压印料，使丝网与面板直线接触。刮板过后，丝网靠自身弹性复原。

(3) 刮板刀口应做成直角。若刀口圆钝，丝印时刀口和丝网便呈弧面接触，这时丝网和面板接触也呈弧面。在这种状态下会漏印，先印下的印料又受到刮板后部的挤压，致使丝印图形扩散、失真、边缘毛糙。

(4) 丝印中刮板与丝网的夹角，从理论上讲以 45° 为佳。这时刮板和丝网的接触面是一条直线。夹角增大或缩小，都会使接触面加宽。但由于刮板的软硬、丝网张力的大小、丝印时用力的大小及刮板橡皮的弹性变形等因素的影响，实际上刮板和丝网的夹角为 50° 较为合适。

(5) 丝印操作时，两手撰住刮板，由前向后或由后向前，用力均匀而平缓地进行刮印。这时印料在丝网模版和刮板之间，既被挤压又被推移，迫使印料穿过网孔，被印到面板上。刮印后，掀开丝网框架，用刮板将印料进行回刮封网，以免印料干燥而封闭网孔。

(6) 丝印时如发现丝网黏附面板反弹不起来，造成丝印图形毛刺很多，模糊不清，或出现双影，说明丝网距底板太近，可适当加厚垫板。

(7) 干燥。丝印图形转移后，根据各种印料性质的不同，一般采用自然干燥，干燥前应采取措施避免图形被破坏。

(8) 修版。丝印图形转移后，如发现印料图形上有砂眼、针孔或残缺不齐的线条等，可用描笔蘸相应的印料进行修补或用修版刀刮修。图形严重失真的应返工重印。

4.1.1.7 机柜装配后的工序质量检查

1. 机柜结构安装质量检查

(1) 检查确认材质、主体尺寸、主体上的开孔尺寸与设计相符。

(2) 箱柜附件（包括箱脚、支架、框架等）应安装完整。

(3) 盘间及盘各构件间各零部件应配合正确，应连接紧密、牢固，安装用的紧固件应有防锈层（镀锌、镀镍或烤兰）。各紧固处皆需装有防松装置。

(4) 各紧固件、连接件应牢固无松动。可拆卸连接均应装拆方便。

(5) 机柜的门装配后应能在不小于 90°的角度开闭灵活,其间隙应均匀一致。活动门应设有止动器。

(6) 门锁、快锁、铰链活动导轨等部件装配后,应启动灵活,推拉方便,牢固可靠。

(7) 机柜用螺钉末端伸出螺母的长度,一般不大于螺钉直径且不小于两个螺距。

(8) 在设置通风散热的风孔、百叶窗、排气孔或排气管时,应考虑沙尘、昆虫、鼠类等危害,采取必要的防护措施。

(9) 大型的控制柜(箱),应在顶部加装吊环或吊钩等,以便吊运。

2. 表面防腐质量检查

(1) 机柜的防护性和装饰性表面涂覆,应符合有关国家标准的规定。

面板、柜(台)体表面应平整无凹凸现象,油漆颜色应均匀一致,漆层整洁美观,不得有起泡、裂缝和流痕等现象。

(2) 外壳、手柄和漆层应无损伤或变形。

(3) 所有黑色金属件均应有可靠的防护层。

3. 接地质量检查

(1) 检查安装板、各个柜门、侧板、顶板、底板应有可靠的接地的电气连接,其中安装板、柜门必须有接地体用于连接接地导线。

(2) 盘、柜、台、箱的接地应牢固良好。装有电器的可开启的门,应以裸铜软线与接地的金属构架可靠地连接。

(3) 控制柜应装有供检修用的接地装置。

4.1.2 机柜上零部件的安装

4.1.2.1 安装顺序

为了提高安装的工作效率,在人员及场地允许的情况下,普遍采用柜体安装和安装板安装同时施工的平行安装方式。待柜体内安装工作和安装板上的接线工作完成后,再将安装板安装在柜体内的框架上。

柜体内的安装分为框架安装和元器件安装两个工步,应首先进行框架的安装,待框架安装完毕后才能进行柜体内元器件的安装,否则元器件在柜体内连落脚点都没有,然后再进行控制面板上元器件的安装。

不论是柜体内框架的安装、元器件的安装,安装板上元器件的安装,还是控制面板上元器件的安装,一般习惯按照下面的顺序进行:操作人员面对安装柜体和安装板,按照由左至右,由上至下的顺序进行安装。

4.1.2.2 柜体内框架的安装

柜体内框架的安装应首先进行与柜体直接连接的主框架的安装,包括与柜体上下横梁等宽的横梁和与柜体立柱等高的立柱。

主框架的安装必须保证横平竖直，其横梁的水平度和立柱与底面的垂直度应达到相关技术标准的要求。对于标准化的机柜，紧固螺栓应能准确地穿入框架的模数孔中，不应有需要锉修孔的情况出现。

连接框架的紧固螺栓必须按照规定的力矩进行紧固，以保证框架具有足够的承载能力和稳定性。紧固螺栓必须具有可靠的防松措施，普遍采用的防松措施一是加弹簧垫圈，二是用双螺母锁紧。

主框架的安装完成后进行各个小框架和托盘的安装。小框架和托盘一般是为安装一些元器件专门设计的，因此安装的尺寸精度和形位公差要求比较高，否则会造成其上面的孔产生位置偏差，使元器件上的孔无法对准，造成安装困难。

4.1.2.3 柜体内元器件的安装

柜体内元器件的安装一般都是利用框架上面冲出的距离成模数关系的孔，这样做的好处是不会破坏框架构件的防腐层。但有时模数孔太小，需要将孔扩大，这时必须进行防腐层的恢复，以保证柜体的防腐性能。恢复防腐层一般采用刷镀法或补涂防锈漆。

（1）电气控制柜内的一次主电路，一般控制的电流较大，因此一次（主）电路上的控制电器的体积和重量都比较大，例如，框架式断路器、塑壳断路器、接触器等，这些控制电器一般直接安装在电气控制柜内的框架上。

一次主电路控制的电流较大，因此连接这些器件的导线都比较粗壮，一般称为母线。母线比较粗壮，安装时打弯比较困难，所以要求一次（主）电路上所有控制器件的接线端子的对称中心线必须在一条直线上。这样安装既可以节省材料，又可以减少母线安装的难度，同时可以使配线美观大方。

（2）电力变压器、电抗器、频敏变阻器等都是体积和重量都相当大的器件，框架一般难以承受它们的重量。即使框架能够按照承受它们的重量，把它们安装在框架上会使整个电气控制柜的重心提高，从而造成电气控制柜的稳定性变差，因此这一类器件要求必须安装在控制柜的底板或底部框架上。

（3）电气安装板是直接安装在电气控制柜内的框架上的。电气安装板在电气控制柜内应用比较普遍，种类较多，下面对比较有代表性的几种分别进行讲解。

4.1.2.4 电气安装板上元器件的安装

1．常见安装板的种类

1）二次控制电路安装板

二次控制电路是电气控制柜的核心部件，电气控制柜的控制功能就是靠二次控制电路安装板来实现的，一次主电路只不过是二次控制电路的执行装置。

二次控制电路安装板上安装的电气元件的数量一般占整个电气控制柜内电气元件数量的百分之七十以上，因此二次控制电路安装板的安装虽然劳动强度不大，但是工作量不小。二次控制电路安装板上安装的器件主要有小型接触器、各种类型的继电器、PLC 及其各种接口模块、微处理器或数字处理器印制电路控制板、线槽、接线端子等。

2）电容器组或电阻器组安装板

电容器组或电阻器组安装板上面安装的电容器或电阻器，不是印制电路板上安装的小型电容器或电阻器，而是电压较高、体积较大的中型电容器和功率较大且体积也比较大的电阻器。电容器组或电阻器组在电路中一般多为串联、并联或串并联，使用安装板进行安装可以有效地减少外接导线的数量，同时便于在其安装板上设计统一的安装支架，这样既可以节省材料，又可以使控制柜内布局美观整齐。

电容器组安装板在电气控制柜内一般安装在最上面，并且要求必须水平放置，这是因为电容器在运行中出现故障时存在爆炸的危险，这样安装可以将对人及设备的危害降低到最小限度。

电阻器组安装板在电气控制柜内一般安装在最上面，并且要求必须垂直放置，这是因为电阻器在运行中会产生较多的热量，其自身温度也会很高，如果将电阻器组安装板安装在控制柜的中部或下部，其散发的热量将使整个控制柜内温度升高，导致整个控制柜内工作环境恶化，器件故障率增高。如果将电阻器组安装板水平安装，安装板会阻断空气在电阻器附近的对流，使电阻器产生的热量不能够迅速散发出去，这样将会造成电阻器因过热而烧毁。

3）电力半导体器件安装板

现代电气自动控制系统中广泛使用电力半导体器件，电力半导体器件与普通半导体器件的区别是其工作的高电压和大电流。目前单个半导体器件的工作电压达到 6800V，工作电流达到 3600A，因此其耗散功率相当大。电力半导体器件必须采用散热器进行空冷或水冷，所以电力半导体器件的安装有比较严格的要求。

电力半导体器件单只使用的情况很少，一般都是由生产厂以三个一组、六合一或七合一的模块形式提供。电气控制柜中使用电力半导体器件模块，普遍将其与驱动模块一起安装在电力半导体器件安装板上，这样做可以有效地减少外接导线的数量，大大提高电力半导体器件使用的可靠性。

电力半导体器件安装板必须考虑散热问题。要求电力半导体器件散热器上的风道必须顺着上下方向安装，便于空气对流散热；同时要求电力半导体器件安装板必须垂直安装在框架上。如果这样安装空气自然流动仍然不能满足散热要求，则必须考虑采用强制空冷措施，利用风机提高空气的流速是比较有效的方法。

2. 安装板上元器件的安装

二次控制电路安装板上安装的器件主要有小型接触器、各种类型的继电器、PLC 及其各种接口模块、微处理器或数字处理器印制电路控制板、线槽、接线端子等。对于批量生产的控制柜产品，安装板上的固定器件的安装孔都是在防腐处理前加工好的，具有良好的防腐性能。这样的安装板只需要根据电器安装布置图，使各个元器件对号入座直接紧固好就可以了。

对于单件生产后试制的新产品，安装板上的固定器件的安装孔一般在安装时现场加工。通常是按照器件安装位置放好，然后通过器件的安装孔画出钻孔位置，这一过程俗称"号眼"；接下来在钻孔位置的中心打上样冲眼，再利用电钻将安装孔钻出，最后恢复钻孔时被破坏的防腐层。

安装板上的器件，安装方法有导轨安装和直接安装两种。

1）导轨安装

各种小型的继电器、PLC 及其各种接口模块、接线端子等一些重量较轻的器件采用导轨安装方式。

采用这种安装方式首先应将导轨安装在安装板上，然后再将元器件卡在导轨上，调整好位置后有锁紧装置的应锁紧，有挡板的将挡板固定。

将导轨安装在安装板上通常可以采用螺栓、栽丝、自攻螺钉、拉铆钉等。在有腐蚀性气体或有振动的场合不应采用自攻螺钉或拉铆钉固定，因为自攻螺钉会破坏安装板的防腐层，而铝拉铆钉抗腐蚀能力极差。由于铝的强度低，在振动环境下可能被切断。当在镀锌钢板上使用铝拉铆钉进行固定时，电解腐蚀的影响很严重，尤其是在有腐蚀性气体或有振动的场合，应避免使用。

2）直接安装

不采用导轨安装方式的器件须直接在安装板上进行安装。直接在安装板上进行安装的注意事项与将导轨安装在安装板上基本相同，但也有不同的地方。直接在安装板上进行安装的器件有一些外壳是由陶瓷或塑料制成的，它们属于脆性材料；在进行安装时如何既能保证安装牢固，又能避免其外壳及安装脚出现断裂是安装操作的关键。

解决这一问题主要靠提高操作人员的技能，掌握好螺纹旋具的最后一下的力度是需要一段时间经验积累的。如果力度稍大，就会造成滑扣或安装脚出现断裂；而力度稍微小一些就会造成安装不牢固。只有技能好的人才能做到恰到好处。螺纹连接紧固问题的复杂性在于：第一，不同规格的螺纹连接紧固时需要达到标准规定的不同力矩；第二，每个人在使用螺纹旋具时，不可能每次都换用最适宜该螺纹规格的螺纹旋具，而不同的螺纹旋具，使用同样大小的力量其施加的扭矩是有很大差别的；第三，不同的人手臂力量的大小存在很大差异。因此，以语言文字形式准确地教会操作人员这一操作技能，确实存在很大难度。所以在谈及此问题时一般都是范范地讲：当感觉将要拧紧时，再稍微紧一下或再紧 1/4~1/2 圈；而感觉就是实践经验的积累。

解决这一问题的第二个办法是使用普通型弹簧垫圈，当弹簧垫圈压平时立即停止操作，因为器件的安装脚孔在设计时就考虑到了其强度足以承受一个普通型弹簧垫圈的压力。绝对不允许使用重型弹簧垫圈，因为重型弹簧垫圈需要的压紧力太大，存在着使器件外壳及安装脚出现断裂的风险。

4.1.2.5 线槽、导轨及端子排的安装

1. 线槽、导轨的加工

（1）根据电气布置图量好线槽与导轨的长度，划线或定出尺寸，线槽用切割机或手锯截断，导轨要使用专用导轨切断钳切割。新落料的导轨端头处均需剪斜口并倒角，以防工作时对人造成意外伤害。

线槽要放在平坦的地方锯，导轨要夹在台虎钳锯，锯缝要平直。

（2）锯完后可以在砂轮机上磨直。如果两根线槽直角对接，对接的两个端头应切割成45°斜角，以保证对接严密。

(3)用台钻按图纸上框架安装孔的尺寸要求在线槽、导轨的两端打固定孔（导轨用ϕ4.2mm钻头）。

(4)清除加工形成的飞边、毛刺、锐角，以免安装时对人造成伤害。

2．导轨的安装

一些电气元件底部设计有一道安装用的卡槽，是专门用来卡在 C 型导轨上的；凤凰接线端子一般也是卡在 C 型导轨上的，其他接线端子一般使用高低导轨。

(1)导轨的安装必须在其他元器件安装前进行。

(2)安装用导轨不论是安装在框架上、安装板上还是控制面板上，都必须水平安装，安装的水平度偏差每米长度上不允许超过 1mm。每条安装导轨即使再短，也必须有两个安装固定点，不然安装导轨存在扭转的风险。当安装导轨长度超过 200mm 时必须增加一个安装固定点，如果长度再大，每个安装固定点的距离应该为 150～200mm，具体多少由安装导轨强度决定。

(3)将导轨按照电气安装板布置图放置在电气底板、框架或控制面板上，用黑色记号笔将定位孔的位置画在电气底板、框架或控制面板上。

(4)先在电气底板、框架或控制面板上用样冲敲样冲眼，然后用手电钻在样冲眼上打孔。

(5)用 M4 螺钉、螺母将导轨固定在电气底板上。

3．线槽、布线夹的安装

线槽的安装必须在其他元器件都安装完毕后进行，否则线槽会妨碍其他安装作业，其他安装作业也可能对线槽造成伤害。

1）行线槽、布线夹的安装要求

(1)行线槽和布线夹的选型应根据图纸上的导线规格及数量来确定，布置的位置要使各元件的接线方便、美观、合理来确定。

(2)行线槽、布线夹不许敷设在母线和元件上，应远离发热元件。

2）二次控制电路安装板上线槽、布线夹的安装

二次控制电路安装板上元器件、连接线多，使用线槽、布线夹可以使板面清晰。二次控制电路安装板上线槽、导轨的安装方法如下：

(1)将线槽、导轨按照电气安装板布置图放置在电气底板上，用黑色记号笔将定位孔的位置画在电气底板上。

(2)先在电气底板上用样冲敲样冲眼，然后根据图纸要求用手电钻在样冲眼上钻孔，如果要求还应进行攻丝。

(3)用螺钉、螺母、平垫圈、弹簧垫圈将线槽、布线夹固定在电气底板上。

4．导轨和线槽安装的检查

(1)导轨和线槽安装应平整、无扭曲变形，内壁应光滑、无毛刺。

(2)固定或连接导轨和线槽的螺钉或其他紧固件，紧固后其端部应与导轨和线槽内表面光滑相接。

(3) 导轨和线槽敷设应平直整齐，水平或垂直允许偏差为其长度的 2‰，全长允许偏差为 20mm。并列安装时，槽盖应便于开启。

(4) 线槽的出线口应位置正确、光滑、无毛刺。

(5) 线槽接口应平直、严密，槽盖应齐全、平整、无翘角。

4.2 零部件的安装

电气控制柜中元器件的安装必须根据控制设备技术条件，控制柜质量分等规定，电气设备相关技术规范、标准的要求进行。为规范电气控制设备元器件的安装，合理降低生产成本，提高经济效益，提高产品质量，在满足产品技术条件和顾客要求的前提下，结合元件规格的多样性、灵活性的特点，各个电气控制柜生产企业都编制有元器件安装的工艺规范。

元器件安装的工艺规范适用于电气控制柜的元件装配以及车间工序检验。在产品生产的过程中必须严格执行元器件装配的工艺规范，只有这样才能有效地提高产品质量，保证产品的可靠性。

4.2.1 零部件安装的准备工作

4.2.1.1 图纸和资料的准备

(1) 产品的《电气控制电路图》；
(2) 产品的《电气布置图》；
(3) 产品的《电气元件明细表》；
(4) 产品的安装工艺文件。

4.2.1.2 测量仪表和工具的准备

1. 工具

电气装配人员准备好自己的工具包，包括以下工具。
螺钉旋具：大、中、小号十字螺丝刀、一字螺丝刀；
铅笔、圆头锤、样冲；
扳手：100mm、150mm、200mm 的套筒扳手、梅花扳手、呆扳手、内六角扳手；
钢丝钳、剥线钳、斜口钳；
电笔、手电钻、ϕ2.5mm 钻头、ϕ3.2mm 钻头、ϕ4.2mm 钻头、ϕ5mm 钻头；
丝锥：M3 丝锥、M4 丝锥、丝锥绞手；
钳工什锦锉、粗齿锉各一套。

2. 量具

2m 钢卷尺、钢板直尺、塞尺、磁力线坠。

3. 仪表

万用表、钳形电流表、兆欧表、电桥。

将所有工具整齐地放在一个手臂的范围内。

4.2.1.3 安装作业条件

(1) 电气控制柜柜体已按照图纸要求加工完毕。

电气控制柜柜体内部框架的全部部件,如横梁、立柱、安装板等已按照图纸要求加工完毕。

(2) 车间内的按照场地清理干净,并按安装要求划分出柜体安装区和安装板安装区。

(3) 操作人员经过技术及安全培训,经考核符合电气设备安装工上岗条件。

① 熟悉电气控制柜产品的结构和工作原理,熟练掌握元器件安装的技能,尤其是必须能够熟练掌握拧紧螺钉、螺栓、螺母时的力度,以保证既拧得紧又不会滑扣。

② 熟悉电动工具安全使用常识,熟练掌握触电抢救的基本技能。

③ 掌握电气控制柜产品的安装工艺要求及安装质量检查方法。

4.2.1.4 常用材料、电气元件的准备

(1) 电气装配人员首先应根据《电气元件明细表》从库房领取电气柜柜体、电气底板、电气面板、按钮盒及柜体上的其他小配件和安装所需的电器及元件。

(2) 从库房内领取的物料,按照规划要求分别安放在柜体安装区和安装板安装区。安装板应放置到适宜安装人员操作高度的桌面或高凳上。

(3) 安装前应对所有元件进行外观及库存年限检查,若超过保证期应进行必要的试验。半导体元件一般应经筛选后使用。

(4) 紧固件的准备:所用紧固件一般要求应为镀锌件,有腐蚀性气体、高温高湿环境及海洋环境应采用镀镉件或不锈钢件。

4.2.1.5 安全生产注意事项

(1) 上岗人员应穿戴工作防护用品,注意操作安全,防止意外事故发生。

(2) 同一批产品或同一型号规格的产品,元件的安装方案和布局应基本一致。

(3) 安装后柜体的喷涂表面及元件绝缘表面均应完好无损,不得有损伤和划痕。

(4) 在装配过程中应注意操作,不得有损坏摔坏元件的现象,否则要负赔偿责任。

(5) 安装自动空气开关等有返回弹簧的开关设备时,应将开关置于断开位置。

(6) 装配完毕,应清扫工作现场,不得有螺帽、垫圈等异物掉进元器件内,如有应及时清除干净。

(7) 未装配完的元器件,应妥善保管,不得受潮、损坏或丢失;所有的标准件应分类保管,不得混淆。

(8) 所有元器件的合格证书,一般应粘贴或吊挂在元器件上,或者交专职检验员整理,装进每台产品的资料袋中。

(9) 电气设备的金属外壳,必须接地或接零。同一设备可接地和接零,但是同一设备不允许有的接地有的接零。

4.2.2 零部件安装前的检查

4.2.2.1 机柜零部件检查

1. 机柜零部件的结构、尺寸和表面应符合以下要求

（1）机柜零部件的结构应牢固，应能承受运输和正常使用条件下可能遇到的机械、电气、热应力及潮湿等影响。

（2）面板、柜（台）体表面应平整无凹凸现象，边缘及开孔应光滑，无毛刺、裂口。

（3）机柜的防护性和装饰性表面涂覆，应符合有关国家标准的规定。油漆颜色应均匀一致，漆层整洁美观，不得有起泡、裂缝和流痕等现象。

（4）检查主体尺寸、材质、喷涂方式及颜色是否与设计相符。所有黑色金属件均应有可靠的防护层。

（5）确认主体上的开孔及钻孔尺寸是否符合设计要求。

（6）大型的控制柜（箱），应在顶部加装吊环或吊钩等，以便吊运。

2. 控制柜的螺栓连接应符合以下要求

（1）柜间及柜各构件间应连接紧密、牢固，安装用的紧固件应有防锈层（镀锌、镀镍或烤蓝），各紧固处皆需装有防松装置。

（2）机柜用螺钉末端伸出螺母的长度，一般不大于螺钉直径且不小于两个螺距。

（3）机柜上所有零部件的机械连接均应牢固可靠，在环境试验后，不允许有裂纹、松脱、移动和锈蚀，可拆卸连接均应装拆方便。

3. 控制柜的门及抽屉的安装应符合以下要求

（1）盘、柜的框架应无变形；各零部件应配合正确。机柜的门及抽屉装配后，其间隙应均匀一致。门的活动部件应工作灵活，紧固件、连接件应牢固无松动。抽屉在推、拉操作时应灵活轻便。

（2）柜（台）的门应能在不小于90°的角度时灵活启闭。活动门应设有止动器。

（3）为了便于电柜接线和提高工作效率，柜门铰链要能方便地拆卸，保证再次安装时的方便性和日后使用的可靠性。

（4）新落料的导轨端头处均需剪斜口，以防工作时发生意外。

（5）门锁、快锁、铰链活动导轨等部件装配后，应启动灵活，推拉方便，牢固可靠。

（6）接插式抽屉的动、静触头的接触面及压力，不应小于产品的规定值。抽屉的机械联锁装置应可靠。抽屉的框架与盘、柜体应接触良好。

（7）抽屉内的印制电路板插拔时应灵活，接触应可靠。

4. 其他必须检查的项目

（1）部件外壳、手柄和漆层应无损伤或变形。

（2）器件的安装板及支架应保证有足够的机械强度，并有镀锌或其他可靠金属防腐蚀镀层。

(3) 装有电器的可开启的门，应以裸铜软线与接地的金属构架可靠地连接。成套柜应装有供检修用的接地装置。

5. 盘、柜并柜成列安装要求

盘、柜并柜成列安装时，其垂直度、水平偏差以及盘、柜面偏差和盘、柜间接缝的允许偏差应符合表 4.2.1 的规定。

表 4.2.1　盘、柜安装的允许偏差

项　　目		允许偏差（mm）
垂直度（m）		<1.5
水平偏差	相邻两盘顶部	<2
	成列盘顶部	<5
盘间偏差	相邻两盘边	<1
	成列盘面	<5
盘间接缝		<2

4.2.2.2　电气设备开箱检查

按照设备配套明细表或施工用图样（布置图、装配图等）进行领料配套。所有安装的元件必须经专职质检员检验合格，方可进行安装。电气设备开箱检查，应符合下列要求。

1. 电气元件使用资质的检查

（1）所有产品合格证及说明书必须保存完整，以作为竣工资料的必需文件；应附有生产厂的产品合格证，强制认证的元件应具有 CCC 认证标志，对尚未实行强制认证的元件，准许选用符合技术条件的合格产品。

（2）设备中所装用的元器件，必须符合各元器件自身的相应标准，并应符合相应产品技术条件的要求。不仅要考虑到正常工作条件下的使用，还要考虑到设备在最不利条件下的使用。

（3）核对设备及其保护元件的型号、规格和整定值，应与配套明细表及图样相符。检查设备及零件是否有缺损。

（4）电控系统中所装用的硬件设备、传感器和元器件应符合相应的标准及 IEC60204-1 的有关规定。可编程序控制器应符合国家标准《可编程序控制器　第 2 部分：设备要求和测试》的规定。

（5）控制柜中所装用的印制板应符合国家标准有关印制板的规定。

2. 低压电气元件安装前的外观检查

（1）电气元件质量良好，型号、规格应符合设计要求，外观完好，部件完整，附件齐全，排列整齐，固定牢固，密封良好。外壳、漆层、手柄等无损伤或变形。

（2）电气元件的油漆应完好。防腐处理应均匀、无遗漏。

（3）内部仪表、灭弧罩、瓷件、胶木电器应清洁，不应有裂纹和伤痕（即使只有一只灭弧罩被碰坏或损伤也不允许使用）。

（4）仪表安装前应外观完整、附件齐全，并按设计规定检查其型号、规格及材质。

3. 低压电气元件安装前绝缘电阻测量

测量部位为：
（1）触头在断开位置时，同极的进线与出线端之间。
（2）触头在闭合位置时，不同极的带电部件之间、触头与线圈之间以及主电路与控制和辅助电路（包括线圈）之间。
（3）各带电部分与金属外壳之间。在测量带有绝缘座的电器时，可将该电器安装在金属架上再测量。

若绝缘电阻值小于 $0.5\text{M}\Omega$，即不能使用。绝缘电阻的测量方法按照相关国家标准进行。

4. 电气元件活动部分的检查

逐个检查电气元件的活动部分，操作应灵活、可靠、无卡阻。
（1）控制器及主令控制器应转动灵活，触头有足够的压力；制动部分动作灵活、准确。电器与支架应接触紧密。
检验方法：用手扳动，观察和做启闭检查。
（2）按钮、开关、行程开关等应操作灵活、可靠、无卡阻。
（3）刀开关及熔断器的固定触头的钳口应有足够的压力。刀开关合闸时，各刀片的动作应一致。熔断器的熔丝或熔片应压紧，不应有损伤。
检验方法：用手扳动、观察和做启闭检查。
（4）变阻器的传动装置、终端开关及信号联锁接点的动作应灵活、准确。滑动触头与固定触头间应有足够的压力，接触良好。充油式变阻器油位应正确。
检验方法：用手扳动、观察和做启闭检查。
（5）制动电磁铁的铁芯表面应洁净，无锈蚀。铁芯到最终端时，不应有剧烈的冲击。交流电磁铁在带电时应无异常的响声。滚动式进线碳刷与集电环应接触良好。
检验方法：用耳听、观察和做启闭检查。

5. 接触器与继电器及自动开关安装前检查

（1）电磁铁的铁芯表面应无锈斑及油垢，将铁芯板面上的防锈油擦净，以免油垢黏住造成接触器断电不释放。触头的接触面应平整、清洁。
（2）接触器、继电器的活动部件动作灵活，无卡阻；衔铁吸合后应无异常响声，触头接触紧密，断电后应能迅速脱开。
（3）检查接触器铭牌及线圈上的额定电压、额定电流等技术数据是否符合使用要求；电磁启动器热元件的规格应按电动机的保护特性选配；热继电器的电流调节指示位置，应调整在电动机的额定电流值上，如设计有要求时，应按整定值进行校验。
（4）接触器、继电器及自动开关的接触面应平整，触头应有足够的压力，接触良好。
检验方法：做启闭检查。

6. 低压电器按其负荷性质及安装场所的需要进行下列试验

（1）电压线圈动作值校验：
① 吸合电压不大于85%额定工作电压，释放电压不小于5%额定工作电压；

② 短时工作的合闸线圈应能在 85%～110%额定工作电压范围内可靠工作，分励线圈应能在 75%～110%额定工作电压范围内可靠工作。

（2）用电动机或液压、气压传动方式操作的电器，除非产品另有规定，当电压、液压或气压在 85%～110%额定值范围内，电器应能可靠工作。

（3）各类过电流脱扣器、失压和分励脱扣器、延时装置等，应按设计要求进行整定，其整定值误差（%）不得超过产品的标准误差值。

7. 其他检查项目

（1）熔断器的熔体规格、自动开关的整定值应符合设计要求。对后备保护、限流、自复、半导体器件保护等有专用功能的熔断器，严禁替代。核对所保护电气设备的容量与熔体容量是否匹配。

（2）检查 PLC、触摸屏等器件有无损坏。信号回路的信号灯、显示屏、光字牌、电铃、电笛、事故电钟等应显示准确，工作可靠。

4.2.3 零部件安装的技术要求

电气元件的安装位置及对应的标识牌必须符合图纸要求。

4.2.3.1 电气元件的安装应符合产品使用说明书的安装要求

（1）低压断路器的安装应符合产品技术文件的规定，无明确规定时，宜垂直安装，其倾斜度不应大于 5°。

（2）自动开关与分汇流排（或绝缘母线）的连接应正确对位，以免自动开关受到连接母线的机械预应力而影响其正常工作。

（3）具有电磁式活动部件或借重力复位的电气元件（如各种接触器及继电器），其安装方式应严格按照产品说明书的规定，以免影响其动作的可靠性。

（4）不同系统或不同工作电压电路的熔断器应分开布置。

（5）空气开关及接触器的灭弧罩等易碎零件，在元件安装时可将其取下，待安装完毕后再装复，以免碰坏。

（6）动作较灵敏的电气元件（如灵敏继电器）安装应尽量远离强力动作的电器，必要时应设置减振装置。

（7）元件的整定：图纸有要求的按图纸要求，没有要求的一律整定到额定值。

（8）盘上装有装置性设备或其他有接地要求的电器，其外壳应可靠接地。

① 电压互感器和电流直感器的次级线圈应单独可靠接地。

② 主回路上面的元器件，如滤波器、电抗器、变压器、PLC、变频器等需要接地，注意断路器不需要接地。

③ 电气元件允许就近接地，为了使产品有可靠的保护接地措施，应在接地螺栓处加装带刺垫圈，或采用滚花螺杆以保证接地的电气连续性，所有通用安装梁搭接的前后左右均应加装带刺垫圈，所有电气元件上标有接地符号的应采用滚花螺杆或在上下均使用带刺垫圈引至就近的金属构件上。接地电阻不得大于 10mΩ，总接地点不准有喷涂层和锈蚀，并应有明显牢固的接地标志，元器件上的接地标志应拆除。

(9)电气元件的安装及接线应保证正常功能不至由于相互作用(如发热、电弧、振动、能量场等)而受到损害和误动作。

(10)主令操纵电气元件及整定电气元件的布置,应考虑避免由于偶然触及其手柄、按钮而误动作或动作值变动的可能性,整定装置在整定完成后应以双螺母锁紧并用红漆漆封,以免移动。

(11)所有工序完毕后,应将所有为了方便施工而首先卸下的配件(如熔断器熔芯、刀开关或断路器的灭弧栅等)装配好。

4.2.3.2 发热元件的安装要求

(1)发热元件宜安装在散热良好的地方,不强调安装在柜顶,因为有些发热元件较笨重,安装在柜顶不安全;有些发热元件安装在柜顶操作不方便。

(2)电阻器等电热元件一般应安装在箱子的上方,安装方向及位置应考虑利于散热(如将散热面成垂直方向安装)并尽量减少对其他元件的热影响。

(3)对于发热元件(例如管形电阻、散热片等)的安装应考虑其散热情况和安装距离符合规定。额定功率为75W及以上的管形电阻器应横装,不得垂直地面竖向安装。

(4)二极管、三极管及可控硅、硒堆等电力半导体元件,应将其散热面或散热片的风道成垂直方向安装,以利散热。

(5)半导体装置一般应设有屏蔽隔离,并尽量远离热源及振动源安装。

(6)考虑防火要求,绝缘件应采用自熄性阻燃材料。

4.2.3.3 电气元件的安装应考虑设备的接线、使用及维护的方便性

(1)各电器应能单独拆装更换而不影响其他电器及导线束的固定。

(2)外接线端子周围特别是接线端子与箱壳之间应有足够的间距,以便布线接线及电缆进线后的弯曲。

(3)熔断器、使用中易于损坏及偶尔需要调整和复位的零件,应不需拆卸其他零部件便可以接近,以便更换和调整。

(4)框架式自动空气开关及大容量接触器周围应留有足够的空间,以便现场检查修理。

(5)电气元件及其安装板的安装结构应考虑能够进行正面拆装。

(6)需要在装置内部操作、调整和复位的元件应易于接近。

(7)开关器件操作运动方向和指示应符合其说明书的规定,装置的操作机构运动方向应有明显标志。推荐采用的运动方向如表4.2.2所示。

表4.2.2 推荐采用的开关器件操作运动方向

操作工具名称	运动方向	运动方向、操作工具的相互位置	
		合闸时	分闸时
手柄、手轮或单双臂杠杆	转动	顺时针	逆时针
手柄或杠杆	现行运动垂直方向	向上	向下
两个上下排列的按钮或拉线	按、拉	上面	下面
两个水平排列的按钮或拉线	按、拉	右面	左面

4.2.3.4 电气间隙及爬电距离

（1）所有电气元件及附件应牢固地固定在电柜框架上或安装板上（重量小于15g的除外），不得悬吊在电器及连线上。

（2）一般电气设备的不同电位的带电部件之间、带电部件与金属外壳之间的电气间距及爬电距离应符合表4.2.3的规定。

表4.2.3　允许最小电气间隙及爬电距离

额定电压（V）	电气间隙（mm） 额定工作电流		爬电距离（mm） 额定工作电流	
	≤63A	>63A	≤63A	>63A
≤60	3.0	5.0	3.0	5.0
60～300	5.0	6.0	6.0	8.0
300～500	8.0	10.0	10.0	12.0

（3）当母线、母线连接件和电气元件进出线端子之间某些部分达不到表4.2.3的规定时，允许采用热缩套管提高绝缘等级以缩小电气间隙及爬电间隙，但必须满足工频耐压试验要求。

（4）可移开部件处于分离位置时，它的主电路插接件裸露带电部件与垂直母线或静触头的间距低压情况下应不小于25mm，高压（10kV）情况下应不小于145mm。

4.2.3.5　常用低压电气元件的飞弧距离

（1）带负荷断开的开关电器，包括空气开关及接触器的安装，应考虑飞弧的影响，灭弧罩上应留出大于产品说明书规定的"飞弧距离"的空间，以免发生短路或灼伤等故障，必要时可设置耐弧绝缘板（如石棉）加以隔开。

（2）电气元件应按照制造厂规定的安装要求，包括使用条件、需要的飞弧距离、拆卸灭弧罩需要的空间等进行安装。对于手动操作的电器，必须保证电弧对操作者不产生危险。在电气元件的飞弧距离内，不得装其他电气元件、附件或敷设导线。常用低压电气元件的飞弧距离见表4.2.4。

表4.2.4　常用低压电气元件的飞弧距离

名　称	型号规格	飞弧距离（mm）		
		380V	660V	1140V
交流接触器	CJ20-10	10		
	CJ20-16	10		
	CJ20-25	10		
	CJ20-40	30		
	CJ20-63	60		
	CJ20-100	70		
	CJ20-160	100		

续表

名称	型号规格	飞弧距离（mm）		
		380V	660V	1140V
交流接触器	CJ20-250	110		
	CJ20-400	110		
	CJ20-630	120		
	CJ40-63-125	20	40	40
	CJ40-160-200	30	40	50
	CJ40-250	40	60	60
	CJ40-315-400	40	60	60
	CJ40-500	50	70	80
	CJ40-630-1000	50	70	80

4.2.3.6 电气元件安装在可动部件上的要求

（1）可拆卸面板或盖板上不得安装电气元件。

（2）具有铰链的金属面板上安装电气元件时，面板与金属箱体之间应设置安全接地跨接线。

（3）电气元件安装在可抽式抽屉内时，抽屉与固定部件的插入式连接应紧密可靠，拖线式连接的连线应有足够的长度，以便抽屉能抽到最外的位置，连线绝缘应无损坏的可能性。金属抽屉与固定箱体间也应设有安全接地跨接线。

4.2.3.7 电气元件的紧固

（1）电气元件的安装紧固应牢靠，固定方法应是可拆的。

（2）固定低压电器时，不得使电器内部受额外应力。

（3）设备安装用的紧固件应用镀锌制品或其他可靠的金属防蚀镀层，并应采用标准件。螺栓规格应选配适当，电器的固定应牢固、平稳。

（4）电气元件的紧固应设有防松装置。一般应放置弹簧垫圈及平垫圈。弹簧垫圈应放于螺母一侧，平垫圈应放于紧固螺钉的两侧。如用双螺母锁紧或采用其他锁紧装置，可不设弹簧垫圈。

（5）有防振要求的电器应增加减振装置，其紧固螺栓应采取防松措施。

（6）螺栓紧固后，螺栓的螺纹应伸出螺母不少于2~3牙。

（7）采用在金属底板上搭牙紧固时，螺栓旋紧后，其搭牙部分的长度应不小于螺栓直径的0.8倍，以保证强度。

（8）如有可能，元件的安装紧固件最好做成能在正面紧固及松脱。

（9）当铝合金部件与非铝合金部件连接时，应使用绝缘衬垫隔开，以防止电解腐蚀的影响。例如铝制构件与钢件连接时，应采取适当措施，避免直接接触，防止产生电解腐蚀。

（10）在金属底板上安装瓷质底座或酚醛胶木底座的电气元件时，应防止旋紧安装螺钉时或运输过程中元件因振动而损坏，安装时应衬垫弹性纸垫或橡皮垫圈。

（11）紧固螺栓时紧固螺纹与紧固扭矩配合要求见表4.2.5。

表 4.2.5　螺纹与紧固扭矩配合要求

螺纹直径（mm）	力矩值（Nm）	螺纹直径（mm）	力矩值（Nm）
2，2.5	0.25～0.35	10	18～23
3	0.5～0.6	12	31.5～39.5
4	1～1.3	14	51～61
5	2～2.5	16	78～98
6	4～4.9	18	113～137.5
8	8.9～10.8	20	157～196

4.2.3.8　元器件及产品的铭牌、标志牌、标字框等的安装

（1）安装前应先检查铭牌、标志牌、标字框的内容是否符合图纸的要求，与产品的型号规格是否相符。

（2）电气控制盘、柜的正面及背面的各电器、端子牌等应标明编号、名称、用途及操作位置，字迹应清晰、工整，且不易脱色。

（3）安装的位置及内容均应符合图纸的设计要求，不允许错装、漏装等现象发生。

（4）产品铭牌、标字框、标识牌等安装要牢固、平整、端正，使其四边与装置外壳的四边平行，内容应符合产品图纸及标准要求。

（5）电气设备上的仪表（如配电板上的电流表、电压表、功率表等）应有额定值的耐久标志。

（6）螺栓紧固标识：

① 生产中紧固的螺栓应标识蓝色；

② 检测后的紧固的螺栓应标识红色。

4.2.4　安装质量检查

4.2.4.1　安装质量检查方法

（1）元件装配完毕后，应对照上述的有关条款进行质量检查，查出有不完善和不妥当之处，应及时采取措施更正。

（2）自检确认无误后进行互检，然后由专职检验员进行检验，完全符合图纸要求和工艺要求后，才能转入下道工序。

4.2.4.2　安装质量检查的内容及要求

（1）检查电气元件的安装方式是否与产品说明书的安装要求相符。

（2）电力电子器件、熔断器、继电器、信号灯、绝缘子、风机等器件的型号、规格、数量应符合技术文件的要求，并应完整无损。

（3）逐个检查电气元件的型号规格及脱扣器额定电流是否与图纸规定相符。元件、器件出厂时调整的定位标志不应错位。

（4）插接件的插头及插座的接触簧片应有弹性，且镀层完好；插接时接触应良好可靠。

(5）检查元件安装使用维修的方便性。

(6）检查电气间隙及爬电距离、元件的固定及标志是否符合要求。

(7）固定在冷却电极板或散热器上的电力电子元件应无松动。

(8）机械闭锁、电气闭锁动作应准确、可靠。

(9）动触头与静触头的中心线应一致，触头应接触紧密。

(10）二次回路辅助开关的切换接点应动作准确，接触可靠。

(11）带有照明的封闭式盘、柜应保证照明完好。

4.2.4.3 安装质量检验评定标准

安装质量检验评定标准见表4.2.6。

表4.2.6 低压电器安装质量检验评定标准

项别	项目	质量标准	检验方法	检查数量
保证项目	绝缘测量	绝缘测量和绝缘电阻值必须符合施工规范规定	实测或检查绝缘电阻测试记录	按不同类型抽查5台
	导线电器的导电接触面和母线连接的接触面	导电接触面、开关与母线连接处必须接触紧密，用0.05mm×10mm塞尺检查；线接触的塞不进去；面接触的接触面宽50mm及以上时，塞入深度不大于4mm，接触面宽60mm及以上时，塞入深度不大于6mm	实测和检查安装记录	按不同类型各抽查1~3台
基本项目	电器安装	合格：一、部件完整，安装牢靠，排列整齐，绝缘器件无裂纹缺损；电器的活动接触部分接触良好，触头压力符合电气技术条件；电刷在刷握内能上、下活动；集电环表面平整、清洁。二、电磁铁芯的表面无锈斑及油污，吸合、释放正常，通电后无异常噪声；注油的电器，油位准确，指示清晰，油试验合格，储油部分无渗漏现象 优良：在合格基础上，电器表面整洁，固定电器的支架或盘、板平整，电器的引出导线整齐，固定可靠，电器及其支架油漆完整	观察和试通电检查，检查安装记录	按不同类型抽查5台（件）
	电器的操作机构安装	合格：动作灵活，触头动作一致，各联锁、传动装置位置正确可靠 优良：在合格基础上，操作时无较大振动和异常噪声，需润滑的部位润滑良好	观察和试操作检查	
	电器的引线焊接	合格：焊缝饱满，表面光滑，焊药清除干净，锡焊焊药无腐蚀性 优良：在合格基础上，焊接处防腐和绝缘处理良好，引线绑扎整齐，固定可靠	观察检查	抽查10处
	电器及其支架的接地（接零）支线敷设	合格：连接紧密、牢固，接地（接零）线截面选用正确，需防锈的部分涂漆均匀无遗漏 优良：在合格基础上，线路走向合理，色标准确，涂刷后不污染设备和建筑物		抽查5处

4.2.4.4 低压电器绝缘电阻的测量

(1）测量部位：

① 触头在断开位置时，同极的进线与出线端之间；

② 触头在闭合位置时，不同极的带电部件之间；

③ 各带电部分与金属外壳之间。

（2）测量绝缘电阻使用的兆欧表电压等级及所测的绝缘电阻应符合《电气装置安装工程电气设备交接试验标准》的规定。

4.2.4.5　元器件安装完毕转交接线工序时，应提交的技术资料和文件

（1）安装竣工的检验合格证明文件。
（2）调整、试验项目及其结果是否符产品规范要求。
① 变更设计部分的实际施工图；
② 变更设计证明文件；
③ 随产品提供的说明书、试验记录、产品合格证、安装图纸；
④ 绝缘电阻和耐压试验记录；
⑤ 经调整、整定的低压电器调整记录。

4.3　印制板上元器件的安装

4.3.1　电子元器件的筛选与检测

如在安装之前不对电子元器件进行筛选检测，一旦焊在印制电路板上发现电路不能正常工作再去检查，不仅浪费很多时间和精力，而且拆来拆去很容易损坏元件及印制电路板，造成生产效率的下降及生产成本的上升。因此在正规的工业化生产中，应设有专门的元器件筛选检测车间，备有许多通用和专用的筛选检测装备和仪器。

1. 外观质量检查

拿到一个电子元器件之后，应看其外观有无明显损坏。如变压器，看其所有引线是否折断，外表有无锈蚀，线包、骨架有无破损等。再如三极管，看其外表有无破损，引脚有无折断或锈蚀，还要检查一下器件上的型号是否清晰可辨。对于电位器、可变电容器之类的可调元件，还要检查在调节范围内，其活动是否平滑、灵活，松紧是否合适，应无机械噪声，手感好，并保证各触点接触良好。

各种不同的电子元器件都有自身的特点和要求，检验人员平时应多了解各种元器件的性能、参数和特点，积累经验。

2. 电气性能的筛选

人们在长期的生产实践中发现新制造出来的电子元器件，在刚投入使用的时候，一般失效率较高，称为早期失效。经过早期失效后，电子元器件便进入了正常的使用期阶段，一般来说，在这一阶段中，电子元器件的失效率会大大降低。过了正常使用阶段，电子元器件便进入了耗损老化阶段，那将意味着寿终正寝。这个规律，恰似一条浴盆曲线，人们称它为电子元器件的失效曲线。

电子元器件失效是由于在设计和生产时所选用的原材料或工艺措施不当。元器件的早期失效

十分有害，但又不可避免。因此，人们只能人为地创造早期工作条件，从而在产品出厂前就将劣质品剔除，让用于产品制作的元器件一开始就进入正常使用阶段，减少失效，增加其可靠性。

保证制造的电子装置能够长期稳定地通电工作，且经得起应用环境和其他可能因素的考验，对电子元器件的筛选是必不可少的一道工序。所谓筛选，就是对电子元器件施加一种应力或多种应力进行试验，暴露元器件的固有缺陷而不破坏它的完整性。筛选的理论是：如果试验及应力等级选择适当，劣质品会失效，而优良品则会通过。在生产企业普遍采用"老化"试验的方法进行元器件电气性能的筛选。

在正规的电子车间里，采用的老化筛选项目一般有：高温存储老化；高低温循环老化；高低温冲击老化和高温功率老化等。其中高温功率老化是给试验的电子元器件通电，模拟实际工作条件，再加上+80～+180℃的高温经历几个小时，它是一种对元器件多种潜在故障都有检验作用的有效措施，也是目前采用得最多的一种方法。

3．元器件的检测

经过外观检查以及老化处理后的电子元器件，还必须通过对其电气性能与技术参数的测量，以确定其优劣，剔除那些已经失效的元器件。当然，对于不同的电子元器件应使用不同的测量仪器。

4.3.2 电子元器件的插装与贴装

4.3.2.1 元器件的插装方法

印制电路板上元器件的插装有两种方法，大批量生产为了提高生产效率和产品质量，普遍采用自动插装机进行。由于自动插装机价格比较昂贵，所以小批量生产的印制电路板一般采用人工手工插装方式，手工插装方式的生产效率和产品质量取决于插装工人的技术水平和敬业精神。

1．卧式插装法

卧式插装法是将元器件水平地紧贴印制电路板插装，亦称水平安装。元器件与印制电路板距离可根据具体情况而定，如图4.3.1所示。要求元器件数据标记面朝上，方向一致，元器件装接后上表面整齐、美观。卧式插装法的优点是稳定性好，比较牢固，受振动时不易脱落。

2．立式插装法

立式插装法如图4.3.2所示。其优点是密度大，占用印制电路板面积小，拆卸方便。电容器、三极管多用此法。

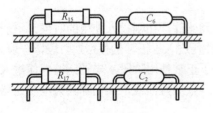

图4.3.1　卧式插装

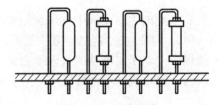

图4.3.2　立式插装

电阻器、电容器、半导体二极管的插装与电路板设计有关。应视具体要求，分别采用卧式或立式插装法。

3．常用元器件安装方法

（1）半导体三极管、TO 集成电路、延时线块等同方向引线元器件安装的方法。

如图 4.3.3 所示。图（a）为正向安装方法，图（b）为反向安装，图（c）为正向贴板安装，图（d）为反向埋头安装。一般用正向安装方法，装配前应判定引脚极性，最好装上规定色标套管，以防错装。

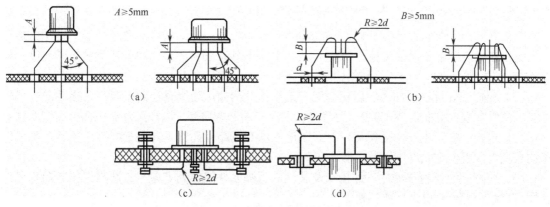

图 4.3.3　同方向多引线元件安装

（2）双列直插式集成电路安装。

安装方法如图 4.3.4 所示。图（a）为直接安装，图（b）为安装插座后接集成电路的方法。

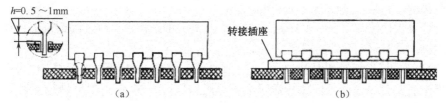

图 4.3.4　双列直插式集成电路安装

（3）扁平式封装集成电路安装。

安装方法如图 4.3.5 所示。

（4）变压器、大电解电容器等较大元器件的安装

这些元器件的体积、重量均比半导体管、集成电路大而重，如安装不妥，会影响整机质量。

变压器及输入、输出变压器本身带有固定脚，安装时将固定脚插入印制电路板的孔位，然后锡焊即可。对于较大电源变压器，就要采用螺钉将其固定，最好在螺钉上加弹簧垫片，以防螺母或螺钉松动。

其他较大元器件的安装一般采用塑料支架固定，先将支架插到印制电路板的支架孔位上，然后从反面将塑料加热熔化，待塑料脚冷却后，再将元器件固定。

对于较大电解电容器，可用弹性夹固定，如图 4.3.6 所示。元器件在印制电路板上安装原则一般为先低后高，先轻后重，先一般后特殊，并应根据产品实际情况，合理安排元器件安装顺序。除特殊情况外，MOS 集成电路一般应最后装焊，并注意插头（座）上采取短路保护措施。

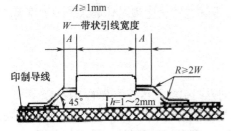
图 4.3.5 扁平式封装集成电路安装

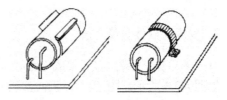
图 4.3.6 大电解电容器的固定

4.3.2.2 通孔插装 PCB 元件的定位与安放技巧

（1）按照一个栅格图样位置以行和列的形式安排元件，所有轴向元件应相互平行，这样轴向插装机在插装时就不需要旋转 PCB，因为不必要的转动和移动会大幅降低插装机的速度。如以 45°角放置的元件，实际上无法由机器插入。

（2）相似的元件在板面上应以相同的方式排放。例如，使所有径向电容的负极朝向板件的右面，使所有双列直插封装（DIP）的缺口标记面向同一方向等，这样可以加快插装的速度并更易于发现错误。实际上一个公司可以对其制造的所有线路板元件方向进行标准化处理，某些板子的布局可能不一定允许这样做，但这应该是一个努力的方向。

（3）将双列直插封装器件、连接器及其他多引脚元件的排列方向与过波峰焊的方向垂直，这样可以减少元件引脚之间的锡桥。

（4）充分利用丝印在板面上作记号，例如，画一个框用于贴条形码，印上一个箭头表示板子过波峰焊的方向，用虚线描出底面元件轮廓（这样板子只需进行一次丝印即可），等等。

（5）画出元件参考符（CRD）以及极性指示，并在元件插入后仍然可见，这在检查和排除故障时很有帮助，并且也是一个很好的维护性工作。

（6）元件离板边缘应至少有 1.5mm（最好为 3mm）的距离，这将使线路板更加易于进行传送和波峰焊接，且对外围元件的损坏更小。

（7）元件高出板面距离需超过 2mm 时（如发光二极管、大功率电阻器等），其下面应加垫片。如果没有垫片，这些元件在传送时会被"压扁"，并且在使用中容易受到振动和冲击的影响。

（8）避免在 PCB 两面均安放元件，因为这会大幅增加装配的人工和时间。如果元件必须放在底面，则应使其物理上尽量靠近，以便一次完成防焊胶带的遮蔽与剥离操作。

（9）尽量使元件均匀地分布在 PCB 上，以降低翘曲并有助于使其在过波峰焊时热量分布均匀。

4.3.2.3 元器件的贴装方法

1. 表面贴装对贴片元器件的要求

表面贴装技术所用元器件包括表面贴装元件（简称 SMC）与表面贴装器件（简称 SMD）。其中，表面贴装元件主要包括矩形贴片元件、圆柱形贴片元件、复合贴片元件、异形等贴片元件；表面贴装器件主要包括二极管、晶体管、集成电路等贴片半导体器件。

利用表面贴装技术构成的整机性能取决于贴片元器件性能及表面组装结构工艺，故进行电路设计时除需要对贴片元器件提出某些与传统电子元器件相同的电性能技术指标要求外，还需要提出其他更多、更严格的要求。这些要求包括以下内容：

（1）尺寸标准。贴片元器件的尺寸精度应与表面组装技术和表面组装结构的尺寸精度相匹配，以便能够互换。

（2）形状标准。便于定位，适合于自动化组装。

（3）电学性能符合标准化要求，重复性和稳定性好。

（4）机械强度满足组装技术的工艺要求和组装结构的性能要求。

（5）贴片元器件中材料的耐热性能应能够经受住焊接工艺的温度冲击。

（6）表层化学性能能够承受有机溶液的洗涤。

（7）外部结构适合编带包装，型号或参数便于辨认。

（8）外部引出端的位置和材料性质有利于自动化焊接工艺。

2．表面贴装生产工艺流程

1）表面贴装工艺

（1）单面组装（全部表面贴装元器件在 PCB 的一面）

来料检测→丝印焊膏→贴片→回流焊接→（清洗）→检验→返修。

（2）双面组装（表面贴装元器件分别在 PCB 的 A、B 两面）

来料检测→PCB 的 A 面丝印焊膏→贴片→A 面回流焊接→翻板→PCB 的 B 面丝印焊膏→贴片→B 面回流焊接→（清洗）→检验→返修。

2）混装工艺

（1）单面混装工艺（插件和表面贴装元器件都在 PCB 的 A 面）

来料检测→PCB 的 A 面丝印焊膏→贴片→A 面回流焊接→PCB 的 A 面插件→波峰焊或浸焊（少量插件可采用手工焊接）→（清洗）→检验→返修（先贴后插）。

（2）双面混装工艺

① 表面贴装元器件在 PCB 的 A 面，插件在 PCB 的 B 面

来料检测→PCB 的 A 面丝印焊膏→贴片→回流焊接→PCB 的 B 面插件→波峰焊（少量插件可采用手工焊接）→（清洗）→检验→返修。

② 表面贴装元器件在 PCB 的 A、B 面，插件在 PCB 的任意一面或两面

先按双面组装的方法进行双面 PCB 的 A、B 两面的表面贴装元器件的回流焊接，然后进行两面插件的手工焊接即可。

来料检测→PCB 的 A 面丝印焊膏→贴片→手工对 PCB 的 A 面插件的焊盘点锡膏→PCB 的 B 面插件→回流焊接→（清洗）→检验→返修。

4.3.2.4 贴片工艺常见问题及分析

1．当贴片机出现问题时，应按如下思路来解决问题

（1）详细分析设备的工作顺序及它们之间的逻辑关系。

（2）了解故障发生的部位、环节及其程度，以及有无异常声音。

（3）了解故障发生前的操作过程。

（4）是否发生在特定的贴装头、吸嘴上。

（5）是否发生在特定的器件上。
（6）是否发生在特定的批量上。
（7）是否发生在特定的时刻。

2. 贴片质量常见问题的分析

1) 元器件贴装偏移

主要指元器件贴装在 PCB 上之后，在 X—Y 方向上出现位置偏移，其产生的原因如下：
（1）PCB 的原因
① PCB 曲翘度超出设备允许范围。上翘最大 1.2mm，下曲最大 0.5mm。
② 支撑销高度不一致，致使印制板支撑不平整。
③ 工作台支撑平台平面度不良。
④ 电路板布线精度低、一致性差，特别是批量与批量之间差异大。
（2）贴装吸嘴吸着气压过低，在取件及贴装应在 400mm 汞柱以上。
（3）贴装时吹气压力异常。
（4）胶黏剂、焊锡膏涂布量异常或偏离。过多导致元件贴装时或焊接时位置发生漂移，过少导致元件贴装后在工作台高速运动时偏离原位；涂敷位置不准确，因其张力作用而出现相应偏移。
（5）程序数据设备不正确。
（6）基板定位不良。
（7）贴装吸嘴上升时运动不平滑，较为迟缓。
（8）X—Y 工作台动力件与传动件间联轴器松动。
（9）贴装头吸嘴安装不良。
（10）吹气时序与贴装头下降时序不匹配。
（11）吸嘴中心数据、光学识别系统的摄像机的初始数据设置不良。

2) 器件贴装角度偏移

主要是指器件贴装时，出现角度方向旋转偏移，其产生的主要原因有以下几方面：
（1）PCB 的原因
① PCB 曲翘度超出设备允许范围。
② 支撑销高度不一致，使印制板支撑不平整。
③ 工作台支撑平台平面度不良。
④ 电路板布线精度低，一致性差，特别是批量与批量之间差异大。
（2）贴装吸嘴吸着气压过低，在取件及贴装应在 400mm 汞柱以上。
（3）贴装时吹气压异常。
（4）胶黏剂、焊锡膏涂布量异常或偏离。
（5）程序数据设备不正确。
（6）吸嘴端部磨损、堵塞或黏有异物。
（7）贴装吸嘴上升或旋转运动不平滑，较为迟缓。
（8）吸嘴单元与 X—Y 工作台之间的平行度不良或吸嘴原点检测不良。

(9) 光学摄像机安装松动或数据设备不当。
(10) 吹气时序与贴装头下降时序不匹配。

3) 元件丢失

主要是指元件在吸片位置与贴片位置间丢失。其产生的主要原因有以下几方面：
(1) 程序数据设备错误。
(2) 贴装吸嘴吸着气压过低，在取件及贴装应400mm汞柱以上。
(3) 吹气时序与贴装应下降时序不匹配。
(4) 姿态检测传感器不良，基准设备错误。
(5) 反光板、光学识别摄像机未清洁与维护。

4) 取件不正常

(1) 编带规格与供料器规格不匹配。
(2) 真空泵没工作或吸嘴吸气压过低。
(3) 在取件位置编带的塑料热压带没剥离，塑料热压带未正常拉起。
(4) 吸嘴竖直运动系统进行迟缓。
(5) 贴装头的贴装速度选择错误。
(6) 供料器安装不牢固，供料器顶针运动不畅，快速开闭器及压带不良。
(7) 切纸刀不能正常切编带。
(8) 编带不能随齿轮正常转动或供料器运转不连续。
(9) 吸片位置时吸嘴不在低点，下降高度不到位或无动作。
(10) 在取件位吸嘴中心轴线与供料器中心轴引线不重合，出现偏离。
(11) 吸嘴下降时间与吸片时间不同步。
(12) 供料部有振动。
(13) 元件厚度数据设备不正确。
(14) 吸片高度的初始值设置有误。

5) 随机性不贴片

主要是指吸嘴在贴片位置低点时不贴装而出现漏贴，其产生的主要原因有以下几方面：
(1) PCB翘曲度超出设备允许范围，上翘最大1.2mm，下曲最大0.4mm。
(2) 支撑销高度不一致或工作台支撑平台平面度不良。
(3) 吸嘴部黏有胶液或吸嘴被严重磁化。
(4) 吸嘴竖直运动系统运行迟缓。
(5) 吹气时序与贴装头下降时序不匹配。
(6) 印制板上的胶量不足，漏点或机插引脚太长。
(7) 吸嘴贴装高度设备不良。
(8) 电磁阀切换不良，吹气压力太小。
(9) 某吸嘴出现不走时，器件贴装阻止气缸动作不畅，未及时复位。

6) 取件姿态不良

主要指出现立片、斜片等情况。其产生的主要原因有以下几方面：

(1) 真空吸着气压调节不良。
(2) 吸嘴竖直运动系统运行迟缓。
(3) 吸嘴下降时间与吸片时间不同步。
(4) 吸片高度或元件厚度的初始值设置有误，吸嘴在低点时与供料部平台的距离不正确。
(5) 编带包装规格不良，元件在安装带内晃动。
(6) 供料器顶针动作不畅，快速载闭器及压带不良。
(7) 供料器中心轴线与吸嘴垂直中心轴线不重合，偏移太大。

4.3.2.5 自动插件机和贴片机的维护与保养要求

1. 用户使用注意事项

为了防止插件及贴片设备不能操作、操作有误、影响设备性能或导致设备损坏，应注意以下事项：

(1) 机器应该工作在洁净、温度和湿度达标的环境中。
(2) 机器应水平放置。机器附近不可有强电、磁源干扰。
(3) 操作人员在上岗前的培训要过关。
(4) 维修、维护技术人员要熟知本设备。
(5) 不得随意打开工控机，严禁乱拔乱插，更不得随意修改相关文件。
(6) 保证散热风扇时刻正常运转。
(7) 有完善的保养计划，不可让机器带"病"工作。
(8) 待加工 PCB 要达到相关行业标准，即 PCB 是合格、规范产品。
(9) 更换的配件须是优质产品，尽量采用设备厂家提供的配件。

2. 插件及贴片设备的维护与保养

一台好的设备恰当地维护与保养，才能更好地发挥它的功能，延长寿命。为了机器能更好地服务，应遵循以下维护保养准则：

(1) 给机器创造一个"舒适"的环境。
(2) 定期检查各传动机构紧固螺钉是否松动。适当加少许高级润滑油（脂），建议不大量加注黄油。
(3) 定期和不定期清理各散热风扇进出口、伺服器、工控机、开关电源上的灰尘、污垢。
(4) 至少每三个月清洗一次气源过滤器。
(5) 气缸及其电磁阀每四个月保养一次。
(6) 油雾器内油太少时要加注。

3. 插件及贴片设备的定期检查

为了能更好地使用机器，应该做到以下三项检查：

1) 每日检查

日常防护维修应在每 8 个操作小时后进行。当天工作结束后，关掉电脑和机器的电源，用吸尘器吸干净机器台面上的灰尘，用白布擦干净设备外表的尘污。如环境较差，则应更频繁地进行维护操作。

注意：不要使用有机溶剂来擦洗机器表面，那样可能会损伤设备表面油漆。

警告：不可用压缩空气将碎屑由单元吹出，否则会将碎屑吹入各滚珠轴承、插入头或电路箱内，影响机器的正常动作。

2）每周检查

每周防护维修应在每 40 个操作小时后进行，如环境较差，应将气动润滑装置周期缩短。每周检查应注意以下问题：

（1）润滑脂和润滑油一定要用质量好的，否则会增加丝杆或导轨的表面摩擦，从而缩短丝杆和导轨的使用寿命、影响机器的准确定位等。

（2）在润滑装置或工厂的气路中不可使用磷酸酯与氯化烃合成剂。

（3）检查润滑装置中的设置，如果需要，可加入 100CKR 润滑油。

（4）用不含纤维的布擦拭滚珠丝杆。

（5）轻微润滑滚珠丝杆送料装置。

（6）润滑连接杆两端。

（7）检查插装头与零件极限开关的一致性。

3）每月检查

每月防护维修应在每 200 个操作小时后进行，如环境较差，应将气动润滑装置周期缩短。

通过观察孔检查气动润滑油的流走，流速应为 3～5 滴/5min，可以将润滑装置顶部的凹槽螺钉旋向漏斗后部以调节流率，开始时应调为 1/4～1/2 打开，顺/逆时针调节螺钉将令润滑油流率增大/减小。各部位润滑要求如下：

（1）清洁润滑支架导轨。

（2）加油脂于导轨底部。

（3）加油脂于滑动装置驱动轴、凸轮滑动装置、制动激励器与定位滑动装置上（电动回转台）。

（4）用油壶在线性导轨上施加 300SL36 油脂（工作台）。

（5）加 300SL36 油脂于凸轮轨迹上（工作台）。

4.3.3 各类元器件安装注意事项

4.3.3.1 电容器的安装

（1）在安装前应检查电容器是否有破损之处，型号、规格、电压等级是否符合图纸要求。

① 用过的电容器不能再使用，但周期检查时可卸下来测试电性能。

② 如果电容器已充电，使用前要用一个约 1kΩ 的电阻放电。

③ 如果电容器在超过 35℃、湿度大于 70%的条件下存放，其漏电流可能上升，使用前可通过一个约 1kΩ 的电阻施加额定电压处理。

④ 安装前要确认电容器的额定容量、电压和极性。

⑤ 掉在地面的电容器不要使用，变形的电容器不要使用。

（2）干式电容器的安装是直接用螺钉将电容器固定在支架上，外壳须接地良好，当有两只或多只电容器在一起使用时，应保持相互之间的间隔距离在 30mm 以上。

（3）在安装电容器时应注意：

① 安装时请勿使电容器主体变形，避免电容器受到振动或碰撞。

② 不要施加超过规定的机械压力。利用自动插入机扭结固定电容器引线的强度不可过大。当拉力施加到电容器引出线，该拉力将作用于电容器内部，会导致电容器内部短路、开路或漏电流上升。

③ 请注意由自动插入机及贴片机的吸附器、产品检测器及对中操作引起的冲击力。

（4）电容器的正负引线间距应与 PCB 焊孔的位置相吻合。若将电容器强行插入孔距不配套的电路板，会有应力作用于引出线，导致电容器短路或漏电流上升。

（5）基板自立型电容器在安装时要推入到和其基板密合的程度（非浮起状态）。安装时把电容器引脚或焊针插入 PCB，直到电容器底部贴到 PCB 表面。

（6）电解电容器的正负极性不能接反，否则会击穿。电解电容器的安装应尽量避免靠近发热元件，以免被烤干。电容器安装时，电容器防爆阀上方应留有空间，爆阀上方应避免配线及安装其他元件。

（7）将电容器焊装到电路板时，不可强烈摇动电容器。

4.3.3.2　二极管的安装

（1）一般小功率二极管的安装方式有两种：一种是立式安装，另一种是卧式安装，可视电路板空间大小来选择。

（2）玻璃封装的二极管引线的弯曲处距离管体不能太近，一般至少 2mm。

（3）二极管的安装位置尽量不要靠近电路中的发热元器件。

实际使用中等容量（1A 左右）的二极管是靠引线来散热，因此引脚的长度不要剪得太短，应保持在 3cm 以上。大容量二极管在周围环境温度超过 50℃时，电流规范值就须降低使用，最好是不要在周围有发热器件的地方使用。

（4）在弯折管脚时要格外注意正确操作。一定不要采用直角弯折，而要弯成一定的弧度，且用力要均匀，防止将管子的玻璃封装壳体撬碎，造成管子报废。成型时用尖嘴钳夹住管脚根部并保持不动，然后折弯管脚下部使其成为所需形状。

（5）如果管脚间距小于安插孔距而需要折弯，应在焊前先成型。应尽量使印制板的安插孔距与管脚间距相等。管脚在同一处的折叠次数不能超过三次，管脚弯成 90°，再回到原位置为一次。

4.3.3.3　晶体三极管的安装

1. 普通三极管安装注意事项

（1）安装时要分清不同电极的管脚位置，焊点距离管壳不要太近，一般三极管应该距离印制板 2~3mm。

（2）高频电路中三极管的管脚尽可能短。

（3）管子应避免靠近热元件，以减小温度变化，保证管壳散热良好。

（4）大功率管在耗散功率较大时，应加散热板（磨光的紫铜板或铝板）。大功率管的散热器与管壳的接触面应该平整、光滑，中间应该涂抹导热硅脂以便减小热阻并减少腐蚀；要保证固定三极管的螺钉松紧一致，管壳与散热板紧密贴牢。散热装置应垂直安装，以利于空气自然对流。

（5）功率驱动用大功率三极管时要安装散热器。中小功率管做功率驱动时也应采取散热措施。

2．场效应管安装注意事项

（1）绝缘栅型 MOS 场效应管由于输入阻抗极高，应该特别注意避免栅极悬空，即栅、源两极之间必须经常保持直流通路。

因为它的输入阻抗非常高，所以栅极上的感应电荷很难通过输入电阻泄漏，电荷的积累使静电电压升高，尤其是在极间电容较小的情况下，少量电荷就会产生很高的电压，以至往往管子还未使用，就已被击穿或出现性能下降的现象。所以在运输、储存中必须将它的三个引出脚电极短路，要用金属屏蔽包装，以防止外来感应电势将栅极击穿。尤其要注意，不能将 MOS 场效应管放入塑料盒子内，保存时最好放在金属盒内，同时也要注意管的防潮。

（2）使用场效应管的安全措施。

MOS 场效应晶体管由于输入阻抗高（包括 MOS 集成电路），极易被静电击穿，使用时应注意以下规则：

① MOS 器件出厂时通常装在黑色的导电泡沫塑料袋中，切勿自行随便用塑料袋装。也可用细铜线把各个引脚连接在一起，或用锡纸包装。

② 取出的 MOS 器件不能在塑料板上滑动，应用金属盘来盛放待用器件。

③ 在焊接前应把电路板的电源线与地线短接，在 MOS 器件焊接完成后再分开。

④ MOS 器件各引脚的焊接顺序是漏极、源极、栅极。拆机时顺序相反。

⑤ 电路板在装机之前，要用接地的线夹子去碰一下机器的各接线端子，再把电路板接上去。

（3）在安装场效应管时，注意安装的位置要尽量避免靠近发热元件；为了防管件振动，有必要将管壳体紧固起来；管脚引线在弯曲时，应在大于根部尺寸5mm处进行，以防止弯断管脚和引起漏气等。

（4）焊接、测试时应该采取防静电措施。

电烙铁和仪器等都要有良好的接地线，以防止由于电烙铁带电而损坏管子。使用绝缘栅型场效应管的电路和整机，外壳必须良好接地。对于少量焊接，也可以将电烙铁烧热后拔下插头或切断电源后焊接。特别是在焊接绝缘栅场效应管时，要按源极－漏极－栅极的先后顺序焊接，并且要断电焊接。

（5）焊接时应迅速并帮助散热。

用 25W 电烙铁焊接时应迅速，若用 45～75W 电烙铁焊接，应用镊子夹住管脚根部以帮助散热。结型场效应管可用万用表电阻挡定性地检查管子的质量（检查各 PN 结的正反向电阻及漏源之间的电阻值），而绝缘栅场效管不能用万用表检查，必须用测试仪，而且要在接入测试仪后才能去掉各电极短路线。取下时，则应先短路再取下，关键在于避免栅极悬空。

4.3.3.4　集成电路的安装

1．安装集成电路时要注意方向

在印制线路板上安装集成电路时，要注意方向不要搞错，否则，通电时集成电路很可能被烧毁。一般规律是：集成电路引脚朝上，以缺口或打有一个点"•"或竖线条为准，按逆时针方向排列。如果是单列直手插式集成电路，则以正面（印有型号商标的一面）朝自己，引脚朝下，按引脚编号顺序从左到右排列。除了以上常规的引脚方向排列外，也有一些引脚方向排列较为特殊，应引起注意，这些大多属于单列直插式封装结构，它们的引脚方向排列刚好与上面说的相反，后缀为"R"，如M5115和M5115RP、HA1339A和A1339AR、HA1366W和HA1366AR等，即印有型号或商标的一面朝自己，引脚朝下，后缀为"R"的引脚排列方向是自右向左。这主要是一些双声道音频功率放大电路，在连接BTL功放电路时，为使印制板的排列对称方便而设计特制的。

2. 有些空脚不应擅自接地

内部等效电路和应用电路中有的引出脚没有标明；遇到空的引出脚时，不应擅自接地，这些引出脚为更替或备用脚，有时也作为内部连接。数字电路所有不用的输入端，均应根据实际情况接上适当的逻辑电平（V_{dd} 或 V_{ss}），不得悬空，否则电路的工作状态将不确定，并且会增加电路的功耗。对于触发器（CMOS电路）还应考虑控制端的直流偏置问题，一般可在控制端与 V_{dd} 或 V_{ss}（视具体情况而定）之间接一只 100kΩ 的电阻，触发信号则接到管脚上，这样才能保证在常态下电路状态是唯一的，一旦触发信号（脉冲）来到，触发器便能正常翻转。

3. 注意引脚能承受的应力与引脚间的绝缘

集成电路的引脚不要加太大的应力，在拆卸集成电路时要小心，以防折断。对于耐高压集成电路，电源 V_{cc} 与地线以及其他输入线之间要留有足够的空隙。

4. 功率集成电路注意事项

（1）安装散热板前，不能随意通电。
（2）确定功率集成电路的散热片是否应该接地前，不要将地线焊到散热片上。
（3）散热片的安装要平，紧固转矩一般为 4~6kg/cm，散热板面积要足够大。
（4）散热片与集成电路之间不要夹进灰尘、碎屑等，中间最好使用硅脂，用于降低热阻。散热板安装好后，需要接地的散热板用引线焊到印制线路板的接地端上。

4.3.3.5 光耦合器的安装

为了获得光电产品的光学特性，光需要从外部传导到内部。树脂传导光是高效率的。用于发光二极管和光探测器的近乎透明的环氧树脂与用于通用 IC 的树脂是不一样的。光电子器件相对于其他半导体产品在热、化学、机械和磨损硬度等方面均相对薄弱，因此在安装时需要特别注意。

1. 防范静电

要非常小心地保护光电产品，防止静电损毁。
（1）光耦产品应尽可能保持低的静电并选择适当的环境。
（2）不要把光耦放置在容易产生静电的环境中；在静电产生的地方，电压尽可能保持在100V以下。干燥的季节期间需要使用湿度调节机来防止低湿度情况。
（3）在工作中，尽可能防止材料积累电荷（尤其是化学纤维和塑料），改用传导性好的材料

(抗静电防护包装、传导垫等)。

(4) 在操作期间,操作员一定要戴接地环(1MΩ电阻)。在测试设备期间,产品和工作台下方应放置传导垫来抗静电。

2. 其他注意事项

(1) 光耦产品的储存地方应该稳定在5～30℃的温度范围和20%～70%的湿度范围。注意存放时不要把重物堆放在光电子产品上。当运输光电产品时,防止它们受到振动和冲击。

(2) 必须清楚启动时电压突然被加到光耦合器的输入和输出之间或集电极和发射极之间,输出端可能进入开启状态,即使电压仍然在绝对最大额定值内。

(3) 打开干燥包装以后,对在干燥袋上保存期限标签指定期限内的产品立即进行焊接。

(4) 避免部分框架和引脚之间的短路。

4.3.3.6 印制电路板继电器的安装

1. 引出端保护

将继电器焊接在印制电路板上使用时,印制板的孔距要正确,孔径不能太小。当必须扳动引出端时,应先将引出端靠底板3mm处固定再扳动和扭转。直径大于或等于0.8mm的引出端不应扳动或扭转。继电器底板与印制板之间应有不小于0.3mm的间隙,这可保护引出端根部不受外力损伤,也便于焊后清洗时清洗液的流出和挥发。焊孔式和焊钩式引出端在焊接引线和焊下引线过程中都不能使劲绞、拉导线,以免造成引出端松动。

安装时继电器不慎掉落在地,由于受强冲击,内部可能受损,应经检验确认合格后才能使用。不要对由于错误操作导致变形的端子勉强修理后使用。在这种情况下,如果向继电器SSR施加过大的力,将不能保持初始性能。

不要弯曲端子使其成为图4.3.7所示状态的端子,否则将可能无法维持继电器的原有特性。有的型号中备有可弯曲型,应该确认。对印制版进行加工时,应按照印制板加工图进行正确加工。

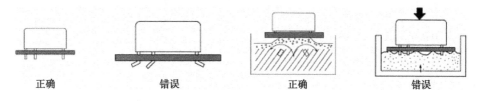

图4.3.7 继电器的安装

2. 禁止对外壳拆卸、端子切割

不要进行外壳的拆卸或用自动切割机切割端子。拆卸外壳、切割端子会引起内置部件的损伤,损坏其初始性能。

3. 防止振动放大

对有抗振要求的继电器,最好是将继电器安装成使继电器受到的冲击和振动的方向与继电器衔铁的运动方向相垂直,尽量避免选用顶部螺钉安装或顶部支架安装的继电器。

4. 多只继电器集中安装方法

多只继电器密集安装于同一印制板或同一机架时，它们可以产生变态的高热，无磁屏蔽罩子的继电器还可能因受磁干扰而动作失误，这可以通过设计各继电器之间的安装间隙，或把其他元器件安装到各继电器中间（但不得是强发热和产生强磁场的元件以及怕热和磁干扰的元器件）来解决。

4.3.3.7 其他元器件的安装

1. 小型电源变压器安装

小型电源变压器安装位置应使安装方便，减少漏磁场和温度等对周围的影响。从安全角度考虑，高压出线端应不易被维修人员触及。

2. 散热板的安装

对于功率二极管、晶闸管和 IGBT 等发热量大的元件，需要加装散热板。散热板的安装位置必须考虑通风条件，安装时散热板和管子的接触应紧密，紧固螺栓应拧紧。强迫通风时，散热板的槽应顺着风向。散热板带电的应采取绝缘处理。

3. 印制电路板在机架上的安装

为方便维修，印制电路板多为插接安装。印制电路板的安装必须加设导轨和拉簧，以保证插接件稳固和接触良好。

在同一位置，同时有几块印制电路板需要插接时，应有防止插错的措施。

4.4 印制板的装联

4.4.1 印制板组件装联技术要求

4.4.1.1 一般要求

（1）装联的环境应清洁，通风良好，保持一定的温度和湿度。

（2）印制板组装件装联时所使用的印制板、元器件、材料和辅助材料等，经检验符合有关防静电标准规定后方能使用。

（3）静电敏感元器件、组件在储存、加工、传递、装联和包装全过程中，均应符合有关防静电技术标准的规定。

（4）元器件引线、导线的预加工应符合行业标准《电视接收机用元器件的引线及导线成型要求》和《航天电子电器产品安装通用技术条件》及有关技术文件的规定。

4.4.1.2 安装要求

(1) 安装时应保证元器件上的标识易于识别。

(2) 元器件引线、导线在端子上采用钩形安装时,其弯绕角度应不小于180°,不大于270°。

(3) 耗散功率大于或等于1W的元器件不得与印制板相接触,应采用相应的散热措施后再行安装。

(4) 用于连接元器件的金属结构件(如铆钉、焊片、托架等),应按技术文件规定安装在印制板上。安装后应牢固,不得松动和歪斜。

(5) 当采用非金属化孔做双面印制板界面连接时,可采用裸铜线穿过孔弯成"S"形使两面的导电图形相接触,但裸铜线的尾端应不超出焊区边缘0.7mm。

(6) 当元器件引线需要折弯时,折弯方向应尽可能沿印制导线并与印制板平行,紧贴焊盘,折弯长度应不超出焊接区边缘或其他有关规定的范围。

(7) 采用单孔、多孔接线端子安装元器件或连接线时,应穿过接线端子孔进行连接。当多个接线端子用导线连续连接时,其导线应从第一个端子至最末端子以相同方式进行连接。

(8) 凡不宜采用波峰焊接或其他自动化焊接工艺的元器件,一般暂不装入印制板,待焊接后再行补装。

4.4.1.3 连接要求

(1) 焊接后印制板表面不得有斑点、裂纹、气泡、炭化、发白等现象,铜箔及敷形涂覆层不得脱落。

(2) 元器件和连接端子等均应牢固地焊接在印制板上,其表面不允许有损伤,连接件不得松动。

(3) 焊接后印制板上的金属件表面应无锈蚀或其他杂质。

(4) 导线和元器件引线伸出焊接面铜箔的长度一般为1.0~1.5mm。

(5) 焊点的表面应光洁且应360°包围引线,焊料适量,最多不得超出焊盘外缘,最少不应少于焊盘面积的80%。金属化孔的焊点焊料,最少时其透锡面凹进量不允许大于板厚的25%。

(6) 焊点应无针孔、气泡、裂纹、挂锡、拉尖、桥接、偏焊、虚焊、漏焊等缺陷。

(7) 对于铆接、绕接、压接等连接的质量要求,应符合有关标准或技术文件的规定。

(8) 印制板焊接后,根据使用助焊剂的类型和产品的需要决定是否清洗。

① 需要清洗时,可采用气相清洗、超声波清洗、毛刷清洗和水清洗等方法。

② 清洗所使用的溶剂应能清除印制板组装件的污物。

③ 印制板组装件的清洁度测试按国家标准《印制板表面离子污染测试方法》及有关规定进行。

4.4.1.4 PCB的装联工艺流程

1. 单面全插型基板

单面全插型基板是最基本、最常见的一种形式,其装联工艺又有长插与短插之分。长插是指元器件引脚不作预加工而直接插入线路板上的安装孔内;短插是指元器件的引脚先用专用设备进行打弯成型,切断,再插入线路板上的安装孔内。

1）长插工艺

小规模、小批量型：
线路板准备→插件→浸焊→切脚→波峰焊整理→焊点检测。
大规模、大批量型：
线路板准备→插件→超高波焊接→切脚→波峰焊整理→焊点检测。

2）短插工艺

线路板准备→插件→波峰焊接→切脚→焊点检测。

2. 单面全贴装型基板

单面全贴装型基板的装联工艺表面贴装型元器件焊接目前有两种方法，一种是流动焊法，另一种是再流焊法。

1）流动焊工艺

先在线路板上涂布胶黏剂，再用贴片装置将元器件贴在线路板上，并用烘箱或隧道炉将胶水固化，使贴片元器件牢固地黏在线路板上，再用波峰焊焊接。工艺流程如下：
线路板准备→上胶→贴片→固胶→波峰焊接→检测。

2）回流焊工艺

先在线路板的焊盘上涂布焊膏，再利用贴片装置将元器件贴在线路板上，然后利用回流焊机将焊膏加热，使焊膏中的焊锡颗粒熔化后再流动，浸润线路板上的焊盘与贴装元件的电极，冷却后形成焊点。其常用的工艺流程如下：
线路板准备→上焊膏→贴片→再流焊接→检测。

3. 单面贴装，另一面插装型基板

该类基板的特点是焊点在同一面，而插装元器件须用流动焊工艺。因此，贴装型元器件也可采用流动焊工艺，同时，插装型元器件以短插工艺为主。工艺流程如下：
线路板准备→上胶→贴片→固胶→线路板翻面→插件→波峰焊接→切脚→检测。

4. 单面贴装，同一面插装型基板

此类基板的焊点分别在两个面上。混装型基板的装联顺序原则上是先贴装，后插装；而贴装元件如用流动焊工艺，则需先用胶带遮住插装元件的焊盘，否则其孔会被熔锡堵塞。因为比较烦琐，一般不采用。其常用的工艺流程如下：
线路板准备→上焊膏→贴片→再流焊接→插件→波峰焊接→切脚→检测。

4.4.1.5 装联质量检验

（1）印制板组装件装联质量可采用在线测试仪进行检测。印制板上的元器件不得有错装、漏装、错连和歪斜等弊病，并应符合有关技术文件的规定。

（2）焊点质量通常采用目测方法检验。在大批量生产中还应定期地对焊点进行金相结构检验或采用X光、超声、激光等方法检验。焊点质量应符合连接要求中的规定。

（3）印制板组装件绝缘电阻检验可按《锡焊用液态焊剂（松香基）》中第 5.10 条规定进行，也可通过测量最终清洗的清洗液电阻率间接测定。

4.4.2 印制电路板的焊接

小量生产常用手工焊接；为提高电子产品的生产效率，中等批量采用浸焊；大批量生产采用波峰焊或回流焊。浸焊、波峰焊、回流焊等自动焊接技术比手工焊接效率高、操作简单。

4.4.2.1 手工焊接的工艺要素

1．焊剂的选用

常用的焊剂是松香或松香酒精溶液，也可使用 JISZ3282、1160A 或 1163A。一般情况下不允许使用腐蚀性强的焊锡膏及镪水。当导线截面积大于 2.5mm^2 时，可以使用中性焊油，焊完后需将残余的焊油擦干净。

2．焊脚搪锡

为保证焊接质量，焊接前应把一些元件的接脚搪锡。元件的引线不可剪得太短，至少应保留 5mm，引线较硬的应不小于 10mm。搪锡前应把引线端头刮干净，镀金引线端头应使用橡皮擦干净。软线应将散丝拧在一起后再搪锡。

3．焊接温度和时间

电烙铁的功率根据焊件大小来确定，焊接集成电路使用 25W 以下的电烙铁，焊接分立器件电路板一般使用 30~60W 的，焊接粗线及大功率器件使用 75~100W 的电烙铁。

电烙铁头合适的焊接温度为 250~300℃。温度太高烙铁头易氧化，不好黏锡；温度太低化锡困难。通过调节烙铁头的前后位置可以调节烙铁的温度。

焊接时间越短越好，一般应控制在 3s 以内，但必须看到焊锡熔化渗入焊点内部，电烙铁才能离开焊点。集成电路和晶体管的焊接动作要快，晶体管可用镊子夹住帮助散热。

4．焊接次序

焊接时应先焊小件，后焊大件。

4.4.2.2 浸焊的工艺要素

浸焊是将插装好元器件的印制电路板浸入有熔融状态锡料的锅内，一次完成印制板上所有焊点的焊接。浸焊比手工焊接生产效率高，操作简单，适用于批量生产，但浸焊的焊接质量不如手工焊接和波峰焊，补焊率较高。手工浸焊的操作过程及工艺要素如下：

1．锡锅加热

浸焊前应先将装有焊料的锡锅加热，焊接温度控制在 240~260℃为宜。温度过高，会造成印制板变形，损坏元器件；温度过低，焊料的流动性较差，会影响焊接质量。为去掉焊锡表面的氧化层，可随时添加松香等焊剂。

2. 涂敷焊剂

在需要焊接的焊盘上涂敷助焊剂，一般是将印制板在松香酒精溶液中浸一下。

3. 浸焊

用简单夹具夹住印制板的边缘，浸入锡锅时让印制板与锡锅内的锡液成 30°～45°的倾角，然后将印制板与锡液保持平行浸入锡锅内，浸入的深度以印制板厚度的 50%～70%为宜，浸焊时间约 3～5s，浸焊完成后仍按原浸入的角度缓慢取出。

4. 冷却

刚焊接完成的印制板上有大量余热未散，如不及时冷却可能会损坏印制板上的元器件，所以一旦浸焊完毕应马上用电风扇对印制板进行风冷。

5. 检查焊接质量

焊接后可能出现一些焊接缺陷，需进行检查。常见的缺陷有虚焊、假焊、桥接、拉尖等。

6. 修补

浸焊后如果只有少数焊点有缺陷，可用电烙铁进行手工修补。若有缺陷的焊点较多，可重新浸焊一次，但印制板只能浸焊两次，超过这个次数，印制板铜箔的黏结强度就会急剧下降，使印制板翘曲、变形，元器件性能变坏。

除手工浸焊外，还可使用机器设备浸焊。机器浸焊与手工浸焊的不同之处在于：机器浸焊时先将印制板装到具有振动头的专用设备上，让印制板浸入锡液并停留 2～3s 后，开启振动器，使之振动 2～3s 即可。这种焊接效果好，并可振动掉多余的焊料，减少焊接缺陷，但不如手工浸焊操作简便。

4.4.2.3 波峰焊的工艺要素

波峰焊采用波峰焊机一次完成印制板上全部焊点的焊接。波峰焊机的主要结构是一个温度能自动控制的熔锡缸，缸内装有机械泵和具有特殊结构的喷嘴。机械能根据焊接要求，连续不断地从喷嘴压出液态锡波，当印制板由传送机以一定速度进入时，焊锡以波峰的形式不断地溢出至印制板面进行焊接。

波峰焊接工艺流程为：

焊前准备→涂焊剂→预热→波峰焊接→冷却→清洗。

1. 焊前准备

焊前准备主要是对印制板进行去油污处理，去除氧化膜和涂阻焊剂。

2. 涂焊剂

涂敷焊剂可利用波峰机上的涂敷焊剂装置，把焊剂均匀涂敷到印制板上。涂敷的形式有发泡式、喷流式、浸渍式、喷雾式等，其中发泡式是最常用的形式。涂敷的焊剂应注意保持一定的浓度，焊剂浓度过高，印制板的可焊性好，但焊剂残渣多，难以清除；焊剂浓度过低，则可焊性差，容易造成虚焊。

3．预热

预热是给印制板加热，使焊剂活化并减少印制板与锡波接触时遭受的热冲击。预热时应严格控制预热温度，预热温度高，可使桥接、拉尖等不良现象减少；预热温度低，对插装在印制板上的元器件有益。一般预热温度为 70～90℃，预热时间约为 40s。印制板预热后可提高焊接质量，防止虚焊、漏焊。

4．波峰焊接

印制板经涂敷焊剂和预热后，由传送带送入焊料槽，印制板的板面与焊料波峰接触，使印制板上所有的焊点被焊接好。波峰焊分为单向波峰焊和双向波峰焊。双向波峰焊接时，焊接部位先接触第一个波峰，然后接触第二个波峰。第一个波峰是由高速喷嘴形成的窄波峰，它流速快，具有较大的垂直压力和较好的渗透性，同时对焊接面具有擦洗作用，提高了焊料的润湿性，克服了元器件的形状和取向复杂带来的问题。另外高速波峰向上的喷射力足以使焊剂气体排出，大大地减少了漏焊、桥接和焊缝不充实的焊接缺陷，提高了焊接的可靠性。第二波峰是一个平滑的波峰，流动速度慢，有利于形成充实的焊缝，同时可去除引线上过量的焊料，修正焊接面，消除桥接和虚焊，确保焊接的质量。

5．为保证焊接质量，进行波峰焊接时应注意以下操作要点：

（1）按时清除锡渣。熔融的焊料长时间与空气接触，会生成锡渣，从而影响焊接质量，使焊点无光泽，所以要定时（一般为 4h）清除锡渣；也可在熔融的焊料中加入防氧化剂，不但可防止焊料氧化，还可使锡渣还原成纯锡。

（2）波峰的高度。焊料波峰的高度最好调节到印制板厚度的 1/2～2/3 处，波峰过低会造成漏焊，过高会使焊点堆锡过多，甚至烫坏元器件。

（3）焊接速度和焊接角度。传送带传送印制板的速度应保证印制板上每个焊点在焊料波峰中的浸渍达到必需的最短时间，以保证焊接质量；同时又不能使焊点浸在焊料波峰里的时间太长，否则会损伤元器件或使印制板变形。焊接速度可以调整，一般控制在 0.3～1.2m/min 为宜。印制板与焊料波峰的倾角约为 6°。

（4）焊接温度一般指喷嘴出口处焊料波峰的温度，通常焊接温度控制在 230～260℃之间，夏天可偏低一些，冬天可偏高一些，并随印制板质的不同可略有差异。

（5）冷却。印制板焊接后，板面温度很高，焊点处于半凝固状态，轻微的振动都会影响焊接的质量，另外印制板长时间承受高温也会损伤元器件。因此，焊接后必须进行冷却处理，一般采用风扇冷却。

4.4.2.4　回流焊的工艺要素

回流焊也叫再流焊，是伴随微型化电子产品的出现而发展起来的焊接技术，主要应用于各类表面贴装元器件的焊接。这种焊接技术的焊料是焊锡膏。预先在电路板的焊盘上涂上适量和适当形式的焊锡膏，再把 SMT 元器件贴放到相应的位置；焊锡膏具有一定黏性，使元器件固定；然后让贴装好元器件的电路板进入再流焊设备。传送系统带动电路板通过设备里各个设定的温度区域，焊锡膏经过干燥、预热、熔化、润湿、冷却，将元器件焊接到印制板上。回流焊的核心环节是利用外部热源加热，使焊料熔化而再次流动浸润，完成电路板的焊接过程。

1. 回流焊的工艺过程

1）温度曲线的建立

温度曲线提供了一种直观的方法，来分析某个元件在整个回流焊过程中的温度变化情况。这对于获得最佳的可焊性、避免由于超温而对元件造成损坏以及保证焊接质量都非常有用。温度曲线采用炉温测试仪来测试，如 SMT-C20 炉温测试仪。

2）预热段

预热区域的作用是把室温的 PCB 尽快加热，以达到第二个特定目标，但升温速率要控制在适当范围内，如果过快，会产生热冲击，电路板和元件都可能受损；过慢，则溶剂挥发不充分，影响焊接质量。由于加热速度较快，在温区的后段焊件内的温差较大。为防止热冲击对元件的损伤，一般规定最大速度为 4℃/s。然而，通常上升速率设定为 1～3℃/s。典型的升温速率为 2℃/s。

3）保温段

保温段是指温度从 120～150℃升至焊膏熔点的区域。其主要目的是使焊件内各元件的温度趋于稳定，尽量减少温差。在这个区域里给予足够的时间使较大元件的温度赶上较小元件，并保证焊膏中的助焊剂得到充分挥发。到保温段结束，焊盘、焊料球及元件引脚上的氧化物被除去，整个电路板的温度达到平衡。应注意的是焊件上所有元件在这一段结束时应具有相同的温度，否则进入到回流段将会因为各部分温度不均产生各种不良焊接现象。预热时间一般应控制在 90s 以内。

4）回流段

在这一区域里加热器的温度设置得最高，使组件的温度快速上升至峰值温度。在回流段其焊接峰值温度视所用焊膏的不同而不同，一般推荐为焊膏的熔点温度加 20～40℃。对于熔点为 183℃的 63Sn/37Pb 焊膏和熔点为 179℃的 Sn62/Pb36/Ag2 焊膏，峰值温度一般为 210～230℃。回流时间不要过长，以防对 SMA 造成不良影响。理想的温度曲线是超过焊锡熔点的"尖端区"覆盖的面积最小。

回流段的时间一般应控制在 20s 以内。

5）冷却段

这段中焊膏内的铅锡粉末已经熔化并充分润湿被连接表面，应该用尽可能快的速度来进行冷却，这样将有助于得到明亮的焊点并有好的外形和低的接触角度。缓慢冷却会导致电路板组分更多分解而进入锡中，从而产生灰暗毛糙的焊点。在极端的情形下，它能引起沾锡不良，减弱焊点结合力。冷却段降温速率一般为 3～10℃/s，冷却至 75℃即可。

2. 回流焊可能出现的问题

1）桥联

焊接加热过程中也会产生焊料塌边，这个情况出现在预热和主加热两种场合，当预热温度在几十至一百度范围内,焊料中的溶剂即会降低黏度而流出,如果其流出的趋势是十分强烈的,会同时将焊料颗粒挤出焊区,在熔融时如不能返回到焊区内,会形成滞留的焊料球。除上面的因素外,贴装元件端电极是否平整良好、电路线路板布线设计与焊区间距是否规范、阻焊剂涂敷方法的选择和其涂敷精度等都是造成桥联的原因。

2)翘立

片式元件在遭受急速加热情况下发生翘立。这是因为急热使元件两端存在温差,电极端一边的焊料完全熔融后获得良好的湿润,而另一边的焊料未完全熔融而引起湿润不良,这样促进了元件的翘立。因此,加热时要从时间要素的角度考虑,使水平方向的加热形成均衡的温度分布,避免急热的产生。避免造成翘立现象的主要措施如下:

(1)选择黏结力强的焊料,焊料的印制精度和元件的贴装精度也需提高。

(2)元件的外部电极需要有良好的湿润性和湿润稳定性。推荐温度40℃以下,湿度70%以下,进厂元件的使用期不超过6个月。

(3)采用小的焊区宽度尺寸,以减少焊料熔融时对元件端部产生的表面张力。另外可适当减小焊料的印制厚度,如选用100μm。

(4)焊接温度管理条件设定也是元件翘立的一个因素。通常的目标是加热要均匀,特别是在元件两连接端的焊接圆角形成之前,均衡加热不可出现波动。

3. 回流焊注意事项

(1)润湿不良是指焊接过程中焊料和电路基板的焊区(铜箔)或贴片元件的外部电极,经浸润后不生成相互间的反应层,而造成漏焊或少焊故障的情况。其中原因大多是焊区表面受到污染或沾上阻焊剂,或是被结合物表面生成金属化合物层。

如银的表面有硫化物、锡的表面有氧化物都会产生润湿不良。另外焊料中残留的铝、锌、镉等超过0.005%时,焊剂的吸湿作用使焊料活化程度降低,也可发生润湿不良。因此在焊接基板表面和元件表面要做好防污措施。选择合适的焊料,并设定合理的焊接温度曲线。

(2)回流工艺目前分无铅和有铅,无铅器件由于焊接成分有很大的不同,对温度的控制尤其是对温度曲线的要求比有铅工艺高,在实际应用过程中需要反复进行工艺试验才能达到满意效果。

(3)使用红外线加热器时,由于红外线吸收率因元器件的颜色及材料的不同而不同,因此需要注意加热的程度。

(4)在无卤类焊剂中,有一些虽然不含离子性卤化合物,但却含有大量非离子性卤化物。当这类化合物进入电容器时,将与电解液发生化学反应,可能产生与清洗后结果相同的不良影响。

4.4.3 清洗与涂层

4.4.3.1 清洗

1. 清洗方法

焊接完成后,要及时清洗板面残存的焊剂等污物,否则既不美观,又会影响焊件的电性能。

其清洗材料要求只对焊剂的残留物有较强的溶解和去污能力，而不应对焊点有腐蚀作用。目前普遍使用的清洗方法有液相清洗法和气相清洗法两类。清洗方法选择不当，可能会造成产品标识变小或标识模糊等后果。

1）液相清洗法

液相清洗法一般采用工业纯酒精、汽油、去离子水等做清洗液。这些液体溶剂对焊剂残渣和污物有溶解、稀释和中和作用。清洗时可用手工工具蘸一些清洗液去清洗印制板，或用机器设备将清洗液加压，使之成为大面积的宽波形式去冲洗印制板。液相清洗法清洗速度快、质量好，有利于实现清洗工序自动化，但是设备比较复杂。

2）气相清洗法

气相清洗法是在密封的设备里，采用毒性小、性能稳定、具有良好清洗能力、防燃、防爆和绝缘性能较好的低沸点溶剂做清洗液，如三氯三氟乙烷。清洗时，溶剂蒸汽在清洗物表面冷凝形成液流，液流冲洗掉清洗物表面的污物，使污物随着液流流走，达到清洗的目的。

气相清洗法比液相清洗法效果好，对元器件无不良影响，废液回收方便并可循环使用，减少了溶剂的消耗和对环境的污染，但清洗液价格昂贵。

2. 清洗注意事项

（1）为保证焊点质量，不允许用机械的方法去刮焊点上的焊剂残渣或污物。

（2）在清洗时注意不要擦除标记或刮伤封入树脂的表面。

（3）以氟利昂和氯为主的溶剂会破坏和污染环境，因此近几年来限制了这些溶剂的生产，加强了使用的规范。

（4）优先采用溶剂清洗方法，通过实际检验使用时的安全性。

（5）在清洁光探测器时，灰尘和污点会残留并有可能导致失效。因此，在清洗期间要做必要的防护。

（6）一些元器件禁止进行超声波清洗。如果在安装基板后对SSR进行超声波清洗，会产生SSR内部结构共振，导致内置部件损伤、接点黏着、线圈断线。

（7）密封继电器和可清洗式塑封继电器都可进行整体浸洗。密封型继电器（塑料密封型等）虽然可以清洗，但焊接后应避免立即接触清洗液等较冷的液体，否则会损坏密封性。

（8）禁止清洗防尘罩和焊剂密封型继电器的整个机身。即使只清洗印制板的背面（用刷子清洗等），也可能因操作上的不小心而使清洗液侵入继电器内部，因此应尽量避免。在非密封型继电器焊接和清洗过程中，切勿让焊剂、清洗液污染继电器内部结构。

（9）塑料密封型可进行整体清洗。应使用酒精类清洗液。如果使用其他清洗液（如三氯乙烯、甲基氯仿、稀释剂、苯甲醇、汽油等），将可能损坏外壳。建议进行沸水清洗。

3. 清洗工艺

1）清洗条件

使用浸渍、超声波等方法，清洗时间总计不超过5min。

2）清洗剂的选择

为清洗助焊剂推荐的溶剂：乙醛酒精、甲基酒精、异丙基酒精、P3 冷洗剂等。

3）清洗方法

(1) 一般清洗

蒸汽温度：45℃或以下；溶剂温度：45℃或以下；持续时间：3min 或更少。

(2) 超声波清洗

超声波输出功率：15W/L 或以下；持续时间：30s 或更少；频率：28kHz。
清洗液温度为 60℃以下。

4．干燥

清洗后，应将电容器和安装完毕的印制电路板同时以热风干燥 10min 以上。该热风温度要控制在分类上限使用温度以下。

此外，水洗后如果干燥不充分，可能会引起外套二次收缩、底板膨胀等外观不良的问题，需加以注意。

应充分做好清洗剂的污染管理工作（电导率、pH 值、比重、含水量等）。清洗后，不允许将电路板保管在清洗液的环境中或密封容器中。

4.4.3.2 涂层

为防止印制板在腐蚀性气体和高温环境下发生绝缘劣化，应进行涂层处理。一般应注意以下问题：

(1) 一旦元器件内部有助焊剂、涂敷剂、填密树脂等进入，将导致接触不良、动作不良等问题。因此一些使用场合要求必须对元器件进行密封，或使用密封型元器件。

(2) 实施涂敷、填密时，不允许使用含有卤素类溶剂等的固定剂、被膜剂。

(3) 有的涂层剂会对继电器产生不良影响，有的溶剂（例如二甲苯、甲苯、MEK、I.P.A 等）会损坏外壳，使环氧物化学性溶解，并破坏密封性，因此选择时应充分确认。常见涂料的种类见表 4.4.1。

表 4.4.1 常见涂料的种类及特点

种类	适用性	特点
环氧系	适用	绝缘性良好，操作性稍差，但对元器件触点不产生影响
氨甲酸酯类	尚可	绝缘性和操作性良好，有的溶剂会对外壳造成损伤，务必确认
硅类	慎用	硅气会造成接触不良，因此不允许使用

(4) 对元器件整体进行涂层时，应充分注意涂层剂的适应性，否则会因热压力而发生焊接偏离等情况。

(5) 在使用固定剂、被膜剂之前，应将基板和电容器的封口部之间清扫干净，不可留有焊剂残渣及污垢，并对清洗剂等进行干燥。

4.5 低压电器的安装

4.5.1 断路器安装

4.5.1.1 低压断路器的安装方式

低压断路器的安装方式分为固定式、插入式和抽屉式。

1. 固定式

用安装螺钉将断路器固定在成套装置安装板上。因更换断路器时必须先拆除连接导线，故断路器更换时间长，且麻烦。

2. 插入式

主要适用于塑料外壳式断路器，分为板前接线和板后接线。在成套装置的安装板上，先安装一个断路器的安装座（安装座上有 6 个插头，断路器的连接板上也有 6 个插座）。使用时，先将断路器直接插进安装座，然后用安装螺钉将断路器固定在安装座上。若需要更换断路器，先拆下安装螺钉然后拔出，更换上即可。因更换时不需要拆除连接导线，故比固定式要快，且方便。插入式在插入和拔出时需要一定的外力。一般用于壳架电流不超过 400A 的断路器。

3. 抽屉式

主要适用于万能式断路器和壳架电流 400A 以上的塑料外壳式断路器。断路器轻轻地放置在安装台上，将一根摇杆插入安装台的孔内，顺时针转动，在蜗轮蜗杆啮合下，断路器渐渐地与安装台的接线座紧密接触；如果取出，就将摇杆逆时针转动。

抽屉式有接触、分开和隔离（断路器不带电）三个位置，插入式只有接触、分开两位置，所以抽屉式更换断路器时比插入式更安全可靠。

不管哪种安装方式都在产品形式试验和生产过程中进行了验证，符合相关标准的要求。在满足规定的使用条件下，断路器都能正常工作。

4.5.1.2 框架式断路器的安装

1. 框架式断路器安装前的检查

（1）确认使用的框架式万能断路器产品符合相关国际和国家标准。

（2）安装前应检查断路器的型号规格是否符合图纸要求，特别要注意检查铭牌上的合闸电磁铁、储能电动机、分励线圈、失压线圈等的额定电压是否符合图纸要求，搬运时应拉断路器提手，严禁提拉灭弧罩、辅助触头组等，以免造成损坏。

（3）对运输途中可能受潮的部件，检查其绝缘情况，处理合格后再行组装，如测量操作杆绝缘电阻。均压电阻、均压电容、合闸电阻，经试验合格后再行安装，此外还应对灭弧室、触头的传动机构等进行清洁度检查。

（4）对安装框架尺寸进行复核，断路器安装面必须平整。

（5）检查分励脱扣器、欠电压脱扣器动作是否正常；在欠电压脱扣器吸合条件下，手动操作或电动操作应可靠地使断路器闭合；当用分励脱扣器或欠电压脱扣器脱扣或手动脱扣时，应使断路器可靠断开；进行五次操作检验。使用中发现铁芯有异常噪声时，应将工作极面的防锈油擦净。

（6）检查断路器，在闭合和断开过程中，其可动部件与灭弧室的零件应无卡滞和碰撞现象，并且指示标牌应能正确地指示断路器的工作状态，灭弧罩安装后应与安装底座无间隙。

（7）框架式万能断路器安装前先以 1000V 兆欧表检查断路器绝缘电阻，在周围介质温度为 20±5℃、相对湿度为 50%～70%时应不小于 10MΩ，否则应进行烘干处理，待绝缘电阻达到要求后方可使用。

（8）抽屉式断路器使用前，需检查抽屉座二次回路上的绝缘板有无脱落现象。

2．框架式断路器的安装方法

（1）框架式万能断路器安装地点海拔应不超过 2000m，应按说明书成套安装或户内单独安装，与垂直面的倾斜度应不超过 5°。

（2）安装工作要求做到几何尺寸准确，保证组件绝缘水平，传动操作正确可靠，导电部分接触良好。

（3）抽屉式断路器安装时还必须检查主回路触刀与触刀座的配合情况和二次回路对应触头的配合情况是否良好，如发现由于运输等原因而产生偏移，应及时予以修正。抽屉式断路器灭弧罩安装后应与安装底座无间隙。

（4）安装时应考虑断路器的安全间距（>100mm），尤其是固定式断路器的飞弧距离必须保证。

（5）固定式断路器安装时应将电源引进的导线或母线连接于上进线端，抽屉式断路器可以将电源引进的导线连接于下进线端。

（6）固定式断路器安装时，必须垂直安装于平整框架上，用合适的螺栓紧固，以免由于安装平面不平使断路器或抽屉式支架受到附加力而引起变形。

（7）用户应对断路器进行可靠的保护接地，固定式断路器的接地处标有明显的接地标记，抽屉式断路器的接地借助于抽屉支架来实现。

（8）安装好后检查分励脱扣器、欠压脱扣器动作是否正常，随后在欠压脱扣器吸合条件下，手动操作或电动操作应可靠地使断路器闭合，当用分励脱扣器或欠压脱扣器脱扣或手动脱扣时，应使断路器可靠断开，进行五次操作检查。

（9）脱扣装置必须按设计整定值校验，动作应准确、可靠。在短路（或模拟短路）情况下合闸时，脱扣装置应能立即自由脱扣。

4.5.1.3 塑壳空气断路器的安装

（1）安装时应检查断路器型号规格是否符合图纸要求，开关的底板与安装支架之间加衬纸垫。在固定柜内，开关触头系统在合闸位置时，开关手柄的位置应向上，电源引线应接入上接线端。抽屉柜内，开关触头系统在合闸位置时，开关手柄的位置应向左，电源引线应接入左接线端，操作手柄在断路器分合闸时应处在相应指示位置。

（2）自动开关一般应垂直安装，其上下端导线接点必须使用规定截面的导线或母线连接。

（3）自动开关使用前应将脱扣器电磁铁工作面的防锈油脂擦去，以免影响电磁机构的动作值。电磁脱扣器的整定值一经调好就不允许随意更动，而且使用久后要检查其弹簧是否生锈卡住，以免影响其动作。

（4）电磁脱扣器和热脱扣器的调节螺钉上涂有红漆，表明组件厂在出厂时已经调整好，安装时不得随意调整，断路器的飞弧距离应满足断路器使用说明书的规定。

（5）应附铜接头的断路器，应将铜接头固定在出线螺钉上，并将螺钉拧紧，以便用户连接电缆。

（6）自动开关的操作机构安装：

① 操作手柄或传动杠杆的开、合位置应正确，操作力不应大于产品允许定值。

② 电动操作机构的接线正确。在合闸过程中开关不应跳跃；开关合闸后，限制电动机或电磁铁通电时间的联锁装置应及时动作，使电磁铁或电动机通电时间不超过产品允许规定值。

③ 触头接触面应平整，合闸后接触应紧密。

④ 触头在闭合、断开过程中，可动部分与灭弧室的零件不应有卡阻现象。

⑤ 有半导体脱扣装置的自动开关，其接线应符合相序要求，脱扣装置应可靠。

（7）自动开关裸露在箱体外部且易触及的导线端子应加绝缘保护。

（8）自动开关与熔断器配合使用时，熔断器应尽可能装于自动开关之前，以保证使用安全。

4.5.1.4 刀开关、刀熔开关的安装

（1）刀开关安装时，其型号规格、位置应符合产品图纸要求，应使刀开关 B 相中心对齐操作手柄中心线，刀开关底板与安装梁之间应加衬纸垫。

（2）刀开关应垂直安装在控制柜框架上，并要使夹座位于上方。如夹座位于下方，则在刀开关打开的时候，若支座松动，闸刀在自重作用下向下掉落而误动作，会造成严重事故。

（3）中央正面杠杆操作式单投开关的安装位置为静触头在上方，当拉开手柄后，应保证动触头不带电。开关合闸后要达到定位点。

（4）电源侧进线应接在进线端，即固定触头接线端；负荷侧出线应接在出线端，即可动触头接线端。

（5）中央杠杆操作机构式双投刀开关的安装，应使操作手柄向上合闸时，动触头与上静触头闭合。

（6）中央正面杠杆操作式单投刀开关用于动力箱时应改制门形架。改制的方法是：将门形架按规定尺寸锯短，用锉刀将截口锉成圆角后钻孔，并及时在截口与圆孔内涂漆，待漆干后套上塑料套，将门形架换到与动触头打开方向同向的一侧，依原样装配好。

（7）刀开关装好后应分合数次，观察其三相同步性，如三相同步性能不好，则应予以调整。

① 三相不同步性的测试方法：把刀开关按规定位置安装好，先缓缓推闸，待有某一相的动触头与静触头刚好接触时，记下相序，然后继续缓缓推闸，待又一相动触头与静触头刚好接触时，在第一接触的某相的动触头上用铅笔画痕，接着继续缓缓推闸，当最后一相动静触头接触时，在第一接触和第二接触的动触头上用铅笔画痕，此时测量第一接触的第一道画痕与刀口边沿的距离、第一道画痕与第二道画痕之间的距离以及第二接触的画痕与刀口边沿的距离，这三个数值均不得大于 3mm。拉闸时与上述情形相仿，可类比出拉闸时的三相不同步性，三个数值也不得大于 3mm。

② 刀开关不同步的调整位置：
- 动触头刀片与刀片架的连接螺钉；
- 刀片架与芯轴、芯轴与门形架的配合。

（8）刀熔开关在安装时应先卸下熔芯，将底座安装在支架上，连接好操作手柄，再装上熔芯，进行调整，使其三相同步，合闸后达到定位点，调整方法与刀开关相同。

4.5.2 熔断器安装

1. 安装前的检查

熔断器在安装前必须检查下列项目：
（1）检查熔断器的额定电压、额定电流及极限分断能力是否与图纸要求的一致。
（2）核对所保护电气设备的容量与熔体容量是否相匹配；熔断器的额定电压是否大于或等于电源的额定电压，额定电流是否与要求的一致，其额定分断能力是否大于预期短路故障电流。对后备保护、限流、自复、半导体器件保护等有专用功能的熔断器严禁替代。
（3）熔断器在安装前应细心检查，确认完整无损。

2. 熔断器的安装位置

（1）熔断器与线路串联，垂直安装，并装在各相线上；二相三线或三相四线回路的中性线上不允许装熔断器。
（2）熔断器安装位置及相互间距离应便于更换熔体；应注意熔断器周围介质的温度与电动机周围介质的温度尽可能一致，以免保护特性产生误差。
（3）有熔断指示器的熔断器，其指示器应装在便于观察的一侧，RT0 熔断器在安装时应将红色熔断指示器向上。
（4）RS0 等快速熔断器可直接用螺钉固定在母线上，或用绝缘子支撑固定，再将母线接在熔断器上。
（5）低压断路器与熔断器配合使用时，熔断器应安装在电源侧。

3. 熔断器的安装要求

（1）端子式熔断器的安装方式与接线端子的安装方式相同。
（2）安装不同规格的熔断器，应在底座旁标明规格。
（3）瓷质熔断器在金属底板上安装时，其底座应垫软绝缘衬垫。安装螺旋式熔断器时，应将电源线接至瓷底座的接线端，以保证安全。如是管式熔断器应垂直安装。
（4）螺旋式熔断器的安装，底座严禁松动，电源进线端应接在底座中心点上，出线应接在螺纹壳上，该熔断器用于有振动场所。
（5）安装应保证接触良好、可靠，以免熔体温度过高而误动作。同时应避免并防止其中个别相接触不良。如出现一相接触不良而断路的情况，可能导致电动机因缺相运行而烧毁。安装时要保证熔体和底座及触刀和刀座接触良好，以免因接触不良使熔体温度过高而误动作。
（6）有触及带电部分危险的熔断器，应配齐绝缘抓手；带有接线标志的熔断器，电源线应按标志进行接线。

（7）熔断器连接线的材料和截面积以及它的温升均应符合规定，不得随意改变，以免发生误动作。

（8）安装时还应注意不要使熔体受到机械损伤，以免减少熔体截面积，产生局部发热而造成误动作。

4．安装熔体时注意事项

（1）熔体的最大额定电流不得超过熔断器的额定电流；熔体的安装长度应由熔断器或刀闸开关内的面积所允许的长度确定。

（2）熔断器应采用合格的铅合金丝或铜丝，不允许将几根小容量熔体合并，以增大熔体截面积来代替一根容量相等的熔体，因为合并熔体的熔断电流并不等于各单根熔体的熔断电流之和。

（3）安装熔体时，熔体两头应沿顺时针方向绕螺钉一圈，既不宜拧得太紧，也不宜拧得太松，以免损伤熔体或造成接触不良，否则，熔体温度将过高而造成误熔断。

（4）表面严重氧化的熔体应予更换，以免在正常工作时过热熔断而造成电动机单相运行。

（5）如果熔体选择正确，但在使用中却反复熔断，说明线路或负载（如电动机等）存在故障，或熔体安装不当，需查明原因后再安装。此时不得任意增大熔体截面或用较粗的其他金属丝来代替。

4.5.3　接触器的安装

4.5.3.1　交流接触器安装前的检查

交流接触器安装前一般应进行以下检查：

（1）检查接触器铭牌和线圈的技术数据（如额定电压、额定电流、操作频率和通电持续率等）是否符合图纸要求。

（2）新购入的或搁置已久的接触器应进行解体检查，擦净铁芯极面上的防锈油，以免油垢黏滞而造成接触器线圈断电后铁芯不释放。触头的接触面应平整、清洁，接触器的触头不允许涂油。

（3）检查接触器有无机械损伤，用手推动接触器的活动部分，要求动作灵活，无卡涩现象。衔铁吸合后应无异常响声，触头接触紧密，断电后应能迅速脱开。

（4）检查和调整触点的工作参数（如开距、超程、初压力和终压力等），使其符合要求；检查各级触点接触是否良好，分合是否同步。

（5）检查接触器在 85%额定电压时能否正常动作，是否卡住，在失压和电压过低时能否释放。

（6）用 500V 兆欧表测试接触器的绝缘电阻，测得的绝缘电阻值一般应不低于 10MΩ。

（7）用万用表检查线圈是否断线，并撤动接触器，检查辅助触点接触是否良好。

（8）带灭弧罩的接触器应特别注意陶瓷灭弧罩是否破损或脱落，严禁这种接触器在灭弧罩破损或无灭弧罩的情况下运行。

（9）接触器热组件的规格应按电动机的保护特性选择；热继电器的电流调节指示位置应调整在电动机的额定电流值上，如设计有要求，应按整定值进行校验。

4.5.3.2 交流接触器的安装要求

(1) 交流接触器的安装位置。

① 交流接触器吸合、断开时振动比较大，在安装时尽量不要和振动要求比较严格的电气设备安装在一个柜子里，否则要采取防振措施，一般尽量安装在柜子下部。

② 交流接触器的安装环境要符合产品要求，接触器和其他元器件的安装位置、安装距离应符合相关国标、规范中的电气安全距离、走线距离、接线规程，而且应考虑日后检查和维修的方便性。

③ 接触器安装时应保证铭牌正视，其飞弧距离应符合使用说明书要求。

(2) 接触器安装时应预先在安装螺钉上套上塑料垫块，然后挂上接触器并将螺钉拧紧，同时应注意塑料垫块与接触器安装板平齐。

(3) 安装时，接触器的底面与地面垂直，倾斜度不超过 5°。CJ0 系列接触器安装时，应使有孔的两面放在上下位置，以利散热，降低线圈的温度。

(4) B 系列、CJX 系列等接触器既可以采用螺钉安装，也可以采用导轨安装；采用导轨安装时，其安装方法与 C65 安装方法相同。

(5) 安装接线时，应注意勿使螺钉、垫圈、接线头等零件遗漏，以免落入接触器内造成卡住或短路现象。安装时，应将螺钉拧紧，以防振动松脱。

(6) 用于可逆转换的接触器，为保证联锁可靠，除装有电气联锁外，还应加装机械联锁机构。两个接触器水平机械联锁，其中一个可以倒着安装。

(7) 安装孔的螺栓应装有弹簧垫圈和平垫圈，并拧紧螺栓，以免松脱或振动；安装接线时，勿使螺栓、线圈、接线头等失落，以免落入接触器内造成卡住或短路。

(8) 安装完毕，检查接线正确无误后，应在主触点不带电的情况下，先使吸引线圈通电分合数次，检查其动作是否可靠。只有确认接触器处于良好状态，才可投入运行。

4.5.4 继电器的安装

4.5.4.1 继电器的安装位置

(1) 继电器的型号规格、电压等级、安装方位应符合图纸要求，一般将调试工作较少的简单继电器如电流继电器、电压继电器、中间继电器、时间继电器等布置在屏的上方，将调试工作量大的继电器如阻抗方向、差动、重合闸等继电器布置在屏的中部，将信号继电器、连接片和试验部件等布置在屏的下部。

(2) 继电器外壳之间应保持适当的距离，以便装卸外壳及进行调试。距离的大小与继电器的高度有关，对于普通继电器，水平距离应为 30～40mm，垂直距离应为 50mm 左右。

(3) 安装时间继电器应注意安装方位正确，便于读数和整定时间；安装端正，其型号规格及安装位置符合图纸要求。

4.5.4.2 继电器的安装方向

正确的安装方向对于实现继电器最佳性能非常重要。

1. 耐冲击

理想的安装方向是使触点和可动部件（衔铁部分）以运动方向与振动或冲击方向垂直，特别是常开触点在线圈未激励时，其抗振动、抗冲击性能很大程度上受继电器安装方向的影响。

2. 触点可靠性

继电器的安装方向应使其触点表面垂直，以防止污染和粉尘落入触点表面，而且不宜在一个继电器上同时转换大负载和低电平负载，否则会互相影响。

3. 相邻安装

当需要将多只继电器紧挨着安装在一起时，由于产生的热量叠加，可能会导致非正常高温，所以安装时彼此间应留有足够的间隙（一般大于5mm），以防止热量累积。无论如何，应确保继电器的环境温度不超过样本规定。

4.5.4.3 继电器的安装要点

（1）继电器电气接点，凸出式板后接线的一般采用长螺杆套绝缘套管引出的方式，嵌入式或板前接线的一般在继电器本身接线端子上接线，拧紧螺杆时应注意力度，既要保证不晃动、接触良好，又不至于损坏组件。同一组件的螺杆应注意高度一致，不应有参差不齐的现象。

（2）安装热继电器时，应在底座和安装板之间衬垫纸板，防止拧紧固定螺钉时用力不均匀而损坏热继电器；安装的方向应将整定旋钮摆放在右边，以便进行整定；主接线端子应对准上方接触器的主接线端子。安装必须端正，安装完毕后应对照图纸检查无误，然后按照图纸整定电流值。

（3）安装螺钉紧固力矩。

继电器安装螺钉松动时，会由于振动、冲击引起插座和继电器脱离以及导线的脱落，通电时的接触不良发热可导致继电器烧坏。应按表4.5.1中的扭矩范围进行紧固，过度拧紧可能造成螺钉破损。

表 4.5.1 继电器安装螺钉紧固力矩要求

螺　钉	M3	M4	M5	M6	M8
建议紧固力矩（Nm）	0.75～1.18	0.98～1.37	1.57～2.35	3.92～4.9	8.82～9.8

4.5.4.4 插座用继电器安装

1. 插座安装方法

当使用插座时，应保证插座安装牢固，继电器引脚与插座接触可靠，安装孔与插座配合良好，并正确使用插座及继电器安装支架。

（1）插座安装螺钉安装。

安装表面连接插座时，安装孔加工后应用螺钉紧固，不允许有松动。在插座用螺钉紧固连接的场合，若螺钉没有紧固，会使得导线松脱，进而由于接触不良导致异常发热或起火。此外，如果安装过紧，也会使螺帽损坏。

安装、拆卸固定配件时，注意不要使配件变形，也不要使用已经变形的配件，否则会导致继电器上承受过大的力而不能保持性能，或不能获取足够的保持力，且继电器的松动会引起接触不良等故障。

（2）插座安装导轨。

使用 35mm 宽度 DIN 规格导轨上有单触式安装的表面连接插座。

（3）为了维持继电器和插座的切实连接，应使用固定配件。

如果外加异常的振动、冲击，会导致继电器从插座上脱落；为保证继电器和插座的可靠连接，必须使用固定配件。

2. 继电器的插拔方向

插拔继电器和插座时，应和插座表面成垂直方向进行。

如果倾斜插拔继电器，继电器本体端子会发生弯曲，可能导致继电器本体端子扭曲，不能插入插座中，以及引起插座接触不良等故障，见图 4.5.1。

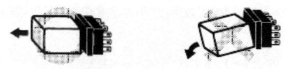

图 4.5.1 继电器的插拔方向

3. 禁止对拔插型继电器插接端子进行焊接

绝对不允许向继电器插接端子焊接导线，否则会由于继电器的结构变形以及助焊剂的浸入而接触不良，导致 SSR 部件被破坏。

4. 导线在继电器插接端子的绕接

导线对继电器插接端子的绕接应卷绕。把导线焊接到继电器插接端子时，如果卷绕不充分，较小的拉力及振动、冲击就会导致导线脱离。配线时应使导线有适当的余量，应能承受 20N 以上的拉力。同时应对末端进行处理，避免因触须等引起的短路。见图 4.5.2。

图 4.5.2 导线在继电器插接端子的连接

4.5.4.5 热继电器的安装

热继电器安装的方向、使用环境和所用连接线都会影响热继电器的动作性能，安装时应注意。

1. 安装方向

热继电器的安装方向很容易被人忽视。热继电器是电流通过发热组件发热，推动双金属片动作。热量的传递有对流、辐射和传导三种方式,其中对流具有方向性,热量自下向上传输。在安放时,如果发热组件在双金属片的下方,双金属片就热得快,动作时间短;如果发热组件在双金属片的旁边,双金属片热得较慢,热继电器的动作时间较长。当热继电器与其他电器装在一起时,应装在电器下方且远离其他电器50mm以上,以免受其他电器发热的影响。热继电器的安装方向应遵循产品说明书的规定,以确保热继电器在使用时的动作性能相一致。

2. 连接导线的选择

热继电器的连接线除导电外,还起导热作用。如果连接线太细,则连接线产生的热量会传到双金属片,加上发热组件沿导线向外散热少,从而缩短了热继电器的脱扣动作时间;反之,如果采用的连接线过粗,则会延长热继电器的脱扣动作时间。所以连接导线截面不可太细或太粗,应尽量采用说明书规定的或相近的截面积。

出线端的连接导线应按热继电器的额定电流进行选择。热继电器出线端的连接导线一般采用铜芯导线。若选用铝芯导线,则导线截面积应增大1.8倍,并且导线端头应挂锡。连接导线截面选择参照表4.5.2。

表4.5.2 热继电器连接导线的截面选择参照表

热继电器的整定电流(A)	连接导线截面积（mm^2）	热继电器的整定电流（A）	连接导线截面积（mm^2）
$0<N\leq 8$	1	$50<I_N\leq 65$	16
$8<N\leq 12$	1.5	$65<I_N\leq 85$	25
$12<N\leq 20$	2.5	$85<I_N\leq 115$	35
$20<N\leq 25$	4	$115<I_N\leq 150$	50
$25<N\leq 32$	6	$150<I_N\leq 160$	70
$32<N\leq 50$	10		

3. 使用环境

主要指环境温度,它对热继电器动作的快慢影响较大。热继电器周围介质的温度应和电动机周围介质的温度相同,否则会破坏已调整好的配合情况。例如,当电动机安装在高温处,而热继电器安装在温度较低处时,热继电器的动作将会滞后(或动作电流大);反之,其动作将会提前(或动作电流小)。

对于没有温度补偿的热继电器,应在热继电器和电动机两者环境温度差异不大的地方使用。对于有温度补偿的热继电器,可用于热继电器与电动机两者环境温度有一定差异的地方,但应尽可能减小环境温度变化带来的影响。

应考虑热继电器使用的环境温度和被保护电动机的环境温度。当热继电器使用的环境温度高于被保护电动机的环境温度15℃以内时,应使用大一号额定电流等级的热继电器;当热继电器使用的环境温度低于被保护电动机的环境温度15℃以内时,应使用小一号额定电流等级的热继电器。此外,也应考虑到电动机的负载情况及热继电器可能需要的调整范围。

4. 热继电器的调整

投入使用前必须对热继电器的整定电流进行调整,以保证热继电器的整定电流与被保护电动机的额定电流相匹配。热继电器在接入电路使用前,须按电动机的额定电流对热继电器的整定电流进行调节,以满足相应的使用场合。

例如,对于一台 10kW、380V 的电动机,额定电流 19.9A,可使用 XX20-25 型热继电器,热组件整定电流为 17/21/25A。先按一般情况整定在 21A,若发现动作经常提前,而电动机温升不高,可改整定电流为 25A 继续观察;若在 21A 时,电动机温升高,而热继电器滞后动作,则可改在 17A 进行观察,以得到最佳的配合。

用于反复短时间工作电动机的过载保护时,整定电流需要在现场多次试验、调整才能得到较可靠的保护。方法是:先将热继电器的额定电流调到比电动机的额定电流略小,运行时如果发现其经常动作,再逐渐调大热继电器的额定值,直至满足运行要求为止。

特殊工作时电动机的保护。正、反转及频繁通断工作的电动机不宜采用热继电器来保护,较理想的方法是用埋入绕组的温度继电器或热敏电阻来保护。

4.5.5 电力电容器安装

4.5.5.1 电容器安装的主要要求

(1)电容器分层安装时,一般不超过三层,层间不应加设隔板。电容器母线对上层架构的垂直距离不应小于 20cm,下层电容器的底部与地面距离应大于 30cm。

(2)柜内电容器在安装前应先按图纸要求做好框架。电容器的构架应采用不可燃材料制成。电容器构架间的水平距离应不小于 0.5m,每台电容器之间的距离按说明书和设计要求安装,如无要求则不应小于 50mm。型钢构架必须按要求刷漆,电容器的铭牌应面向通道。

(3)要求接地的电容器,其外壳应与金属架构共同接地。

(4)电容器应在适当部位设置温度计或贴示温蜡片,以便监视运行温度。

(5)电容器组应装设电容器内组件故障保护装置或熔断器,高压电容器组容量超过 600kvar 的,可装设差动保护或零序保护,也可分台装设专用熔断器保护。

(6)电容器应有合格的放电设备。

4.5.5.2 安装操作工艺

1. 安装前的检查

(1)检查应由库房管理人员与安装操作人员共同进行,并做好记录。

(2)按照元器件清单对电容器及附件逐个清点检查,应符合图纸要求、完好无损。

(3)对于 500V 以下的电容器,用 1000V 摇表逐个进行绝缘摇测;3~10kV 电容器用 2500V 绝缘摇表摇测,并做好记录。

2. 电容器二次搬运

电容器搬运时应轻拿轻放,要注意保护瓷瓶和壳体不受任何机械损伤。

3. 电容器安装

(1)电容器通常安装在电容器柜内,不应安装在潮湿、多尘、高温、易燃、易爆及有腐蚀性气体的场所。

(2)电容器的额定电压应与电网电压相符。一般应采用角形连接。

(3)电容器组应保持三相平衡,三相不平衡电流不大于5%。

(4)电容器必须有放电环节,以保证停电后能迅速将储存的电能放掉。

(5)电容器安装时铭牌应向通道一侧。

(6)电容器的金属外壳必须可靠接地。

4.连线

(1)电容器连接线应采用软导线,接线应对称一致、整齐美观,线端应加线鼻子并压接牢固。

(2)电容器组用母线连接时,不要使电容器套管(接线端子)受机械应力,压接应严密可靠,母线排列整齐,并刷好相色。

(3)电容器组控制导线的连接应符合盘柜配线和二次回路配线的要求。

5.送电前的检查

(1)绝缘摇测:1kV以下电容器应用1000V摇表摇测,3~10kV电容器应用2500V摇表摇测,并做好记录。摇测时应注意摇测方法,以防电容放电烧坏摇表。摇完后要进行放电。

(2)耐压试验:电力电容器送电前应做交接试验。交流耐压试验标准参照表4.5.3。

表4.5.3 电力(移相)电容交流耐压试验标准

额定电压(kV)	<1	1	3	6	10
出厂试验电压(kV)	3	5	18	25	35
交接试验电压(kV)	2.2	3.8	14	19	26

(3)电容器外观检查,无坏损及漏油、渗油现象。

(4)连线正确可靠。

(5)各种保护装置正确可靠。

(6)放电系统完好无损。

(7)控制设备完好无损,动作正常,各种仪表校对合格。

(8)自动功率因数补偿装置调整好(用移相器事先调整好)。

6.送电运行验收

(1)冲击合闸试验:对电力电容器组进行三次冲击合闸试验,无异常情况方可投入运行。

(2)正常运行24h后,应办理验收手续,移交甲方验收。

(3)验收时应移交以下技术资料:

① 设计图纸及设备附带的技术资料;

② 设计变更洽商记录;

③ 设备开箱检查记录;

④ 设备绝缘摇测及耐压试验记录;

⑤ 安装记录及调试记录。

4.5.5.3 电容器安装注意事项

（1）电容器回路中的任何不良接触均可能引起高频振荡电弧，使电容器的工作电场强度增大和发热而早期损坏。因此，安装时必须保证电气回路和接地部分的接触良好。

（2）较低电压等级的电容器经串联后运行于较高电压等级网络中时，其各台的外壳对地之间，应通过加装相当于运行电压等级的绝缘子等措施，使之可靠绝缘。

（3）电容器经星形连接后，用于高一级额定电压，当中性点不接地时，电容器的外壳应对地绝缘。

（4）电容器安装之前，要分配一次电容量，使其相间平衡，偏差不超过总容量的5%。当装有继电保护装置时还应满足运行时平衡电流误差不超过继电保护动作电流的要求。

（5）对个别补偿电容器的接线应做到：直接启动或经变阻器启动的感应电动机，其提高功率因数的电容可以直接与电动机的出线端子相连接，两者之间不要装设开关设备或熔断器；采用星-三角启动器启动的感应式电动机，最好采用三台单相电容器，每台电容器直接并联在每相绕组的两个端子上，使电容器的接线总是和绕组的接法一致。

（6）分组补偿低压电容器应该连接在低压分组母线电源开关的外侧，以防止分组母线开关断开时产生自激磁现象。

（7）集中补偿的低压电容器组，应专设开关并装在线路总开关的外侧，而不要装在低压母线上。

4.5.5.4 安装质量检查标准

1. 保证项目

（1）电容器及其附件的试验调整和电容器器身检查结果必须符合规范要求。检验方法：检查安装调试记录。

（2）电容器器身不得有坏损或渗油，瓷件无裂纹、瓷釉无损伤。检验方法：观察检查。

2. 基本项目

1）电容器应符合以下规定

（1）位置正确，固定牢靠，表面清洁，油漆完好；

（2）电容器安装距离符合规定。检验方法：实测和检查安装记录。

2）电容器连线应符合下列规定

（1）连接紧密，附件齐全，瓷件不受应力；

（2）接地正确可靠、无遗漏；

（3）构架及柜体应按规范水平及垂直安装，固定牢靠，油漆完好；

（4）接线对称一致、整齐美观，母线相色完好。检验方法：观察检查。

3）应具备的质量记录

（1）设备材料进货检验记录。

（2）产品合格证。

(3) 绝缘摇测记录。
(4) 交接检查试验报告单。
(5) 设计变更洽商记录。

4.6 电气组件的安装

4.6.1 热电阻与热电偶的安装

对于热电偶与热电阻的安装，应注意有利于准确测温、安全可靠及维修方便，而且不影响设备运行和生产操作。

4.6.1.1 安装前的准备

1. 防止沾污

（1）补偿导线的绝缘层及护套应避免油渍侵蚀而短路，影响热电偶的正常工作。

（2）热电偶丝受沾污后将影响分度值，使热电势产生漂移，降低稳定性。一般认为沾污是热电偶示值不稳定的重要原因，偶丝材料往往受到环境或保护管中杂质的沾污。对于 S 型热电偶，如果所用陶瓷管中含有铁和硅油等杂质，铂铑丝受铁污染后，热电势将降低。由于硅的存在，硅将被还原成自由硅与铂铑化合成为硅化物，使偶丝发脆。在安装时由于直接接触偶丝，偶丝表面会附上一层油膜，使偶丝受到污染。

（3）实际测量中，如果测量值偏离实际值太多，除热电偶安装位置不当外，还有可能是因为热电偶偶丝被氧化、热电偶测量端焊点出现砂眼等。

2. 热电偶的退火

热电偶出厂时偶丝都要经过退火。但由于在焊接、加工和装配过程中会残留应力和发生晶粒畸变，要求精度比较高时可进行退火，也可在使用温度下使用 1~2h 再进行测量。正是由于上述原因，热电偶热电势检验前都需经过退火处理。

4.6.1.2 热电偶测温点安装位置的选择

为了使热电偶和热电阻的测量端与被测介质之间有充分的热交换，应合理选择测点位置。为满足以上要求，在选择热电偶和热电阻的安装部位和插入深度时要注意以下几点：

1. 测温点的安装位置应具有代表性

（1）热电偶的和热电阻测量端应处于能够真正代表被测介质温度的地方，检测组件的安装应确保测量的准确性。

① 热电偶、热电阻应避免安装在炉门旁边或距离加热物体过近处；避免热电偶冷端太靠近炉体使温度超过 100℃。

② 热电偶和热电阻的保护管和炉壁孔之间的空隙必须用耐火泥或石棉绳等绝热物质堵塞，

以免冷热空气对流而影响测温的准确性。如果热电偶的保护套管与壁间的间隔没有填绝热物质，将导致炉内热溢出或冷空气侵入，影响测温的准确性。

（2）热电偶安装时应尽可能靠近所要测的温度控制点。

2．热电偶的安装应尽可能避开强磁场和强电场等外来干扰

不应把热电偶和动力电缆线装在同一根导管内，以免引入干扰造成误差；

3．热电偶或热电阻安装的位置，应考虑检修、维护和校验的方便

（1）热电偶周围应无障碍，便于操作。对于较长的热电偶，应注意留有足够的空间，可以使热电偶顺利地拔出或插入。热电偶的安装方法及部位应便于装、拆、维修。

（2）现场指示温度计的安装高度宜为 1.2～1.5m。高于 2.0m 时宜设直梯成活动平台。为了便于检修，距离平台不宜小于 300mm。

4．防止保护管在高温下产生变形

安装位置应尽量保持垂直状态，防止保护管在高温下产生变形。

热电偶或热电阻组件插入深度超过 1m 时，即使温度不太高也应尽可能垂直安装，或加装支撑架和保护套管。

若不能达到上述要求而必须水平安装，应装有用耐火黏土或耐热金属制成的支架加以支撑。

5．应有足够的插入深度

在实际测温过程中，如热电偶或热电阻的插入深度不够，将会受到与保护管接触的侧壁或周围环境的影响而引起测量误差。

1）流体温度的测量

（1）为防止热量沿热电偶或热电阻传走，或保护管影响被测温度，热电偶或热电阻应浸入所测流体之中。

（2）热电阻的插入深度，一般不得小于套管外径的 8～10 倍，一般不应小于 300mm。如果插入深度不够，外露部分有空气流通，这样测出的温度比实际温度低 3～4℃。

（3）对于金属保护管热电偶，插入深度应为直径的 15～20 倍；对于非金属保护管热电偶，插入深度应为直径的 10～15 倍。热电偶保护管露在设备外的部分应尽可能短，最好加保温层，以减少热损失。

2）固体温度的测量

当测量固体温度时，热电偶应当顶着该材料或与该材料紧密接触。为了使导热误差减至最小，应减小接点附近的温度梯度。

6．热电偶和热电阻应尽量安装在没有振动或振动很小的地方

防腐热电阻在安装和运输时必须确保防腐层不破损或者受到外力撞击，防腐层损坏将导致防腐热电阻使用寿命减短或完全失去防腐作用。

7．对于瓷保护管的热电偶，必须避免骤冷骤热，以免瓷管爆裂

8．铠装热电偶和热电阻管道安装的技术要求

（1）热电偶或热电阻宜安装在直管段上，其安装要求最小管径为 80mm，热电偶在管道拐弯处安装时，管径应不小于 40mm。

（2）测量管道中流体温度时，热电偶或热电阻的测量组件工作端应处于管道中流速最大处。一般来说，热电偶或热电阻的保护套管末端应越过流速中心线，热电偶应使保护管末端超过管道中心线 5～10mm，铂热电阻的护套管末端应越过流速中心线 50～70mm。

假如需要测量烟道内烟气的温度，尽管烟道直径为 4m，热电偶或热电阻插入深度 1m 即可。

（3）当被测介质处于流动状态时，热电偶、热电阻应倾斜 45°安装，最好安装在管道弯曲处，并且其感温组件应与被测介质形成逆流。

（4）尽量避免在阀门、弯头及管道和设备的死角附近装设热电偶或热电阻。不应该把检测组件插入介质的死角，以确保检测组件与被测介质能进行充分的热交换，否则容易产生测量误差。

（5）若被测介质具有高压、负压或为有害气体，热电偶或热电阻安装必须保证有严格密封性，以免外界空气进入使读数偏低，影响测量的准确性。

（6）热电偶应安装在有保护层的管道内，以防止热量散失。

（7）用热电偶测量管道中的气体温度时，如果管壁温度明显的较高或较低，则热电偶将对之辐射或吸收热量，从而显著改变被测温度。这时，可以用一辐射屏蔽罩来使其温度接近气体温度，采用所谓的屏罩式热电偶。

（8）对于高温高压和高速流体的温度测量（如主蒸汽温度），为了减小保护套对流体的阻力和防止保护套在流体作用下发生断裂，可采取保护管浅插方式或采用热套式热电偶。浅插式的热电偶保护套管，其插入主蒸汽管道的深度应不小于 75mm；热套式热电偶的标准插入深度为 100mm。

（9）对于有分支的工艺管道，安装热电偶时，要特别注意安装位置应与工艺流程相符，且不能安装在工艺管道的死角、盲肠位置。

4.6.1.3 铠装热电偶与热电阻的安装方法

1．热电偶与热电阻组件的安装

（1）首先应测量好热电偶和热电阻法兰或者螺纹螺牙的尺寸，加工配套好法兰座或者螺纹底座。

（2）根据法兰或者螺纹底座的尺寸，在需要测量的管道上开孔。

（3）法兰或者螺牙座的焊接。把法兰座或者螺纹底座插入已开好孔内，把法兰座或者螺纹底座与被测量的管道焊接好。

（4）把热电偶或热电阻用螺栓紧固或者旋进已焊接好的螺纹底座。

（5）检测组件的安装应确保安全、可靠。为避免检测组件的损坏，接触式测量仪表的保护套管应该具有足够的机械强度，在使用时可以根据现场的工作压力、温度、腐蚀性等特性，合理地选择保护套管的材质、壁厚；当介质压力超过 10MPa 时，必须安装保护外套，确保安全；为减小测量滞后，可在保护管内部加装传热良好的填充物，如硅油、石英砂等；接线盒出线孔应该朝下，以免因密封不良使水汽、灰尘进入而降低测量精度。

2. 接线盒及插接件安装

（1）接线盒不可接触被测介质的容器壁，接线盒处的温度不应超过 100℃，且应保持稳定。因为补偿导线的热电特性仅在 0～100℃（或 200℃）范围内才与热电偶的热电特性相一致，超过此温度将产生附加误差，所以安装时要使接线盒避开高温区。

（2）为避免液体、灰尘渗入电阻的接线盒内，热电偶的接线盒面盖应在上面，出线孔螺栓应向下，以防止雨水或灰尘进入接线盒，影响测量精度。尤其是在有雨水溅洒的场所应特别注意。

（3）在完成热电偶与导线的连接，并与显示仪表连接后，应将接线盒上的出线孔螺栓拧紧，然后再将接线盒盖好。如果接线盒的出线孔密封不良，水汽、灰尘等沉积将造成接线端子短路。

（4）如果热电偶回路的插接件（包括接线盒中的接线柱、接线片）温度均匀，则不影响热电偶回路的热电势值。为了减少此项误差，应将连接导线与热电极尽量靠近，而且连接正、负热电极的两个插接件也应尽量靠近，使用补偿导线与热电极连接的两个接点温度应尽可能一致。

3. 热电偶补偿导线及其连接

（1）使用热电偶补偿导线时必须注意型号相匹配，正负极性不能接错，否则测温误差反而增大。补偿导线与热电偶连接端的温度不能超过 100℃，两个热电极的接点和补偿导线的接点之间不应存在温度差，否则将产生较大误差。

实际使用时要特别注意补偿导线的使用。通常接在仪表和接线盒之间的补偿导线，其热电性质与所用热电偶相同或相近，与热电偶连接后不会产生大的附加热电势，不会影响热电偶回路的总热电势。如果用普通导线来代替补偿导线，就起不到补偿作用，从而降低测温的准确性。

（2）在接线时，应注意补偿导线的极性，不可反接，否则不仅起不到补偿作用，反而会加大测量误差。

（3）为保护补偿导线不受外来的机械损伤和外磁场的干扰对显示仪表造成影响，补偿导线应施加屏蔽，最好把补偿导线装入接地的钢管内。

（4）在敷设补偿导线时，应使其距离最短，以免线路电阻过大，影响测量仪表正常工作。为保护补偿导线不受机械损伤和防止外磁场干扰，应将补偿导线加以屏蔽或直接装入接地钢管内。

4. 铠装热电阻的安装

（1）热电阻应按规定接线，一般采用三线制。连接导线应采用绝缘（最好是屏蔽）铜线，其截面积应不小于 1.0mm^2，导线的阻值应按显示仪表的规定配准。

（2）由于热惰性使热电阻变化导致滞后温度变化，为消除它引起的误差，应尽可能地减小热电阻保护管外径，适当增加热电阻的插入深度，使热电阻受热部位增加。

4.6.2 PLC 安装

4.6.2.1 PLC 的安装环境

PLC 适用于大多数工业现场，但它对使用环境还是有一定要求的。为保证 PLC 工作的可靠性，尽可能地延长其使用寿命，在安装时一定要注意周围的环境，其安装场合应该满足以下几点：

（1）环境温度在 0～55℃ 范围内。

（2）环境相对湿度应在 35%～85% 范围内，不允许存在由温度突变或其他因素引起的露水凝聚。

（3）周围无易燃和腐蚀性气体，如氯化氢、硫化氢等。

（4）周围无过量的灰尘和金属微粒，例如铁屑及灰尘。

（5）避免过度频繁或连续的振动和冲击，尤其是频率为 10～55Hz、幅度为 0.5mm（峰-峰）的振动和超过 10g（重力加速度）的冲击。

（6）不能受太阳光的直接照射或水的溅射。

4.6.2.2 PLC 的安装要求

1. 安装位置

为了使控制系统工作可靠，通常把 PLC 安装在有保护外壳的控制柜中，以防止灰尘、油污、水溅。但是 PLC 不能与高压电器安装在同一个控制柜内。与 PLC 装在同一个控制柜内的电感性组件，如继电器、接触器的线圈应并联 RC 消弧电路。PLC 应远离强干扰源，如大功率变流装置、高频焊机和大型动力设备等。

2. 通风和散热条件

为了保证 PLC 在工作状态下其温度保持在规定环境温度范围内，安装时应有足够的通风空间，基本单元和扩展单元之间要有 30mm 以上间隔。如果周围环境超过 55℃，要安装电风扇，强制通风。

3. 避免干扰

为了避免其他外围设备的电干扰，PLC 应尽可能远离高压电源线和高压设备，其与高压设备和电源线之间应留出至少 200mm 的距离。

4. 垂直安装时

当 PLC 垂直安装时，要严防导线头、铁屑等从通风窗掉入 PLC 内部，造成印制电路板短路，使其不能正常工作甚至永久损坏。

5. PLC 的所有单元必须在断电时安装和拆卸

6. 防静电

为防止静电对 PLC 组件的影响，在接触可编程控制器前，先用手接触某一接地的金属物体，以释放人体所带静电。

4.6.2.3 PLC 的安装方法

PLC 的安装方法有底板安装和 DIN 导轨安装两种。

1. 底板安装

小型 PLC 外壳的四个角上均有安装孔。利用 PLC 机体外壳四个角上的安装孔，用规格为 M4 的螺钉将控制单元、扩展单元、A/D 转换单元、D/A 转换单元及 I/O 链接单元固定在底板上，不同的单元有不同的安装尺寸。

2. DIN 导轨安装

另一种是 DIN（德国标准）轨道固定。DIN 轨道配套使用的安装夹板，左右各一对。在轨道上，先装好左右夹板，再装上 PLC，然后拧紧螺钉。

利用 PLC 底板上的 DIN 导轨安装杆将控制单元、扩展单元、A/D 转换单元、D/A 转换单元及 I/O 链接单元安装在 DIN 导轨上。安装时安装单元与安装导轨槽对齐后向下推压即可。将单元从 DIN 导轨上拆下时，需用一字形的螺钉刀向下轻拉安装杆。

4.6.3 电力半导体器件的安装

4.6.3.1 半导体功率器件的安装要求

（1）半导体器件工作时，自身的功耗会使结温提高，因此必须安装散热器。功率半导体器件和散热器的安装表面对热阻和主电流的接触电阻有很大的影响。

（2）对于螺栓型半导体功率器件，应使用专用的工具拆装。

安装的力矩愈大，接触电阻愈小，但过大的力矩将损坏器件的结片和螺栓。因此，最好使用力矩扳手，其紧固力矩应符合产品技术条件的要求，使最大安装力矩限制在器件的规定值内。

（3）对于铝散热器，最好用金属刷子把安装表面的氧化膜刷净，并在散热器与半导体功率器件的接触面上涂一层薄薄的硅脂，然后将器件拧紧在散热器上。对于平板器件可用同样方法安装，但安装表面的平整度十分重要，还要注意二个安装表面的平行度并应使上下两个散热器和器件三者在同一中心线上。

（4）功率半导体器件的散热器装配后，其相与相之间和相与地（外壳）之间的最小电气间隙，应符合产品技术条件的要求。

（5）对于平板型半导体功率器件，应与散热器同时拆装。平板器件散热器应紧固不允许松动。整个器件固定安装后，器件电极连接一般应采用软连接，以免外力使散热器压装压力改变，影响性能。

4.6.3.2 安装步骤

（1）将散热器和风机按通风要求装配于合适位置。散热器表面必须平整光洁。在模块导热底板与散热器表面均匀涂覆一层导热硅脂，然后用螺钉把模块固定于散热器上，四个螺钉用力要均等。

（2）根据实际工作电流的大小，选用适当规格的接线鼻将铜线扎紧，最好浸锡，套上绝缘热缩管，用热风或热水将热缩管加热收缩。导线截面积按电流密度不大于 $4A/mm^2$ 选取，禁止将铜线直接压接在模块电极上。

（3）将连接好铜线的接线鼻平放于模块输入、输出端电极上，用螺钉紧固，并保持良好的平面压力接触。注意：模块的电极易被掀起折断，接线时应防止将电极拉起折断。

（4）连接模块控制线。根据模块的实际控制方式，进行相应的连线。注意：为避免控制信号的干扰，控制线应选用屏蔽线，且在走线时应避免控制线与高压线之间出现交叉走线。

4.6.3.3 晶闸管的安装

（1）对于负载小或电流持续时间短（小于1s）的晶闸管，可在自由空间工作。

（2）大功率的晶闸管，一般需要用专用的散热器，安装在散热器或散热的支架上，和压装组件进行压紧安装。为了减小热阻，可控硅与散热器间要涂上导热硅脂。

（3）晶闸管固定到散热器的主要方法有三种：夹子压接、螺栓固定和铆接。

前两种安装方法的工具很容易取得。推荐夹子压接的方法，热阻最小，夹子对器件的塑封施加压力。此方法适用于非绝缘封装和绝缘封装。螺栓固定组件带有成套安装零件，包括矩形垫圈，垫圈放在螺栓头和接头片之间。很多场合下，铆接不是一种推荐的方法。

（4）器件固定到散热器时，应避免让双向晶闸管受到应力。固定，然后焊接引线。不要把铆钉芯轴放在器件接口片一侧。

（5）晶闸管组件的冷却方式有加装散热器自然冷却、风冷和水冷等。为了使组件充分地发挥其额定性能并提高使用中的可靠性，除必须科学地选择散热器外，还需正确地安装；只有正确地安装散热器才能保证其与组件芯片间的热阻满足技术要求。在安装组件与散热器时，应注意以下事项：

① 散热器的台面必须与组件台面尺寸相匹配，防止压扁、压歪而损坏器件。

② 散热器台面必须具有较高的平整、光洁度。建议散热器台面粗糙度小于或等于1.6μm，平整度小于或等于30μm。安装时组件台面与散热器台面应保持清洁干净，无油污等脏物。

③ 安装时要保证组件台面与散热器的台面完全平行、同心。安装过程中，要求通过组件中心线施加压力以使压力均匀分布在整个接触区域内。用户手工安装时，建议使用扭矩扳手，对所有紧固螺母交替均匀用力，压力的大小要达到数据表中的要求。

④ 在重复使用水冷散热器时，应特别注意检查其台面是否光洁、平整，水腔内是否有水垢和堵塞，尤其要注意台面是否出现下陷情况，若出现了上述情况应予以更换。

（6）在使用中需注意，风冷方式加装散热器后，一般要求风速不低于6m/s；水冷方式要求水冷散热器水流量不小于4×10^3ml/min，进水温度5～35℃，水质$\rho\leqslant2.5$kΩcm。根据组件通态额定平均电流推荐配置的标准型散热器型号见表4.6.1。

表4.6.1 推荐配置的标准型散热器型号

组件通态额定平均电流（A）		100～200	300	400	500～600	800	1000	1000～3000
推荐散热器型号	水冷	SS11	SS12	SS12	SS13	SS13	SS14	SS14
	风冷	SF12	SF13	SF14	SF15	SF16	SF17	

其中SF系列风冷散热器是指在强迫风冷（风速大于或等于6m/s）条件下的推荐配置，用户在使用时应根据实际散热条件并考虑可靠性要求进行选择。对于1000A以上组件一般不推荐使用风冷散热器，若使用风冷散热器，则组件额定电流需降额使用。

水冷散热器安装图见图4.6.1。

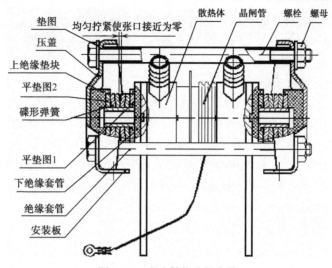

图 4.6.1 水冷散热器的安装

（7）安装过程中，螺钉刀绝不能对器件塑料体施加任何力量。

和接头面接触的散热器表面应进行处理，保证平坦，10mm 以上允许偏差 0.02mm。

安装力矩（带垫圈）应在 0.55～0.8Nm 之间。

应避免使用自攻丝螺钉，因为挤压可能导致安装孔周围隆起，影响器件和散热器之间的热接触。安装力矩无法控制也是这种安装方法的缺点。

（8）交流进线和整流出线都是铜排。控制线用双绞线。还要有脉冲变压器和控制板。

（9）如果是模块式晶闸管，可以用铝制散热器安装。接线用铜电缆。控制线用双绞线。

4.6.3.4 IGBT 安装时的注意事项

由于 IGBT 是功率 MOSFET 和 PNP 双极晶体管的复合体，特别是其栅极为 MOS 结构，因此除了上述应有的保护之外，还应和其他 MOS 结构器件一样。IGBT 对于静电压也十分敏感，故对 IGBT 进行装配焊接作业时也必须注意以下事项：

1．防止静电

由于 IGBT 模块为 MOS 结构，IGBT 的 V_{GE} 的耐压值为±20V，若在 IGBT 模块上加了超出耐压值的电压，则会导致损坏的危险，因而加在栅极-发射极之间的电压不能超出耐压值。此外，应防止静电将 IGBT 击穿。因此，应注意下面几点：

（1）在使用模块时，手持分装件时，不要触摸驱动端子部分。

（2）栅极与任何导电区要绝缘，以免产生静电而击穿，所以包装时 G 极和 E 极之间要有导电泡沫塑料，防止短接。

（3）在用导电材料连接驱动端子的模块时，在配线布好之前，不要接上模块。

（4）必须要触摸模块端子时，要先将人体或衣服上的静电放掉，然后再触摸。

（5）在焊接作业时，焊机与焊槽之间的漏泄容易引起静电压；为了防止静电的产生，应先保证焊机处于良好的接地状态下。

（6）装卸时应采用接地工作台、接地地面、接地腕带等防静电措施。尽量在底板良好接地的情况下操作。

（7）在使用装置的场合，如果栅极回路不合适或者栅极回路完全不能工作（栅极处于开路状态），若在主回路上加上电压，则IGBT就会损坏。为防止这类损坏情况发生，应在栅极发射极之间接一只10kΩ左右的电阻。

（8）应在无电源时进行安装。

2．散热器的安装

由于热阻随IGBT安装位置的不同而不同，安装时需要注意：

（1）仅在散热器上安装一个IGBT时，应将其安装在正中间，以使热阻最小。

（2）当要安装几个IGBT时，应根据每个IGBT的发热情况留出相应的空间；对发生最大损耗的模块给予最大面积。

（3）使用带纹路的散热器时，应将IGBT较宽的方向顺着散热器的纹路，以减少散热器的变形。

（4）散热器表面要平整清洁，要保证安装表面光洁度小于或等于10μm，粗糙度在0.01mm以下，平面度在0.01/100mm以内。如果散热器的表面不平，将大大增加散热器与器件的接触热阻，甚至在IGBT的管芯和管壳之间的衬底上产生很大的张力，损坏IGBT的绝缘层。

（5）为了减少接触热阻，最好在散热器与IGBT管间涂抹导热硅脂。要注意导热硅脂的导热系数。在界面要涂传热导电膏，涂层要均匀，厚度约150μm。

（6）IGBT模块直接固定在散热器上，螺钉一定要受力均匀。在安装或更换IGBT管时，应十分重视IGBT管与散热片的接触面状态和拧紧程度，应使用力矩扳手按规定力矩紧固。

（7）一般散热片底部安装有散热风扇，当散热风扇损坏或散热片散热不良时将导致IGBT管发热，从而发生故障，因此对散热风扇应定期进行检查，一般在散热片上靠近IGBT管的地方安装有温度传感器，当温度过高时将报警或停止IGBT管工作。

3．电气连接

（1）在IGBT模块电极端子部分，接线时不要加过大的应力。一般主电路用螺钉拧紧，控制极G要用插件，尽可能不用焊接方式。栅极装配时切不可用手指直接接触，直到G极管脚进行永久性连接。

（2）必须焊接作业时，为了防止静电损坏IGBT，焊机及电烙铁一定要可靠接地。

焊接G极时，电烙铁要停电并接地，选用定温电烙铁最合适。当手工焊接时，温度260±5℃，时间（10±1）s，松香焊剂。

波峰焊接时，PCB要预热80～105℃，在245℃时浸入焊接3～4s，松香焊剂。

4．IGBT的检测

（1）仪器测量时，将100Ω电阻与G极串联。

（2）使用续流二极管（FWD）而未使用某IGBT时（例如截波电路等），在未使用IGBT的G-E间，应加上-5V以上的逆向偏置电压。

（3）开、关时的浪涌电压等的测定，应在端子处进行。

5. IGBT 的使用应尽量远离有腐蚀性气体的场所

6. IGBT 保存及运输时的注意事项

（1）保存半导体原件的场所的温度和湿度，应保持在常温常湿状态，不应偏离太大。常温的规定为 5～35℃，常湿的规定为 45%～75%。特别是使用模块化的 IGBT 的场合，在冬天特别干燥的地区，需用加湿机加湿。

（2）装 IGBT 管模块的容器，应选用不带静电的容器，并尽量远离有腐蚀性气体或灰尘较多的场合。

（3）在温度发生急剧变化的场所 IGBT 模块表面可能有结露水的现象，因此 IGBT 模块应放在温度变化较小的地方。

（4）保管时，须注意不要在 IGBT 模块上堆放重物。

（5）外部端子应在未加工的状态下保管。若有锈蚀，在焊接时会有不良的情况产生，所以要尽可能地避免这种情况。

（6）用包装箱运输大量器件时，注意擦伤接触电极面，部件间应填充软性材料。

（7）搬运中不要使 IGBT 模块受下坠冲击。

4.6.4 其他电气组件的安装方法

4.6.4.1 按钮和指示灯安装

1. 按钮选择

（1）根据使用场合、所需触头数及颜色来进行选择。

（2）电动葫芦不宜选用 LA18 和 LA19 系列按钮，最好采用 LA2 系列按钮。

（3）灰尘较多的车间（如铸造），也不宜选用 LA18 和 LA19 系列按钮，最好选用 LA14－1 系列按钮。

（4）按钮操作应灵活、可靠、无卡阻。

2. 按钮的颜色使用

（1）停止、断电或发生事故用红色按钮。

（2）启动或通电优先采用绿色按钮，允许用黑、白或灰色按钮。

（3）一钮双用的启动与停止、通电与断电，交替按压后改变功能的，既不能红色按钮，亦不能用绿色按钮，而应用黑、白或灰色按钮。

（4）按时运动、松时停止运动（如点动、微动），应用黑、白、灰色或绿色按钮。最好是黑色，不能用红色按钮。

（5）如复位等单一功能的，用蓝、黑、白色或灰色按钮。

3. 指示灯的颜色使用

（1）危险、告急或报警用红色指示灯。

（2）安全、分闸断电、情况正常或允许进行启动用绿色指示灯。

（3）执行、合闸而不能使用红、黄、绿时，用白色指示灯。

（4）表示红、黄、绿三色之外的任何指定用意时，用蓝色指示灯。

4．按钮和指示灯的安装

（1）按钮和指示灯安装时应注意安装位置正确，应按图纸要求安装。

（2）按钮及按钮箱和指示灯安装时，间距应为 50～100mm；倾斜安装时，与水平面的倾角不宜小于 30°。

（3）集中一处安装的按钮和指示灯应有编号或不同的识别标志，"紧急"按钮应有鲜明的标记。

（4）按钮垂直安装时："启动"（绿或黑、白、灰色）在上，"停止"（红色）在下。

（5）按钮水平安装时："正转""向左""向前"在左，"停止"居中，"反转""向右""向后"在右。

（6）显示按钮操作状态的指示灯安装位置应与操作按钮水平或垂直对应。

4.6.4.2　端子排的安装

目前普遍采用 DIN35 导轨或 C 型导轨或 G 型导轨安装端子排。

1．端子排的安装要求

（1）端子排应无损坏、固定牢固、绝缘良好。潮湿环境宜采用防潮端子。

（2）接线端子应与导线截面匹配，不应使用小端子配大截面导线。

（3）端子应有序号，端子排应便于更换且接线方便；离地高度宜大于 350mm，并且应为连接电缆提供必要的空间。

（4）回路电压超过 400V 时，端子板应有足够的绝缘并涂以红色标志。

（5）强、弱电端子宜分开布置；当有困难时，应有明显标志并设空端子隔开或设加强绝缘的隔板。

（6）正、负电源之间以及经常带电的正电源与合闸或跳闸回路之间，宜用一个空端子隔开。

（7）电流回路应经过试验端子，其他需断开的回路宜经特殊端子或试验端子。试验端子应接触良好。

2．端子排的安装方法

（1）根据不同的端子排选用合适的安装导轨，然后依据端子排的数量和总长度，将安装导轨锯成合适的长度，将锯口用锉刀锉去毛刺，在锯口处涂上清漆，防止生锈。

（2）将导轨用合适的螺钉安装在图纸要求的位置，不得为图省事采用铆钉安装。

（3）将端子安装在导轨上，注意将端子端板安装在右侧或者上方。

（4）安装端板和固定件。安装固定件时拧紧螺钉力度要适中，既要使端子固定好又不得损坏端子。

4.6.4.3　电工仪表及其附件

（1）电工仪表安装时应符合电工仪表本身的安装条件（如防尘、防溅、防腐蚀性物质、防强磁场，保证安装垂直度等）。

（2）安装电流表的外附分流器时应注意其铭牌上注明的额定值是否与所配用电流表指定的数值相符，然后再安装。电流表接至分流器上的导线，在一般情况下，最好使用原制造厂提供的连接导线，如长度不够，可按连接导线截面与其长度成正比关系来更换新导线。例如，原导线长度为 1.5m，截面积为 1.5mm^2，其长度须增至 2.5m 时，其截面积应改为 2.5mm^2。

（3）所有仪表的型号规格及安装位置均应符合图纸要求，安装时应注意操作，防止损坏仪表。

（4）安装电度表时应注意垂直不倾斜，安装位置应便于读数抄表，电度表外壳应接地良好，其接地电阻应小于 0.01Ω。

4.6.4.4 变阻、电阻器件的安装方法

1．电阻器件的安装

（1）电阻器件的安装应符合图纸要求，安装固定应牢靠、无松动现象，电气间隙及爬电距离达不到规定时应增加绝缘衬垫，增大距离。

（2）管状电阻与其他组件间的最小间距推荐值见表 4.6.2。

表 4.6.2 管状电阻与其他组件间的最小间距推荐值

名 称	推荐的最小间距（mm）		
	在电阻之上	在电阻之侧	在电阻之下
绝缘体	40	30	30
导线	110	40	40
管形电阻	50	16	50
信号灯、指示盒	50	40	40
整流器	不准安装	40	40
控制柜内侧壁	150	100	100

（3）片状电阻与其他组件间的最小间距推荐值见表 4.6.3。

表 4.6.3 片状电阻与其他组件间的最小间距推荐值

名 称	推荐的最小间距（mm）		
	在电阻之上	在电阻之侧	在电阻之下
绝缘体	50	40	40
导线	须用裸铜线套以磁珠	40	40
片状电阻	40	10	40
管形电阻	50	40	50
信号灯、指示盒	50	40	50
整流器	不准安装	40	40
控制柜内侧壁	150	100	100

2. 变阻器安装

(1) 变阻器和调整器的手柄顺时针方向旋转时相当于增加控制量,反之则减小控制量。

(2) 变阻器滑动触头与固定触头应接触良好;触头间应有足够压力;在滑动过程中不得开路。

(3) 变阻器的转换装置:

① 转换装置移动应均匀平滑,无卡阻,并有与移动方向对应的指示阻值变化标志。

② 电动传动的转换装置,其限位开关及信号联锁接点动作应准确、可靠。

③ 齿链传动的转换装置,允许有半个节距的窜动范围。

4.6.4.5 电感类组件的安装

1. 电压电流互感器的安装方法

(1) 在安装互感器时,应先检查其型号规格、电压等级是否符合图纸的要求,应无损坏等现象。

(2) 按照图纸的要求进行安装定位,并应便于一次线、二次线的连接。

(3) 互感器的接地应良好,其接地电阻应小于 0.01Ω。

(4) 在安装三只电流互感器时,一般排列成品字形,并对正一次线的位置。当安装单只电流互感器时,一般应将互感器对正 B 相的一次进线。

(5) 固定母线式电流互感器,是直接穿过母线,安装固定在母线上面,在安装时应注意方向一致,接二次线的端子一般朝装置的前面或上面,便于接线查线。

2. 小型干式变压器、自耦变压器、电抗器、频敏变阻器的安装方法

(1) 在安装前应先检查型号规格、电压等级、电流挡位是否符合图纸的要求,各接线端子是否完好。

(2) 安装的位置应符合图纸的设计要求,应便于一次线的连接,在安装的过程中应注意不要损坏绝缘层或碰坏接线端头。

(3) 各类变压器的接地应良好,测量接地电阻应小于 0.01Ω。

(4) 频敏变阻器:

① 频敏变阻器在调整抽头及气隙时,应使电动机启动特性符合机械装置的要求。

② 用于短时间启动的频敏变阻器在电动机启动完毕后应短接切除。

4.6.4.6 避雷器的安装方法

(1) 安装前应检查电抗器、避雷器是否完好无损,若有破损、裂纹应及时退库、更换。检查型号规格、电压等级是否与图纸相符。

(2) 安装时应仔细清除表面的灰尘和油污,特别是接线端子和安装平面处。

(3) 安装的位置应符合图纸要求。

(4) 应将金属面积较大的一端接地,其接地电阻应小于 0.01Ω,另一端接电源。

4.6.4.7 电磁铁的安装方法

(1) 电磁铁的铁心表面应洁净无锈蚀,通电前应除去防护油脂。

（2）电磁铁的衔铁及其传动机构的动作应迅速、准确、无阻滞现象。直流电磁铁的衔铁上应有隔磁措施，以清除剩磁影响。

（3）制动电磁铁的衔铁吸合时，铁芯的接触面应紧密地与其固定部分接触，且不得有异常响声。

（4）有缓冲装置的制动电磁铁，应调节其缓冲器气道孔的螺钉，使衔铁动作至最终位置时平稳，无剧烈冲击。

（5）牵引电磁铁固定位置应与阀门推杆准确配合，使动作行程符合要求。

4.6.4.8　明装插座及面板式插座、开关的安装方法

（1）安装前应检查有无破损，电压等级、电流等级以及型号规格是否符合图纸要求。

（2）安装时应根据图纸设计的位置排列，操作中应注意防止损坏组件，不要在紧固安装螺钉时，因压力过大而损坏安装孔结构。

（3）安装后的组件应端正、平整，不能因安装面不平整而使组件受到不正常的压力。在多只组件并列安装时，应使各组件保持在同一水平线或垂直线上。

4.6.4.9　HZ 系列组合开关的安装方法

（1）组合开关分板前接线和板后接线两种方式，一般板前接线方式装在装置内部，板后接线方式装在操作面板上。

（2）安装前应检查型号规格、电压等级、开关相数是否符合图纸要求，操作手柄转动是否灵活，有无卡滞现象。

（3）板后接线的组合开关，在安装时先用螺钉刀卸下手柄，将组合开关从面板的背面穿进已开好的安装孔，将"通""断"标志牌从安装面板的正面对正组合开关的安装孔，并用螺钉钉将标志牌与组合开关的安装支架一道固定在安装面板上，然后装好操作手柄。

（4）检查安装正确与否，是否符合图纸设计要求，手柄转动是否灵活。

第5章 柜内的导线连接

5.1 接线图

电气控制系统的电气接线图主要显示该系统中被控制电器、变压器、母线、断路器、电力或电子线路等主要器件、线路之间的电气连接关系，由电气接线图可获得对该电气控制系统更细致的了解。

电气接线图是根据电气设备和电气元件的实际位置和安装情况绘制的，它绘制依据的是整机和部件的电气原理及电气元件布置图。电气接线图只用来表示电气控制设备中电气元件及装置的连接关系，即电气设备和电气元件的位置、配线方式和接线方式，而不是为了表示电气动作原理。

5.1.1 接线图绘制规则

5.1.1.1 对电气安装接线图的要求

电气安装接线图主要用于指导相关人员对电气设备进行合理的安装配线、接线、查线、线路检查、线路维修和故障处理。电气接线图是用来组织排列电气控制设备中各个零部件的端口编号和该端口的导线电缆编号，以及接线端子排的编号。在图中要表示出各电气设备、电气元件之间的实际接线情况，并标注出外部接线所需的数据。在电气安装接线图中各电气元件的文字符号、元件连接顺序、线路号码编制都必须与电气原理图一致。

在绘制电气安装接线图时有以下几点注意事项。

（1）接线图中一般应示出如下内容：电气设备和电气元件的相对位置、文字符号、端子号、导线号、导线类型、导线截面、屏蔽和导线绞合等。

（2）所有的电气设备和电气元件都按其所在的实际位置绘制在图纸上，且同一电器的各元件根据其实际结构，使用与电路图相同的图形符号画在一起，并用点画线框上，其文字符号以及接线端子的编号应与电路图中的标注一致，以便对照检查接线。

（3）接线图中的导线有单根导线、导线组（或线扎）、电缆等之分，可用连续线和中断线来表示。凡走向相同的导线可以合并，用线束来表示，到达接线端子板或电气元件的连接点时再分别画出。在用线束表示导线组、电缆等时可用加粗的线条表示，在不引起误解的情况下也可采用部分加粗。另外，应标注清楚导线及套管、穿线管的型号、根数和规格。

5.1.1.2 接线图包含的内容

电气接线图是表示电气控制系统中各项目（包括电气元件、组件、设备等）之间连接关系、连线种类和敷设路线等详细信息的电气图。电气接线图是检查电路和维修电路不可缺少的技术文件。根据表达对象和用途不同，可细分为单元接线图、互连接线图和端子接线图等。常用电气接线图包括：一次接线图（或称主接线图），二次接线图（或称控制电路接线图）和电气部件接线图三种。

1. 端子功能图

表示功能单元全部外接端子，并用功能图、表图或文字表示其内部功能的一种简图。

2. 接线图或接线表

接线图或接线表表示成套电气控制设备或装置的连接关系，是用于接线和检查的一种简图或表格。

（1）单元接线图或单元接线表：表示成套装置或设备中一个结构单元内的连接关系的一种接线图或接线表。结构单元指在各种情况下可独立运行的组件或某种组合体，例如，一次接线图和二次接线图。

（2）互连接线图或互连接线表：表示成套装置或设备的不同单元之间连接关系的一种接线图或接线表。例如，电气部件接线图或线缆接线图及接线表。

（3）端子接线图或端子接线表：表示成套装置或设备的端子，以及接在端子上的外部接线（必要时包括内部接线）的一种接线图或接线表。例如，电气部件接线图。

（4）电缆配置图或电缆配置表：提供电缆两端位置，必要时还包括电缆功能、特性和路径等信息的一种接线图或接线表。

5.1.1.3 接线图绘制原则

1. 必须遵循相关国家标准

国家标准 GB/T6988.1—2008《电气技术用文件的编制 第 1 部分：规则》规定接线图中元件应用简单的轮廓（如正方形、矩形或圆形）来表示，或用简化图形表示，也可采用 GB4728 中规定的图形符号，端子应表示清楚，但端子符号无须示出，其他与电气安装接线图有关的标准还有：

GB/T 4026—2004 《设备端子和特定导体终端标识及字母数字系统的应用通则》

GB/T 7947—2006 《导体的颜色或数字标识》

GB/T 11499—2001 《半导体分立元件文字符号》

GB/T 16679—2009 《工业系统、装置与设备以及工业产品 信号代号》

GB/T 21654—2008《顺序功能表图用 GRAFCET 规范语言》

JB/T 2740—2008 《工业机械电气设备 电气图、图解和表的绘制》

CECS37：1991 《工业企业通信工程设计图形及文字符号》

原理图中的项目代号、端子号及导线号的编制分别应符合：

GB/T 5094.1—2002《工业系统、装置与设备以及工业产品结构原则与参照代号 第 1 部分：基本规则》

GB/T 4026—2004 《人机界面标志标识的基本方法和安全规则 设备端子和特定导体终端标识及字母数字系统的应用通则》

GB 4884—1985《绝缘导线标记》等规定。

2. 所有电气元件及其引线应标注与电气原理图中相一致的文字符号及接线号

在各电气元件的位置以细实线画出外形方框图（元件框），并在其内画出与原理图一致的图形符号，各电气元件的文字符号必须和电气原理图中的标注一致。

3．接线图中各电气元件的绘制位置与比例

绘制电气安装接线图时，各电气元件及安装板的相对位置应与实际安装位置一致。各电气元件均按其在框架上和安装底板中的实际位置及所占图面的实际尺寸按统一比例绘制。

4．接线图中各电气元件部件的画法

与电气原理图不同，绘制电气安装接线图时，同一电气元件的所有部件（触头、线圈等）的电气符号均集中在表示该元件轮廓尺寸的点画线方框内，不得分散画出。

有时将多个电气元件用点画线框起来，表示它们是安装在同一安装底板上的。

5．电气接线图中线束及线槽中导线的画法

走线方式分板前走线及板后走线两种，一般采用板前走线。对于简单电气控制部件，电气元件数量较少，接线关系又不复杂时，可直接画出元件间的连线。对于复杂部件，电气元件数量多，接线较复杂的情况，一般采用走线槽走线，只要在各电气元件上标出接线号，不必画出各元件间连线。

6．电气接线图一律采用细线条绘制

绘制电气安装接线图时，走向相同的相邻导线可以绘成一股线，走向相同、功能相同的多根导线可用单线或线束表示。

7．电气接线图中线缆的标注

接线图中应标明配线用的各种导线的型号、规格、截面积、颜色、根数及穿线管的尺寸及要求等。

8．接线端子

安装底板内外的电气元件之间通过接线端子板进行连接，安装底板上有几条接至外电路的引线，端子板上就应绘出几个接点。不在同一安装板或电气柜上的电气元件或信号的电气连接一般应通过端子排连接，并按照电气原理图中的接线编号连接。

9．部件与外电路连接时

部件与外电路连接时，大截面导线进出线宜采用连接器连接，其他应经接线端子排、连接器或接插件连接，并按一定顺序标上进出线的接线号。

5.1.2　电气接线图绘制方法

5.1.2.1　在原理图上标出接线标号

标注原则为每经过一个电气元件（不含接线端子）变换一次线号，线号按顺序排列。

1. 主回路线号的编写

三相电源自上而下编号为 L1、L2、和 L3，经电源开关后出线上依次编号为 U1、V1 和 W1，每经过一个电气元件的接线桩编号要递增，如 U1、V1 和 W1 递增后为 U2、V2 和 W2……如果分成多路，例如，多台电动机的编号，为了不引起混淆，可在字母的前面冠以数字来区分，如 1U、1V 和 1W，2U、2V 和 2W。

2. 控制回路线号的编写

控制回路线号标注方法通常是从上至下、由左至右依次编写。每一个电气接点有一个唯一的接线编号，编号可依次递增。如编号的起始数字，控制回路从阿拉伯数字 1 开始，其他辅助电路可依次以 101、201……为起始数字，如照明电路编号从 101 开始，信号电路从 201 开始，监控电路从 301 开始，检测电路从 401 开始。

3. 电气线路接线编号示例

延时通断不断循环且达到设定循环次数断电的电气控制电路的接线编号示例见图 5.1.1。

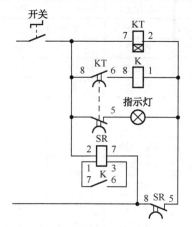

图 5.1.1　电气控制电路接线编号示例

5.1.2.2　绘制元件框、元器件符号并分配元件编号

依照安装位置，在接线图上画出元器件电气符号图形及外框。

打开 CAD 绘图软件，调出电气元件布置图中与绘制接线图有关的图层，在此基础上绘制接线图可以大幅度提高效率，节省很多时间。

1. 给每个元器件标上文字符号

文字符号通常由基本文字符号、辅助文字符号和数字组成，用于提供电气设备、装置和元器件的种类字母代码和功能字母代码。

1) 基本文字符号

基本文字符号可分为单字母符号和双字母符号两种。

(1) 单字母符号。

单字母符号是将各种电气设备、装置和元器件按英文字母划分为 23 大类，每一大类用一个专用字母符号表示，如"R"表示电阻类，"Q"表示电力电路的开关器件等，如表 5.1.1 所示，其中，"I"、"O"易同阿拉伯数字"1"和"0"混淆，不允许使用，字母"J"也未采用。

(2) 双字母符号。

双字母符号是由表 5.1.1 中的一个表示种类的单字母符号与另一个字母组成,其组合形式为：单字母符号在前、另一个字母在后。双字母符号可以较详细和更具体地表达电气设备、装置和元器件的名称。双字母符号中的另一个字母通常选用该类设备、装置和元器件的英文名词的首位字母，或常用缩略语，或约定俗成的惯用字母。例如，"G"为同步发电机的英文名，则同步发电机的双字母符号为"GS"。

表 5.1.1 电气设备常用文字符号新旧对照表

名称	新符号	旧符号	名称	新符号	旧符号	名称	新符号	旧符号
放大器	A	FD	变流器	U	BL	刀开关	QK	DK
调节器	A	T	逆变器	U	NB	转换开关	QC	HK
晶体管放大器	AD	BF	变频器	U	BP	隔离开关	QS	GK
集成电路放大器	AJ	AJ	二极管	V	D	自动开关	QA	ZK
磁放大器	AM	GF	晶体管	V	BG	万能转换开	SO	
电子管放大器	AV	GF	晶闸管	V	K	微动开关	SS	WK
交换器	B	BH	电子管	V	G	接近开关	SP	JK
压力变换器	BP	YB	振荡器	G		脚踏开关	SF	TK
位置变换器	BQ	WZB	汽轮发电机	GT	QLF	控制变压器	TC	LB
测速发电机	BR	CSF	水轮发电机	GH	SLF	升压变压器	TU	KB
温度变换器	BT	WDB	信号器件	H		降压变压器	TD	JB
速度变换器	BV	SDB	声响指示器	HA		自耦变压器	TA	OB
自整角机	B	ZZJ	指示灯	HL	ZD	整流变压器	TR	ZB
送话器	B	SDB	电阻器	R	R	电炉变压器	TF	LB
受话器	B	SH	变阻器	R	R	稳压器	TS	WY
拾声器	B	SS	电位器	RP	W	互感器	T	HK
扬声器	B	Y	启动电阻	RS	QR	电流互感器	TA	LH
耳机	B	EJ	制动电阻	RB	ZDR	电压互感器	TV	YH
光电池	B		频敏变阻器	RF	PR	脉冲变压器	TP	
电容器	C	C	附加电阻器	RA	FR	绕组	W	QK
单、双稳态元件	D		压敏电阻	RV	YR	励磁绕组	WE	LQ
二进制元件	D		继电器	K	J	控制绕组	XC	KQ
发热元件	EH		电压继电器	KV	YJ	断路器	QF	DL
照明灯	EL	ZD	电流继电器	KA	LJ	整流器	U	ZL
避雷器	F	BL	时间继电器	KT	SJ	电线	W	DX
熔断器	FU	RD	频率继电器	KF	PJ	天线	W	TX
瞬时动作限流器	FA	GLJ	压力继电器	KP	YLJ	电缆	W	DL
延时动作限流器	FR	RJ	控制继电器	KC	KJ	母线	W	M

续表

名 称	新符号	旧符号	名 称	新符号	旧符号	名 称	新符号	旧符号
电感器	L	L	信号继电器	KS	XJ	电磁铁	YA	DT
电抗器	LS	DK	中间继电器	KA	ZJ	电磁制动器	YB	ZDT
启动电抗器	L	QK	接地继电器	KE	JDJ	电磁离合器	YC	CLH
电流调节器	LT		接触器	KM	C	电磁吸盘	YH	
电动机	M	D	控制开关	SA	KK	电动阀	YM	
直流电动机	MD	ZD	行程开关	ST	CK	电磁阀	YV	DCF
交流电动机	MA	JD	按钮开关	SB	AN	力矩电动机	TM	DM
同步电动机	MS	TD	主令控制器	SL	LK	接线柱	X	JX
异步电动机	MA	YD	伺服电机	SM		连接片	XB	LP
鼠笼式电动机	MC	LD	电力变压器	TM	B	插头	XP	CT
测量仪表	P	CB	端子牌	XT	JZ	插座	XS	CZ

2）辅助文字符号

辅助文字符号是用来表示电气设备、装置和元器件以及线路的功能、状态和特征的。如"ACC"表示加速，"BRK"表示制动等。辅助文字符号也可以放在表示种类的单字母符号后面组成双字母符号，例如"SP"表示压力传感器。若辅助文字符号由两个以上字母组成时，为简化文字符号，只允许采用第一位字母进行组合，如"MS"表示同步电动机。辅助文字符号还可以单独使用，如"OFF"表示断开，"DC"表示直流等。辅助文字符号一般不能超过三个字母。

电气图中常用的辅助文字符号如表 5.1.2 所示。

表 5.1.2 电气图中常用的辅助文字符号

序号	名 称	符 号	序号	名 称	符 号	序号	名 称	符 号
1	电流	A	20	紧急	EM	39	保护接地与中性线共用	PEN
2	交流	AC	21	快速	F	40	不保护接地	PU
3	自动	AUT	22	反馈	FB	41	反，由，记录	R
4	加速	ACC	23	向前，正	FW	42	红	RD
5	附加	ADD	24	绿	GN	43	复位	RST
6	可调	ADJ	25	高	H	44	备用	RES
7	辅助	AUX	26	输入	IN	45	运转	RUN
8	异步	ASY	27	增	ING	46	信号	S
9	制动	BRK	28	感应	IND	47	启动	ST
10	黑	BK	29	低，左，限制	L	48	置位，定位	SET
11	蓝	BL	30	闭锁	LA	49	饱和	SAT
12	向后	BW	31	主，中，手动	M	50	步进	STE
13	控制	C	32	手动	MAN	51	停止	STP
14	顺时针	CW	33	中性线	N	52	同步	SYN
15	逆时针	CCW	34	断开	OFF	53	温度，时间	T

续表

序 号	名 称	符 号	序 号	名 称	符 号	序 号	名 称	符 号
16	降	D	35	闭合	ON	54	真空，速度，电压	V
17	直流	DC	36	输出	OUT	55	白	WH
18	减	DEC	37	保护	P	56	黄	YE
19	接地	E	38	保护接地	PE			

3）文字符号的组合

文字符号的组合形式一般为：基本符号+辅助符号+数字序号。

例如，第一台电动机，其文字符号为 M1；第一个接触器，其文字符号为 KM1。

4）特殊用途文字符号

在电气图中，一些特殊用途的接线端子、导线等通常采用一些专用的文字符号。例如，三相交流系统电源分别用"L1、L2、L3"表示，三相交流系统的设备分别用"U、V、W"表示。

2．给每个元器件编号

根据自上而下、由左到右的原则给文字符号相同的同类元器件按照由小到大顺序进行编号，并将编号标在接线图中，连同元器件符号标注在器件方框的上方（左上或右上角）。

3．给每个电气元器件的部件编号

（1）继电器、接触器

电气元器件的部件编号原则：在其线圈及其接点上方或左方标奇号，下方或右方标偶号。

（2）交流接触器、按钮编号示例

交流接触器、按钮编号示例见图 5.1.2。

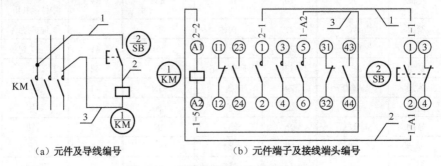

(a) 元件及导线编号　　　　(b) 元件端子及接线端头编号

图 5.1.2　交流接触器、按钮编号示例

5.1.2.3　表示接线关系的方法

接线图一律采用细实线绘制。填写连线的去向和线号，其方法有以下 2 种。

1．用数字标明线号，器件间用细实线连接

这种接线关系的表示方式使得器件间连接线条多，接线图显得较为杂乱，多用于表示接线关系简单的系统。

2. 用数字表示导线的编号，用电气符号或数字标明器件编号

在导线连接方式上采用线号和器件编号的二维空间标注法，这种表示方法具有结构简单、易于读图的优点，适用于简单和复杂的电气控制系统接线图设计。即元器件间不用线条连接，用数字表示导线的编号，用电气符号或数字标明器件编号，分别标注在电气元件的连接线上（含线侧）和出线端，指示导线及去向。

从图 5.1.2 上可以看出该控制线路用了两个元件 KM 和 SB，将这两个元件进行编号。如左接线图所示即第一个大圆圈内将 KM 编为 1，而在第二个大圆圈内则将 SB 编为 2，而接触器上的小圆圈中的小编号，在 20A 接触器上有的就有这些小编号（只不过平常没注意到），而 SB 上则没有编号，是自己加上的，其关键是看常开还是常闭。如图 5.1.2（b）所示，小圈编号为 A1 的上方有 2-2（制造厂的则为 2：2），其意思为去第二个元件中的第二个接点（即第二个元件为 SB，而 SB 元件上有 4 个小圆圈上有 1、2、3、4 中的第 2 点。）如图中连线的去向。而连线的另一头则标着 1-A1，同样它的意思是指去第一个元件中的 A1 接点，其余类推。

这样的编号方法采用的是点对点呼应法。除了图画错了一般情况是不会接错，也不会接漏接，而采用 1、2、3、4、5、6……方法编的接线图易接漏。

3. 对于有多个部件的电气控制系统

对于有多个部件的电气控制系统只是使用数字表示导线的编号，在绘制接线图时用电气符号或数字标明器件编号仍然难以满足实际需要，必须使用项目代号。

（1）项目代号。

项目代号是用于识别图、表图、表格中和设备上的项目种类，并提供项目的层次关系、实际位置等信息的一种特定的代码。通过项目代号可以将不同的图或其他技术文件上的项目（软件）与实际设备中的该项目（硬件）一一对应并联系在一起。

（2）项目代号号段的表示方法。

项目代号由拉丁字母、阿拉伯数字、特定的前缀符号按照一定规则组合而成。一个完整的项目代号含有四个代号段：

高层代号段，其前缀符号为"="；
种类代号段，其前缀符号为"-"；
位置代号段，其前缀符号为"+"；
端子代号段，其前缀符号为"："。

（3）种类代号。

种类代号是用于识别项目种类的代号，有如下三种表示方法。

① 由字母代码和数字组成。

K 2

种类代号段的前缀符号+项目种类的字母代码+同一项目种类的序号。

K 2 M

前缀符号+种类的字母代码+同一项目种类的序号+项目的功能字母代码。

② 用顺序数字（1、2、3……）表示图中的各个项目，同时将这些顺序数字和它所代表的项目排列于图中或另外的说明中，如-1、-2、-3……

③ 对不同种类的项目采用不同组别的数字编号。

例如，热继电器用 11、12、13……表示，电流继电器用 21、22、23……表示，时间继电器用 31、32、33……表示，如用分开表示法表示的继电器，可在数字后加"."。

（4）高层代号是指系统或设备中任何较高层次（对给予代号的项目而言）项目的代号。

如 S2 系统中的开关 Q3，表示为=S2-Q3，其中=S2 为高层代号。

（5）位置代号指项目在组件、设备、系统或建筑物中实际位置的代号。

位置代号由自行规定的拉丁字母或数字组成。在使用位置代号时，就给出了表示该项目位置的示意图。如+204 +A +4 可写为+204A4，意思是 A 列柜装在 204 室第 4 机柜。

（6）端子代号通常不与前三段组合在一起，只与种类代号组合。

可采用数字或大写字母，如-S4：A 表示控制开关 S4 的 A 号端子，-XT：7 表示端子板 XT 的 7 号端子。

（7）项目代号的应用。

项目代号=高层代号段-种类代号段（空格）+位置代号段

其中高层代号段对于种类代号段是功能隶属关系，位置代号段对于种类代号段来说是位置信息。

如=A1-K1+C8S1M4 表示 A1 装置中的继电器 K1，位置在 C8 区间 S1 列控制柜 M4 柜中；=A1P2-Q4K2+C1S3M6 表示 A1 装置 P2 系统中 Q4 开关中的继电器 K2，位置在 C1 区间 S3 列操作柜 M6 柜中。

4．导线的识别标记及其标注方法

1）导线的识别标记

导线的识别标记标在导线或线束两端，必要时标在其全长的可见部位（或标在图线上），以识别导线或线束的标记。在实际生产中一般采用套标号管的方法。导线的识别标记用于指导导线连接操作，在一套电气控制设备中只能采用统一的一种标记方法。

2）主标记

主标记是只标记导线或线束的特征而不考虑其电气功能的标记系统。主标记分从属标记、独立标记和组合标记三种。

（1）从属标记。

它是以导线所连接端子的标记或线束所连接设备的标记为依据的导线或线束的标记系统。从属标记分从属本端标记、从属远端标记、从属两端标记三种，如图 5.1.3 所示。

① 从属本端标记：导线或线束终端的标记与其所连接的端子或设备部件的标记系统。

② 从属远端标记：导线或线束终端的标记与远端所连接的端子或设备的部件相同的标记系统。

③ 从属两端标记：导线或线束每一端都标出与本端连接的端子标记与远端连接的端子的标记或两端设备部件的标记系统。

图 5.1.3　从属标记示例

中断线从属标记示例如图 5.1.4 所示。

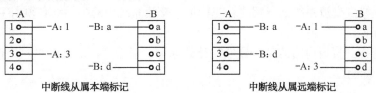

图 5.1.4　中断线从属标记示例

（2）独立标记。

它是与导线所连接的端子标记或线束所连接的设备标记无关的导线或线束的标记系统。两导线分别标记 1 和 2，与两端的端子标记无关，此种标记方式只用于连续线方式表示的电气接线图中，如图 5.1.5 所示。

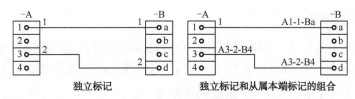

图 5.1.5　独立标记示例

（3）组合标记。

它是从属标记和独立标记一起使用的标记系统。从属本端标记和独立标记一起使用的组合标记，两根导线分别标记为 A1-1-Ba\A3-2-Bd。

2）补充标记

它一般用作主标记的补充，并且以每一导线或线束的电气功能为依据。补充标记通常用字母或特定符号表示，为避免混淆，补充标记和主标记用符号将其分开，如图 5.1.6 所示。

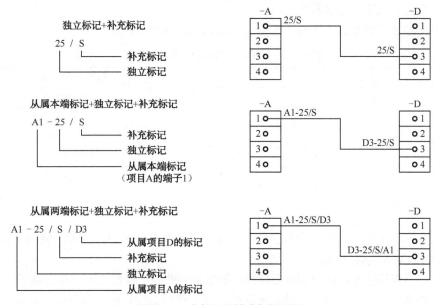

图 5.1.6　主标记和补充标记示例

（1）相位标记。

表明导线连接到交流系统某一相的补充标记。交流系统中的中性线必须用字母 N 标明。

（2）极性标记。

表明导线连接到直流电路的某一极性的补充标记。正极"+"，负极"-"，直流系统的中间线用字母"M"标明。

5．确定布线方式

布线方式有槽板式和捆扎线把式两种（其方法介绍略）。基于导线二维标注接线方法的布线路径可由电气安装人员依据就近、美观的原则自行确定。

在实际工作中，一般在绘制电气元件布置图时布线方式基本上就已经确定了，此时可能需要一些微小的调整，然后给予确认。

5.1.2.4 接线端子编号

控制柜及安装板与外部设备（如电源引线、电动机接线等）间一般用接线端子连接，接线端子也应按元器件进行编号，并在上面注明线号和去向（器件编号），导线经过接线端子时，线号不变。

1．以字母数字符号标记接线端子的原则和方法

1）单个元件的两个端点用连续的两个数字表示

单个元件的中间各端子用自然递增数序的数字表示。

2）相同元件组

（1）在数字前冠以字母，如标记三相交流系统的字母 U1、V1、W1 等。

（2）若不需要区别相别时，可用数字 1.1、2.1、3.1 标记。

（3）同类的元件组

例如，交流接触器、继电器等。

（4）与特定导线相连的接线端子的标记。见表 5.1.3 和图 5.1.7。

表 5.1.3　特定导线接线端子的标记符号

序 号	接线端子的名称		标记符号	序 号	接线端子的名称	标记符号
1	交流系统	1 相	U	2	保护接地	PE
		2 相	V	3	接地	E
		3 相	W	4	无噪声接地	TE
		中性线	N	5	机壳或机架	MM
				6	等电位	CC

2．端子代号的标注方法

（1）电阻器、继电器、模拟和数字硬件的端子代号应标在其图形符号的轮廓外面。零件的功能和注解标注在符号轮廓线内。

（2）对用于现场连接、试验和故障查找的连接器件的每一连接点都应标注端子代号。

（3）在画有围框的功能单元或结构单元中，端子代号必须标注在围框内，以免被误解，如图 5.1.8 所示。

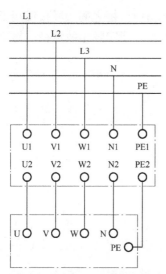

图 5.1.7　电路图中与特定导线相连的接线端子的标记　　图 5.1.8　围框端子代号标注方法

5.1.2.5　标注导线的标称截面和种类

　　根据负载电流的大小计算并选择各类电气元件及导线，在原理图上注明导线的标称截面和种类，在接线图中也应注明导线的标称截面。穿管或成束导线还应注明所有穿线管的种类、内径、长度及考虑备用导线后的导线根数，其他还应注明有关接线安装的技术条件。

5.1.3　电气接线图图例

　　图 5.1.9 是 CW6132 车床电气互连接线图。接线图中各电气元件图形与文字符号均与图 CW6132 车床电气原理图保持一致，但各电气元件位置则按电气元件在控制柜、控制板、操作台或操纵箱中的实际位置绘制。图中左方的点画线方框表示 CW6132 车床的电气控制柜、中间小方框表示照明灯控制板、右方小方框则表示机床运动操纵板。

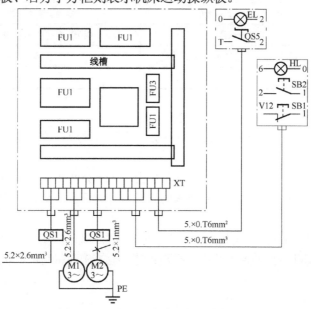

图 5.1.9　CW6132 车床电气互连接线图

电气控制柜内各电气元件可直接连接，而外部元器件与电气柜之间须经接线端子板进行连接，连接导线应注明导线根数、导线截面积等，一般不表示导线实际走线途径，施工时由操作者根据实际情况选择最佳走线方式。

5.2 导线和电缆选择

5.2.1 一般要求

导线和电缆的选择应适合于工作条件（如电压、电流、电击的防护、电缆的分组）和可能存在的外界影响（如环境温度、存在水或腐蚀物质、燃烧危险和机械应力，包括安装期间的应力）。

只要可能就应选用有阻燃性能的绝缘导线和电缆。

这些要求不适用于按有关国家标准或 IEC 标准制造和测试的部件、组件和装置的集成配线。

5.2.2 导线

5.2.2.1 导线分类

导线分类见表 5.2.1。

表 5.2.1 导线的分类

导线类别	说　　明	用法/用途
1	铜或铝圆截面硬线	固定安装（一般至 16mm^2）
2	铜或铝绞芯线（最少股的）	固定安装（一般大于 25mm^2）
5	铜绞合软线	用于有振动机械的安装，连接移动部件
6	铜绞合软线，比 5 类线更软	用于频繁移动

注：来源于 IEC 60228。

5.2.2.2 导线截面积

控制设备内导体截面积的选择由制造商负责。除了必须承载的电流外，选择还受下述条件的支配：

控制设备所承受的机械应力、导体的敷设方法、绝缘类型和（如适用的话）所连接的元件种类（如电子的）。一般情况，电气控制柜内的导线应为铜质的。如果用铝导线，截面积应至少为 16mm^2。

为保证足够的机械强度，导线截面积不应小于表 5.2.2 规定的值。然而小截面积导线或不同于表 5.2.2 结构的导线可能在设备中使用，但要通过其他措施获得足够的机械强度而不削弱正常的功能。

表 5.2.2　铜导线最小截面积

单位：mm²

位　置	用　途	电线、电缆形式				
		单　芯		多　芯		
		5或6类软线	硬线（1类）或绞线（2类）	双芯屏蔽线	双芯无屏蔽线	三芯或三芯以上屏蔽线或无屏蔽线
（保护）外壳外部配线	配线电路，固定布线	1.0	1.5	0.75	0.75	0.75
	动力电路，受频繁运动的支配	1.0	—	0.75	0.75	0.75
	控制电路	1.0	1.0	0.2	0.5	0.2
	数据通信	—	—	—	—	0.08
外壳内部配线[①]	动力电路（固定连接）	0.75	0.75	0.75	0.75	0.75
	控制电路	0.2	0.2	0.2	0.2	0.2
	数据通信	—	—	—	—	0.08

① 个别标准的特殊要求除外。

1类和2类导线主要用于刚性的非运动部件之间。

易频繁运动（例如，机械工作每小时运动一次）的所有导线，均应采用5类或6类绞合软线。

任何其他材质的导线都应具有承载相同电流的标称截面积，正常和短路条件下，导线允许的最高温度不应超过表5.2.3规定的值。

表 5.2.3　正常和短路条件下导线允许的最高温度

绝缘种类	正常条件下导线最高温度（℃）	短路条件下导线短时极限温度（℃）
聚氯乙烯（PVC）	70	160
橡胶	60	200
交联聚乙烯（XLPE）	90	250
丙烯橡胶（EPR）	90	250
硅橡胶（SiR）	180	350

注：当导线短时极限温度高于200℃时，铜导线应镀银或镀铬，这是因为镀锡或裸导线均不适合温度高于200℃。
这些值基于短路时间不超过5s、的假定绝热性能。

虽然1类导线主要用于固定的、不移动的部件之间，但它们也可用于出现极小弯曲的场合，条件是截面积小于0.5mm²。易频繁运动（如机械工作每小时运动一次）的所有导线，均应采用5或6类绞合软线。

5.2.2.3　导线的绝缘

绝缘的类别包括（但不限于）：聚氯乙烯（PVC）；天然或合成橡胶；硅橡胶（SiR）；无机物；交联聚乙烯（XITE）；丙烯橡胶（EPR）。

由于火的蔓延或者有毒、腐蚀性烟雾扩散，绝缘导线和电缆（如PVC）可能构成火灾危险时，应寻求电缆供方的指导。对安全功能电路的完整性要予以特别注意。

所用电缆和电线的绝缘应适合试验电压:

(1) 对工作于电压高于 50Va.c 或 120vDC 的电缆,要经受至少 2000VAC 持续 5min 的耐压试验。

(2) 对于独立 PELV 电路,介电强度应承受 500VAC 持续 5min 的耐压试验。

绝缘的机械强度和厚度应使得工作时或敷设时,尤其是电缆装入通道时绝缘不受损伤。

5.2.2.4 正常工作时的载流容量

导线和电缆的载流容量取决于几个因素,例如,绝缘材料、电缆中的导体数、设计(护套)、安装方法、集聚和环境温度。

在稳态情况下,外壳和设备单独部件之间适用于 PVC 绝缘布线,载流容量见表 5.2.4。对于特定应用,正确的电缆尺寸取决于工作循环的周期和电缆热时间常数之间的关系(如防止启动高惯量负载,间歇工作),具体应咨询电缆制造厂。

表 5.2.4 稳态条件、环境温度 40℃时采用不同敷设方法的 PVC 绝缘铜导线或电缆的载流容量

PVC 绝缘线截面积 (mm^2)	敷设方法(见图 5.2.2)			
	B1	B2	C	E
	三相电路用载流容量/A			
0.75	8.6	8.5	9.8	10.4
1.0	10.3	10.1	11.7	12.4
1.5	13.5	13.1	15.2	16.1
2.5	18.3	17.4	21	22
4	24	23	28	30
6	31	30	36	37
10	44	40	50	52
16	59	54	66	70
25	77	70	84	88
35	96	86	104	110
50	117	103	125	133
70	149	130	160	171
95	180	156	194	207
120	208	179	225	240
电子设备(线对)				
0.2	不适用	4.3	4.4	4.4
0.5	不适用	7.5	7.5	7.8
0.75	不适用	9.0	9.5	10

注:1. 本表载流容量的值基于:
——平衡三相电路适用截面积 $0.75mm^2$ 和更大;
——控制电路线对适用截面积 $0.2\sim0.75mm^2$ 之间安装更多电缆/线对,根据表 5.2.6 或表 5.2.7 降低本表的值。
2. 环境温度不是 40℃,用表 5.2.5 给出的数据。
3. 本表不适合绕在电缆盘上的软电缆。
4. 其他电缆用载流量见 IEC 60364-5-52。

图 5.2.1 说明导线与过载保护器件参数之间的关系。

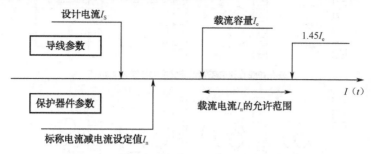

图 5.2.1　导线与过载保护器件参数之间的关系

电缆的正确保护要求防护电缆的保护器件（如过电流保护器件，电动机过载保护器件）满足下列两个条件：

$$I_s \leqslant I_n \leqslant I_e$$
$$I_n \leqslant 1.45$$

式中，I_s——设计的电路电流，单位为安培（A）；

I_e——电缆的连续工作有效载流容量，单位为安培（A），按照表 5.2.4。对于特定安装条件：

I_n 的温度减额修正系数见表 5.2.5；

I_n 的集聚安装减额系数见表 5.2.6；

I_n 的多芯电缆减额系数见表 5.2.7。

I_n——保护器件的标称电流。

注 1：对于可调整的保护器件，标称电流 I_n 是选择的电流整定值。

表 5.2.5　温度减额修正系数

环境温度（℃）	30	35	40	45	50	55	60
修正系数	1.15	1.08	1.00	0.91	0.82	0.71	0.58

注：修正系数来源于 IEC 60364-5-52，正常条件下最高温度适用 PVC 70℃

表 5.2.6　集聚安装减额系数

安装方法（见图 5.2.2）	负载电缆/线对数			
	2	4	6	8
B1（导线），B2（电缆）	0.80	0.65	0.57	0.50
C 单层安装，电缆之间无间隙	0.85	0.75	0.72	0.70
E 单层安装，在一个穿孔托架上，电缆之间无间隙	0.88	0.77	0.73	0.72
E 同上，但有 2～3 个托架垂直放置（见注 4）	0.86	0.76	0.71	0.66
	2	4	6	8
控制电路线对≤0.5 mm²（与安装方法无关）	0.76	0.57	0.48	0.40

注：1. 系数适用于：——电缆，负载相同，电路加平衡负载；
　　　　　　　　——绝缘电线或电缆电路的分组，允许的最高工作温度相同。

2. 同一系数适用于：——2 组或 3 组单芯电缆；
　　　　　　　　　——多芯电缆。

3. 系数来源于 IEC 60364-5-52：2001。

4. 穿孔电缆托架其孔占基底面积的 30%（来源于 IEC 60364-5-52：2001）

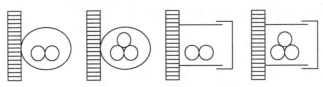

B1 装在导线管和电缆管道装置中的导线/单芯电缆

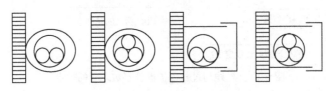

B2 装在导线管和电缆管道装置中的电缆

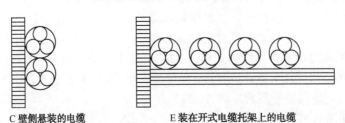

C 壁侧悬装的电缆　　　　E 装在开式电缆托架上的电缆

图 5.2.2　不受导线/电缆数量限制的导线和电缆的安装方法

表 5.2.7　10mm² 以下（含 10mm²）多芯电缆减额系数

负载导线或直流线对数	交流（导线>1mm²）（注3）	直流（线对 0.2~0.75mm²）
1	—	1.0
3	1.0	—
5	0.75	0.39
7	0.65	0.30
10	0.55	0.29
24	0.40	0.21

注：1. 适用有相等负载导线/线对的多芯电缆。
　　2. 对于多芯电缆的集聚安装，见表 5.2.6 的减额系数。
　　3. 系数来源于 IEC 60364-5-52：2001。

保证保护器件有效动作的电流 I_e 在产品标准中给出或由制造厂规定。

对于电动机回路导线，用于导线的过载保护可由电动机用的过载保护来提供，而短路保护则由短路保护器件提供。

依照本条用于导线的过载保护，如果使用了兼有过载和短路两种保护的器件时，它既不在所有情况（如过载电流小于 I_n）下保证完全的保护，也不一定有经济的效果。因此，这种器件可能不适合会出现过载电流小于 I_n 的场合。

5.2.2.5　导线和电缆的电压降

在正常工作状态下，从电源端到负载的电压降不应超过额定电压的 5%。为了满足这个要求，可能有必要采用大于表 5.2.2 规定的截面积的导线。

5.2.2.6 短时电流引起热应力时保护导体截面积的计算方法

承受持续时间为 0.2～5s 电流热应力的保护导体，其截面积应按下述公式计算：

$$S_\mathrm{p} = \frac{\sqrt{I^2 t}}{k}$$

式中，S——截面积，mm^2。

I——在阻抗可忽略的故障情况下，流过保护电器的故障电流值（方均根值），A。

t——保护电器的分断时间，s；应考虑电路阻抗的限流作用和保护器件的限流能力。

k——系数，它取决于保护导体、绝缘和其他部分的材质及起始和最终温度。

表 5.2.8 为不包括在电缆内的绝缘保护导体的 k 值，或与电缆外皮接触的裸保护导体的 k 值。

表 5.2.8 保护导体的 k 值

保护导体或电缆外套的绝缘		PVC	XLPE EPR 裸导体	丁烯橡胶
最终温度/℃		160	250	220
导体材料	铜	143	176	166
	铝	95	116	110
	钢	52	64	60

注：导体的初始温度假定为 30℃。

5.2.3 软电缆

5.2.3.1 概述

通常，在弯曲状态工作的导线和电缆（如连接在能活动、旋转或移动的元器件上的电缆）应采用绞合多芯电缆。

穿过强干扰电磁场或用来与高功率射频信号同轴的电缆，应选用有双屏蔽套的同轴电缆。

软电缆应为 5 类或 6 类导线，6 类导线是较小直径的绞合线，比 5 类更柔软。

要承受恶劣工作条件的电缆应有适当的措施以防止：

(1) 由于机械输送及拖过粗糙表面擦伤电缆；

(2) 由于没有导向装置操纵引起电缆扭折；

(3) 由于导向轮和强迫导向使正在电缆盘上缠绕或重新缠绕的电缆产生应力。对这种情况的电缆见国家有关标准。工作条件不利（如高拉应力、弯曲半径小、弯入另一个平面的场合）将降低电缆的工作寿命。

5.2.3.2 机械性能

机械的电缆输送系统应使得在机械工作期间导线的拉应力保持最小。使用铜导线的场合，铜导线截面的拉应力不应超过 $15N/mm^2$。当拉应力超过 $15N/mm^2$ 限值时，应选用有特殊结构特点的电缆，允许的最大拉力强度应与电缆制造厂达成协议。

软电缆导线采用非铜材质时，允许的最大应力应符合电缆制造厂的规范。

下列因素影响导线的拉应力：加速力、运动速度、电缆净重、导向方法、电缆盘系统的设计。

5.2.3.3 绕在电缆盘上电缆的载流容量

若要绕在电缆盘上，电缆应同导体一起选择，即当电缆完全缠绕在电缆盘上并携带正常工作负载时，导体具有不超过最高允许温度的截面。

安装在电缆盘上的圆截面电缆，在空气中最大载流容量应按表5.2.9减额。空气中电缆的载流容量可在技术手册或有关国家标准中查出。

表 5.2.9 绕在电缆盘上的电缆用减额系数

电缆盘形式	电缆层数				
	任一层数	1	2	3	4
圆柱形通风	—	0.85	0.65	0.45	0.35
径向通风	0.85	—	—	—	—
径向不通风	0.75	—	—	—	—

注：1. 径向电缆盘是在靠近的法兰之间调节电缆的螺旋层；如果电缆盘装有实心法兰则是非通风式的，如果法兰有合适的孔则是通风式的。
2. 圆柱形通风电缆盘是在大间距法兰之间调节电缆层，电缆盘和法兰端面有通风孔。
3. 使用减额系数，建议同电缆和电缆盘制造厂讨论，这可能涉及正在使用的其他因素。

5.2.4 柜内母线

5.2.4.1 母线材料选择

母线的材质有铜、铝、钢，其中铜的导电率最高，相同截面积时它的载流量最大，而钢最小，常用于PT回路或避雷器回路中。电气控制柜中优先选用铜材质。

铜排母线的机械性能和电阻率经检验应符合表5.2.10要求。

表 5.2.10 母线的机械性能和电阻率

母线名称	母线型号	最小抗拉强度（N/mm^2）	最小伸长率（%）	200℃时最大电阻率（Ω·m）
铜母线	TMY	255	6	0.01777
铝母线	LMY	115	3	0.0290

5.2.4.2 母线规格的确定

1. 根据载流量选择母线规格

（1）根据相关标准规定，开关设备和控制设备中母线的载流量最小应比额定电流有10%的裕度。

（2）一次回路中有断路器、熔断器、空气开关或接触器时按其最大额定电流选择母线规格。

（3）母线规格的标准书写格式为：根数+母线类型代号+窄边×宽边（如2-TMY10×100）；经

软化热处理的铜母线用"TMR"表示,硬铜母线用"TMY"表示。

母线载流量大小参照表 5.2.11、表 5.2.12 选取。

表 5.2.11 单片矩形铜母线载流量表

序 号	规格(mm)	交流(A)				直流(A)			
		25℃	30℃	35℃	40℃	25℃	30℃	35℃	40℃
1	3×15	210	197	185	170	210	197	185	170
2	3×20	275	258	242	223	275	258	242	223
3	3×25	340	320	299	276	340	320	299	276
4	3×30	405	380	356	328	405	380	356	328
5	4×30	475	446	418	385	475	446	418	385
6	4×40	625	587	550	506	625	587	550	506
7	5×25	475	446	418	385	477	449	420	387
8	5×30	540	507	475	437	543	508	475	438
9	5×40	700	659	615	567	705	664	620	571
10	5×50	860	809	756	697	870	818	765	705
11	6×30	612	575	538	496	615	478	542	499
12	6×40	758	721	676	622	772	726	680	628
13	6×50	955	898	840	774	960	902	845	778
14	6×60	1125	1056	990	912	1145	1079	1010	978
15	6×80	1440	1353	1267	1168	1461	1374	1287	1185
16	8×20	512	481	450	415	514	483	453	417
17	8×30	749	704	659	607	754	709	664	611
18	8×40	938	882	825	760	948	882	826	760
19	8×50	1132	1063	996	918	1149	1080	1012	932
20	8×60	1320	1240	1160	1070	1345	1265	1185	1090
21	8×100	2080	1955	1830	1685	2180	2050	1920	1770
22	8×120	2400	2252	2110	1945	2600	2445	2290	2105
23	10×30	822	772	723	666	828	779	729	671
24	10×40	1048	985	922	849	1062	999	935	861
25	10×50	1270	1193	1118	1030	1300	1223	1145	1054
26	10×60	1475	1388	1300	1195	1525	1432	1340	1235
27	10×80	1900	1786	1670	1540	1990	1870	1750	1610
28	10×100	2310	2170	2030	1870	2470	2320	2175	2000
29	10×120	2650	2490	2330	2150	2950	2770	2595	2390
30	12×100	2580	2424	2270	2092	2605	2450	2294	2113
31	12×120	2980	2800	2622	2417	3018	2839	2658	2448
32	12×125	3000	2819	2640	2433	3042	2861	2679	2467

注:本表是母线立放的数据。当母线平放且宽度≤63mm 时,表中的数据乘以 0.95,当宽度>63mm 时,表中的数据乘以 0.92。

表 5.2.12　2～3 片铜母线载流量表

母线规格（mm）	交流（A）		直流（A）	
	2 片	3 片	2 片	3 片
40×4	—	—	1090	—
40×5	—	—	1250	—
50×5	—	—	1525	—
80×8	2620	3370	3095	3850
125×8	3400	4340	4400	5600
80×10	3100	3990	3510	4450
100×10	3610	4650	4325	5385

2．影响母线载流量的因素

（1）布置方式：竖放和横放。

母线立放时载流量比平放时要高一些，一般当母线平放且宽度小于 60mm 时，其载流量为立放时的 0.95 倍，宽度大于 60mm 时其载流量为立放时的 0.92 倍，这是由于立放时散热性能要比平放好的缘故。

（2）环境温度。

表 5.2.13 中的温度值是裸母线允许承受的最高温度值。

表 5.2.13　裸母线允许承受的最高温度值

绝缘介质	裸铜（℃）	镀银（℃）	镀锡（℃）
在空气中	90	115	105
中 SF6 气体中	115	115	110
中油中	100	100	100

上表说明：母线经过镀银或镀锡处理后其耐高温性能有所提高。

（3）母线的根数。

多根母线并列布置使用时，其散热条件比单根要差得多。以单根载流量作为基准，双根布置时，载流量是单根的 1/1.48；3 根布置时，载流量是单根的 1/1.84；4 根布置时，载流量是单根的 1/2.09。

（4）散热条件：开启式控制柜比封闭式控制柜中使用的母线载流量要大，带空调的控制设备比没空调的要好。

（5）同等截面积尽量选择母线宽度比较大的型号，如能选择 TMY80×6 则不选择 TMY60×8，主要是利于散热。

（6）当开关设备和控制设备的运行环境温度比规定温度略高时，要充分考虑母线的载流裕量是否充足。一般环境温度每增加 3℃，试验电压提高 3%；环境温度每增加 1℃，额定电流应减少 1.8%。

5.2.5 鉴别

制造商生产的电柜产品应使维护修理人员易于鉴别柜内导线的作用和用途,最常用的方法是利用导线的颜色或利用导线端头线号管上的标注进行鉴别。

1. 保护导体(PE,PEN)和主电路中性导体(N)的鉴别

采用的形状、位置、标志或颜色应很容易区别保护导体。如果用颜色区别,必须是绿色和黄色(双色)。绿、黄双色鉴别标志严格专供保护导体之用。

如果保护导体是绝缘的单芯电缆,也应采用此种颜色鉴别法,颜色标记最好贯穿导线的整个长度。

主电路的任何中性导体采用的形状、位置、标志或颜色应很容易区分。如用颜色进行鉴别,建议选用浅蓝色。

外接保护导体的端子应按照GB/T 4026-1992标注。示例见IEC6 0417的5019号图形符号④。如果外部保护导体与能明显识别的带有黄绿颜色的内部保护导体连接时,则不要求此符号。

2. 主电路和辅助电路导体的鉴别

除了1.中提到的情况外,鉴别导体的方法和范围应由制造商负责,例如,利用连接端子上或在导体本身末端上的排列、颜色或符号,而且,应与接线图和图样上的标志一致。在适合的地方,可以采用GB/T 4026—1992和GB 7947中的鉴别方法。

5.3 配线工艺设计

5.3.1 布线总论

5.3.1.1 总则

(1)正常的温升、绝缘材料的老化和正常工作时所产生的振动不应造成载流部件连接异常变化,尤其应考虑到不同金属材料的热膨胀和电解作用及实际温度对材料耐久性的影响。

(2)载流部件之间的连接应保证有足够和持久的接触压力。

(3)应该至少按照有关电路的额定绝缘电压确定绝缘导线。

(4)两个连接器件之间的导线不应有中间接头或焊接点,应尽可能在固定的端子上进行接线。

(5)绝缘导线不应支靠在不同电位的裸带电部件和带有尖角的边缘上,应用适当的方法固定绝缘导线。

(6)在覆板或门上连接电气元件和测量仪器导线的安装,应该使覆板和门的移动不会对导线产生任何机械损伤。

(7)在控制设备中对电气元件进行焊接连接时,只有在电气元件上对此类连接采取了措施,才允许。

如设备在正常工作时遭受强烈的振动,则应采用辅助方法将焊接电缆或接线机械地固定在离焊接点较近的地方。

(8) 在正常工作时有剧烈振动的地方,例如在挖掘机、起重机、船、电梯设备和机车上,应注意将导线固定住。在成套设备中对电气元件进行焊接连接时,只有在电气元件上对此类连接采取了措施才允许。在剧烈振动条件下,电缆焊接片和多股导线的焊接端头都是不适用的。

(9) 通常,一个端子上只能连接一根导线,只有在端子是为此用途而设计的情况下才允许将两根或多根导线连接到一个端子上。

(10) 配线应整齐、清晰、美观,导线绝缘应良好、无损伤。

(11) 强、弱电回路不应使用同一根电缆,并应分别成束分开排列。

(12) 在满足载流量的前提下,柜内二次导线截面积应符合以下要求:

单股导线不小于 $1.5mm^2$;多股导线不小于 $1.0mm^2$;弱电回路不小于 $0.5mm^2$;电流回路 不小于 $2.5mm^2$;保护接地线不小于 $2.5mm^2$。

(13) 应尽量将控制设备设计成本质安全型电气设备。爆炸危险区域配线要求见表 5.3.1。

表 5.3.1 爆炸危险区域配线要求

爆炸危险区	配线方式			
	本质安全型电气设备的配线工程	低压镀锌钢管配线工程	电缆工程	
			低压电缆	高压电缆
0——正常情况下,爆炸性混合气体连续或经常长时间存在的场所	○	—	—	—
1——正常情况下,有可能积聚形成爆炸性混合气体的场所	○	○	○	△
2——不正常情况下,有可能短时间积聚形成爆炸性混合气体的场所	○	○	○	○

注:○表示适用;△表示尽量避免;×表示不适用。

5.3.1.2 功能单元电气连接形式的说明

在控制设备或控制设备部件的内部功能单元电气连接的形式可由三个字母表示:

(1) 第一个字母表示进线主电路电气连接的形式。

(2) 第二个字母表示出线主电路电气连接的形式。

(3) 第三个字母表示辅助电路电气连接的形式。

以下字母用于表示:

F——固定连接;

D——可分离连接;

W——可抽出式连接。

5.3.1.3 载流部件及其连接

载流部件应具有适合其预定用途所必需的机械强度和载流能力。

电气连接的接触压力不应通过绝缘材料(但陶瓷或性能更适宜的其他材料除外)来传递,除非金属部件中有足够的弹性来补偿绝缘材料任何可能发生的收缩和变形。可采用目测和相关产品标准中执行的试验顺序进行验证。

5.3.2 连接和布线

5.3.2.1 一般要求

电气接线和电气连接必须可靠，所采用的连接手段（如接插件、连接线、接线端子等）应能承受所规定的电（电压、电流）、热（内部或外部受热）、机械（拉、压、弯、扭等）和振动的影响。所有连接，尤其是保护接地电路的连接应牢固，防止意外松脱。

连接方法应适合被连接导线的截面积和性质。导线和带电的连接件按规定使用时，不应发生过热、松动或造成其他危险的变动。

对铝或铝合金导线及接线端子，要特别考虑电蚀问题。

只有专门设计的端子，才允许一个端子连接两根或多根导线，但一个端子只应连接一根保护导线。只有提供的端子满足焊接工艺要求才允许焊接连接。

接线座的端子应清楚做出与电路图上相一致的标记。识别标牌应清晰、耐久，适合于实际环境。

软导线管和电缆的敷设应使液体能排离该装置。

当器件或端子不具备端接多股芯线的条件时，应提供拢合绞芯束的办法。不允许用焊锡来达到此目的。屏蔽导线的端接应防止绞合线磨损并应容易拆卸。

接线座的安装和接线应使内部和外部配线不跨越端子。

5.3.2.2 导线和电缆敷设

导线和电缆的敷设应使两端子之间无接头或拼接点。使用带适合防护意外断开的插头/插座组合进行连接，对本条而言不认为是接头。

例外：如果在接线盒中不能提供（接线）端子（例如，对活动机械、带长软电缆的机械；电缆连接超长，使电缆制造厂做不到在一个电缆盘上提供电缆；电缆的修理时由于安装和工作期间机械应力等情况）可以使用接头或拼接。

为满足连接和拆卸电缆和电缆束的需要，应提供足够的附加长度。

电缆端部应夹牢，以防止导线端部的机械应力。

只要可能就应将保护导线靠近有关的负载导线安装，以便减小回路阻抗。

5.3.2.3 不同电路的导线

不同电路的导线可以并排放置，可以穿在同一通道（如导线管或电缆管道装置），也可以处于同一多芯电缆中，只要这种安排不削弱各自电路的原有功能。如果这些电路的工作电压不同，应把它们用适当的遮栏彼此隔开，或者把同一管道内的导线都用最高电压导线的绝缘。例如，相对相电压用于不接地系统，相对地电压用于接地系统。

5.3.2.4 集聚安装

标准载流容量值是基于：一条截面积为 0.75mm^2 以上（含 0.75mm^2）的三相交流负载电缆，或一条截面积为 0.2～0.75mm^2 的直流控制电路负载线对（两根）。

如果安装多条负载电缆/线对，则表 5.2.4 的载流容量应按表 5.2.6 和表 5.2.7 的规定减额使用。

5.3.2.5 感应电源系统传感器（拾取器）和传感转换器之间的连接

由感应电源制造厂规定的传感器和传感转换器之间的电缆应该：
- 尽可能的短；
- 充分防护机械损坏。

注：传感器的输出可能是电流源，因此对电缆的损坏可能引起高电压危险。

5.3.3 保护性接地要求

5.3.3.1 结构要求

对外露的导体部件（如底板、框架和金属外壳的固定部件），除非它们不构成危险，都应在电气上相互连接并连接到保护接地端子上，以便连接到接地极或外部保护导体。

电气上连续的正规结构部件能满足此要求，并且此要求对单独使用的电器和组装在控制装置中的电器都适用。如有必要，可以在有关产品标准中规定要求和试验。

如果外露的导体部件可以触及的面积不大，或用手不能握住，或尺寸很小（大约 50 mm×50 mm），或设置在不会触及带电部件处，则可以认为它们不构成危险。

例如，螺钉、铆钉、铭牌、变压器铁芯、开关电气及控制设备的电磁铁和脱扣器的某些部件，不管它们的尺寸如何，都认为不构成危险。

5.3.3.2 保护接地端子

保护接地端子应设置在容易接近，便于接线之处，并且当罩壳或任何其他可拆卸的部件移去时，其位置仍应保证电器与接地极或保护导体之间的连接。

保护接地端子应具有适当的抗腐蚀措施。

在电气及控制设备具有导体构架、外壳等的情况下，如有必要应提供相应的措施，以保证电气及控制设备的外露导体部件和连接电缆的金属护套之间有电气上的连续性。

保护接地端子不应兼做它用，但在指定连接到接地中性线（PEN）导体的情况下，则 PEN 端子即做保护接地之用又应做中性线端子之用。

5.3.3.3 保护接地端子的标志和识别

保护接地端子的标志应能清楚而永久地识别。

根据相关标准的规定，保护接地端子应采用颜色标志（绿黄的标志）或适用的 PE、PEN 符号来识别，或在 PEN 情况下应用图形符号标志在电气及控制设备上。

根据 GB/T 5465.2 规定，采用的图形符号：⊕ 保护接地。

5.3.4 导线的标识

5.3.4.1 一般要求

导线应按照技术文件的要求在每个端部做标记。

导线的标识应按照国家标准《绝缘导线的标记》及《电气设备接线端子和特定导线线端的识别及应用字母数字系统的通则》的要求进行。

建议（如为维修方便）导线标识可用数字、字母数字、颜色（导线整体用单色或用单色、多色条纹）或颜色和数字或字母数字的组合。采用数字时，应是阿拉伯数字，字母应是罗马字（大写或小写）。

用户有特殊要求时，供方和用户之间需签订标识方法的协议。

5.3.4.2 保护导线的标识

应依靠形状、位置、标记或颜色使保护导线容易识别。当只采用色标时，应在导线全长上采用黄/绿双色组合。保护导线的色标是绝对专用的。

对于绝缘导线黄/绿双色组合应这样安排，即在任意 15mm 长度的导线表面上，一种颜色的长度占 30%～70%，其余部分为另一种颜色。

如果保护导线能容易地从其形状、位置或结构（如编织导线、裸绞导线）上识别，或者绝缘导线一时难以购得，则不必在整个长度上使用颜色代码，而应在端头或易接近位置上清楚地标示 GB/T 5465.2-2008 中 5019 图形符号或用黄/绿双色组合标记。

5.3.4.3 中线的标识

如果电路包含有用颜色识别的中线，其颜色应为蓝色。为避免与其他颜色混淆，建议使用不饱和蓝，这里称为浅蓝。如果选择的颜色是中线的唯一标识，在可能混淆的场合，不应使用浅蓝色来标记其他导线。

如果采用色标，用作中线的裸导线应在每个 15～100mm 宽度的间隔或单元内，或在易接近的位置上用浅蓝色条纹标记，或在导线整个长度上用浅蓝色标志。

5.3.4.4 颜色的标识

当使用颜色代码作为导线标识（不是保护导线和中线）标识时，可采用下列颜色：

黑、棕、红、橙、黄、绿、蓝（包括浅蓝）紫、灰、白、粉红、青绿。

注：该颜色系列取自 GB/T 13534。

如果采用颜色作为标记，建议在导线全长上使用带颜色的绝缘或以固定间隔在导线上和其端部或在易接近的位置用颜色标记。

由于安全原因，在有可能与黄/绿双色组合发生混淆的场合，不应使用绿或黄色。

可以使用上面列出颜色的组合色标，只要不发生混淆和不使用绿或黄色，不过黄/绿双色组合标记除外。

当使用颜色代码标识导线时，建议使用下列颜色代码。

- 黑色：交流和直流动力电路；
- 红色：交流控制电路；
- 蓝色：直流控制电路；
- 橙色：维修时需要的照明电路，供给维修工具和设备（如手电钻、试验设备）专用连接的插头/插座电路，仅用于电源故障时自动脱扣的欠压保护电路。

允许以下例外情况：

- 买不到所需颜色的绝缘导线时；
- 采用没有黄/绿双色组合的多心电缆时。

5.3.5 电柜内配线

必要时控制柜的配线应固定,以保持它们处于应有的位置。只有在用阻燃绝缘材料制造时才允许使用非金属通道。

建议安装在电柜内的电气设备,要设计和制作成允许从电柜的正面修、改、配线。如果有困难,或控制器件是背后接线,则应提供检修门或能旋出的配电盘。

安装在门上或者其他活动部件上的器件,应按要求采用可控部件频繁运动的软导线连接。这些导线应固定在固定部件上或与电气连接无关的活动部件上。

不敷入管道的导线和电缆应牢固固定。

引出电柜外部的控制配线,应采用接线座或连接插头/插座组合。

动力电缆和测量电路的电缆可以直接接到想要连接器件的端子上。

5.3.6 母线工艺设计

5.3.6.1 母线设计的要素

1. 控制柜用母线的颜色与位置

(1) 控制柜母线相序位置与国标颜色对照见表 5.3.2。

表 5.3.2 母线相序位置与国标颜色

	相序或极性	颜色	安装在相互位置			附图
			垂直布置	水平布置	引下线	
交流	第一相	绿	上	前	左	配电板正视方向示意图
	第二相	黄	中	中	中	
	第三相	褐或紫	下	后	右	
	绝缘中性线	浅蓝				
	接地线	绿/黄双色				
直流	正极	红	上	前	左	
	负极	蓝	下	后	右	
	均压线	(注)	中	中	中	
	接地线	绿/黄双色				

注:均压汇流母线颜色与引出极相同,再涂上白圈。

(2) 柜体接地母线:黄绿色相间。

(3) 单相交流母线与引出相的颜色相同。

(4) 直流均衡汇流母线及交流中性汇流母线:不接地者为紫色,接地者为紫色带黑色条纹。

2. 直接接触的防护

母线应这样安装和防护，当正常接近机械时，通过采用下列一种保护措施获得直接接触的防护：

- 带电部分用局部绝缘防护。如采用绝缘母线，但有的场合这是行不通的；
- 外壳或遮栏的防护等级至少为 IP2X，容易被触及的遮栏或外壳的水平顶面的防护等级至少达到 IP4X。

如果达不到所要求的防护等级，可采用把带电部分置于伸臂以外的防护与符合国家标准规定的紧急断开相结合。

母线应按下列要求放置和保护：防止接触，尤其是无防护的母线与如拉线开关的绳、卸荷装置和传动链等导电物体要防止接触，要防止负载摆动的危害。

5.3.6.2 母线介电设计

1. 电气间隙

母线的各导体之间、各邻近系统之间的电气间隙应满足 GB/T 16935.1 规定的过电压类别Ⅲ的额定冲击电压要求。

2. 爬电距离

母线之间、各邻近系统之间和各导体之间的爬电距离应适合在预定的环境中工作，例如，户外，建筑物内部由外壳保护，详见表 5.3.3。

表 5.3.3 裸母线的电气间隙和爬电距离

极间或相同额定电压（V）	<250	251~660	>660
最小电气间隙（mm）	15	20	25
最小爬电距离（mm）	20	30	35

注：表中所列数值适用于带电部件之间及带电部分与裸露的导电部件之间的电气间隙和爬电距离。

适合异常粉尘、潮湿或腐蚀性环境的爬电距离要求如下：
（1）无防护的母线应配备最小爬电距离为 60mm 的绝缘子；
（2）密封的母线、多极绝缘母线和单独绝缘母线应有 30mm 的最小爬电距离。

应遵照制造厂的建议，采取专门措施防止由于环境状况的不利（如导电尘埃的沉积、化学腐蚀等）而使绝缘值逐渐下降。

3. 控制柜内母线各相导体的相间与相对地间净距离

控制柜内母线各相导体的相间与相对地间净距离的要求见表 5.3.4。

单纯以空气作为绝缘介质的开关柜，柜内各相导体的相间与对地净距必须符合表 5.3.4 的要求。

表 5.3.4 控制柜内母线各相导体的相间与相对地间净距离（为海拔高度≤1000m 的值）

序号	最高额定电压（kV）	7.2	12	(24)	40.5
1	导体至地间净距离（mm）	≥100	≥125	(≥200)	≥300
2	不同相的导体间净距离（mm）	≥100	≥125	(≥180)	≥300
3	导体至无孔遮拦间净距离（mm）	≥130	≥155	(≥210)	≥330
4	导体至网状遮拦间净距离（mm）	≥200	≥225	(≥280)	≥400

注：1. 当海拔超过 1000m 时，第 1、2 项值应按每升高 100m 增大 1% 进行修正。
　　2. 第 3、4 项值应分别增加第 1、2 项值修正。

5.3.6.3 母线连接设计

1. 矩形母线的搭接

（1）矩形母线的搭接连接应符合表 5.3.5 的规定；当母线与设备接线端子连接时，应符合现行国家标准《变压器、高压电器和套管的接线端子》的要求。

表 5.3.5 矩形母线搭接连接要求

搭接形式	类别	序号	连接尺寸（mm）			钻孔要求		个数	螺栓规格
			b_1	b_2	a	普通螺母（mm）	压铆螺母（mm）		
直线连接	直线连接	1	125	125	b1 或 b2	21	—	4	M20
		2	100	100	b1 或 b2	17	—	4	M16
		3	80	80	b1 或 b2	13	16	4	M12
		4	60	60	b1 或 b2	11	13	4	M10
		5	50	50	b1 或 b2	9	11	4	M8
		6	45	45	b1 或 b2	9	11	4	M8
直线连接	直线连接	7	40	40	80	13	16	2	M12
		8	30	30	60	11	13	2	M10
		9	25	25	50	9	11	2	M8
垂直连接	垂直连接	10	125	125		21	—	4	M20
		11	125	100/80		17	—	4	M16
		12	125	60		13	16	4	M12
		13	100	100/80		17	—	4	M16
		14	80	80/60		13	16	4	M12
		15	63	60/50		11	13	4	M10
		16	50	50		9	11	4	M8
		17	45	45		9	11	4	M8

续表

搭接形式	类别	序号	连接尺寸（mm）			钻孔要求			螺栓规格
			b_1	b_2	a	普通螺母（mm）	压铆螺母（mm）	个数	
	垂直连接	18	125	30/25	60	11	13	2	M10
		19	100	30/25	50	9	11	2	M8
		20	80	30/25	50	9	11	2	M8
	垂直连接	21	125	50/40		17	—	2	M16
		22	100	60/40		17	—	2	M16
		23	80	60/40		13	16	2	M12
		24	60	50/40		13	16	2	M12
		25	50	45/40		11	13	2	M10
		26	60	30/25		11	13	2	M10
		27	50	30/25		9	11	2	M8
	垂直连接	28	40	40/32		13	16	1	M12
		29	40	25		11	13	1	M10
		30	30	30/25		11	13	1	M10
		31	25	20		9	11	1	M8

（2）矩形母线采用螺栓固定搭接时，连接处距支柱绝缘子的支持夹板边缘不应小于50mm；上片母线端头与下片母线平弯开始处的距离不应小于50mm，如图5.3.1所示。

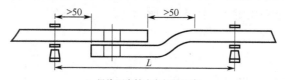

L—母线两支持点之间的距离

图5.3.1 矩形母线搭接

（3）铜母线与元器件连接时，母线与元器件出线端要留出最少5mm，如图5.3.2所示。

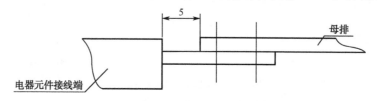

图5.3.2 母线与元器件连接

（4）铜母线与元件连接一般按照表5.3.6中所示开孔，元器件连接处尺寸特殊时按照元器件连接的尺寸开孔，单位mm。

表 5.3.6　母线与元件搭接时铜母线开孔

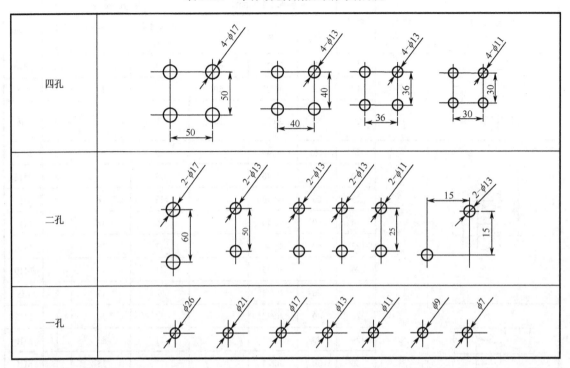

（5）母线接头螺孔的直径宜大于螺栓直径 1mm；钻孔应垂直、不歪斜，螺孔间中心距离的误差应为±0.5mm。

2．矩形母线的弯制

母线弯制时应符合下列规定，如图 5.3.3 所示。

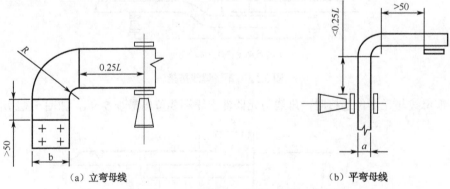

（a）立弯母线　　　　　　　（b）平弯母线

a—母线厚度；b—母线宽度；L—母线两支持点间的距离

图 5.3.3　硬母线的立弯与平弯

（1）母线开始弯曲处距最近绝缘子的母线支持夹板边缘不应大于 0.25L，但不得小于 50mm。

（2）母线开始弯曲处距母线连接位置不应小于 50mm。

（3）矩形母线应减少直角弯曲，弯曲处不得有裂纹及显著的折皱，母线的最小弯曲半径应符合表 5.3.7 的规定。

表 5.3.7　母线最小弯曲半径（R）

母线种类	弯曲方式	母线断面尺寸（mm）	最小弯曲半径（mm）		
			铜	铝	钢
矩形母线	平弯	50×5 及其以下	$2a$	$2a$	$2a$
		125×10 及其以下	$2a$	$2.5a$	$2a$
	立弯	50×5 及其以下	$1b$	$1.5b$	$0.5b$
		125×10 及其以下	$1.5b$	$2b$	$1b$
棒形母线		直径为 16 及其以下	50	7	50
		直径为 30 及其以下	150	150	150

（4）多片母线的弯曲度应一致。

（5）母线扭转 90° 时，其扭转部分的长度应为母线宽度的 2.5～5 倍，如图 5.3.4 所示。

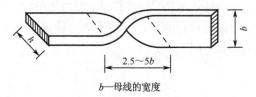

b—母线的宽度

图 5.3.4　母线扭转 90°

（6）弯曲尽量采取下列形式，如图 5.3.5 所示。

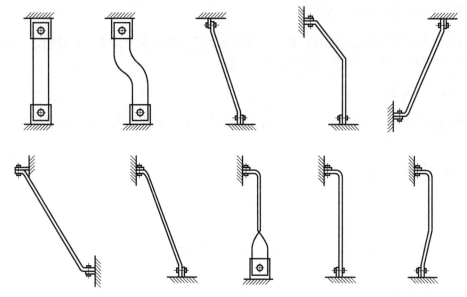

图 5.3.5　优选的母线扭转形式

（7）铜母线弯曲时候应避免锐角弯曲，如图 5.3.6 所示。

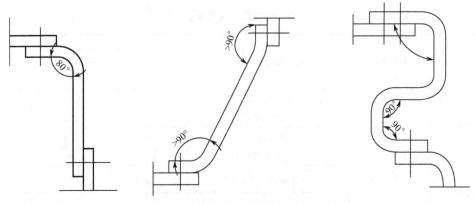

图 5.3.6 铜母线弯曲时候应避免锐角弯曲

5.3.6.4 母线保护导体电路

如果母线作为保护电路的一部分安装时，它们在正常工作时不应流过电流。因此保护导体（PE）和中性导体（N）应各自使用单独的母线。使用滑动触点保护导体的连续性应采取适当措施（如复式集流器，连续性监视）予以保证。

1．保护导体集流器

保护导体集流器的形状或结构应使之与其他集流器不可互换，这样的集流器应是滑动触点式。

2．有断路器功能的可移式集流器

有断路器功能的可移式集流器的设计应使得只有带电部分断开后保护导体电路才能断开，而带电部分接通前，先建立保护导体的连续性。

3．导体系统分段

母线可以采用恰当的设计方法分段敷设，防止由于靠近集流器本身使邻近部分带电。

5.3.7 电柜外配线

5.3.7.1 一般要求

引导电缆进入电柜的导入装置或通道连同专用的管接头、密封垫等一起，应确保不降低防护等级。

5.3.7.2 外部管道

连接电气设备电柜外部的导线应封闭在适当通道中（如导线管或电缆管道装置），只有具有适当保护套的电缆，无论是否用开式电缆托架或电缆支承设施，都可使用不封闭的通道安装。提供的器件（例如位置开关或接近开关）带有专用电缆，当电缆适用、足够短、放置且保护得当、使损坏的风险最小时，它们不必密封在管道中。

与通道或多芯电缆一起使用的接头附件应与实际环境相适应。

如果至悬挂按钮站的连接必须使用柔性连接,则应采用软导线管或软多芯电缆。悬挂站的重量不应借助软导线管或多芯电缆来承受,除非是为此目的专门设计的导线管或电缆。

软导线管或软多芯电缆应用于包括少量或不经常运动的连接。也允许它们用于一般静止电动机、位置开关和其他外部安装器件的连接。有预接引出线的器件(如位置开关、接近开关),整体电缆不必密封在通道内。

5.3.7.3 机械移动部件的连接

频繁移动的部件应按要求采用适合于弯曲使用的导线连接。软电缆和软导管的安装应避免过度弯曲和绷紧,尤其是在接头附近部位。

移动电缆的支承应使得在连接点上没有机械应力,也没有急弯。弯曲回环应有足够的长度,以便使电缆的弯曲半径至少为电缆外径的 10 倍。

机械的软电缆安装和防护应使得电缆因使用不合理等因素引起外部损坏的可能性减到最小,软电缆应防止:

- 被机械自身辗过;
- 被搬运车或其他机械辗过;
- 在运动过程中与机械的构件接触;
- 在电缆吊篮中敷入和敷出,接通或断开电缆盘;
- 对花彩般垂挂或悬挂的电缆施以加速力和风力;
- 电缆收集器过度摩擦;
- 暴露于过度辐射热。

电缆护套应能耐受由于移动而产生的可预料的正常磨损,并能经受大气污染物质的影响(如油、水、冷却液、粉尘)。

如果移动电缆靠近运动部件,则应采取措施使它们之间至少应保持 25mm 距离,否则应在二者之间安设遮栏。

电缆输送系统的设计应使得侧向电缆角度不超过 5°,电缆进行下列操作时应避免挠曲:

- 正在电缆盘上缠绕或放开;
- 正接近或离开导向装置。

应有措施确保总有至少两圈软电缆缠绕在电缆盘上。

起导向作用和携带软电缆的装置应设计成电缆在所有弯曲点处的内弯曲率半径不小于表 5.3.8 规定的值,除非考虑了允许的拉力和预期疲劳寿命或与电缆制造厂另有协议。

表 5.3.8 强迫导向时软电缆允许的最小弯曲半径

用 途	电缆直径或扁平电缆的厚度 d (mm)		
	$D \leq 8$	$8 < d \leq 20$	$d > 20$
电缆盘	$6d$	$6d$	$8d$
导向轮	$6d$	$8d$	$8d$
花彩般垂挂装置	$6d$	$6d$	$8d$
其他	$6d$	$6d$	$8d$

两弯之间的直线段长度应至少为电缆直径的 20 倍。

如果软导线管靠近运动部件，则在所有运行情况下其结构和支承装置均应能防止对软导线管或电缆的损伤。

软导线管不可用于易发生快速和频繁的活动的连接，除非是为此目的专门设计的。

5.3.7.4　机械上器件的互连

如果装在机械上的几个开关器件（如位置传感器、按钮）是串联或并联的，建议器件间的连接通过构成中间测试点的接线端子。这些端子应便于安装、充分保护，并在有关图上标注。

5.3.7.5　插头/插座组合

当提供插头/插座组合时，应满足下列一项或多项要求（适用时）。

1. 例外

下列要求不适用于电柜内通过固定插头/插座组合（无软电缆）或通过端接的元件/器件、插头/插座组合接至母线系统的元件。

（1）当正确安装时，插头/插座组合的形式应在任何时间（包括连接器插入或拔出期间）防止与带电部分意外接触，防护等级应至少为 IP××B（PELV 电路除外）。

（2）如果用在 TN 或 TT 系统中，保护连接触头（接地触头）应首先接通最后断开。

（3）在加载期间连接或断开插头/插座组合应有足够的分断能力。当插头/插座组合额定电流为 30A 或更大时，应与开关器件联锁，以便仅当开关器件处在断开位置时才能连接和断开。

（4）插头/插座组合额定电流大于 16A 时，应有保持装置以防意外或事故断开电路。

（5）断开插头/插座组合的意外事故会引起危险情况时，应有保持装置。

2. 插头/插座组合的安装应满足下列要求（适用时）

（1）断开后仍带电的元件至少应有 IP2× 或 IP×B 的防护等级，并考虑要求的电气间隙和爬电距离（PELV 电路除外）。

（2）插头/插座组合的金属外壳应连接保护电路（PELV 电路除外）。

（3）预定传输动力负载但在负载状态持续期间不断开的插头/插座组合应有保持装置，以防意外或事故断开，并应有清晰标记，表明不在负载状况下断开。

（4）如果在同一电气设备上使用几个插头/插座组合，则它们应有清楚的标记，建议采用机械编码以防相互插错。

（5）控制电路用插头/插座组合应满足 IEC 61984 的要求。

（6）预定家用及类似方便用途的插头/插座组合不适用于控制电路。只有满足 GB/T 11918-2001 要求的插头/插座组合，其触头才适用于控制电路。

注：第（6）项要求不适用于使用高频信号的控制功能。

5.3.7.6　为了装运的拆卸

因装箱运输需要拆断布线时，应在分段处提供接线端子或提供插头/插座组合。这些接线端子应适当封装，插头/插座组合应能承受运输、存储期间实际环境的影响。

5.3.7.7 备用导线

应考虑提供维护和修理用的备用导线。当提供备用导线时,应把它们连接在备用端子上,或用和防护接触带电部分同样的方法予以隔离。

5.3.8 通道、接线盒与其他线盒

1. 一般要求

通道应提供 IP33 的最低防护等级。

可能与导线绝缘接触的锐棱、焊碴、毛刺、粗糙表面或螺纹,应从通道和接头附件上清除,必要时应提供由阻燃、耐油绝缘材料构成的附加防护,以保护导线绝缘。

易存积油或水分的接线盒、引线箱、电缆管道装置中应允许留有直径 6mm 的排泄孔。

为了防止电气导线管与油、气和水管混淆,建议电气导线管用实体隔离安设,或者有明显标记。

通道和电缆托架应刚性支承,其位置应与运动部件有足够的距离,并使损伤或磨损的可能性减至最小。在要求有人行通道的区域内,通道槽和电缆托架的安装位置应至少高于工作面 2m。

仅为机械保护装置提供的管道其保护接地电路的连接,要求任何情况下不应使余留部件的保护连接电路连续性中断。

部分被遮盖的电缆托架不应看作管道或电缆管道装置,无论是否使用开式电缆托架或电缆支撑装置,所用电缆的类型应适合于安装。

2. 导线槽满率

关于导线槽满率的考虑应基于通道的直线性、长度及导线的柔性。建议通道的尺寸和布置要使导线和电缆容易装入。

3. 金属硬导线管及管接头

金属硬导线管及管接头应由镀锌钢或适合使用条件的耐腐蚀材料制成。应避免使用不同金属,因为它们的接触会产生电位差腐蚀作用。

导线管应牢靠固定在其位置上并支承其两端。

管接头应与导线管相适应,应使用带螺纹的管接头。除非由于结构上的困难妨碍装配。如果使用无螺纹管接头,则导线管应牢靠固定在设备上。

导线管的折弯不应损坏导线管,也不应减小导线管的有效内径。

4. 金属软导线管及管接头

金属软导线管应由金属软管或编织线网铠装组成,它应适用于预期的实际环境。管接头应与软导线管相适应。

5. 非金属软导线管及管接头

非金属软导线管应耐弯折,应具有与多芯电缆护套类似的物理性能。这种软导线管应适用于预期的实际环境。

管接头应与软导线管相适应。

6. 电缆管道装置

电柜外部的电缆管道装置应刚性支承，并应与机械的运动部位或污染部分隔开。

盖板的形状应正好覆盖满周边，应允许加密封垫。盖板应采用纹链或挂链连接到电缆管道装置上，并应使用系留螺钉或其他适合的紧固件使盖板紧密固紧。对于水平安装的电缆管道装置，其盖板不应装在底部，除非为这样安装的专门设计。

注：适用于电气安装的电缆干线和管道装置见 IEC 61084 系列。

如果电缆管道装置是分段供应的，则各段之间的连接应紧密配合，但不要求加密封衬垫。

电缆管道装置除接线或排水需用孔外，不应有其他开口，不应有敞开不用的出砂孔。

7. 机械的隔间和电缆管道装置

应允许用机械立柱，或基座内的隔间，或电缆管道去封装导线，只要该隔间或电缆管道装置是与冷却液槽及油箱隔离并完全封闭的。敷设在封闭的隔间或电缆管道装置中的导线应被固紧，其布置应使得它们不易受到损坏。

8. 接线盒与其他线盒

用于配线目的接线盒和其他线盒应易于接近和维修。这些线盒应有防护以防止固体和液体的侵入，并考虑机械在预期工作情况下的外部影响。

接线盒与其他线盒不应有敞开的不用的出砂孔，也不应有其他开口，其结构应能隔绝粉尘、飞散物、油和冷却液之类的物质。

9. 电动机的接线盒

电动机的接线盒应密闭，仅与电动机及安装在电动机上的器件（如制动器、温度传感器、反接制动开关或测速发电机）连接。

5.4 导线加工工艺

5.4.1 导线加工步骤

5.4.1.1 图纸和资料的准备

（1）依据电气控制柜的电气原理图和电气控制柜的结构设计规范，绘出《电气布置图》。《电气布置图》应准确给出各元器件安装位置，包括元器件端子的分布位置、线槽尺寸及安装位置。

（2）根据各电气元件的安装位置及元器件端子的分布位置，编制《电气接线图》，电气接线图中务必标出电气元件的型号并和明细表一一对应，以及导线的粗细、颜色、线号及走向。

（3）根据《电气接线图》规定导线的粗细、颜色及线号，通过试装编制出《电气接线明细表》。

5.4.1.2 线束材料、加工设备、工具的准备

1. 线束材料

组成的基本元件是导线、接触端子、端子基座（俗称护套、塑件、橡胶密封件）、辅助材料为包扎保护层（如热缩套管、PVC绑扎带、套管等）、锡条或者锡线。

线束具有的对插、接触、传输三大基本功能需要以下三点去保证。

(1) 电线类型的选择原则。

应根据环境温度、电压等级进行选择，一定应使用耐高温、阻燃耐油、耐振动、耐摩擦导线。

确定电线标准，对不同标准的电线的导体结构、标称截面、绝缘层材料和厚度，性能要求和最大外径都有差别。

(2) 根据流过导线电流的大小和允许的插接范围选用合适的线束护套。

基座起保护端子的作用，此外，基座的重要功能就是达到对接的目的，方便可靠是最基本的要求。

护套的材料是套管，如热缩套管，PVC套管，纤维管。

在选用线束护套时还应注意，同种类型、形状相同而且安装位置又接近的线束护套，要用颜色予以区分，这才是正确的做法。

(3) 压接头。

接线端子的材料从普通的黄铜、紫铜变为导电及弹性等性能良好的磷青铜、铍青铜等。

结构分为：片式、针孔式、管式、片簧式、音叉式、钩式等。

接线端子的选用必须满足与其压接的绝缘导线和与其连接的电气元件相适配。

2. 线束加工设备

(1) 送线架：将所需加工线材绕在送线架上，防止损伤电线表面。
(2) 全自动电脑剥线机：可按需要设定线径大小、裁线长度、剥皮长度、生产数量。
(3) 计算机线号管打印机：在线号管上打出线号。
(4) 端子压接机：根据端子尺寸导可调节合模距离，端子较大时需要吨位较大的端子压接机。
(5) 导通测试仪：用于检验线束的电气导通性能。
(6) 拉力检测仪：用于检验线束所能承受的机械拉力。

3. 手用工具

2m钢卷尺、钢直尺、卡尺、铅笔、斜口钳、剥线钳、压接钳。

5.4.1.3 线束加工的工艺流程

线束加工一般涉及以下工艺：裁（下）线→开线口（剥线头，大多数情况下与裁线是同步进行）→扭（捻）线→压接线端子→产品装配→导通测试→包装。

线束工艺还包括编制材料消耗定额明细表、工时测算、工人培训等。

1. 来料验收

(1) 导线的验收。

利用环保认证仪器进行环保测试，测试所有线束所需来料是否符合国家及行业标准。

所需设备：环保认证测试设备。

工艺要求：来料不准含有铅、汞、镉、溴联苯、多溴二苯醚等有害物质。

（2）接线端子的验收。

接线端子的材质、形状及几何尺寸符合相关技术标准。

2．通过预装编制出下线尺寸明细表

3．送线

将线材放至送线器固定。

4．裁线（开线）

将所需加工线材放到中转送线架上固定，利用裁线机将线材裁剪成要求长度。

在进行开线工艺之前，必须仔细研究线束图纸，根据图纸的要求，合理确定导线的开线尺寸、剥头尺寸，接着制作开线操作说明书，制作流程跟踪卡。

5．电线剥皮

按标准要求剥除接头处电线对应长度的绝缘外皮。

6．扭线

对接头处导体进行整理、扭线。

7．套线端标号管

制作线端标号管，然后将标号管套入导线端头。

8．铆接端子

铆接端子又称压接工艺或打端子。根据图纸要求的端子类型确定压接参数，编写压接操作说明书，对于有特殊要求的需要在工艺文件上注明并培训操作工。比如，有的导线需要先穿过护套后才可压接，它需要先预装导线然后从预装工位返回再压接；还有刺破式压接用到专用的压接工具，这种压接方式具有良好的电接触性能。用端子压接机将接头处导体和插头端子进行铆接。

9．线束制作

利用线卡子，根据《电气接线图》将相关联的导线制作成线束成品。

10．检验

检验的目的是为了进行有效的质量控制，由工序检验和成品检验两个部分构成。

检验内容主要包括外观检查和利用导通测试仪进行线束的导通测试。

5.4.2　线束加工的技术要求

5.4.2.1　线束的技术要求

（1）线束应符合行业标准 QC/T 29106—2002《汽车低压电线束技术条件》对电线束所用材

料和零部件的具体要求，某些特殊规定的除外。

（2）电线应符合 GB 5023.1—1997/《聚氯乙烯绝缘电缆 第一部分：一般要求》及 JB/T 8139《公路车辆用低压电缆（电线）》的规定。铜编织线应分别符合 JB/T 6313.1《电工铜编织线 第 1 部分：一般规定》、JB/T 6313.2《电工铜编织线 第 2 部分：斜纹编织线（套）》、JB/T 6313.3《电工铜编织线 第 3 部分：直纹编织线（套）》的规定。

（3）电线的颜色应优先采用 GB/T 7947—2006《人机界面标识的基本安全规则 导体的颜色和数字标识》的规定。

（4）端子连接器应分别符合 GB 17196—1997《连接器件安全要求 连接铜导线用的扁形快速连接端头》及 JB/T 2436.1—1992《0.5～6.0mm² 导线用铜压接端头 第一部分》和 JB/T 2436.2—1994《10～300mm² 导线用铜压接端头第二部分》的规定。

（5）软聚氯乙烯管应符合 GB/T 13527.2《软聚氯乙烯管（电线绝缘用）》的规定。

（6）橡胶制品材料应符合 HG 2196《汽车用橡胶材料分类系统》的规定。

（7）聚氯乙烯压敏胶黏带应符合 QB/T 2423《聚氯乙烯（PVC）电气绝缘压敏胶黏带》的规定。

（8）冷挤压压接钳应符合 JB/T 8457—1996《冷挤压压接钳的要求和试验方法》

5.4.2.2 导线端头的制作要求

（1）电柜内所有接线端子除专用接线设计外，必须用标准压接钳和符合标准的铜接头连接。

（2）连接导线端部一般应采用专用电线接头。如连接导线截面积小于或等于 4mm²，当设备接线端子结构是压板插入式时，使用扁针铜接头压接后再接入。当导线截面积小于 4mm² 单芯硬线时也可不用电线接头，而将线端做成环形接头后再接入。

（3）如进入断路器的导线截面积小于 6mm²，当接线端子为压板式时，先将导线进行压接铜接头处理，以防止导线的散乱；如导线截面积大小 6mm²，要将露铜部分用细铜丝环绕绑紧后再接入压板。

（4）截面积为 10mm² 及以下的单股铜芯线和单股铝芯线可直接与设备、器具的端子连接。

（5）截面积为 2.5mm² 及以下的多股铜芯线的线芯应先拧紧搪锡，或压接端子后再与设备、器具的端子连接。

（6）多股铝芯线和截面积大于 2.5mm² 的多股铜芯线的终端，除设备自带插接式端子外，应焊接或压接端子后再与设备、器具的端子连接。

（7）环形接头的绕圈方向应与接线柱螺母旋紧方向一致。

5.4.2.3 标号管的制作要求

（1）连接导线的两端应设有标记。凡电气原理图或接线图上有回路标号者，所有连接导线的端部应标出回路标号，标记标号应与电气原理图一致。如设备或元件本身也有编号，则导线标记上最好同时标上设备及接线端子编号，可加括号予以区别。

（2）电缆芯线和所配导线的端部均应套标号管，标号管应标明其回路编号，以方便接线、查线、调试与维修。导线标记上编号的字母、数字应完整、清楚、牢固、不脱色。

（3）导线标记号常采用异型管白色塑料套管，用号牌打字机打上字再烘烤，或采用烫号机烫号。这样字迹清晰工整，不易脱色。或采用编号笔用编号剂书写，效果也较好。

（4）主电路导线头、尾端部及中间一律用彩色塑料套管标示（黄、绿、红）相序。在测定绝缘电阻或耐压试验时需要拆除的线端则用有色标号套管（规定用黄色），方便区别。

（5）二次导线号采用双编号，即标出电缆编号和电缆回路号，统一采用 20mm 长度。

（6）标记套管上编号的书写方向。

为便于预制连接导线和避免查线误解，编号应按统一的方向书写，以从导线绝缘端向接头端为编号书写及阅读的正向。在最后一个数字或字母下角加圆点".", 以表示编号终了。

5.4.3 线束加工的工艺要求

绝缘导线加工工序为：剪裁→剥头→清洁→捻头（对多股线）→浸锡。

5.4.3.1 确定下线长度

（1）熟悉图纸，确定连接导线的布线路径，如有接线图时，一般应按照接线图的规定，如无接线图时，则应按照最短路径及成束布线的原则确定。

（2）在按照图纸安装好电气元件及线槽的控制柜内，利用独芯硬铜线按照图纸要求进行导线连接。整理连接导线，需要捆扎的进行捆扎，直至达到技术要求。然后将连接导线拆下、拉直，测量每根导线的长度，并记录在案。

（3）每根导线的长度加上 40~50mm 的余量作为下线长度，编制出对应每个线号的下线尺寸明细表。给每根导线长度增加的余量，可以有效避免布线时可能出现长度不够的问题。

（4）控制电路的连接导线的长度除必须长度外，还应加上一定的备用长度，必须长度为导线沿布线路径由一个元件到另一个元件的接线端子的距离加上制作接头所需的长度。备用长度为芯线再制作 2~3 个同样接头所需的长度，由元件至外接线端子的连接导线备用长度还应考虑在同号接线端子间互换的可能性。

（5）电力电路的绝缘连接导线的长度，当截面积在 $4mm^2$ 及以下时按上述原则处理，当截面积在 $4mm^2$ 以上时可以不加备用长度。

5.4.3.2 导线下线及端部的绝缘剥除

1. 剪裁

（1）所需设备：送线器、计算机裁线机。

（2）工艺要求：注意切勿刮花擦伤电线表面。

（3）根据开线工艺一定要按图纸的要求合理确定导线的开线尺寸，剥头尺寸。制作开线操作说明书，制作流程跟踪卡。

（4）剪裁绝缘导线时要拉直再剪。

（5）导线应按先长后短的顺序（可以提高材料利用率），用斜口钳、自动剪线机、半自动剪线机进行剪切。

（6）剪线要按工艺文件中的导线加工表的规定进行，长度应符合公差要求（如无特殊公差要求可按表 5.4.1 选择公差）。导线的绝缘层不允许损伤，否则会降低其绝缘性能。导线的芯线应无锈蚀，否则会影响导线传输信号的能力，故绝缘层已损坏或芯线有锈蚀的导线不能使用。

表 5.4.1 导线长度与公差要求

导线长度（mm）	50	50~100	100~200	200~500	500~1000	1000 以上
公差（mm）	+3	+5	+5~+10	+10~+15	+15~+20	+30

（7）裁线的质量检查要点：检查电线的规格型号是否正确；尺寸是否符合要求；切口必须平齐，不可划伤电线，电线无脏污等情况。

2．剥头

（1）在小批量生产中用专用剥线钳进行剥头，其优点是操作简单易行，只要把导线端头放进钳口并对准剥头距离，握紧钳柄，然后松开，取出导线即可。在大批量生产中多使用全自动电脑剥线机，为了防止出现损伤芯线或拉不断绝缘层的现象，应选择与芯线粗细相配的钳口。

（2）剥头长度应符合工艺文件（导线加工表）的要求。剥头长度应根据芯线截面积和接线端子的形状来确定。表 5.4.2 根据一般电子产品所用的接线端子，按连接方式列出了剥头长度及调整范围。

表 5.4.2 剥头长度及调整范围

连接方式	剥头长度（mm）	
	基本尺寸	调整范围
压接	与压接端子压接部位相同	±1.0
搭焊	3	+2.0
勾焊	6	+4.0
绕焊	15	±5.0

（3）剥头时不应损伤芯线，多股芯线应尽量避免断股，一般可按表 5.4.3 进行检查。

表 5.4.3 芯线股数与允许损伤芯线的股数关系

芯线股数	<7	7~15	16~18	19~25	26~36	37~40	>40
允许损伤芯线的股数	0	1	2	3	4	5	6

（4）剥除导线绝缘应采用专用剥线工具，不得损伤线芯，也不得损伤未剥除的绝缘，切口应平整。芯线股数与允许损伤芯线的股数关系见表 5.4.3。

（5）剥除绝缘层时，不得损坏线芯，线芯和绝缘层端面应整齐并尽可能垂直于线芯轴心线。线芯上不得有油污、残渣等。

（6）绝缘剥除的长度 L 应适当，不应过短或过长。

（7）当导线端部用管状接头（闭口）时，L 取线芯插入管状接头套筒的长度 L_1 再加上 2~3mm，即 $L=L_1+(2\sim3)$ mm。

（8）导线端部无压接头的插入式接头，绝缘剥除长度 L 取插入式接线板的插接长度。

（9）对电气元件接线板上螺钉压接的环形接头，L 取环形接头的长度及适当直线部分。直线部分的长度应按平垫圈半径考虑，使平垫圈恰好紧靠绝缘切口压在上，而不压到绝缘层上。L 应等于铜芯线插入板状接头套筒的长度 L_1 再加上 1~2mm，即 $L=L_1+(1\sim2)$ mm。一般 L 长度按表 5.4.4 确定。

表 5.4.4 压接螺钉直径与导线绝缘层剥去长度

直径（mm）	3	4	5	6	8
剥线长度（mm）	15	18	21	24	28

（10）剥外皮的质量检查要点：检查剥皮口是否平齐，不可剥伤芯线、编组丝等，剥皮尺寸是否正确。

5.4.3.3 导线标记套管制作与套装

要求线管内径与导线外径适配，打印的字体、字号、格式符合标准要求，字迹清晰。

1．制作导线标记套管的设备

电脑线号管打印机。

2．导线标记套管的内径及长度工艺要求

（1）导线接头为板型或管型时，线管内径与导线外径适配，套管的内径应使套管在接头上不松动；套管的长度应为剥去绝缘铜芯长度的 2 倍。

（2）导线不用接头，或接头为销型或环型时，则套管的内径应是套管套紧在导线绝缘上，其长度约等于剥去绝缘的铜线芯长度。

（3）线号管切割长短误差不超过±1mm。

3．标记套管的套装位置

（1）导线编号标记位置应在离绝缘端 8～15mm 处，色环标记在 10～20mm 处，要求印字清楚、方向一致，数字大小与导线粗细相配。

（2）标记套管应在导线端部的规定位置：一般在压接接头前先将标记套管套在导线绝缘上，待接头接妥后，将套管移到导线端部，如接头为板型或管型，套管的一般套在接头上，如接头为销型或是环型，套管应套在导线绝缘上，并与绝缘层切口对齐。

（3）按照图纸的要求选取相应的塑料标号管套上，注意不能将标号管套反，并不得互相错位。

（4）标号套管字迹视读方向以板面为准，自上而下，自左而右。

4．套标记套管的质量检查要点

检查标记套管尺寸、打印线号是否正确、清晰。

5.4.3.4 冷压接头的压接工艺要求

1．所需设备：端子压接机。

工艺要求：端子不准变形；必须符合拉力、铆接高度、宽度的要求。

2．压接前设备、工具的检查

（1）对专用压接钳的检查：使用灵活。

（2）对端子压接机的检查：运转正常，模具完好。

3. 压接工序要求

根据图纸要求的端子类型确定压接参数，制作压接操作说明书，有特殊要求需要在工艺文件上注明并培训操作工。如有的导线需要先穿过护套后才可压接，需要先预装导线然后从预装工位返回再压接；还有刺破式压接用到专用的压接工具，这种压接方式具有良好的电接触性能。

1）冷压接头的选用

（1）冷压接头可按 CB*394—80《冷压电缆接头》选用。
（2）冷压接头的规定应按连接导体截面选择。
选择的原则是：接头套筒的内径与铜线芯直径相符；接头的连接孔孔径略大于设备接线柱的直径。
（3）压接前端子检查
型号规格符合图纸或线芯截面使用要求；端子表面无裂痕、翘曲、弯曲氧化斑等。

2）压接前检查

（1）压接前检查接头，不得有伤痕、锈斑、裂纹、裂口等妨碍使用的缺陷。
（2）压接前线芯检查要求如下所述。
线号：符合图纸要求，字迹清楚可辨；
配线：符合图纸要求；
剥线长度符合表 5.4.2 的要求；
剥线表观质量：露铜部分，不许有油污和锈斑；
剥线露铜表面：没有划伤、断线、松散，铜丝端头齐整。

3）压接工艺要求

（1）所有导线的冷压接头必须使用专用工具或设备进行压接，以保证压接质量。
（2）专用工具的压模应按接头的规格选用，压模的尺寸及技术要求应符合 CB*/Z 89—80《电线电缆冷压连接技术条件》的规定。
（3）接头在压接前，应除去铜芯线上的橡皮膜、残渣及油污。
① 清洁。
绝缘导线在空气中长时间放置，导线端头易被氧化，有些芯线上有油漆层，故在浸锡前应进行清洁处理，除去芯线表面的氧化层和油漆层，提高导线端头的可焊性。清洁的方法有两种：一是用小刀刮去芯线的氧化层和油漆层，在刮时注意用力适度，同时应转动导线，以便全面刮掉氧化层和油漆层。二是用砂纸清除掉芯线上的氧化层和油漆层，用砂纸清除时，砂纸应由导线的绝缘层端向端头单向运动，以避免损伤导线。
② 捻头。
多股芯线经过清洁后，芯线易松散开，因此必须进行捻头处理，以防止浸锡后线端直径太粗。捻头时应按原来合股方向扭紧，捻线角一般在 30°～45°之间。捻头时用力不宜过猛，以防捻断芯线。大批量生产时可使用捻头机进行捻头。
所需设备：扭线机或使用钳子人工捻头。
工艺要求：不准刮花擦伤电线表面；必须把铜丝扭紧，不准出现散丝。

线头处理质量的检查要点：是否将芯线铜丝整理好，是否有分叉、弯曲、打折等现象；预备焊锡后是否有铜丝分叉、大头、铜丝不齐及烫伤绝缘皮等现象。

（4）压接部位及压坑深度应符合 CB*/Z 89—80《电线电缆冷压连接技术条件》的规定。

（5）压接后的接头，其压接表面不应有裂缝，除压接部位外，接头其他部分及表面不应有变形。

（6）端头压接所使用的工具需经专业机构认证。压接时钳口、导线和端头必须相配。压接后的性能应符合本标准的规定。导线应为洁净的多股圆铜绝缘导线，其线芯应无污染或腐蚀，表面也允许没有被覆层。

（7）套管连接器和压模等应与导线线芯规格相匹配。压接时，压接深度、压口数量和压接长度应符合产品技术文件的有关规定。

（8）裸端头压接部位的接缝处必须焊接（如银焊）。

5.4.3.5 端子压接的质量检查要点

（1）确认端子、电线的规格是否正确。

（2）端子压接有无喇叭口、倾斜，绝缘皮和芯线露出是否过长或过短。

（3）压接后的表面压接紧密、牢靠。

（4）压接后的表面无划伤、拆痕。

（5）压接后不产生翘曲、弯曲、扭曲等变形。

5.4.3.6 接线端子压接过程可能出现的问题及处理

接线端子压接过程可能出现的问题、产生原因、危害及解决的方法见表 5.4.5。

表 5.4.5 接线端子压接过程可能出现的问题、产生原因、危害及解决的方法

序号	问题	产生原因	危害	解决方法
1	导体压接高度过大或过小	导体压接高度过小，线的规格不变，则容易把线芯压断，导体压接高度过大，线的规格改变，则拉力达不到，容易造成电流流失	产生废品	检验端子适用的线规或调节导体压接高度
2	绝缘压接过小或者压接过于靠前，端子摆放不正确	绝缘压接过小，容易把线刺穿或者割坏，线材将报废，造成物料损失和严重浪费。压接过于靠前，也是容易割坏和刺穿线材，而且还可能产生其他的不可知因素	容易造成接触不良	调节压接机高度
3	线芯松散	线芯松散，不仅在压接过程容易出错，影响操作流程，而且带来许多操作麻烦	容易造成短路	进入压接模具前就收拢线芯
4	剥线长度过短	剥线长度过短，或者线缆没有完全插入导体压接区，端接可能不能达到规定的拉力值，因为线缆与端子之间的金属间接触减少了	容易造成接触不良	增大剥线设备的剥线长度至该端子的规定值

5.4.3.7 接线端头的焊接要求

（1）焊接时严禁使用酸性助焊剂；焊接前应除去焊接处的污垢，并在挂锡后进行焊接。

（2）电子元器件的焊接宜使用不大于 30W 的快速电烙铁，操作时间不宜过长。

（3）焊接高灵敏度元件时，应使用电压不高于 12V 的电烙铁，或断开电烙铁电源后再焊接。

(4) 熔焊连接的焊缝，不应有凹陷、夹渣、断股、裂缝及根部未焊合的缺陷。焊缝的外形尺寸应符合焊接工艺评定文件的规定，焊接后应及时清除残余焊药和焊渣。

(5) 锡焊连接的焊缝应饱满，表面光滑。焊剂应无腐蚀性，焊接后应及时清除残余焊剂。

(6) 焊锡的质量检查要点：检查电烙铁的温度是否正确；不可烫伤绝缘皮，锡点应光滑、无锡尖，不可假焊、虚焊。

5.4.4 线束质量的检验

为了确保线束的质量，线束的检验也贯穿于生产中的每个环节。

线束在终检时主要检验尺寸和拉出力，可用卷尺检测线束各个分支的尺寸是否符合图纸要求；除了非常简单的线束外，导通性能的检测要用到导通测试仪。

5.4.4.1 抽样方法

日首检：操作工当日开机压接的 5 个子样。

过程检：根据操作工（正在压着端子）能提供出拉过的已破坏的端子子样，可随机抽样 5 个子样，做拉力测试。

5.4.4.2 检验设备

所需设备：导通测试仪、拉力试验机、游标卡尺。

工艺要求：不准出现短路、断路、误配线、接触不良、绝缘不良等现象。

5.4.4.3 检验项目和方法

1. 线束的外观质量检查

(1) 检查产品尺寸是否符合要求。

(2) 是否用错材料、有无多用或少用。

(3) 检查电线、连接器表面有无划伤、污点、毛边、变形、缺口等不良。

(4) 连接器固定件是否漏装、外壳组装吻合是否良好。

(5) 标签的内容是否正确、清晰；标签位置、方向是否正确。

(6) 端子与电线连接应采用压接方法，端子应分别压紧在导体和绝缘层上，导体不应压断；端子压着状态是否良好，有无漏插、错插、插入是否到位。

(7) 线束电线与端子在连接处的绝缘套管应紧套在连接部位上，无脱开、移位现象。

(8) 线束中电线及零部件应正确装配，不应有错位现象，端子在护套中应到位，不应脱出；插接件应符合 QC/T 29106—2002《汽车低压电线束技术条件》的规定或者本企业指定规格的产品的标准。

(9) 线束应采用绝缘物包扎。无特殊要求时，胶带保护层应用薄聚氯乙烯胶带半折叠式包紧，其吞接不少于 4mm，表面不得有粗大的接头及间隙；包扎时应紧密、均匀、不松散；采用保护套管时，应无移位和影响电线弯曲现象。

(10) 塑料套管、波纹管均应用胶黏带固定包扎在电线束上。

2. 连接力试验

（1）对拉力测试仪的检查。

拉力测试仪应使用灵活性，归零准确。

（2）用示值误差不大于±1%的拉力试验机进行试验，速度为（125±5）mm/min 进行试验，试验后：

① 线束接点表面绝缘应良好，导体不应压断。

② 线束接点应牢固，在规定的拉力下不应损伤和脱开。

③ 端子应分别压紧在导体和绝缘层上，导体不应压断。

④ 端子与电线连接应牢固，在规定的拉力下不应损伤和脱开。

（3）测试标准。

① 由于线束主要起到连接作用，所以对于端子压接要求很高，最小拉力应符合表 5.4.6 的规定。

② 检验的线束产品比例不得少于 5%。

表 5.4.6 导线公称截面积对应规定的最小拉脱力

导线公称截面积（mm²）	最小拉脱力（N）	导线公称截面积（mm²）	最小拉脱力（N）	导线公称截面积（mm²）	最小拉脱力（N）
0.2	20	1.5	150	6.0	450
0.3	40	2	160	10.0	500
0.5	60	2.5	200	16.0	1500
0.75	80	3	260	25.0	1900
0.85	100	4.0	270	35	2200
1.0	120	5	360	≧50.0-120.0	2700

注：接点或一个端子同时连接两根或两根以上导线时，选择截面积较大的导线测量拉力

3. 线束尺寸

（1）干线和保护套管长度应不小于100mm，并为 10 的倍数，如 100mm，110mm，120mm 等；

（2）支线长度应不小于 50mm；

（3）接点之间距离、接点与分支点之间距离应不小于 20mm；

（4）电线与端子连接处的绝缘套管长为 20mm±5mm；

具体参数应符合表 5.4.7 的规定。

表 5.4.7 线束尺寸允许的极限偏差

电线束基本尺寸（mm）	极限偏差（mm）					
	单根线	干线		支线		保护套管
≤200	5	10	-10	15	0	5	-5
>200～500		20		20	0		
>500～1000	20	25	-10	30	-5	10	-10
>1000～2000	30	30		40	-10		
>2000～5000	40	-5	40	-10	50	-10	20	-20
>5000	50	-10	50	-20	60	-20		

注：各项尺寸均指自然伸长时的尺寸

4. 其他检验事项

使用导通测试仪逐一测试电线束中每根导线，电线束中线路导通率应为100%，无短路、错路现象，且具备客户所需求的质量、安全认证证书等。

5.5 母线加工及安装工艺

5.5.1 生产准备

5.5.1.1 资料

（1）母线生产材料、生产设备验收标准；
（2）母线图纸；
（3）母线生产过程工艺卡片；
（4）母线生产加工工序、工步检验标准；
（5）母线连接安装图；
（6）母线安装验收标准。

5.5.1.2 材料要求

（1）按照图纸选择横截面合适的铜母线。若用户有特殊要求，按照用户的要求进行选材。
（2）铜、铝母线应有产品合格及材质证明，并符合表5.2.10的要求。
（3）母线表面应光洁平整，不应有裂纹、折皱、夹杂物、气孔、氧化、起皮、裂纹、坑洼等缺陷及变形和扭曲现象。
（4）绝缘子及穿墙套管的瓷件应符合国家标准和有关电瓷产品技术条件的规定，并有产品合格证。
（5）绝缘材料的型号、规格、电压等级应符合设计要求。外观无操作及裂纹，绝缘良好。
（6）金属紧固件及卡具，均应采用热镀锌件。
（7）其他辅料有调和漆、樟丹油、焊条、焊粉等。

5.5.1.3 主要工具、设备及测试器具

1. 工具

钢锯、台钻、手电钻、板锉刀、钢丝刷、木锤、扳手、套筒扳手、力矩扳手、铜丝刷螺钉刀、台虎钳、尖嘴钳、各种规格的钻头丝锥、盒尺、角尺、钢板尺、洋冲、铁榔头、木榔头、铅笔等。

2. 设备

多工位汇流排（母线）加工机及冲孔模具、砂轮切割机、电焊、气焊工具、搪锡炉、台钻、酸、碱洗池等。

3. 测试器具

钢卷尺、钢板尺、水平尺、线坠、绝缘摇表、万用表、细钢丝。

5.5.1.4 施工条件

（1）母线安装要求在控制柜柜体安装、电气元件安装及小截面导线连接完毕后进行。
（2）场地清理干净，并有一定的加工场所，门窗齐全。
（3）施工图及技术资料齐全。
（4）加工前应检查母线材料是否合乎施工图规定，有无破损。软母线不应有扭结、松股、断股等缺陷。

5.5.2 母线的加工

5.5.2.1 母线加工的技术要求

1. 母排材料和截面的选用

（1）母排和其他裸导体一般采用电解铜制成。母排截面图纸未规定时，可参照表5.2.10、表5.2.11、表5.2.12选用。
（2）软母线及母排截面积选择

根据电流大小、元器件连接处位置及安装空间的情况选择合适的铜母排规格，若一次回路中有几种额定电流不一致的电气元件，按照以下原则选择铜母排规格：
① 回路中有接触器的按接触器的额定电流选择母排规格；
② 回路中有闸刀和熔断器的按熔断器的额定电流选择母排规格；
③ 回路中有闸刀和空气开关的按空气开关的额定电流选择母排规格。

2. 母排加工要求

母排落料、钻孔或冲孔后的毛刺均需加工平整，表面不得有锉痕等缺陷，弯曲部分不应有裂纹，内侧曲率半径不小于该方向厚度的1.5倍，见图5.5.1。

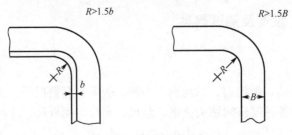

图5.5.1 弯曲部分要求

3. 母排落料后加工的步骤

表面清洁处理→酸洗处理→搪锡处理→涂覆磷化底漆和醇酸磁漆。

4．表面清洁处理

（1）去除铜排上的油污。

（2）酸洗处理：将铜排放入温度不超过 40℃ 的 5%硫酸溶液中，酸洗 3～5s，取出清洗干净。

5．表面涂覆处理

（1）母排搭接处应进行搪锡处理，充分清除焊剂，搪锡层应均匀光滑。

（2）母排非搭接处可涂覆耐 90℃ 以上的底漆、面漆各一遍。

6．母排安装技术要求

（1）母排搭接处的接触面应平整、紧密接触良好，紧固应用螺栓、螺母。母排两侧垫平垫圈，螺母侧加垫弹簧垫圈。

（2）母排间距、支距、支承结构必须严格按图施工，其机械强度应能承受发生短路时所产生的电动应力和热应力而不致损坏。

额定电流下母排及搭接处最高温度为 90℃。

（3）母排的颜色及安装相互位置应符合表 5.3.2 的要求。

（4）控制柜中裸主母排（不包括主母排至馈电设备电源侧间的导体）的电气间隙和爬电距离应符合表 5.3.3 的规定。

（5）相同布置的主母线、分支母线、引下线及设备连接线应对称一致，横平竖直，整齐美观。

（6）铜与铜、或铝与铝搭接的母线用于高温且湿润或有腐蚀气体的场所。

5.5.2.2 母线加工和安装的工艺流程

加工主要是进行平整、调直、切割和冲孔等。

熟悉图纸放线测量→支架及拉紧装置制作安装→绝缘子安装→母线的加工→母线的连接→母线安装→母线涂色刷油→检查送电。

5.5.2.3 母线的下料

1．根据母线部件试装测量好需配制母线尺寸

（1）根据母线及支架敷设的不同情况，核对是否与图纸相符。

（2）放线测量：核对沿敷设全长方向有无障碍物，是否存在部件交叉现象。

（3）控制柜内安装母线，测量与设备上其他部件安全距离是否符合要求。

（4）放线测量出各段母线加工尺寸、支架尺寸，并画出支架安装距离及固定件安装位置。

2．母线的调直与切断

（1）母线铜排的选用规格必须与图纸或领用计划一致。

（2）搬运过程中不得在地下拖拉、抛掷、叠压，以免在加工过程中有机械损伤，应保持金属材料的光泽。

（3）母线应矫正平直，切断面应平整。

（4）母线的下料前应按照尺寸需要进行调直，应使用母线校平机反复进行整平、校直。当

有用机械方法不易去除的小直曲时,可用木锤在平木板下敲打消除,不得用铁锤。校直后的母线在平板下测量,母线宽面的平直度每米不大于 2mm,窄面直线度每米不大于 3mm。

(5)按照部件组装的实际安装位置用测量方法计算展开内径尺寸进行下料,测量好母线的配制尺寸,假如元件中心距不同,母线采用立弯调整整体衔接时,应防止采用连接板连接,同时算好弯曲变量。

(6)下料在多工位汇流排(母线)加工机上进行,也可使用冲床剪切或用锯床下料切断,不得用电弧或乙炔进行切断,缺量应停止下料。

(7)切断处用锉刀去尖角毛刺。软母线切割前要预先将其绑紧,以免松股。

(8)断口处直角度允许最大偏差见表 5.5.1 和图 5.5.2。

表 5.5.1　断口处直角度偏差

铜母线宽度 B (mm)	<40	>40~60	>60~120
直角度偏差 δ (mm)	0.8	1.0	1.2

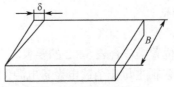

图 5.5.2　断口处直角度偏差

(9)厚度偏差是由于剪切时铜母线在剪切线上受压较大,使断面变形、减小,形成厚度偏差,通常厚度偏差符合表 5.5.2 规定,如图 5.5.3 所示。

表 5.5.2　厚度偏差表

铜母线厚度/mm	3~4	4~5	5~6	6~10
直角度偏差/mm	0.5	0.7	1.0	1.2

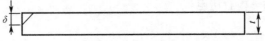

图 5.5.3　厚度偏差

(10)倒角去毛刺:铜母线断口处应平滑圆整,不能有毛刺存在,以防止产生尖端放电,并保证装配维护安全。

(11)压平:铜母线连接端如不平整,需放在母线加工机上用压平模压平或手工校平。

5.5.2.4　孔加工、压母、踏花

1. 绘制母线孔加工图

按"母线搭接使用螺栓规格"规定。根据选用母线的宽度,确定搭接形式、钻孔位置和螺栓孔的孔径,划线、钻孔(或冲孔)最后应用扩孔钻去毛刺;钻孔应垂直、不歪斜,螺孔间中心距离的误差应小于±0.5mm。

2. 母线孔加工要求

(1)母线与电气元件的搭接孔,按电气元件的孔径大小配制。

（2）控制柜采用单元母线。主母线和相配合的支母线均可按长孔方式开调整孔，长孔的长度为1.5孔径，并用锉刀去除毛刺；两母线搭接，接触处长度不得少于母线的宽度。

（3）假如因母线宽度大、长度短而不能弯曲，可在不影响搭接面积的情况下偏向母线的一侧打孔。

（4）母线孔加工处不能高于母线平面。一般高出部分应用锉刀修平，保证接触良好，即自然吻合。

（5）矩形母线采用贯穿螺栓连接时，其钻孔尺寸、螺栓规格都应符合国家规范的规定。

（6）钻孔可采用钻床、冲床或专用母线加工机。用专用钻夹具、钻孔或冲孔去毛刺。

（7）对于主母线规格大于80mm×8mm，或额定电流大于1600A的母线外表要踏花。其踏花长度按母线宽度加20mm计算。

（8）矩形母线的搭接连接应符合表5.3.5的规定。

（9）母线接头螺孔的直径宜大于螺栓直径1mm；钻孔应垂直、不歪斜，螺孔间中心距离的误差应为±0.5mm。

（10）母线的接触面加工必须平整、无氧化膜。经加工后其截面积减少值：铜母线不应超过原截面积的3%；铝母线不应超过原截面积的5%。

3．孔加工

（1）按母线图纸进行孔系加工。

（2）画线：用铅笔在铜母线上按图纸定位基准进行画线，并核查画线位置是否正确。

（3）定位：铜母线开孔位置确定后，用洋冲定位。

（4）冲孔或钻孔：

选用冲孔模在母线（汇流排）加工机上冲孔。

孔径较小无法冲孔时，使用钻床钻孔。冲孔或钻孔后必须用大于孔径3mm以上的扩孔钻铣去毛刺。

4．压母

（1）需要压铆螺母的铜母线，选择合适的铆螺母，按图纸要求在母线加工机上进行压铆加工。压铆螺母的法兰面应与母线平面贴实。

（2）压铆螺母必须选用带有特大加厚法兰的品种，以保证低温升和电气连接的可靠性。

5．攻螺纹

需要螺纹加工的铜母线（按图纸），在台钻上用适宜的钻头、丝锥进行攻丝加工。

6．加工完成后

把加工好的铜母线放在铜母线成品区（做标识），摆放整齐，以便安装时取用。

5.5.2.5 母线的弯曲

根据施工图对现场进行精密测量，选择最简捷、合理的线路，根据已安装的设备和现场情况选定平弯、立弯或扭弯的形式，使用母线加工机冷弯。为保证弯曲形状完全符合实际需要，可用铁丝弯成样板进行对照。

（1）画线。

用铅笔在铜母线上按图纸定位基准进行画线（需计算折弯位置），并核查画线位置是否正确。

（2）按画线的线痕在母线加工机上进行折弯，一般先粗折弯，然后精调折弯弯度。

（3）矩形母线应进行冷弯，不得进行热弯。

母线的弯曲应使用专用工具，弯曲处不得有裂纹及显著的皱折，不得进行热弯。

（4）母线弯制时应符合下列规定：

① 母线开始弯曲处距最近绝缘子的母线支持夹板边缘不应大于 $0.25L$，但不得小于 50mm。

② 母线开始弯曲处距母线连接位置不应小于 50mm。

③ 矩形母线应减少直角弯曲，弯曲处不得有裂纹及显著的皱折，母线的最小弯曲半径应符合表 4.6 的规定。

④ 多片母线的弯曲度应一致。

⑤ 母线的最小弯曲半径值见表 5.3.7。

（5）母线的弯曲形式。

尽量采取优选的母线扭转形式，如图 5.3.5 所示。

（6）母线扭转 90°时，其扭转部分的长度应为母线宽度的 2.5~5 倍，如图 5.3.4 所示。

（7）立、平、扭弯等操作应在母线加工机上调整。

侧、平、扭弯的弯曲最小半径不得小于表 5.3.7 和图 5.3.4 所规定的尺寸。制作好后的母线外表要平整。直曲处不得有裂纹及显著的折皱，侧直的皱纹高度不得大于 1mm，不得有裂纹、起皱现象。

（8）同一来路的三相母线的立弯、平弯、扭弯的起点应在同一条直线上。

（9）双层母线弯制时两母线间应去除一个材料厚度的间隙，并遵守工艺的其他要求。

（10）矩形母线采用螺栓固定搭接时，连接处矩支柱绝缘子的支持夹板边缘不应小于 50mm；上片母线端头与下片母线平弯开始处的距离不应小于 50mm。如图 5.3.1 所示。

（11）铜母线与元器件连接时，母线与元器件出线端要留出最少 5mm 的位置，如图 5.3.2 所示。

5.5.2.6　母线的表面处理

1. 清洗

（1）铜母线两端连接处要进行去油清洗。

（2）预制好的铜母线应酸洗去除氧化层，使铜排表面露出金属光泽。

（3）放在含苛性钠 10%水 90%的常温水溶液中浸泡 1~2h，用清水洗净取出。

（4）进行钝化处理，并用清水冲洗干净后取出晾干。

2. 涂漆、套热缩管的基本要求

（1）所有母线均涂相色漆，也可用套热缩管或用不干胶相色来表示相色。

（2）接地母线一段涂漆颜色为黄绿各半。

（3）母线在下列各处不应刷相色漆。

① 母线与电器的连接处及距所有搭接连接处 10mm 以内的地方。

② 母线的螺栓衔接及支撑衔接处：不刷漆部分的长度应为母线的宽度或直径。

（4）涂漆后的母线外表不允许有流痕、堆集现象，涂漆后母线厚度应均匀、无针孔。

（5）套热缩管母线是单色时，各相长度相差为±3mm。
（6）同一侧各相母线端涂漆或喷涂界限要求整齐。
（7）客户有特殊要求的按要求执行。

3. 搪锡

表面要求搪锡时应进行搪锡处理。

（1）铜母线与电气元件连接或铜母线与铜母线连接时，额定电流超过630A的铜母线在搭接部位要求搪锡或镀银；额定电流在630A以下的铜母线在搭接部分可允许不用镀层，但应涂覆导电膏或采用其他措施保证可靠连接。

（2）母线搪锡有困难时，可采用镀锡工艺。

（3）在组装前，若采用经过搪锡或镀锡的母线做支母线必须在搭接处涂电力复合脂。

5.5.3 母线的连接安装

应按照过去控制柜产品的柜体的《电气布置图》进行铜母线装配。
铜母线安装前，应除去表面灰尘及杂物。

5.5.3.1 母线装联的技术要求

（1）母线与电器连接时，接触面和连接处不同相的母线最小电气间隙应符合国家标准《电气装置安装工程母线装置施工及验收规范》的有关规定。

（2）硬母线的连接应采用焊接、贯穿螺栓连接或夹板及夹持螺栓搭接；管形和棒形母线应用专用线夹连接，严禁用内螺纹管接头或锡焊连接。

（3）母线与母线或母线与电气接线端子的螺栓搭接面的安装，应符合下列要求：

① 母线接触面加工后必须保持清洁，并涂以电力复合脂。

② 母线平置时，贯穿螺栓应由下往上穿，其余情况下，螺母应置于维护侧，螺栓长度宜露出螺母2~3扣。

③ 贯穿螺栓连接的母线两外侧均应有平垫圈，相邻螺栓垫圈间应有3mm以上的净距，螺母侧应装有弹簧垫圈或锁紧螺母。

④ 螺栓受力应均匀，不应使电气的接线端子受到额外应力。

⑤ 母线的接触面应连接紧密，连接螺栓应用力矩扳手紧固，其紧固力矩值应符合表5.5.3的规定。

表5.5.3 钢制螺栓的紧固力矩值

螺栓规格（mm）	M8	M10	M12	M14
力矩值（N·m）	8.8-10.8	17.7-22.6	31.4-39.2	51.0-60.8
螺栓规格（mm）	M16	M18	M20	M24
力矩值（N·m）	78.5-98.1	98.0-127.4	156.9-196.2	274.6-343.2

⑥ 二次导线接入母线时，需在母线上钻$\phi 6$的孔，用M5螺钉连接。

（4）铜母线的绝缘支撑件应满足线路短路时的动热稳定的要求。绝缘支撑件的间距应不大于绝缘支撑件短路强度实验时的间距，如果无动热稳定的要求则铜母线也应有足够的机械强度。若铜母线长度超出表 5.5.4 的规定时，建议中间应加固定支撑件。

表 5.5.4　铜母线固定支撑的间隔

铜母线宽度（mm）	≤30	≤50	≥60
距离（mm）	≤300	≤600	≤900

（5）母线在支柱绝缘子上固定时应符合下列要求：

① 母线固定金具与支柱绝缘子间的固定应平整牢固，不应使其所支持的母线受到额外应力。

② 交流母线的固定金具或其他支持金具不应成闭合磁路。

③ 当母线平置时，母线支持夹板的上部压板应与母线保持 1～1.5mm 的间隙，当母线立置时，上部压板应与母线保持 1.5～2mm 的间隙。

④ 母线在支柱绝缘子上的固定死点，每一段应设置一个，并宜位于全长或两母线伸缩节中点。

⑤ 管形母线安装在滑动式支持器上时，支持器的轴座与管母线之间应有 1～2mm 的间隙。

⑥ 母线固定装置应无棱角和毛刺。

（6）多片矩形母线间应保持不小于母线厚度的间隙；相邻的间隔垫边缘间距离应大于 5mm。

（7）在一次母线上连接二次线时，应在母线上钻 ϕ6 孔用 M5 螺钉连接。

（8）屏顶上小母线不同相或不同极的裸露载流部分之间，裸露载流部分与未经绝缘的金属体之间，电气间隙不得小于 12mm；爬电距离不得小于 20mm。

（9）母线连接技术要求

① 在有盐雾及含有腐蚀性气体的场所，母线应涂防腐涂料。

② 支柱绝缘子底座、套管的法兰、保护网（罩）等不带电的金属构件应按现行国家标准《电气装置安装工程接地装置施工及验收规范》的规定进行接地。接地线宜排列整齐，方向一致。

③ 在设计主回路母线时要注意：三相主母线在穿过柜体隔板时要考虑到电流通过时的涡流感应。在结构上应采取隔断磁路的措施：在钢板上加缺口、用不锈钢板、用 SMC 绝缘板。

④ 在柜体主接地回路设计时，根据国标的要求：接地母线及与之相连接的导体截面应能接通过铭牌上"额定短路开断电流"的 87%。

⑤ 柜体出线方案要明确是电缆出线还是母线出线。

⑥ 根据柜体的宽度或深度尺寸、母线的规格和母线的绝缘要求，要正确选用柜体开孔尺寸。

⑦ 母线装置安装用的紧固件，除地脚螺栓外应采用符合国家标准的镀锌制品，户外使用的紧固件应用热镀锌制品。

⑧ 母线采用螺栓连接时，平垫圈应选用专用厚垫圈，并必须配齐弹簧垫。螺栓、平垫圈及弹簧垫必须用镀锌件。螺栓长度应考虑在螺栓紧固后丝扣能露出螺母外 2～3 扣。

⑨ 相同布置的主母线、分支母线、引下线及设备连接线应对称一致，横平竖直，整齐美观。

5.5.3.2　母线的焊接

（1）母线焊接所用的焊条、焊丝应符合现行国家标准；其表面应无氧化膜、水分和油污等杂物。

（2）母线搭接焊接应采用电阻焊，使用磷铜焊条。对口焊接应采用氩弧焊。

（3）焊接前应将母线坡口两侧表面各 50mm 范围内清刷干净，不得有氧化膜、水分和油污，坡口加工面应无毛刺和飞边。

(4) 焊接前对口应平直,其弯折偏移不应大于 0.2%,中心线偏移不应大于 0.5mm。

(5) 每个焊缝应一次焊完,除瞬间断弧外不得停焊,母线焊完未冷却前,不得移动或受力。

(6) 母线对接焊缝的上部应有 2～4mm 的加强高度;硬母线焊缝应呈圆弧形,不应有毛刺、凹凸不平之处;引下线母线采用搭接焊时,焊缝的长度不应小于母线宽度的两倍;角焊缝的加强高度应为 4mm。

(7) 母线对接焊缝的部位应符合下列规定:
① 离支持绝缘子母线夹板边缘不应小于 50mm。
② 母线宜减少对接焊缝。
③ 同相母线不同片上的对接焊缝,其错开位置不应小于 50mm。

(8) 母线施焊前,焊工必须经过考试合格,并应符合下列要求:
① 考试用试样的焊接材料、接头形式、焊接位置、工艺等应与实际施工时相同。
② 在其所焊试样中,管形母线取二件,其他母线取一件,按下列项目进行检验,当其中有一项不合格时,应加倍取样重复试验,如仍不合格时,则认为考试不合格:
● 表面及断口检验:焊缝表面不应有凹陷、裂纹、未熔合、未焊透等缺陷;
● 焊缝应采用 X 光无损探伤,其质量检验应按有关标准的规定;
● 直流电阻测定:焊缝直流电阻应不大于同截面、同长度的原金属的电阻值。

(9) 母线焊接后的检验标准应符合下列要求:
① 焊接接头的对口、焊缝应符合本规范有关规定。
② 焊接接头表面应无肉眼可见的裂纹、凹陷、缺肉、未焊透、气孔、夹渣等缺陷。
③ 咬边深度不得超过母线厚度(管形母线为壁厚)的 10%,且其总长度不得超过焊缝总长度的 20%。

5.5.3.3 母线架、绝缘母线夹板、支撑绝缘子的安装方法

1. 支架及拉紧装置的制作

(1) 母线支架优先采用在框架上安装绝缘子的方式。

(2) 必须自制时宜采用耐热绝缘材料制作,防止形成闭合磁路。

(3) 设备接线端,母线连接或卡子、夹板处,明设地线的接线螺钉处等两侧 10～15mm 处均不得刷漆。

2. 安装要求

(1) 母线架、绝缘母线夹板、支撑绝缘子必须是经过耐压检验合格的产品。

(2) 安装前必须仔细清除表面上的灰尘和油污,特别是安装平面处应清扫干净,应检查是否有破损和裂纹,若有则应清除退库和更换。

(3) 安装时不应由于母线架和绝缘夹板、支撑与安装支架不平整而使母线架、绝缘夹板、支撑受到非正常的应力。

(4) 在安装母线绝缘支撑时,如果安装螺钉与母线之间的电气间隙及爬电距离达不到规定时,可在安装螺钉上加套绝缘套管。

(5) 在安装多付母线绝缘支撑及绝缘子时,其安装的位置除应符合图纸要求外,还必须使母线的安装面保持在同一垂线上,否则应采用组合式尼龙套垫进行调整。

(6) 在采用组合式母线架时，其安装顺序为：卸下母线架左边两只六角螺母、平垫和弹垫，将两根夹紧螺杆插入配电柜框架的安装孔内，使左紧固槽板紧贴框架，然后装上平垫、弹垫，用六角螺母使母线夹和柜框架固定，松开右边的六角螺母，把母线依次放入母线夹座内，按原样把六角螺母拧紧，然后将右紧固槽板拐角处的安装孔对准柜框架安装孔，用 M8×25 螺钉套上弹垫、平垫用六角螺母拧紧即成。

3．绝缘子安装

（1）绝缘子安装前要摇测绝缘电阻，绝缘电阻值大于 1MΩ 为合格。检查绝缘子外观无裂纹、缺损现象，绝缘子灌注的螺栓、螺母牢固后方可使用。

（2）绝缘子上下要各垫一个石棉垫。

（3）绝缘子夹板、卡板的制作规格要与母线的规格相适应，绝缘子夹板、卡板的安装要牢固。

4．成品保护

（1）绝缘瓷件应妥善保管，防止碰伤，已安装好后的瓷件不应承受其他应力，以防损坏。

（2）已调平直的母线半成品应妥善保管，不得乱放。安装好的母线应注意保护，不得碰撞，更不得在母线上放置重物。

（3）有镀面时，不得任意锉磨。

5.5.3.4 硬母线的安装

1．基本要求

（1）母线的装放要戴专用手套进行，防止母线划伤、弄脏或汗化。母线表面应光洁平整，不得有裂纹，折叠及夹杂物。

（2）母线的安装应该横平竖直，整齐平整美观；应考虑检修和装配方便，不应有相互穿插。母线安装时应注意如下要求。

水平段：二支持点高度误差不大于 3mm，全长不大于 10mm。

垂直段：二支持点垂直误差不大于 2mm，全长不大于 5mm。

间距：平行部分间距应均匀一致，误差不大于 5mm。

（3）母线安装的绝缘间隙要求。

① 电气间隙、爬电距离、飞弧距离等，母排的安装应考虑整体的安全。

② 铜母排安装应避开飞弧区域，当交流主电路穿越形成闭合磁路的金属框架时，三相四（五）线铜母排应在同一框孔中穿过。

（4）低压硬母线安装应符合最小安全净距要求。

① 相间距离及对地距离不应小于 20mm。

② 带电部分至网状遮拦距离不应小于 100mm。

（5）每相或每极两条母线间净距离不得小于母线厚度。

（6）铜母排连接时，不准三根铜母线在同一处连接。

（7）严禁强制性装放。铜母排与铜母排、铜母排与电气接线端子的接触面应自然吻合，母线之间的连接应保证有足够和持久的接触应力，但不应使母线产生永久性变形。

检查铜排是否存在应力方法：松开紧固好的铜母排一端，接触面能自然吻合，如不吻合，不用外力强行贴合，应当将贴合不好的铜母排拆下重新修正好，然后进行装配。

（8）母线连接处和母线与电气端头的连接处及所有连接处 10mm 以内的地方不应涂刷油漆；供携带型接地线连接用的接触面上，不刷漆部分的长度应为母线的宽度，但不小于 50mm，并在此处两端刷宽度为 10mm 的黑色带。

2．母线在支持点的固定

（1）母线的悬空长度超过 500mm 时，必须加支持绝缘子使用固定支架或用活动卡板固定。对水平安装的母线应采用开口元宝卡子，对垂直安装的母线应采用母线夹板。

（2）对于低压控制设备母线在 60mm×6mm 以下应该用热固性绝缘材料制品的矩形带槽的夹棒夹紧母线后固定在柜架下，以保证在热稳定电流作用下不使母线产生位移。

（3）母线只允许在垂直部分的中部夹紧在一对夹板上，同一垂直部分其余的夹板和母线之间应留有 1.5～2mm 的间隙。

（4）接地母线直接固定在箱体的金属框架下，中性线用绝缘子支架装放。

3．螺栓压接工艺注意事项

（1）搭接前要对接触面进行研磨或轧花，使其平整又有一定麻面，以保证接触良好。接触面加工可采用锉刀、刨床或用母线加工机械。

（2）紧固用螺栓、螺母、加厚垫圈、弹垫圈无论是精制还是半精制都应镀锌处理。

（3）螺母应置于维护侧，安装螺栓的方向应尽量从下向上、从左到右、从后向前穿，螺栓直径的选择应比孔径小 0.5～1mm，螺栓强度不小于 4.6 级。

（4）装放母线时,螺栓两端各加一个加厚垫圈，垫圈凹面面向母线。加弹簧垫圈后用螺母旋紧，直到弹簧垫圈压平，再旋进 0.5～1 牙。紧固后螺栓应露出螺母 2～3 螺距。

用多个螺栓连接母线时最好采用力矩扳手，按照表 5.5.3 的扭矩进行紧固，以保证压接质量。

（5）母排搭接紧密度的检查：用 0.05mm×10mm 塞尺检查，母线宽度在 60mm 以上者不得塞入 6mm，母线宽度在 50mm 以下者不得塞入 4mm。

（6）用多个螺栓连接母线时，不允许任何两个螺栓通过垫圈形成电磁回路；交流母线的固定金具或其他支持金具不应形成闭合磁路。

（7）铜母排上预留给顾客接线用的螺栓必须拧紧。

4．两种互相接触的金属在有腐蚀介质的环境下会发生电化腐蚀

为防止电化腐蚀，母线与母线，母线与分支线，母线与电气接线端子搭接时，其搭接面应符合下列规定。

（1）母线涂电力复合脂前应先将搭接处用钢丝刷轮抛光。保证无毛刺、油污和氧化膜，使表面光洁。

（2）铜与铜：干燥的室内可直接衔接。室外或高温且湿润或有腐蚀性气体的室内，搭接处必须搪锡后再连接。

（3）铝与铝：干燥的室内可直接衔接。室外高温且湿润或有腐蚀性气体的室内，搭接处必须涂以导电膏后连接。

（4）铜与铝：在干燥的室内铜导体应搪锡后进行连接。在室外或高温、潮湿、或相对湿度高、或有腐蚀性气体的室内，应采用铜铝过渡接头；或双方均搪锡并涂以导电膏后进行连接。

5.5.3.5 软母线的安装

(1) 软母线的连接有压接和螺栓连接两种方式,截面、应力较大的导线常采用压接。

(2) 软母线的安装应符合下列规定:

① 母线安装时,其安全净距应符合相关的规定。

② 软母线与金具的规格相匹配,金具的零件齐全、表面光滑、无裂纹、砂眼、滑扣及锌层脱落等现象。

③ 软母线在挡距内不得有接头,在放线过程中,导线不得与地面摩擦,当发现有下列情况之一者,严禁使用:

- 软母线有扭结、断股和明显松股;
- 同一截面处损伤面积超过导电部分总截面的5%。

④ 切断软母线时,端头应加绑扎,端面整齐、无毛刺。

⑤ 软母线与压接型线夹连接时,应符合下列要求:

- 软母线端头伸入接线端子长度应达到端子的终端。
- 压管与压模及压模与压接钳匹配。
- 压接时,相邻两模间重叠的宽度不应小于5mm;压接后,压管的弯曲度不宜大于其全长的2%。
- 压接后六角形的对边尺寸为0.866D,当有任何一个对边尺寸超过0.866D+0.2mm时,应更换压模(D为压管的外径)。
- 接线夹的施工只允许采用液压压接施工工艺,严禁使用爆炸压接。

(3) 软母线与各种连接线夹连接时,应符合下列要求:

① 采用线夹连接时,线夹连接的型号和规格要符合设计要求。

② 导线及线夹的接触面均应清除氧化膜,并用汽油或丙酮清洗干净,清洗长度不应小于连接长度的1.2倍,清洗后涂以电力复合脂。

③ 软母线线夹与设备端子或硬母线连接时,应符合有关规定。

(4) 母线安装后的弧度符合设计要求,同一挡距内的三相母线弧度应一致;相同布置的母线跳线和引下线安装后,应以同样的弯度和弧度呈似悬链状自然下垂,跳线与构架横梁间的距离不得小于相关的规定。

5.5.3.6 母线安装应注意的质量问题

母线安装应注意的质量问题见表5.5.5。

表 5.5.5 母线安装应注意的质量问题

序 号	常产生的质量问题	防 治 措 施
1	各种型材的金属材料、除锈不净、刷漆不均匀,有漏刷现象	1. 加强材料管理工作,加强工作责任心; 2. 作好自互检
2	母线尺寸、形状、表面光洁度不符合图纸技术要求	1. 施工前工具准备齐全,不使用电气焊切割; 2. 施工中加强管理,建立奖罚制度,严格检查制度
3	母线搭接间隙过大,不能满足要求	1. 母线压接用垫圈应符合规定要求,对于加厚垫圈应在施工准备阶段前加工; 2. 母线搭接处(面)使用板锉,锉平; 3. 认真检查

5.5.4 母线加工及安装的质量控制

5.5.4.1 母线的加工和装配工序检查

（1）母线排列要相互平行，层次分明，不交叉，整齐美观，连接要紧密。
（2）母线的漆色、排列和电气间隙、爬电距离应符合表 5.3.3 及表 5.3.4 的规定。
（3）母线的连接应紧密，接触要良好，具体检查方法见下面的内容。

5.5.4.2 在验收时应进行的检查

（1）金属构件加工、配制、螺栓连接、焊接等应符合国家现行标准的有关规定。
（2）所有螺栓、垫圈、闭口销、锁紧销、弹簧垫圈、锁紧螺母等应齐全、可靠。
（3）母线配制及安装架设应符合设计规定，且连接正确，螺栓紧固，接触可靠；相间及对地电气距离符合要求。
（4）瓷件应完整、清洁；铁件和瓷件胶合处均应完整无损。
（5）油漆应完好，相色正确，接地良好。

5.5.4.3 检验项目

1．母线绝缘子及支架安装应符合的规定

位置正确，固定牢靠，固定母线用的金具正确、齐全、黑色金属支架防腐完整。
（1）绝缘子表面严禁有裂纹、缺损和瓷釉损坏等缺陷。
（2）安装横平竖直，成排时排列整齐，间距均匀，油漆色泽均匀，绝缘子表面清洁。

2．母线连接必须符合的规定

（1）母线的接触口连接紧密，连接螺栓紧固力矩值符合要求。
（2）焊接，在焊缝处有 2～4mm 的加强高度，焊口两侧各凸出 4～7mm；焊缝无裂纹、未焊透等缺陷，残余焊药清除干净。
（3）不同金属的母线搭接，其搭接面的处理符合施工规范规定。
（4）母线的弯曲处严禁有缺口和裂纹。

3．母线安装应符合的规定

（1）母线本身平、直，整齐美观，没有装放应力，并符合工艺要求。应无流漆、脱漆、螺栓松动等现象。
（2）相色正确；母线搭接用的螺栓和母线钻孔尺寸正确。
（3）多片矩形母线片间保持与母线厚度相等的间隙，多片母线的中间固定架不形成闭合磁路。
（4）使用的螺栓螺纹均露出螺母 2～3 扣；搭接处母线涂层光滑均匀；相色涂刷均匀。

4．母线支架及其他非带电金属部件接地（接零）支线敷设要求

连接紧密、牢固，接地（接零）线截面选用正确，需防腐的部分涂漆均匀无遗漏。线路走向合理，色标准确，涂刷后不污染设备。

5．母线安装的允许偏差、弯曲半径和检验方法应符合表 5.5.6 的规定。

6．软母线安装质量检验

（1）柜内母线配置无接头。
（2）连接金具零件装配完整、紧固。

表 5.5.6　母线安装允许偏差、弯曲半径和检验方法

项次	项目	材质	弯曲半径及允许偏差	检验方法
1	母线间距与设计尺寸间	铜	>2±5mm	尺量检查
		铝	>2±5mm	
2	母线平弯最小弯曲半径	铜	>2±5mm	
		铝	>2.5±5mm	
3	母线立弯最小弯曲半径	铜	>1B±5mm	
		铝	>1.5B±5mm	
		铜	>1.5B±5mm	
		铝	>2B±5mm	

注：B 为母线宽度。

（3）柜内三相母线弛度一致。
（4）固定线夹间距误差≤±3%。
（5）固定线夹与导线交角 90°。
（6）母线与电气接线端子连接：端子无变形、损坏。
（7）母线相色标志：齐全，正确。

7．母线搭接紧密度的检查

用 0.05mm×10mm 塞尺检查，母线宽度在 60mm 以上者不得塞入 6mm，母线宽度在 50mm 以下者不得塞入 4mm。

8．铜排是否存在应力检查

松开紧固好的铜母线一端，接触面能自然吻合，如不吻合，不用外力强行贴合，应当将贴合不好的铜母线拆下重新修正好，然后进行装配。

5.5.4.4　应有的质量记录

（1）产品合格证。
（2）材质检验证明。
（3）设备材料检验记录。

(4) 预检记录。

(5) 自互检记录。

(6) 绝缘摇测记录。

(7) 耐压试验报告单。

(8) 分项工程质量评定记录。

(9) 设计变更洽商记录。

完工并自检合格后,施工单下填写日期以示完工。

5.6 导线连接工艺

5.6.1 工艺准备

5.6.1.1 使用材料

1. 导线的一般要求

(1) 二次回路绝缘导线和控制电缆的工作电压不应低于500V。

(2) 测量、控制、保护回路除断路器电磁合闸线圈外,应采用铜芯控制电缆和绝缘导线。在电气元件为铝端子时,应装有专用于连接铝端子的电缆和绝缘导线。

(3) 按机械强度要求,采用的电缆芯或绝缘导线最小截面积为:连接强电端子的铜线不小于 1.5mm^2;铝线不应小于 2.5mm^2;连接于弱电端子的、运动装置使用的铜芯电缆直径不应小于 0.5mm^2。

(4) 绝缘导线和电缆芯截面积的选择还应符合下列要求。

① 电流回路:电流测量回路应保证表计工作在规定的准确度范围内,保护回路应保证电流互感器工作在 1% 的误差范围内。

② 电压回路:由电压互感器到计费用电表的电压损失不应超过 0.5% 的额定电压,在正常负荷下,电压互感器到测量仪表的电压损失不应超过额定电压的 1%~3%,当全部保护装置和仪表工作(即电压互感器负荷最大)时,电压互感器到保护和自动屏的电压损失不应超过额定电压的 3%。

③ 控制回路:在正常最大负荷时,控制母线至各设备的电压损失不应超过额定电压的 10%。

④ 绝缘导线和电缆可能受到油浸的地方,应采用耐油绝缘导线和电缆。

常用二次配线的导线见表 5.6.1。

表 5.6.1 常用二次配线的导线

型号	直径规格(mm)	标称截面(mm^2)	颜色	使用场合
BV1	1.13	1	黑	没有活动的场所
	1.37	1.5		
	1.76	2.5		
	2.24	4		
	2.73	6		

续表

型　号	直径规格（mm）	标称截面（mm^2）	颜　色	使　用　场　合
BVR	7×0.43	1	黑或黄绿相间	有活动的场所接地线
	7×0.52	1.5		
	19×0.32	2		
	7/×0.68	2.5		
	19/×0.41	2.5		
BVR	7/×0.85	4		
	19×0.52	4		
	7/1.04	6		
	19/0.64	6		
RV	0.3		黑	连接电子器件的小电流低电平电路
	0.5			

2．控制柜内接线对导线的要求

（1）盘、柜内的导线不应有接头，导线芯线应无损伤。

（2）应保证导线绝缘良好、无损伤，备用线长度应留有适当余量。

（3）截面积不大于 8mm^2 时，其弯曲半径应大于其外径的 3 倍。控制板面板等活动部分的过渡导线应有足够的可绕性。

（4）电缆芯线和所配导线的端部均应标明其回路编号，编号应正确，字迹清晰且不易脱色。

（5）橡胶绝缘的芯线应外套绝缘管保护。

（6）保护导线应做出标记，使其容易识别。与接地点连接的导线必须是黄、绿双色线。

3．辅助材料

线夹、绝缘纸板、缠绕管、热缩管、标记号套管、线帽管、尼龙扎带、绝缘塑料带、黏胶带、相色带、号码印、标签、绑线、电缆牌等二次接线的消耗性材料准备到位。

5.6.1.2　设备工具

1．设备

液压压接钳、电脑线号打印机、电脑线端加工机、接线端子压接机。弯排机、搪锡炉、台钻等。

2．工具

钢卷尺、钢直尺、剥线钳、尖嘴钳、斜口钳、弯线钳、压线钳、剪刀、螺钉刀、内六角扳手、活动扳手、适用套筒扳手、电烙铁等二次接线工具准备齐全、完整，满足接线需求。

3．检测工具及仪表

万用表、500V 摇表、平衡电桥、校线灯或校线蜂鸣器。

5.6.1.3 生产准备

(1) 看懂图纸、标准、仔细考虑布线方案。
(2) 根据任务性质和产品技术要求，领用与图纸要求相符合的导线品种。
(3) 领取按需要数量的安装零件，如接线板夹、压板、紧固件等。
(4) 核对二次回路的电气元件是否备齐，型号规格是否相符。电器表面发现碎裂生锈发霉等质量问题，应同仓库联系退货调换。

5.6.2 接线方式与接线工艺流程

传统的线芯走线方式有屏正面线束走线、屏背面线束走线和线槽走线三种。屏正面走线工艺比较简单粗糙、观感效果差，而线槽走线受设计及屏柜自身的影响而受到限制。屏背面走线特点是工艺美观、效率低、成本高。

综上所述，目前控制柜生产企业普遍采用主电路捆扎线束，母线采用支架分层或平行走线方式。安装板或控制柜框架上的控制线路采用线槽走线方式。控制柜框架及面板采用线束走线方式。它们的工艺过程分别是：

1. 平行走线工艺

母线加工→安装支架及绝缘子→母线安装→检验。

2. 线束走线工艺

放线→接线→布线→扎线束→检验。

3. 线槽走线工艺

固定行线槽→放线束→接线→布线→检验。

5.6.3 柜内接线的技术要求

5.6.3.1 控制柜内接线的总体要求

(1) 柜的内部连接导线一般采用塑料绝缘铜芯导线。
(2) 安装在干燥房间里的控制柜，其内部接线可采用无防护层的绝缘导线，该导线能在表面经防腐处理的金属屏上直接敷设。
(3) 接线应按接线端头标志进行。
(4) 按图施工，接线正确。导线应严格按照图纸，正确地接到指定的接线端子上。
(5) 柜内同一安装单位（安装板或电子线路板）各设备及元器件之间的连线一般不经过端子排。
(6) 导线与电气元件间采用螺栓连接、插接、焊接或压接等，均应牢固可靠。各紧固螺钉紧牢后，露出3～5牙螺纹为宜；螺钉头起子槽应完整。
(7) 导线连接固定应牢固、整齐，并应设有防止振动而松脱的弹簧圈或锁紧螺母。在接头的两面一般均应设有平垫圈，以保证接触良好。

（8）压板或其他专用夹具应与导线线芯规格相匹配。紧固件应拧紧到位，防松装置应齐全。不得用紧固接线端子本身的螺母紧固导线接头。

（9）绝缘导线穿越金属构件时，应有保护绝缘导线不被破坏的措施，如在导线穿越金属板的孔上戴橡胶圈等，以防止导线的绝缘层损坏。

5.6.3.2 导线连接的布线要求

（1）接线应排列整齐、清晰、美观，导线绝缘良好、无损伤。

（2）盘、柜的电缆芯线应垂直或水平有规律地配置，不得任意歪斜交叉连接。备用芯长度应留有适当余量。

（3）外部接线不得使电器内部受到额外应力。

（4）在油污环境，应采用耐油的绝缘导线。在日光直射环境，橡胶或塑料绝缘导线应采取防护措施。

5.6.3.3 导线连接对接线端头的要求

（1）电柜内所有接端子除专用接线设计外，必须用标准压接钳和符合标准的铜接头连接。

（2）连接导线端部一般应采用专用电线接头。当设备接线柱结构是压板插入式时，使用扁针铜接头压接后再接入。当导线为单芯硬线则不能使用电线接头，而将线端做成环形接头后再接入。

如进入断路器的导线截面<6mm^2，当接线端子为压板式时，先将导线作压接铜接头处理，以防止导线的散乱；如导线截面>6mm^2，要将露铜部分用细铜丝环绕绑紧后再接入压板。

（3）截面为10mm^{2}及以下的单股铜芯线和单股铝芯线可直接与设备、器具的端子连接。

（4）截面为2.5mm^{2}及以下的多股铜芯线的线芯应先拧紧搪锡，压接端子后再与设备、器件的端子连接。

（5）截面大于2.5mm^{2}的多股铜芯线的终端，除设备自带插接式端子外，应焊接或压接端子后再与设备、器件的端子连接。

5.6.3.4 各种电气元件的接线要求

（1）电气元件的工作电压应与供电电源电压相符。

（2）有半导体脱扣装置的低压断路器，其接线应符合相序要求，脱扣装置的动作应可靠。

（3）带有接线标志的熔断器，电源线应按标志进行接线。电源进线端应接在熔芯引出的端子上，防止更换熔断器芯时触电。

（4）直流回路中具有水银接点的电器，电源正极应接到水银侧接点的一端。

5.6.3.5 接线端子的接线要求

（1）出线端接线方式：PE线应在主回路下面。

（2）如果端子间需要连接，应将线弯成Ω形用螺钉压接。

（3）每个接线端子的每侧接线宜为1根，不得超过2根。对于插接式端子，不同截面的两根导线不得接在同一端子上；对于螺栓连接端子，当接两根导线时，中间应加平垫片。

5.6.3.6 可动部位导线连接的要求

(1) 应采用多股软导线，敷设长度应有适当裕度。
(2) 线束应有外套塑料管等加强绝缘层。
(3) 与电器连接时，端部应绞紧，并应加终端附件或搪锡，不得松散、断股。
(4) 在可动部位两端应用卡子固定。

5.6.3.7 接地的接线要求

(1) 盘、柜、台、箱的接地应牢固良好。二次回路应设专用接地螺栓，使接地明显可靠。
(2) 在一般情况下，导线不允许弯许多类似弹簧样的圆圈后接线，但接地线例外。
(3) 接地装置的接触面均须光洁平贴，保证良好接触，并应有防止松动和生锈的措施。
(4) 电柜装有的可开启的门，应使裸铜软线与接地的金属构架可靠地连接。柜门与柜体的柔性接地导体使用镀锌 $6mm^2$ 屏蔽带。端头处理使用 O 形铜接头压接，不得直接将屏蔽带穿孔固定。
(5) PEN 导线的截面积应按中性导线（N）一样的方式确定，最小截面积应是 $10mm^2$。
(6) 接地铜排上的端子允许多根导线共用一个接地螺钉，铜排上的螺钉最小螺纹直径为 6mm。但导线必须使用标准铜接头进行处理，且拧接紧密。
(7) 元件间的接地线不得采用跨接方式连接。
(8) 如果柜内有屏蔽线的接地或者其他电子元件的接地，所使用的接地排要与主接地排绝缘，当需要与主接地排导通时再用至少 $6mm^2$ 的接地线与之连接。
(9) 双屏蔽层的电缆，为避免形成感应电位差，常采用两层屏蔽层在同一端相连并接地。
(10) 信号回路接地与屏蔽接地可共用一个单独的接地极。同一信号回路或同一线路的屏蔽层，只能有一个接地点。接地电阻值应符合设计规定。
(11) 连接接地线的螺钉和接线点不许做其他机械紧固用。
(12) 不能明显表明的接地点，应在附近标注明显的接地符号"⏚"。

5.6.3.8 锡焊连接的接线要求

(1) 锡焊连接的焊缝应饱满，表面光滑。焊剂应无腐蚀性，焊接后应及时清除残余焊剂。
(2) 铜焊连接的焊缝不应有凹陷、夹渣、断股、裂缝及根部未焊合的缺陷。焊缝的外形尺寸应符合焊接工艺评定文件的规定，焊接后应及时清除残余焊药和焊渣。
(3) 凡要求用锡焊的线头一定要焊牢，不得有虚焊、假焊现象。

5.6.4 接线工艺要求

5.6.4.1 接线生产准备

1. 熟悉图纸和实物

(1) 接线前要认真审核、熟悉施工图纸，充分领会设计意图，主要审核内容如下：
① 重点审核设计图纸的正确性，原理图、布置图及端子排接线图三者之间的一致性。
② 审核控制回路中串入连锁关系的合理性。

③ 审核生产厂家如断路器、隔离开关、保护屏柜等电气接线的正确性,应与设计要求的功能相一致。

④ 校对接线表中各电缆规格、型号、去向等应与设计接线图相一致。

(2) 根据设计的二次图纸,拟定可操作性强的施工措施或方案。

包括施工程序、施工方法、工艺标准、施工进度及人员组织等事项。组织施工人员进行技术交底,做好人员组织分工,减少施工的盲目性。

(3) 加强对施工人员的接线培训工作。

对施工人员讲工作原理,讲识图方法,讲接线工艺标准及施工方法,培训合格后方能持证上岗,并由有经验的老师傅进行传、帮、带,才能收到良好的效果。可以筛选以往创优工程接线施工亮点图片,组织施工人员观看学习,并挑选心灵手巧、责任心强、接线工艺水平高的施工人员专门进行接线工作。

(4) 对控制柜、箱接线应设专人负责。

即同一回路的控制柜、箱应由一人完成,这样既便于校线和查线,有问题又能够分清责任。

(5) 领取与图纸要求相符合的线束。

2. 接线前的检查

(1) 严格按《电气接线图》检查导线。

① 导线的额定绝缘电压。

绝缘导线的额定绝缘电压不得低于各电路的额定工作电压,对 380V、220V 电压不低于 500V。对于电控箱内的导线均要求电压不低于 550V 的铜芯绝缘导线。

② 导线的截面积。

用于控制回路导线的截面积不得小于 $0.75mm^2$(一般考虑到导线的机械强度通常是箱外 $1mm^2$,箱内 $0.75mm^2$),用于弱电电子线路不应小于 $0.2mm^2$。对于单股铜导线最小截面积为 $1.5mm^2$;对于多股铜导线为 $1.0mm^2$;电流回路采用 $2.5mm^2$ 绝缘铜芯线;保护接地线使用 $2.5mm^2$ 全长标出的黄绿相间的双色绝缘铜芯线(黄绿双色绝缘线只能用做保护接地线)。

敷设于电器安装板上的导线均采用硬线,可动部位的过渡线用多股软铜线。

③ 辅助电路的导线的颜色应该:

● 严格按照装布线图纸上规定的导线颜色进行检查。

● 图纸没有规定时,一般采用黑色绝缘铜芯线。

● 同批量产品材料、色泽要求相同。

④ 导线绝缘状况良好、无受潮,电缆内不得进水。

⑤ 热缩管、线帽规格应与电缆或电缆线芯一致并无损伤。

⑥ 导线绝缘已测试合格。

⑦ 导线端头压接的接线端子符合技术要求。

(2) 按照接线图核对各回路元件是否配齐、正确,检查元件表面质量状况。

(3) 线槽安装质量检查。

① 塑料走线槽应为牢固,不吸潮及滞燃的材料制成,线槽与槽盖颜色一致。

② 塑料行线槽只可配置于纵向(或横向)总体线束,分支线束不配置,也可总体线束与分支线束全部配置。

③ 线槽应按图纸要求的位置安装,应做到安装牢固、横平竖直、美观整齐。

④ 线槽应平整、无扭曲变形，内壁应光滑、无毛刺；线槽接口应平直、严密，槽盖应齐全、平整、无翘角；线槽的出线口应位置正确、光滑、无毛刺。

(4) 接线标记检查。

按接线图（布置图）检查粘贴元件标号是否正确。标号一般粘贴在该元件正中上方的金属构架上，如元件上方不能粘贴标号时，可就近选择适当位置粘贴。

① 元件标号的字体应端正，字迹应清晰，内容符合图纸要求；粘贴部位应醒目，不存在漏贴问题。粘贴部位不应被导线或元器件、金属构件挡住，并能清楚地指明是属于某一元件的。

② 所有仪表、继电器、电气设备、端子排及连接的导线均应有完善、清楚、牢固正确的标记套（号码管），元件本身的连接可不用标记套。标记套的方向，羊眼圈的弯制方向与尺寸正确。

(5) 端子排标记检查。

① 端子排的始端必须装可标出单元名称的标记端子；末端装以挡板。同一端子排不同安装单位间也要装标记端子，以便分隔。

② 每一安装单位的端子排的端子都要有标号，字迹必须端正清楚。

③ 端子排必须写上顺序号，若不能写顺序号的必须每隔 5 挡用漆涂上记号，以便查对。

(6) 机柜内部易对人身造成伤害的地方应有明显的警示标志和防护措施。

(7) 施工所用机具齐全，便于操作，状况良好，材料齐备。

5.6.4.2 接线过程及工艺要求

1. 接线工艺要求必须达到十个一致

(1) 同一柜内电缆剥切固定位置一致；

(2) 热缩头热缩位置一致；

(3) 热缩套颜色一致；

(4) 所有线号长短一致；

(5) 电缆牌悬挂位置一致；

(6) 扎头绑扎位置一致；

(7) 备用芯长短一致；

(8) 线芯接线走线方式一致；

(9) 同排同屏导线排列方式一致；

(10) 导线线芯弯曲弧度一致。

2. 柜内连接导线整体工艺要求

(1) 导线接线要求工艺统一，所有工作开始前采用样板示范带路的模式，所有控制柜、箱等的接线方式、电缆绑扎位置、备用芯长度、电缆牌绑扎位置均按照样板的要求施工，以保证产品外观及质量的一致性。已定型的批量产品，二次布线应一致。

(2) 硬导线连接前必须进行校直处理。线束或导线弯曲时不得使用尖口钳或钢丝钳，只允许使用手指或弯线钳，以保证导线的绝缘层不受损坏。接线过程必须保证导线芯线及导线绝缘均无损伤。

(3) 按图施工，接线正确；电气回路接触良好；配线横平竖直，整齐美观。

(4) 螺钉紧固力矩符合技术要求，以免出现松动及滑扣情况。手工紧固工具的力度大小要通过使用力矩紧固工具掌握。线芯应连接牢固，严禁出现虚接问题。

(5) 连接导线中间不允许有接头，两个端子间的连线不得有中间接头。

(6) 端子板水平放置或垂直时，左右上下引出的导线都要弯曲半圈后，再以 40mm 间距进入端子板。

(7) 每个端子排的一侧（含端子排和元器件接线端）一般只连接一根导线，最多不得超过两根，当同一节点有两根以上导线时，应与设计部门联系加空端子转接。

① 采用孔内螺钉压接的每一个端子不允许有两个以上的导线端头，并应确保连接可靠，元件本身引出线不够长，应用端子过渡，不允许悬空连接。

② 采用平面螺栓压接的同一端头一般只能接一根导线，必要时允许连接两根导线。严禁同一端接三根或三根以上导线。若需要接两根导线时，两导线之间应垫以精制平垫圈。

③ 采用螺钉压板压接的端子，剥除绝缘的线芯应弯成 U 字形，压接螺钉位于 U 字中间。采用螺钉压板压接的端子，可以连接两根导线，分别位于压接螺钉两边，条件是两根导线的线芯直径相同。直径不同的导线不允许在同一端子上压接。

(8) 线芯进入端子前应手工依次弯曲成弧度相同的一排，排列一致无交叉（圆弧半径约 20mm 周长约 100~120mm）。

(9) 导线穿过金属孔时，要套一个大小适当的保护物，如橡皮圈、绝缘管等，装套必须牢固。

(10) 二次线的敷设不允许从母线相间或安装孔穿出。

3. 线槽内敷设导线的工艺要求

(1) 自上而下将线束整好，将二次线敷设在专为配线用的塑料行线槽内。

(2) 导线应按接线图先将上面的已压接好的端头正确接至各电气元件及端子上。

(3) 先将可连接的一端接好，弯头处用手弯成圆角，直横行走，力求做到横平竖直。

(4) 导线的余量一般可在接线柱附近绕圈放置，小截面积（$2.5mm^2$ 以下）导线的余量可弯曲后捆扎在线束中，或直接卷曲在走线槽内。

(5) 导线的规格和数量应符合设计规定；当设计无规定时，包括绝缘层在内的导线总截面积不应大于线槽截面积的 60%。

(6) 在可拆卸盖板的线槽内，包括绝缘层在内的导线接头处所有导线截面积之和不应大于线槽截面积的 75%；在不易拆卸盖板的线槽内，导线的接头应置于线槽的接线盒内。

(7) 对于传输信息的导线，应采取必要的防干扰措施。控制柜内 PLC 输入回路的布线尽量不与主回路及其他电压等级回路的控制线同线槽敷设。

(8) 端子等集中布置接线的元件的短接线不进入线槽，以方便检查和节省线槽排线空间。线槽内也不允许出现接头。

4. 导线在接线过程中的二次加工工艺

(1) 如果只有一端压好接线端子或导线长度不合适，导线在接线过程中需要对另一端进行二次加工。

(2) 若长度不合适或只压好一头接线端子，应将导线另一端多余的导线剪去。

(3) 根据需要长度和线径用剥线钳剥去适当长度的绝缘层，并除去芯线表面的氧化膜及黏着物，不能损伤铜丝表面。

（4）线芯不得剥出太长，以刚刚插满端子或正好弯制压接圆圈、接线后不露线芯为宜。

（5）按接线图纸选取相应的线号套，套上标记套；线号套不准反套及错号。套上线号套（或冷压接线鼻），末端与线号套之间的距离为2mm。

（6）BV型导线（硬线）二次加工工艺要求：

① 采用平面螺栓压接的BV型导线，应根据连接螺钉大小弯制羊眼圈。羊眼圈的弯制方向与尺寸见表5.6.2。

表5.6.2 羊眼圈的弯制方向与尺寸

螺钉规格	绝缘剥削长度（mm）	Φ（mm）	P（mm）
M3	11	4-0.5	2+0.5
M4	15	5-0.5	2.5+0.5
M5	20	6-0.5	3+0.5
M6	24	7-0.5	3.5+0.5
M8	30	9-0.5	5+0.5
M10	36	11-0.5	6+0.5

② 羊角圈要弯成全圈，线头必须顺时针弯曲成羊眼圈，以保证与螺钉紧固的方向一致，其内径应比紧固螺钉直径大1~2mm。

③ 两根以上的线头，在两根线之间垫上一只平垫圈；多股线接到接线端上时，如遇到导线螺杆够长，可允许用碗形垫圈加弹簧垫圈，省去平垫圈。

④ 采用孔内螺钉压接的BV型导线，线芯直径与端子孔径匹配，则可直接将剥好头的线端插入孔内压接。若线芯直径与端子孔径不匹配，则应通过线端元件上的接线端子使其匹配。若线芯直径太小，也可通过增加剥头长度、线芯折回头或密绕一层的方式来保证压接的可靠性。

（7）BVR型导线（软线）二次加工工艺要求：

凡是多股软线的连接头，一律用冷压接头压接。采用压接式终端附件是较好的一种方式。

① 在端头套上适用的接线鼻，用压线钳（液压钳）压紧后搪锡。

② 端头压接的接线端子类型（如钩型、叉型、圆型、针型、扁平、管型等）、规格尺寸，必须与所连接的电气元件端子或接线端子排上的接线端子相匹配。

5．电气元件接线工艺要求

（1）按电气接线端头标志接线。

（2）在一般情况下，电源侧导线应连接在电器进线端（固定触头接线端），负荷侧的导线应接在电器出线端（可动触头接线端）。

（3）刀开关接线时，电源进线与出线不能接反，否则更换熔丝时易发生触电事故。

（4）电阻器接线：

① 电阻器与电阻元件间的连线应用裸导线，在电阻元件允许发热的条件下，能可靠接触。

② 电阻器引出线夹板或螺钉有与设备接线图相应的标号；与绝缘导线连接时，不应由于接头处的温度升高而降低导线的绝缘强度。

③ 多层叠装的电阻箱，引出导线应使用支架固定，但不可妨碍更换电阻元件。

（5）接线螺栓及螺钉应有防锈镀层，连接时，螺钉应拧紧。

(6) 熔断器接线时，熔断器的上端规定为①端，一般为接电源端，熔断器的下端规定为②端，一般为接负载端，线束的布置应便于更换熔断器芯子。

(7) 转换开关接线时，进入开关的线束应在开关下方或上方 20～30mm 处，导线距开关两侧 20～30mm，距离应一致，且号牌倾斜一致。

(8) 电流互感器端子接线时，要求整齐美观、一致。

6. 接线端的紧固

(1) 对于插线式端子，不同截面积的两根导线不得接在同一个端子上，以最大截面积为准。

(2) 平面压接将羊眼圈（或接线鼻）接于所接端头上拧紧螺钉，导线接在端头上应有防松装置。

(3) 所有接头螺母及螺钉上紧应使用合适工具，螺母螺钉拧紧后不应有起毛及损坏镀层现象。

(4) 接线所有紧固螺钉拧紧后螺纹露出螺帽以 2～3 牙为宜，所有螺钉不得有滑牙。

对螺孔和螺栓引出端，安装时其扭矩应小于表 5.6.3 所示的值。

表 5.6.3　螺孔和螺栓引出安装端的最大拧紧扭矩　　　　　单位：N·m

螺栓规格		M2.5	M3.0	M3.5	M4.0	M5.0	M6.0
接线用	有头	0.40	0.50	0.80	1.20	2.00	2.50
	沉头	0.20	0.25	0.40	0.70	0.80	
作为引出端用		0.40	0.50	1.14	2.28	4.00	8.00
作为安装件用		—	1.00	2.00	4.20	—	

7. 绝缘

(1) 导线与高低压导体之间的电气绝缘距离不得小于表 5.6.4 所列数据。

表 5.6.4　导线与高低压导体之间的电气绝缘距离

电压（kV）	0.5	3.0	6.0	10.0
距离（mm）	15	75	90	100

(2) 金属软管不能用来保护导体。

(3) 绝缘板的支撑螺杆必须套绝缘管。

8. 接地工艺要求

(1) 元器件的金属外壳必须有可靠接地。

(2) 用于静态保护、控制逻辑等回路的控制电缆的屏蔽层、带、芯应按设计要求的方式可靠接地。

(3) 柜内所有需接地元件的接地柱要单独用接地线接到接地体。元件间的接地线不得采用跨接方式连接。

(4) 具有铰链的金属面板上安装电气元件时，面板与金属箱体之间应设置安全跨接线。

(5) 利用机体作为回路的工作接地导体的型号和截面积应与绝缘敷设的那一极（或相）的导线相同，不得使用裸线。

（6）为保证可靠接地，与控制柜框架及安装板连接的接地螺栓必须使用带棘刺的垫圈，屏蔽带的固定要使用倒齿垫片。

（7）接地处应设有耐久的接地标记；电柜内所有接地线线端处理后不得使用绝缘套管遮盖端部。

（8）所有接地装置的接触面均要光洁平贴，紧固应牢靠保证接触良好，并应设有弹簧垫圈或锁紧螺母，以防松动。

（9）接地装置紧固后，应随即在接触面的四周涂以防锈漆，以防锈蚀。

5.6.4.3 接线工序质量检查

（1）检查连接导线的型号和规格的正确性。

（2）检查线端接头的制作质量，连接应牢固。

（3）检查线端标记的正确性及完整性。

（4）检查导线布线、接线和捆扎的质量。

（5）电柜内所有接地线线端处理后不得使用绝缘套管遮盖端部。

（6）盘、柜内的电缆芯线，应按垂直或水平有规律地配置，不得任意歪斜交叉连接。备用芯长度应留有适当余量。

（7）柜内 PLC、DCS 输入回路的布线尽量不与主回路及其他电压等级回路的控制线同线槽敷设。

（8）在经常移动的地方（如跨越柜门的连接线）必须用多股铜绝缘软线，并且要有足够的长度余量并适当固定，以免急剧弯曲和产生过度张力。

5.6.5 布线

5.6.5.1 布线技术要求

（1）配线排列应布局合理、横平竖直、曲弯美观一致，接线正确、牢固、与图样一致。

（2）总体线束与分支线束应保持横平竖直、牢固、清晰美观。

（3）线路敷设布置时，布线应该沿着或顺着底盘或其他光滑的结构部分进行。

（4）布线时在保证牢固的前提下到达所需的部分要选取尽可能短的路径。

（5）布线时不要与已经装配或未装配的零、部件相接触，布线时不要挡住警告和标示牌。

（6）导线束不能紧贴金属结构件敷设，穿越金属构件时应加装橡胶垫圈或其他绝缘套管。

（7）柜内的线路可敷设在小型汇线槽内，也可明敷设。如线束置于塑料走线槽内，则可不再捆扎，但应加以理齐，避免交叉。当明敷设时，布线自上而下，电线束按导线走向使用由绝缘材料制成的扎带扎牢。采用缠绕管时，以每绕一周间距 7~10mm 均匀缠绕。

（8）在装有电子器件的控制装置中，交流电流线及高电平（110V 以上）控制回路线应与低电平（110V 以下）控制回路线分开走线，对于易受干扰的连接线，应采取有效的抗干扰措施。显示器的布线应单独敷设，不能与其他回路混合；强制闭锁装置的 220V 电源线要与 a、b、c 三相输入线分开敷设，防止可能由此引起的干扰，影响显示器正常工作。

5.6.5.2 导线整理工艺

（1）将需要打把子导线的每根单独分开，将每根导线拉直。

（2）导线整理应排列整齐、层次分明、曲率一致、松紧适度，严禁扭曲、交叉或杂乱无章。

（3）应先将已经敷设好的导线在屏、柜下面的部分整理好，排列整齐一致，弯好弯度，能固定好的就固定好，暂时不能固定的应按它的固定位置做好标记，用临时绑线绑扎。

（4）接线位置较低的电缆排在盘内侧，接线位置较高的排在盘的外侧。

（5）在考虑导线的位置时，要尽可能使导线在支架（层架）的引入部位、设备的引入口尽量避免交叉和麻花状现象的发生，同时应避免导线左右交叉的现象发生（对于多列端子的设备）。

（6）直径相近的导线应尽可能布置在同一层。

（7）自上而下地将导线整理成方形、长方形或圆形线束，然后将上下笔直的线路放在外挡，上下折弯的线路顺序放入内挡。

（8）导线需要弯曲转换方向时，应用手指进行弯曲，不得使用金属工具弯曲，以保证导线绝缘层不受损伤；导线弯曲半径不得小于导线外径的两倍。

（9）走线途中如遇金属障碍，则应弯曲越过，之间保持 3～5mm 的距离。

（10）交流电源线、直流电源线及高电平（110V 以上）回路线应与低电平（测量、信号、脉冲等）回路线分束走线，并应有一定的间隔，必要时应采取隔离或屏蔽措施。

5.6.5.3 线束布置工艺

1. 配线线束的处理

（1）线束必须平直，不允许出现弯曲或交叉。线束中不允许有接头或用端子做接头。

（2）设备内的导线一般应成束布线。线束应捆扎，以防松散。捆扎应牢靠、整齐、美观。如线路路径较长时，应适当加以固定。屏（柜、台）内应安装用于固定线束的支架或线夹。紧固线束的夹具应结实、可靠，不应损伤导线的外绝缘。

（3）线束一般应用塑料旋绕管或尼龙扎带捆扎，尼龙扎带的捆扎距离一般为 100～200mm。禁止用金属等易破坏绝缘的材料捆扎线束。

（4）采用成束捆扎行线时，布线应将较长导线放在线束上面，分支线从后面或侧面分出。

（5）线束不能紧贴金属表面，必须悬空 3～5mm，用钢纸板、玻璃丝板或彩色胶布（或绑扎带）将线束间隔固定，不得晃动。

（6）分路部分到继电器的线束一律按水平居中向两侧分开的方向行走，到继电器接线端的每根导线应略带圆势连接，同一台柜内接的各种继电器，接线圆势要力求一致，如图 5.6.1 所示。

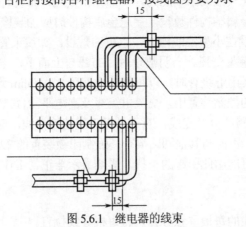

图 5.6.1 继电器的线束

（7）分路到双排的仪表、按钮、信号灯、熔断器、控制开关的线束，采用中间分线的对称布置，如图 5.6.2 所示。

（8）分路到单排的仪表、按钮、信号灯、熔断器、控制开关的线束，采用单侧分线的布置，如图 5.6.3 所示。

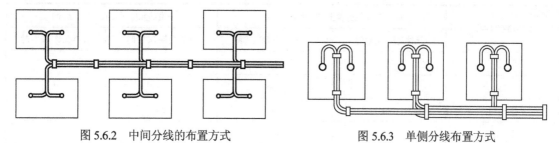

图 5.6.2　中间分线的布置方式　　　　　图 5.6.3　单侧分线布置方式

2. 过活动门处的线束

（1）当导线两端分别连接可动与固定部分时，如跨门的连接线，必须采用铜多股软导线。

（2）过活动门或面板处的线束应使用线夹将一端固定在柜箱的支架上，另一端固定在活动门的支架上。

（3）过活动门或面板处线束的长度应是活动门开启到最大限度时（100°），导线不受张力和拉力影响而使连接松动或损伤绝缘为原则。一般取两支架间距离的 1.2～1.4 倍，以免因弯曲产生过度张力使导线受到机械损伤。并弯成 U 形，外面套上缠绕管，以保证活动部分在开启过程中不损伤导线。活动门与柜、箱间过门支架导线的配置如图 5.6.4 所示。

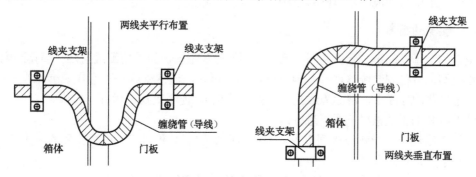

图 5.6.4　线夹支架的使用

（4）线夹支架与边缘距离≥100mm，线束的弯曲半径≥100mm。

（5）过门线束截面积为 1.5mm^2 不超过 30 根，截面积为 1mm^2 不超过 45 根，若导线超出规定数量，可将线束分成 2 束或更多。从二处或二处以上过门，以免因线束过大，使门的开、关不自如。

（6）过门接地线低压柜截面积不小于 2.5mm^2，高压柜截面积不小于 4mm^2（指门与骨架之间）。

（7）门部分的线束两端固定后，线束余量以门打开不大于 100° 时不致过分拉紧，并在转动中碰不到箱体。

3. 发热元件对线束的要求

（1）线束原则上不应在信号灯、电阻器等发热元器件的上方布设，否则应有 30mm 以上的距离，并用线夹固定。

在发热元器件上方敷设线束应符合表 5.6.5 所规定的要求。

表 5.6.5 电子元件等与发热件之间需保持的距离

发热功率（W）	在发热元件上方（mm）		在发热元件侧面或下方（mm）	
	元件允许 60℃时	元件允许 50℃时	元件允许 60℃时	元件允许 50℃时
7.5	30	40	10	10
15	30	100	10	10
20～50	100	200	20	20
75～100	100	300	30	30
150	150	300	30	30
200	150	400	30	30

（2）接至发热元件一端的导线应套一段瓷珠（套）。

（3）电阻及信号灯在接线时始末端应统一靠近屏板方向的为①端，远离屏板方向的为②端，可调电阻的滑动端为③端，滑动端随电阻的调整而运动时，滑动端的接线应采用多股软线连接，以便调整。控保屏直接使用的继电器外附电阻不宜采用螺旋线连接。

（4）电阻的功率在 30W 及以上时采用螺钉连接，30W 以下时可以焊接，不套套管，焊剂应擦净，焊点饱满光滑。多股线用焊片，单股导线与电阻连接时，导线与电阻应勾焊压平，双线穿不过去时，采用勾一根，贴一根的焊法，以确保牢固。

5.6.5.4 导线的绑扎

在复杂的电子产品中，分机之间、电路之间的导线很多。为了使配线整洁，简化装配结构，减少占用空间，方便安装维修，并使电气性能稳定可靠，通常将这些互连导线绑扎在一起，成为具有一定形状的导线束，常称为线扎（线把、线束），便于查找、运行、检修。

导线的绑扎的工艺按以下要求进行：

（1）绑入线束中的导线应排列整齐，不得有明显的交叉和扭转。经绑扎后的线束及分线束应做到横平竖直，走向合理，整齐美观。

（2）不应把电源线和信号线捆在一起，防止信号受到干扰。导线束不要形成环路，以防止磁力线通过环形线，产生磁、电干扰。

（3）线束内应留有适量的备用导线，以便于更换，备用导线应是线扎中最长的导线。

（4）绑扎是将每根导线线芯用塑料扎带把线绑扎在一起，断面为圆形。这种方法操作简单，工艺整齐美观。塑料扎带使用要求如下：

① 绑扎电缆应该紧一些，并留出一些间隔使电缆内部的电线保持预先的位置。无论何时电缆的绑扎都不能破坏其绝缘性，用手摞动不得有松动。

② 塑料/尼龙扎带的尾部应该大致修剪成平的，避免产生锋利的尖角。

③ 线束的各个绑扎点的间隔距离一般在 100～200mm 左右，要求一台产品内或一个产品段内距离应一致。在线束始末两端弯曲及分线前后必须扎牢，而在线束中间则要求均匀分布。

④ 对于多连接的连接器，绑扎点距离连接器应该保持大约 60mm，可以使用也可不用套管。

绑扎多连接的连接器时不要拉紧连接器的插针或者抑制其可移动性，而这本来是连接器插针的特性。

（5）导线的绑扎点到单根电线终端间的距离应该不小于辅助回路的长度与松紧环路的长度之和。

（6）如下情况电缆上绑扎点的间隔要小于 100mm：

① 在带有跳线终端的短线上，这些跳线是用来连接两根或更多的屏蔽同轴电缆、与其相近的线路分支点或屏蔽同轴电缆。

② 连续弯曲的绑扎点之间。

（7）线束分支处应有足够的圆弧过渡，防止导线受损。通常弯曲半径应比线扎直径大两倍以上。所弯角度和曲率应一致、美观。

（8）为防止与金属摩擦，可动部分的线束原则上一律要加套塑料缠绕管。需要经常移动位置的线束，在绑扎前应将线束拧成绳状（约15°），并加套塑料缠绕管。外露在线槽外的柜内照明用线、面板接线的外露部分必须用缠绕管保护。

（9）绑扎时不能用力拉线束中的某一根导线，防止把导线中的芯线拉断。

（10）导线的绑扎要求牢固、高度一致、方向一致，绑扎不应使端子排受机械应力。在进入二次设备时应在最底部的支架上进行绑扎，然后根据接线端头的连接高度决定是否进行再次绑扎。

（11）不论怎样排列，如何绑扎均应尽可能紧凑、整齐、美观实用又简单易行。

（12）因线芯逐个接入端子而使线束逐渐变细时，应使线芯顺序靠拢或并入新线以形成新束。

（13）线束敷设途中，遇到金属障碍物时，则应弯曲绕过，导线与金属间应保持 4mm 以上。

（14）当线束穿过金属件时，金属件上一般要套橡皮圈加以防护。如防护有困难时，二次线束必须包以塑料缠绕带。

5.6.5.5 导线的固定支撑（线卡）工艺

（1）导线固定用支架及线夹的间距：低压柜在一般情况下，横向不超过 300mm，纵向不超过 400mm；高压柜在一般情况下，横向不超过 500mm，纵向不超过 600mm。若导线装于线槽时，行线槽仍然按照以上尺寸对其进行固定。

（2）导线用支架及线夹的安装应满足以下要求：

① 线卡应该保证电缆的安全，除非其只是用来控制电线的走向。

② 线卡不要设置在连接点、二极管、绝缘帽等处。线卡应该牢靠地固定在底盘或其他结构上，应当沿着导线的方向排列。

③ 线卡不要使同轴电缆的外部或导线本身产生变形，也不要使电线/束的外部直径产生变形。

④ 当物体表面光滑无法使用通常的方法将保护电缆的线卡固定时，要使用环氧黏合剂将线卡固定在物体表面上。

⑤ 当需要将额外的导线加入已经装配好的线束中时，线卡应该按照要求整洁地装配。

（3）安装线卡时，应按导线数量多少选用不同规格的线夹。

（4）线束固定要求牢固，不松动。在 2 个固定点外不容许有过大的颤动，过长线束中间应增加支撑线夹。当与线束间有空隙时，可适当加垫塑料或黄蜡绸，以防止松动。

(5) 导线在线夹中固定时应达到以下要求：
① 单层线束排列不得超过 9 根。在走线架上的线束允许与走线架宽度相同。
② 导线束与带电体之间的距离不得小于表 5.6.4 规定。
③ 绝缘导线不应支架在不同电位的裸带电部件和带尖角的边缘上，应该用适当的方法固定绝缘导线。

5.6.6 接线质量的检验

5.6.6.1 检验程序

1. 操作者自检

当一、二次线装配完毕后，应进行自检，认真对照原理图、接线图，按照上述要求对设备进行自检，若有不符之处，进行纠正，并将柜内打扫清洁。

2. 检验员检验

自检完毕后送检验，并将所有与设备配套的附件及柜内的电气元件的说明书及合格证等随柜送到检验员处，进行出厂检验。检验过程中操作者应与检验员配合，对出现的错误进行及时改正，直至检验完毕。

5.6.6.2 外观检查

1. 接线检查工艺要求

（1）所有线路是否平、直、牢。
（2）检查各个元件型号和图纸是否与材料表相符。
（3）设备铭牌、型号、规格应与被控制线路或设计相符。
（4）控制柜内部全部清理干净。
（5）所有元件不接线的端子都需配齐螺钉或螺母垫圈等，并全部拧紧以防脱落。
（6）检查螺钉是否有松动，接线头螺钉是否有松动现象。
（7）当用万用表电阻挡检查线路时，要断开变压器端子的一端。
（8）检查主电路的相位连接。
（9）重点检查接地线的连接。
（10）信号回路的信号灯、光字牌、电铃、电笛、事故电钟等应显示准确、工作可靠。
（11）具有主触头的低压电器，触头的接触应紧密，采用 0.05mm×10mm 的塞尺检查，接触两侧的压力应均匀。
（12）电磁启动器热元件的规格应与电动机的保护特性相匹配。热继电器的电流调节指示位置应调整在电动机的额定电流值上，并应按设计要求进行定值校验。
（13）有机玻璃防护罩安装完毕后，有机玻璃的塑料薄膜需撕去，并贴上警告标语。
（14）当控制柜额定电压大于 500V 时，其背面还应有不低于防护等级 IP2X 的防护措施。
（15）控制柜用的电气元件应牢固地安装在构架或面板上，并有放松措施，便于操作和维修。

与元件直接连接在一起的裸露带电导体和接线端子的电气间隙和爬电距离至少应符合这些元件自身的有关要求。

（16）额定电压不同的熔断器，应尽量分开安装，当熔断器的额定电压高于 500V，而其熔断器座能插入低额定电压的熔断器时，则应设置专用警告牌。如"当心！"，"只能用 660V 熔断器"等。

（17）有触及带电部分危险的熔断器应配齐绝缘抓手。

（18）有机玻璃的支撑螺杆必须套绝缘管。

（19）有机玻璃板安装及固定时两面都要垫纸垫片，以达到防震效果。

2．PLC、DCS、PCS 等系统的检查

（1）对 PLC、DCS 机柜组件及配线进行检查时，应确认盘内所有的接线符合设计及制造厂有关图纸的要求。

（2）对本安回路进行检查时，应首先确认与本安系统有关的电缆及端子排的色标（通常为蓝色）符合要求，本安回路的接线应确保安全区域与危险区域隔离。

（3）PLC、DCS、PCS 系统导线的检查应按下列要求进行：

① 随机电缆（系统电缆）的型号、尺寸及其附件和工具应齐全，并满足相关系统资料的技参数求。

② 随机电缆（系统电缆）的外部绝缘层应无损坏，绝缘电阻符合制造厂标准。

③ 系统模件之间、节点之间及相关终端之间电缆应连接正确，网络通信电缆、总线电缆之间的连接应符合制造厂及系统的设计要求。

3．控制柜应进行外观检查，并应符合下列要求

（1）插件板的名称与标志应无错位，插件板内的线路应清晰、洁净、无腐蚀、平滑无毛刺、线条无断裂、无条间粘连；各焊点之间应明显断开；线条间相邻边距离应符合国家现行有关标准的规定。

（2）插接件的插头及插座的接触簧片应有弹性，且镀层完好，插接时应接触良好可靠。

（3）变流元件、熔断器、继电器、信号灯、绝缘子、风机等器件的型号、规格、数量应符合技术文件的要求，并应完整无损。

（4）螺栓连接的导线应无松动，线鼻子压接应牢固无开裂。焊接连接的导线应无脱焊、虚焊、碰壳及短路。

（5）元件、器件出厂时调整的定位标志不应错位。

（6）固定在冷却电极板或散热器上的电力电子元件应无松动。

4．接地检查

安全接地、工作接地应按详细设计图和系统设备技术条件要求进行检查，并符合下列要求：

（1）系统设备的安全接地应与接线图一致。

（2）系统设备的工作接地应与接线图一致。

（3）设备内部接地网不应形成回路。

（4）如果柜内有屏蔽线的接地，或者其他电子元件的接地，所使用的接地排要与主接地排绝缘，当需要与主接地排导通时再用至少 $6mm^2$ 的接地线与之连接。

（5）柜门与柜体的柔性接地导体使用镀锌 6mm² 屏蔽带。端头处理使用 O 型铜接头压接，不得直接将屏蔽带穿孔固定。

5.6.6.3 接线质量的测试

1．接地电阻测试

使用电桥进行接地电阻的测试。

（1）主接地点与设备任何有关的、因绝缘损坏可能带电的金属部件之间的电阻不得超过 0.1Ω。

（2）各个接地引出线处的直流搭接电阻不大于 10mΩ。

2．绝缘电阻的测试

（1）导线接线施工完毕，检测回路的绝缘电阻时，检查控制板上有无不能承受实验电压的元件，如某些仪表、半导体器件等，应有防止弱电设备损坏的安全措施。

（2）主触头在断开位置时，同极的进线端及出线端之间进行绝缘测量。

（3）主触头在闭合位置时，不同极的带电部件之间、触头与线圈之间，以及主电路与同它不直接连接的控制和辅助电路（包括线圈）之间进行绝缘测量。

（4）主电路、控制电路、辅助电路等带电部件与金属支架之间进行绝缘测量。

（5）在标准大气条件下，配电板对地的冷态绝缘电阻应不小于 1MΩ。

3．导线连接的校线

（1）为了保证接线正确无误，校线前必须将导线端头与接线端子编号校对清楚，正确率保证 100%。

（2）校线的方法很多，常见的是用干电池校线灯、校线蜂鸣器或万用表。

（3）校线由两人进行，其方法是按接线表顺序从电缆两端找出对应的线芯端头，对每根线逐一进行导通测试。不合格的马上进行检查处理，直至导通测试合格。

（4）校线时应严格按审查正确的端子排图的数量进行核对，不应遗漏。

4．PLC、DCS、PCS 接线测试

1）测试要求

PLC、DCS、PCS 接线测试及智能控制仪表相互之间的通信接口进行检查与组态测试时，应检查通信协议、通信速率、奇偶校验位、优先级、通信地址等，并检查数据传输和数据值是否正确。

2）接线要求

（1）三相电路一般使用截面积为 2.5mm² 的电线连接，控制电路中控制电动机的主回路及电气柜连接到外部的线路用 0.75mm² 的电线连接，其他线一般都使用截面积为 0.5mm² 的电线。

（2）信号传感器、仪表通信、计算机通信、模拟量板卡输入、示波器输入等信号线都要用屏蔽线连接。

（3）剥线钳一般剥线长度为 5~7mm，不应剥太长，更不可以用斜口钳剥线，这样容易损伤电线。

（4）继电器、空气开关等普通元器件要使用叉形接线柄，凤凰接线端子、西门子 PLC 接线端子等小口径接线端子要使用针伏接线柄，两段导线的中间连接要使用中间过渡接线管。

（5）拖在地上的电线要穿包塑软管，露在外面的线要穿黑色波纹管，电气线路沿线要贴吸盘（用胶固定），然后用尼龙扎带捆扎在吸盘上。

参 考 文 献

[1] 于庆祯，李锋．电气设备机械结构设计手册．北京：机械工业出版社，2006．
[2] 王孝培．冲压手册．北京：机械工业出版社，2000．
[3] 梁炳文．冷冲压工艺手册．北京：北京航空航天大学出版社，2004．
[4] 陈祝年．焊接设计简明手册．北京：机械工业出版社，1997．
[5] 王洪光．实用焊接工艺手册．北京：化学工业出版社，2010．
[6] 李国英．表面工程手册．北京：机械工业出版社，2004．
[7] 周旭．现代电子设备设计制造手册．北京：电子工业出版社，2008．
[8] 电气控制柜设计制作相关的国家标准．